U0742908

"十三五"国家重点出版物出版规划项目
现代机械工程系列精品教材
普通高等教育"十一五"国家级规划教材

机械制造技术基础

第 3 版

主　　编	黄健求	韩立发	
副主编	王艳林	张玉勋	
参　　编	楼应侯	朱从容	汪永明
	詹友基	张维合	张锦荣
主　　审	王先逵	刘镇昌	

机械工业出版社

本书为普通高等教育"十一五"国家级规划教材。全书共九章，内容包括机械制造概论、金属切削原理、金属切削刀具、金属切削机床、机床夹具设计原理、机械加工质量、机械加工工艺规程设计、机器装配工艺基础、现代制造技术。

本书从应用型人才培养的特点出发，以机械制造工艺过程和加工质量为主线，将有关的金属切削基本理论与机床、刀具、夹具等基本知识进行优化整合，突出应用。

本书可作为普通高等院校机械工程、机械设计制造及其自动化、工业工程（工程管理）、材料成型及控制工程等专业学生的教材，也可供从事机械设计、机械制造专业的工程技术人员参考。

图书在版编目（CIP）数据

机械制造技术基础/黄健求，韩立发主编. —3 版. —北京：机械工业出版社，2020.8（2025.1 重印）

普通高等教育"十一五"国家级规划教材

ISBN 978-7-111-66079-8

Ⅰ.①机⋯　Ⅱ.①黄⋯　②韩⋯　Ⅲ.①机械制造工艺-高等学校-教材　Ⅳ.①TH16

中国版本图书馆 CIP 数据核字（2020）第 122693 号

机械工业出版社（北京市百万庄大街 22 号　邮政编码 100037）

策划编辑：刘小慧　　责任编辑：刘小慧　王勇哲　章承林

责任校对：陈　越　　封面设计：张　静

责任印制：常天培

北京机工印刷厂有限公司印刷

2025 年 1 月第 3 版第 11 次印刷

184mm×260mm · 22.5 印张 · 513 千字

标准书号：ISBN 978-7-111-66079-8

定价：58.00 元

电话服务　　　　　　　　　　　网络服务

客服电话：010-88361066　　　　机　工　官　网：www.cmpbook.com

　　　　　010-88379833　　　　机　工　官　博：weibo.com/cmp1952

　　　　　010-68326294　　　　金　书　网：www.golden-book.com

封底无防伪标均为盗版　　　机工教育服务网：www.cmpedu.com

前　言

　　"机械制造技术基础"是教育部机械类专业教学指导委员会推荐设置的一门综合性的主干技术基础课。通过学习本课程，学生可掌握机械制造技术的基本知识和基本理论，了解机械制造技术的最新发展动态，为后续专业课的学习、课程设计、毕业设计以及毕业后从事机械设计与制造打下基础。

　　本书是一本以机械制造工艺过程和加工质量为主线，将金属切削基本理论与机床、刀具、夹具等基本知识进行优化整合，突出应用的技术基础课教材。为便于承前启后和组织教学，每章前均有内容提示，每章后均有教学重点总结，并附有适量的复习思考题，供学生课后复习使用。本书按50～80学时教学计划编写，各校在使用时可酌情增减有关内容。

　　本书第2版自2011年出版以来，受到广大读者的欢迎和关爱。为了适应当前高校教学的发展与改革，在机械工业出版社的支持下，编者对本书进行了再次修订。修订工作由东莞理工学院黄健求、韩立发任主编，王艳林、张玉勋任副主编。参加修订工作的有：楼应侯、朱从容、汪永明、詹友基、张维合、张锦荣。

　　本书在编写和修订过程中得到了北京科技大学王自东教授、庞晓露教授，以及许多专家、同仁的大力支持和帮助，参考了许多教授、专家的相关文献，在此谨向他们表示衷心的感谢。

　　限于编者的水平，书中不足之处在所难免，恳请广大读者批评指正（Email：1027172732@ qq. com）。

编　者

于广东东莞

目 录

第一章
机械制造概论

现代制造业，特别是机械制造业，是国民经济持续发展的基础。本章主要介绍机械制造业的发展过程、作用和地位，重点介绍机械制造系统、机械产品的生产类型和机械制造的方法。

第一节 机械制造技术的发展过程及在国民经济中的地位

一、机械制造技术的发展过程

人类最早的制造活动可以追溯到新石器时代，当时人们制作石器作为劳动工具，制造处于一种萌芽阶段；到了青铜器和铁器时代，为了满足以农业为主的自然经济的需要，出现了冶炼和锻造等较为原始的制造活动。

制造业发展的历史性转折点是 18 世纪中叶蒸汽机的发明。随着蒸汽机的使用，机械技术与蒸汽动力技术相结合，出现了以机械动力驱动为特征的制造方式，产生了第一次工业革命。而后，随着发电机和电动机的发明，电气化时代终于来临，电能作为新的动力源大大改变了机器结构和生产效率。这个阶段制造业发展的一个标志，就是开始使用机械加工机床。西方工业发达国家开始用机械加工大量生产"洋枪、洋炮"。

19 世纪末，内燃机的发明引发了制造业的又一次革命，20 世纪初制造业进入了以汽车制造为代表的批量生产时代，随后出现了流水生产线和自动机床。在制造管理思想方面，劳动分工制度和标准化技术相继问世。1931 年建立了具有划时代意义的汽车装配生产线，实现了以刚性自动化为特征的大批量生产方式。

以大规模生产方式为主要特征的制造技术，在 20 世纪 50 年代逐渐进入鼎盛时期，制造业通过降低生产成本（主要是降低劳动力成本）和提高生产效率，形成了"规模效益"的工业化生产理念。大规模生产方式作为现代工业生产的一个重要特征，对人类社会的经济发展、社会结构、文化教育以及生活方式等，产生了深刻的影响。

20 世纪 60 年代，随着市场竞争的加剧，大规模生产方式面临新的挑战。制造企业的生产方式开始向多品种、中小批量生产方式转变。与此同时，以大规模集成电路为代表的微电子技术以及以微机为代表的计算机技术迅速发展，极大地促进了制造业的装备技术和制造工艺的进步，为制造业实现多品种、中小批量的生产方式创造了有利条件。这个阶段诞生的制造装备与制造技术主要有数控机床、计算机辅助设计（CAD）和计算机辅助制造（CAM）等。

进入 20 世纪 80 年代，一方面，市场环境发生了新的变化，消费者的需求日趋多样化和个性化，市场竞争日趋激烈；另一方面，科学技术的发展也进入了一个日新月异的时代，电子信息技术和自动化技术发展迅猛，制造理论、制造技术和制造装备也迎来了新的发展时期，出现了制造资源规划（MRP II）和计算机集成制造系统（CIMS）等。

20 世纪 90 年代以来，以因特网（Internet）为代表的信息技术革命给世界带来了巨大变化，经济全球化进程打破了传统的地域经济发展模式，市场变得更加广阔和多元化。在这种时代背景下，提高制造企业的快速响应能力以适应瞬息万变的市场需求，成为制造企业赢得市场竞争的关键。围绕这一目标，出现了许多先进制造系统模式，如敏捷制造、虚拟制造、智能制造和绿色制造等。

二、机械制造在国民经济中的地位和作用

物质生产是人类社会生存和发展的基础，制造业是人类财富的主要贡献者，没有制造业的发展就没有人类社会的现代物质文明。在我国，处于工业中心地位的制造业，特别是机械制造业，是国民经济持续发展的基础，是工业化、现代化建设的发动机和动力源，是在国际竞争中取胜的法宝，是技术进步的主要舞台，是提高国民生活水平、保证国家安全、发展现代文明的物质基础。

机械制造工业是制造业最重要的组成之一，它担负着向国民经济的各个部门提供机械装备、办公设备，向人们提供交通工具和家用电器等任务。我国现代建设的发展速度和国家的安全在很大程度上取决于机械制造工业的发展水平。

我国是世界上文化、科学发展最早的国家之一。我国虽然很早就制成了纺织机械，但我国的机械工业长期处于停滞和落后的状态。从 1865 年清政府在上海创办江南机械制造局到 1949 年这 80 多年的时间里，全国只有少数城市建有一些机械厂。新中国成立 70 多年来，我国已建立了一个比较完整的机械工业体系。新中国成立初期以万吨水压机为代表的各种重型装备的研制成功，标志着国民经济有了自己的脊梁；20 世纪 60～70 年代的"两弹一星"的问世以及 21 世纪初的"神舟"载人飞船邀游太空，国产航母服役，表明了我国综合国力的提高，使我国跻身于世界制造业大国的行列。目前，我国电力、钢铁、石油、交通、矿山等基础工业部门所拥有的机电产品总量中，约有 80% 是我国自己制造的，其中 6000m 电驱动沙漠钻机已达到国际先进水平，300MW 和 600MW 火电机组已成为国家电力工业的主要机组。2019 年，我国汽车年产销分别完成 2572.1 万辆和 2576.9 万辆，连续 10 多年汽车产销量居世界首位。许多与人们生活密切相关的机电产品（如电冰箱、空调机等）已位居世界前列，我国已成为名副其实的机械工业生产大国。

新中国用了 70 多年的时间走过了工业发达国家 200 年的历程，成就举世瞩目。但与世界先进水平相比，我国机械制造业的整体水平和国际竞争能力与发达国家相比仍有较大的差距：①我国国民经济建设和高新技术产业所需的许多装备目前仍然依赖于进口；②制造业的人均生产率较低；③企业对市场需求的快速响应能力不强，我国新产品开发的周期平均为 18 个月，而美、日、德等工业发达国家的新产品开发周期平均为 4~6 个月；④具有自主知识产权的高新技术机电产品少，部分机电设备的核心技术仍然依赖进口。

今后一段时期，我国机械工业的主要任务是：①加快发展关系国计民生、涉及国家经济安全且对工业结构调整有重大影响的重大技术装备；②发展为农业现代化服务的先进适用的装备；③重点开发符合安全、节能环保、清洁排放的各种类型的汽车；④尽快提高数控机床产品的性能、质量和可靠性，扭转我国高速、高效、高精度数控机床长期依赖进口的局面；⑤加速发展工业自动化控制系统和仪器仪表；⑥重点开发具有自主知识产权的智能制造技术和应用软件，增加数字化、智能化、网络化机电产品品种。

机械制造技术是机械制造企业实现产品设计、完成产品生产、保证产品质量、提高经济效益的共性技术和基础技术。在全球范围内，机械制造技术正朝着精密化、自动化、敏捷化和可持续发展方向发展。

第二节　机械制造系统、生产类型与机械制造方法

一、机械制造系统的概念

1. 生产系统

机械制造工厂作为一个生产单位，其生产过程和生产活动十分复杂，包括从原材料到成品所经过的毛坯制造、机械加工、装配、涂装、运输、仓储等所有的过程及开发设计、计划管理、经营决策等所有的活动，是一个有机的、集成的生产系统，如图 1-1 所示。图中双点画线框内表示生产系统，即由原材料进厂到产品出厂的整个生产、经营、管理过程；框外表示企业外部环境（社会环境和市场环境）。

整个生产系统由三个层次组成：①决策层，为企业的最高领导机构，它们根据国家的政策、市场信息和企业自身的条件，进行分析研究，就产品的类型、产量及生产方式等做出决策；②计划管理层，根据企业的决策，结合市场信息和本部门实际情况进行产品开发研究、制订生产计划并进行经营管理；③生产技术层，是直接制造产品的部门，根据有关计划和图样进行生产，将原材料直接变成产品。

2. 制造系统

制造系统是生产系统中的一个重要组成部分，即由原材料变为产品的整个生产过程。它包括毛坯制造、机械加工、装配、检验和物料的储存、运输等所有工作。在制造系统中，存在着以生产对象和工艺装备为主体的"物质流"、以生产管理和工艺指导等信息为主体的"信息流"，以及为了保证生产活动正常进行而必需的"能量流"，如图 1-2 所示。

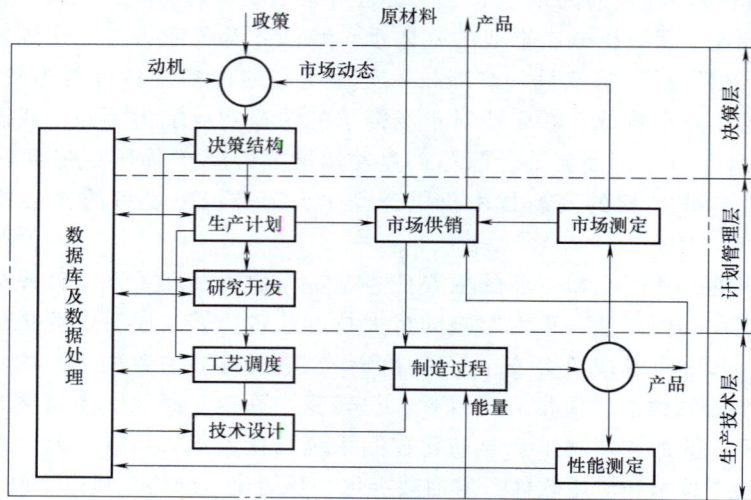

图 1-1　生产系统

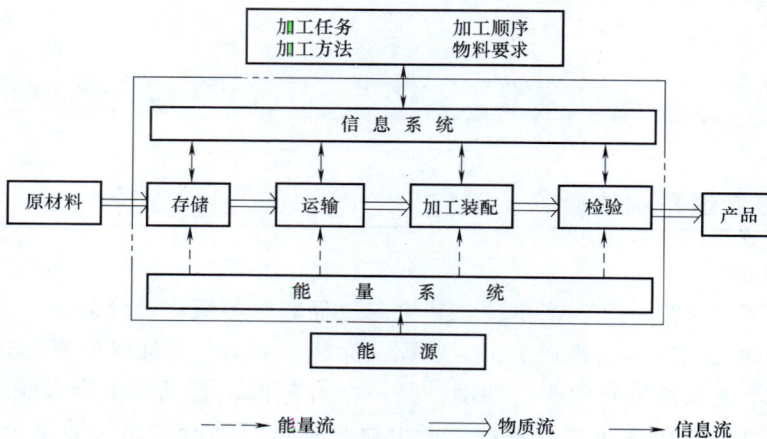

- - - → 能量流　　⟹ 物质流　　→ 信息流

图 1-2　制造系统

3. 工艺系统

机械制造系统中，机械加工所使用的机床、刀具、夹具和工件组成了一个相对独立的系统，称为工艺系统。工艺系统各个环节之间互相关联、互相依赖、共同配合，实现预定的机械加工功能。

二、生产类型及其工艺特征

1. 生产纲领

企业根据市场需求和自身的生产能力制订生产计划。在计划期内应当生产的产品产量和进度计划称为生产纲领。计划期一般为一年，因此生产纲领一般就是年产量。零件

的生产纲领 N 应当计入备品和废品的数量，常按下式计算：

$$N = Qn(1+a)(1+b)$$

式中　　Q ——产品的年产量（生产纲领）；

　　　　n ——单位产品中该零件的数量；

　　a、b ——零件生产备品率（%）、废品率（%）。

2. 生产类型

生产纲领的大小决定了产品（或零件）的生产类型，而不同生产类型又具有不同的工艺特征，因此生产纲领是制订和修改工艺规程的重要依据。

根据工厂（车间或班组）生产专业化程度的不同，存在着三种不同的生产类型，即大量生产、成批生产和单件生产。

（1）大量生产　产品的产量大，大多数工作按照一定的节拍重复地进行某一零件某一工序的加工，例如汽车、手表、手机等的制造。

（2）成批生产　一年中周期性地轮番制造一种或几种不同的产品，每种产品均有一定的数量，制造过程具有一定的重复性。一次投入或产出的同一产品（或零件）的数量称为生产批量。批量的大小主要根据生产纲领、零件的大小、资金的周转、调整费用及仓库的容量等情况来确定。

按照批量的大小，成批生产又可分为小批生产、中批生产和大批生产。

（3）单件生产　单个地生产不同的产品，很少重复，例如重型机器制造、专用设备制造、新产品试制等。

由于大批生产的工艺特点与大量生产相似，小批生产的特点与单件生产相似，因此生产类型也可分为大批大量生产、中批生产、单件小批生产。

生产纲领和生产类型的关系随产品的种类、大小和复杂程度而不同。表 1-1 给出了机械产品的生产类型与生产纲领的关系。

表 1-1　机械产品的生产类型与生产纲领的关系　　　　（单位：件/年）

生产类型	零件生产纲领		
	重型机械	中型机械	轻型机械
单件生产	≤5	≤20	≤100
小批生产	>5~100	>20~200	>100~500
中批生产	>100~300	>200~500	>500~5000
大批生产	>300~1000	>500~5000	>5000~50000
大量生产	>1000	>5000	>50000

3. 不同生产类型的工艺特征

不同生产类型具有不同的工艺特征，各种生产类型的工艺特征见表 1-2。

随着科学技术的发展和市场需求的变化，生产类型正在发生深刻的变化，传统的大批大量生产往往不能很好地适应市场对产品及时更新换代的要求，多品种中、小批量生产的比例逐渐上升。随着数控加工和成组技术的普及，各种生产类型下的工艺特征也在起着相应的变化。

表 1-2 各种生产类型的工艺特征

项　目	单件小批生产	中批生产	大批大量生产
加工对象	经常变换	周期性变换	固定不变
毛坯及加工余量	手工造型铸造、自由锻。毛坯精度低,加工余量大	部分金属模铸造、部分模锻。毛坯精度和加工余量中等	广泛采用金属模机器造型和模锻。毛坯精度高,加工余量小
机床设备	通用机床,机群式排列,数控机床	部分专用机床,部分流水排列,部分数控机床	广泛采用专机,流水线布置
工艺装备	通用工装为主,必要时采用专用工装	广泛采用专用夹具,部分采用专用的刀、量具	广泛采用高效专用工装
装夹方式	通用夹具或划线找正	部分采用专用夹具装夹,少数采用划线找正	夹具装夹
装配方式	广泛采用修配法	大多数采用互换法	互换法
操作水平	高	一般	较低
工艺文件	工艺过程卡	工艺卡	工艺过程卡、工艺卡、工序卡
生产率	低	一般	高
加工成本	高	一般	低

三、机械制造方法

从原材料到产品的生产过程,主要包括毛坯制造、零件加工、零部件装配三个主要工艺过程。毛坯制造、零部件加工和零部件装配随产品的结构特点、生产类型（生产批量）以及工厂生产条件的不同,其制造方法也不尽相同,按零件加工时加工工具与零件之间是否需要机械作用力,可将机械制造方法分为机械加工和特种加工。

1. 机械加工

按机械加工成形零件时是否产生废料可分为净成形和切削加工。

（1）净成形　净成形技术是指由原材料到零件成形后不再加工（或仅需少量加工）就可用作机械零件的成形技术。采用净成形技术,加工方法不同,所获得的机械零件的尺寸精度、几何精度和表面质量也不尽相同。

净成形技术涵盖精密铸造成形（熔模铸造和压铸加工）、精密塑性成形（精密模锻、冷挤压成形）以及精密注射成形等,其特点是加工不产生切屑,因此原材料利用率高、生产率高,常用于机械零件毛坯或形状比较复杂的中小零件的加工制造。

（2）切削加工　切削加工即由原材料（毛坯）到零件需经过切削加工（产生切屑、废料）得到所需零件的形状、尺寸和精度的一种加工方法,如车削、铣削、钻镗孔、磨削等加工方法。切削加工因产生切屑,故材料利用率较低、零件生产率较低,但其加工精度高,目前仍然是高精度机械零件的主要加工方法。

切削加工时按加工的精度、切削速度以及机床运动的控制方法又可分为:

1）普通机械加工。普通机械加工是指采用传统的机床设备进行切削加工。

普通切削加工因受机床、夹具、刀具所组成的加工装备系统的精度、刚度以及切削机理的影响，加工精度仍然有限。目前阶段，普通切削加工的误差范围可达到 $1\sim10\mu m$，通常称为微米加工。

2）精密与超精密加工。精密加工是指加工精度和表面质量超过普通切削加工，达到很高精度的加工工艺。现阶段加工误差可达到 $0.1\sim1\mu m$，表面粗糙度 $Ra<0.1\mu m$，称为亚微米加工。

超精密加工是指加工精度和表面质量达到最高精度的加工工艺。其加工误差可以控制到 $<0.1\mu m$，表面粗糙度 $Ra<0.01\mu m$，已发展到纳米加工的水平。

3）高速加工。高速加工是指采用材料超硬的刀具，通过极大地提高切削速度和进给速度，达到提高材料切除率，提高加工精度和加工表面质量的现代加工技术。以切削速度和进给速度界定，高速加工的切削速度和进给速度为普通机械加工速度的 $5\sim10$ 倍；以主轴转速界定，高速加工的主轴转速 $\geq10000r/min$。

4）数字化（数控）加工。数字化加工是以数值与符号构成的信息（加工程序）通过脉冲信号控制机床自动运动，实现零件机械加工的加工方法。数字化加工的最大特点是极大地提高了加工精度和加工质量的重复性、稳定性，保证加工零件质量的一致。

2. 特种加工

特种加工是不需利用工具直接对加工对象施加机械作用力的一种加工工艺，如电火花成形加工、电火花线切割加工、激光加工、超声波加工、离子束加工、光刻化学加工等。特种加工因为不是依靠工具与加工对象之间的直接作用产生塑性变形而成形零件的，所以对加工对象的材质、硬度没有要求，特别适合高硬度、难加工材料的复杂表面的加工，但加工效率不及机械加工。

除了上述机械加工和特种加工以外，为了机械制造的可持续发展，20世纪末在机械制造领域又提出了绿色制造的概念。

绿色制造又称清洁生产或面向环境的制造。绿色制造技术是指在保证产品功能、质量、成本的前提下，综合考虑环境影响和资源效率的现代制造模式。它使产品从设计、制造、使用到报废整个产品生命周期中节约资源和能源，不产生环境污染或使环境污染最小化。

第三节 本课程的研究内容和学习方法

1. 课程的研究内容

如上所述，机械制造系统是一个复杂的系统；机械制造过程包括的内容很多；机械制造技术随着科学技术的进步不断发展。限于本课程的性质和学时，本课程主要研究机械产品生产过程中的机械加工过程及其系统。其主要内容包括金属切削过程中的基本原理、基本规律；机械加工装备（机床、刀具、夹具）的结构特点及应用；机械加工质量及控制方法；机械加工工艺和装配工艺，并对现代制造技术及发展做一定的介绍。

2. 本课程的特点及学习方法

（1）本课程的特点　本课程的特点归纳起来有以下几点：

1）机械制造技术基础既是一门技术基础课，又是一门专业课。作为技术基础课，要求学生掌握机械制造技术的基本知识和基本理论，为后续专业课程学习打下良好的基础。作为专业课，课程内容会随着科学技术和经济的发展，不断地更新和充实；课程在理论上和体系上会不断地完善和提高。

2）课程的综合应用性高。本课程是在学习机械制图、机械设计、工程力学、工程材料、金属工艺学、互换性与技术测量、机电传动与控制等课程的基础上进一步专业化的综合应用课程。

3）课程的实践性强，与生产实际联系十分密切。

4）课程的工程性强。本课程研究的内容，要从工程应用的角度去理解和掌握，不能完全照搬理论和公式，因为工程实际问题和理论问题总是存在差别。

（2）本课程的学习方法　本课程的学习方法应根据每个人的具体情况而定，基本学习方法是：

1）注意掌握机械制造的基本概念。

2）注意学习机械制造的基本方法。

3）注意了解常用机械装备的典型结构和应用。

4）注意理论联系实际。

5）重视与课程有关的各教学环节的学习，如实验、实习、课程设计和习题解答等。

本 章 小 结

通过本章的学习，了解机械制造的发展过程、作用和地位；生产系统、制造系统及工艺系统的组成；机械产品的生产类型和工艺特征；现代机械制造的方法。

复习思考题

1-1　你是什么时候开始接触到制造活动的？是什么样的活动？

1-2　你认为机械制造对一个国家的重要性表现在哪些方面？你认为我国制造业尚有哪些差距？

1-3　什么叫生产系统？什么叫制造系统？什么叫工艺系统？

1-4　生产类型可分为哪几种？不同生产类型有何工艺特征？

第二章
金属切削原理

现阶段通过金属切削的机械加工方法仍然是高精度、高效率的制造方法，因此必须重视研究金属切削机理、金属切削刀具和金属切削过程。本章主要介绍：金属切削的基本概念，金属切削刀具的几何角度，金属切削过程及优化控制，以及磨削原理和砂轮结构。

第一节　概述

一、切削运动

利用金属切削刀具切除工件上多余的金属，从而使工件的几何形状、尺寸精度及表面质量都符合预定要求，这样的加工称为金属切削加工。在切削加工过程中，工件与刀具之间要有相对运动，即切削运动，它由金属切削机床来完成。

切削运动由主运动和进给运动组成。主运动是使刀具和工件产生相对运动以进行切削的运动，通常它的速度最高，消耗机床功率最大。在图 2-1 所示外圆车削中，工件的回转运动为主运动。主运动的速度称为切削速度，用 v_c 表示。进给运动是使新的金属不断投入切削的运动。外圆车削时，刀具沿工件轴线方向的直线运动为进给运动。进给运动的速度称为进给速度，用 v_f 表示。主运动和进给运动合成后的运动，称为合成切削运动。外圆车削时，合成切削运动速度 v_e 的大小和方向由下式确定

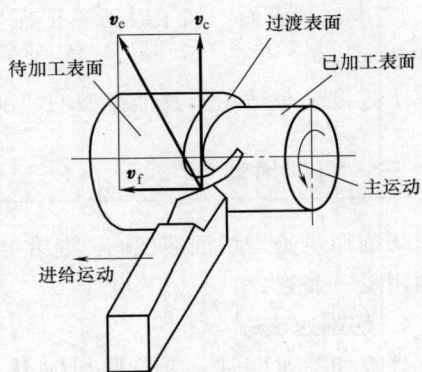

图 2-1　外圆车削运动和加工表面

$$v_e = v_c + v_f \tag{2-1}$$

主运动和进给运动可由刀具和工件分别完成，也可由刀具单独完成。常见切削加工的切削运动如图2-2所示。

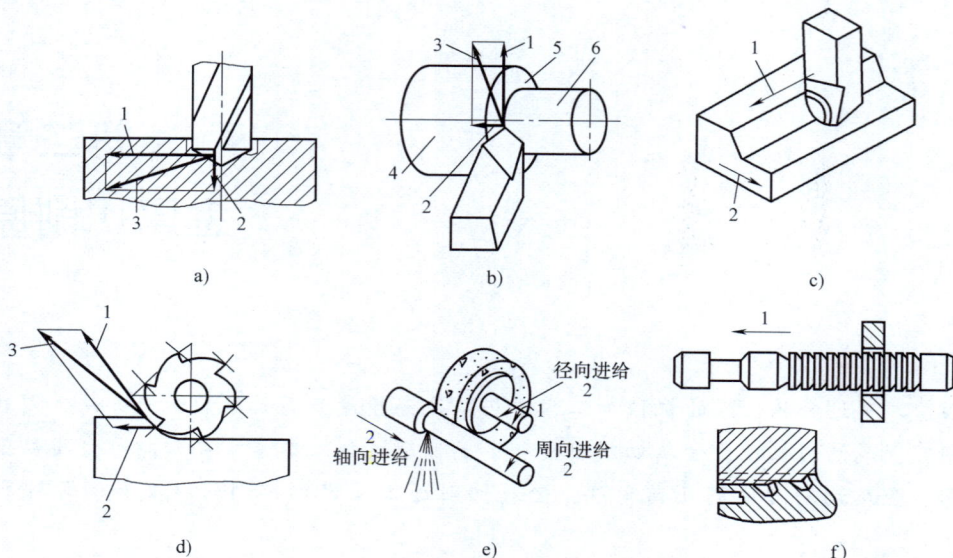

图2-2　常见切削加工的切削运动

a）钻孔　b）车削外圆　c）刨平面　d）铣平面　e）磨削工件外圆　f）拉削圆孔

1—主运动　2—进给运动　3—合成运动　4—待加工表面　5—过渡表面　6—已加工表面

二、切削加工中的工件表面

以车削加工为例，工件在车削过程中有三个不断变化着的表面，如图2-1所示。

（1）待加工表面　加工时即将被切除的表面。

（2）已加工表面　已被切去多余金属而形成的工件新表面。

（3）过渡表面　加工时刀具正在切削的那个表面，它是待加工表面和已加工表面之间的表面。

上述定义也适用于其他类型的切削加工。

三、切削用量

切削用量是指切削速度v_c、进给量f（或进给速度v_f）和背吃刀量a_p，这三者又称为切削用量三要素。

1. 切削速度v_c

计算切削速度时，应选取切削刃上速度最高的点进行计算。主运动为旋转运动时，切削速度v_c（m/s 或 m/min）由下式确定

$$v_c = \frac{\pi d n}{1000} \qquad (2\text{-}2)$$

式中　d ——工件或刀具的最大直径，单位为 mm；

　　　n ——工件或刀具的转速，单位为 r/s 或 r/min。

2. 进给量 f（进给速度 v_f）

进给量是工件或刀具每回转一周时两者沿进给方向的相对位移，单位为 mm/r；进给速度 v_f 是单位时间内的进给位移量，单位为 mm/s（或 mm/min）。对于刨削、插削等主运动为往复直线运动的加工，虽然可以不规定间歇进给速度，但要规定间歇进给的进给量，单位为 mm/双行程。对于铣刀、铰刀、拉刀、齿轮滚刀等多齿刀具（齿数用 z 表示）还应规定每齿进给量 f_z，单位为 mm/齿。

进给量 f、进给速度 v_f 和每齿进给量 f_z 三者之间的关系为

$$v_f = fn = f_z z n \qquad (2\text{-}3)$$

3. 背吃刀量 a_p

刀具切削刃与工件的接触长度在同时垂直于主运动和进给运动的方向上的投影值称为背吃刀量，单位为 mm。外圆车削的背吃刀量就是工件已加工表面和待加工表面间的垂直距离，如图 2-3 所示。三者之间的关系为

$$a_p = \frac{d_w - d_m}{2} \qquad (2\text{-}4)$$

式中　d_w ——工件上待加工表面直径，单位为 mm；

　　　d_m ——工件上已加工表面直径，单位为 mm。

四、切削层参数

在切削过程中，刀具的切削刃在一次走刀中从工件待加工表面切下的金属层，称为切削层。切削层的截面尺寸参数称为切削层参数。切削层参数通常在与主运动方向相垂直的平面内观察和度量。

1. 切削层公称厚度 h

垂直于过渡表面测量的切削层尺寸，即相邻两过渡表面之间的距离，称为切削层公称厚度 h，简称为切削厚度，单位为 mm。切削厚度反映了切削刃单位长度上的切削负荷。车外圆时（见图 2-3），若车刀主切削刃为直线，则

$$h = f \sin \kappa_r \qquad (2\text{-}5)$$

2. 切削层公称宽度 b

沿过渡表面测量的切削层尺寸，称为切削层公称宽度 b，简称为切削宽度，单位为 mm。切削宽度反映了切削刃参加切削的工作长度。车外圆时，若车刀主切削刃为直线，则

$$b = \frac{a_p}{\sin \kappa_r} \qquad (2\text{-}6)$$

3. 切削层公称横截面面积 A

切削层公称厚度与切削层公称宽度的乘积称为切削层公称横截面面积 A，简称为切削

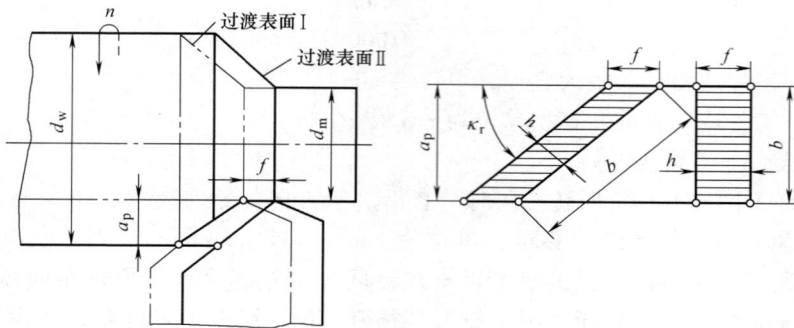

图 2-3　切削层参数

面积，单位为 mm²。其计算公式为

$$A = hb \tag{2-7}$$

对于车削来说，不论切削刃形状如何，切削面积 A 均为

$$A = hb = fa_p \tag{2-8}$$

五、切削方式

1. 自由切削与非自由切削

只有一条直线切削刃参加切削时，称为自由切削，如图 2-4a 所示。自由切削时切削变形过程比较简单，切削变形基本发生在二维平面内，切削刃上各点切屑流出方向大致相同。

若切削刃为曲线或两条以上的直线刃（主、副切削刃）同时参加切削，则称为非自由切削，如图 2-4b、c 所示。生产中大多数切削加工都是非自由切削。非自由切削时，由于主、副切削刃同时参加切削，则在两条切削刃交接附近的金属变形相互干涉，切削变形发生在三维空间内，从而使变形更为复杂。

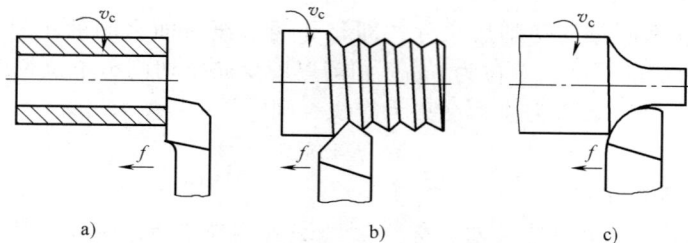

图 2-4　自由切削与非自由切削

2. 直角切削与斜角切削

切削刃与合成切削速度方向垂直，即刃倾角 $\lambda_s = 0°$ 的切削方式，称为直角切削，又称正交切削，如图 2-5a 所示。切削刃与切削速度方向不垂直，即刃倾角 $\lambda_s \neq 0°$ 的切削方式，称为斜角切削，如图 2-5b 所示。在实际切削加工中，大多数为斜角切削方式。

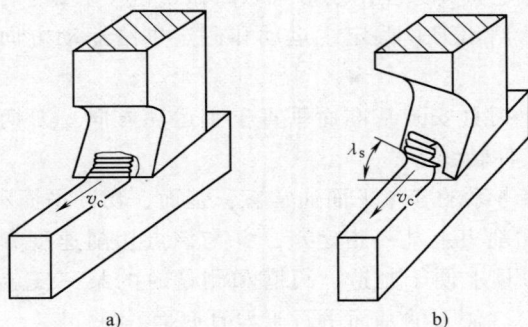

图 2-5　直角切削与斜角切削

第二节　刀具的几何角度

一、刀具切削部分的结构要素

尽管金属切削刀具的种类繁多，但其切削部分的几何形状与参数都有共性，即不论刀具结构如何复杂，其切削部分的形状总是近似地以外圆车刀切削部分的形状为基本形态。因此，在确定刀具切削部分几何形状的一般术语时，常以车刀切削部分为基础。车刀切削部分的结构要素如图2-6所示，其定义如下：

（1）前刀面 A_γ　切屑沿其流出的刀具表面。

（2）主后刀面 A_α　刀具上与工件过渡表面相对的表面。

（3）副后刀面 A_α'　刀具上与已加工表面相对的表面。

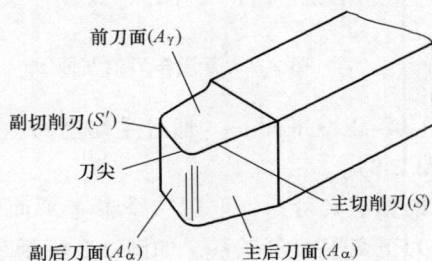

图 2-6　车刀的组成

（4）主切削刃 S　前刀面与主后刀面的交线，它完成主要的切削工作。

（5）副切削刃 S′　前刀面与副后刀面的交线，它配合主切削刃完成切削工作，并最终形成已加工表面。

（6）刀尖　主切削刃和副切削刃的连接点，它可以是短的直线段或圆弧。

二、刀具的标注角度

1. 刀具标注角度的参考系

刀具切削部分的几何形状主要由一些刀面和切削刃组成，合理的几何形状是顺利进行切削的保证。把刀具同工件和切削运动联系起来确定的刀具角度，称为刀具的工作角度。在设计、绘制和制造刀具时所标注的角度称为标注角度，它实质上是在假定条件下的工作角度。因此，在确定刀具标注角度参考系时做了两个假定：

（1）假定运动条件　给出刀具假定主运动和假定进给运动方向，而不考虑进给运动的大小。

（2）假定安装条件　刀具安装基准面垂直于主运动方向，刀柄的中心线与进给运动方向垂直，刀具刀尖与工件轴线等高。

构成刀具标注角度参考系的参考平面通常有：基面、切削平面和正交平面。

（1）基面 p_r　通过切削刃上某一指定点，并与该点切削速度方向相垂直的平面。通常基面应平行或垂直于刀具上便于制造、刃磨和测量时的某一安装定位平面或轴线。例如，普通车刀（见图 2-7）、刨刀的基面平行于刀具底面。

（2）切削平面 p_s　通过主切削刃上某一指定点，与主切削刃相切并垂直于基面的平面（见图 2-8）。

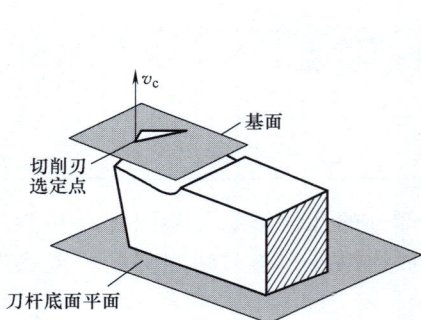

图 2-7　普通车刀的基面 p_r

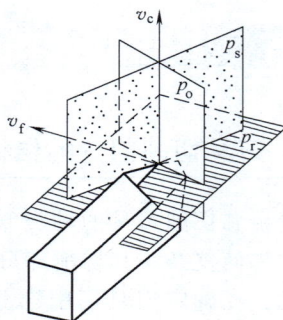

图 2-8　正交平面参考系

（3）正交平面 p_o　通过主切削刃上某一指定点，同时垂直于基面和切削平面的平面（见图 2-8）。

根据定义可知，上述三个参考平面是互相垂直的，由它们组成的刀具标注角度参考系称为正交平面参考系，如图 2-8 所示。这是目前生产中最常用的刀具标注角度参考系。除正交平面参考系外，常用的标注刀具角度的参考系还有法平面参考系和假定工作平面参考系等。不同参考系内的标注角度可以进行换算，在此不予讨论。

2. 刀具标注角度

在刀具标注角度参考系中确定的切削刃与各刀面的方位角度，称为刀具标注角度。由于刀具角度的参考系沿切削刃各点可能是变化的，故所定义的刀具角度均应指明是切削刃上某一指定点的角度。以普通车刀为例，在正交平面参考系中主要标注角度定义如下（见图 2-9）：

（1）前角 γ_o　在正交平面内测量的前刀面与基面的夹角。前刀面在基面之"下"时前角为正值，前刀面在基面之"上"时前角为负值。

（2）后角 α_o　在正交平面内测量的主后刀面与切削平面的夹角。后角主后刀面在切削平面"内"，为正值。

（3）刃倾角 λ_s　在切削平面内测量的主切削刃与基面间的夹角。刀尖在主切削刃上

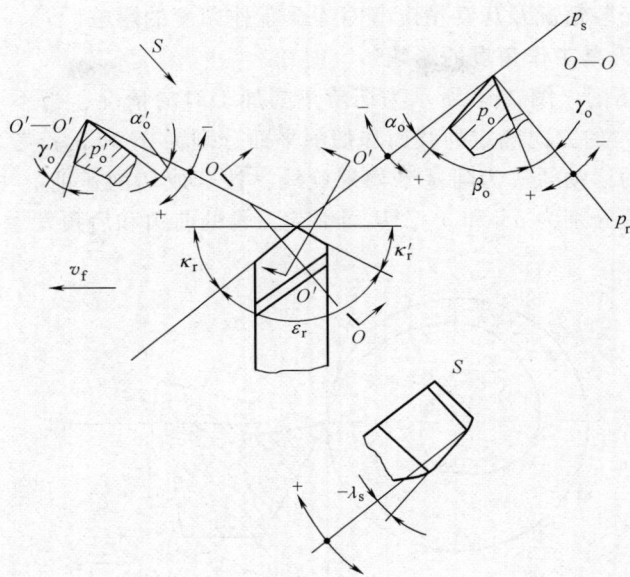

图 2-9 车刀在正交平面参考系中的标注角度

最"高"点时，刃倾角为正值；刀尖在主切削刃上最"低"点时，刃倾角为负值；主切削刃与基面平行时，刃倾角为零。

（4）主偏角 κ_r 在基面内测量的主切削刃在基面上的投影与进给运动方向的夹角。主偏角一般为正值。

（5）副偏角 κ'_r 在基面内测量的副切削刃在基面上的投影与进给运动反方向的夹角。

以上在正交平面参考系里定义了 5 个角度：γ_o、α_o、λ_s、κ_r、κ'_r。对于具有副切削刃的刀具，还必须给出与副切削刃有关的独立角度：副前角 γ'_o、副后角 α'_o、副刃倾角 λ'_s。其定义可以参照 γ_o、α_o、λ_s。

三、刀具工作角度

构成刀具工作角度参考系的参考平面通常有工作基面、工作切削平面、工作正交平面等。

（1）工作基面 p_{re} 工作基面指通过切削刃选定点并与合成切削速度方向相垂直的平面。

（2）工作切削平面 p_{se} 工作切削平面指通过切削刃选定点与切削刃相切，且垂直于工作基面 p_{re} 的平面。该平面包含合成切削速度方向。

（3）工作正交平面 p_{oe} 工作正交平面指通过切削刃选定点并同时与工作基面 p_{re} 和工作切削平面 p_{se} 相垂直的平面。

上面讨论的外圆车刀的标注角度，是在忽略进给运动的影响，并假定刀柄轴线与纵向进给运动方向垂直以及切削刃上选定点与工件等高的条件下确定的。刀具的工作角度应当考虑包括进给运动在内的合成运动和刀具的实际安装状况。

下面讨论不同安装情况及运动情况等对刀具工作角度的影响。

1. 进给运动对刀具工作角度的影响

（1）横向进给车削　图2-10所示为切断车削加工时的情况，当不考虑进给运动的影响时，按切削速度 v_c 的方向确定的基面和切削平面分别为 p_r 和 p_s；考虑进给运动的影响后，刀具在工件上的运动轨迹为阿基米德螺旋线，按合成切削速度 v_e 的方向确定的工作基面和工作切削平面分别为 p_{re} 和 p_{se}，从而引起刀具的前角和后角发生变化。即

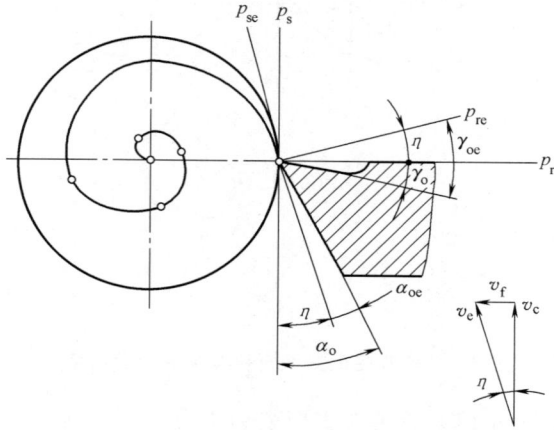

图 2-10　横向进给运动对刀具工作角度的影响

$$\left.\begin{array}{l} \gamma_{oe} = \gamma_o + \eta \\ \alpha_{oe} = \alpha_o - \eta \\ \eta = \arctan \dfrac{f}{\pi d} \end{array}\right\} \qquad (2\text{-}9)$$

式中　γ_{oe}、α_{oe} ——工作前角和工作后角。

由此可知，当进给量 f 增大，则 η 值增大；当瞬时直径 d 减小，η 值也增大。因此，车削至接近工件中心时，η 值增长很快，工作后角将由正变负，致使工件最后被挤断。

（2）纵向进给车削　如图2-11所示，车削外螺纹时，假定车刀 $\lambda_s = 0$，若不考虑进给运动，则基面 p_r 平行于刀杆底面，切削平面 p_s 垂直于刀杆底面。若考虑进给运动，工作切削平面 p_{se} 为切于螺旋面的平面，刀具工作角度参考系 p_{se}-p_{re} 倾斜一个 η 角，从而使刀具进给剖面内的工作前角 γ_{fe}、工作后角 α_{fe} 发生变化。即

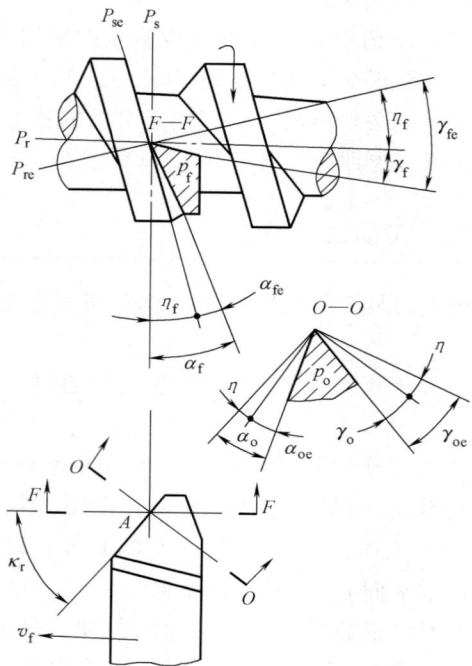

图 2-11　纵向进给运动对刀具工作角度的影响

$$\left.\begin{array}{l} \gamma_{fe} = \gamma_f + \eta_f \\ \alpha_{fe} = \alpha_f - \eta_f \\ \tan\eta_f = \dfrac{f}{\pi d_w} \end{array}\right\} \quad (2\text{-}10)$$

上述角度变化可换算到正交平面内，即

$$\left.\begin{array}{l} \tan\eta = \tan\eta_f \sin\kappa_r \\ \gamma_{oe} = \gamma_o + \eta \\ \alpha_{oe} = \alpha_o - \eta \end{array}\right\} \quad (2\text{-}11)$$

由此可知，进给量 f 越大，工件直径 d_w 越小，则工作角度值的变化就越大。一般车削时，由进给运动所引起的 η 值不超过 $30' \sim 40'$，故其影响常可忽略。但是在车削大螺距螺纹或蜗杆时，进给量 f 很大，故 η 值较大，此时就必须考虑它对刀具工作角度的影响。

2. 刀具安装位置对刀具工作角度的影响

（1）刀具安装高低对刀具工作角度的影响 车削外圆时，车刀的刀尖一般与工件轴线是等高的。如果刀尖高于或低于工件轴线，则此时的切削速度方向发生变化，引起基面和切削平面的位置改变，从而使车刀的实际切削角度发生变化。如图 2-12 所示，刀尖高于工件轴线时，工作切削平面变为 p_{se}，工作基面变为 p_{re}，则工作前角 γ_{oe} 增大，工作后角 α_{oe} 减小；刀尖低于工件轴线时，工作角度的变化正好相反。即

$$\left.\begin{array}{l} \gamma_{oe} = \gamma_o \pm \theta \\ \alpha_{oe} = \alpha_o \mp \theta \\ \tan\theta = \dfrac{h}{\sqrt{\left(\dfrac{d}{2}\right)^2 - h^2}} \end{array}\right\} \quad (2\text{-}12)$$

式中 h ——刀尖高于或低于工件轴线的距离，单位为 mm；

$\quad\ \ d$ ——工件直径，单位为 mm。

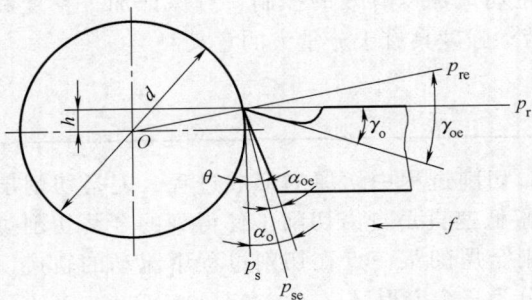

图 2-12 刀具安装高低对刀具工作角度的影响

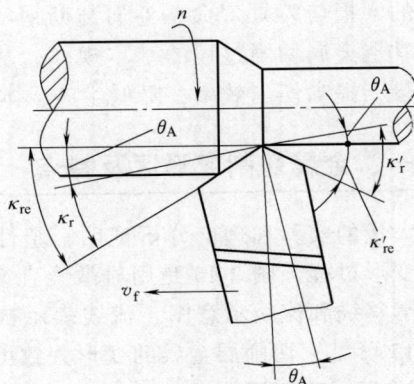

图 2-13 刀柄中心线与进给方向不
垂直对刀具工作角度的影响

（2）刀柄中心线与进给方向不垂直对刀具工作角度的影响　当车刀刀柄的中心线与进给方向不垂直时，车刀的主偏角 κ_r 和副偏角 κ_r' 将发生变化。刀柄右斜，如图 2-13 所示，将使工作主偏角 κ_{re} 增大，工作副偏角 κ_{re}' 减小；如果刀柄左斜，则 κ_{re} 减小，κ_{re}' 增大。即

$$\kappa_{re} = \kappa_r \pm \theta_A \qquad\qquad (2\text{-}13)$$

$$\kappa_{re}' = \kappa_r' \mp \theta_A$$

式中　θ_A——进给方向的垂线与刀柄中心线的夹角。

此外，在加工凸轮轴类零件时，由于工件加工表面为非圆柱表面，因此在工件的旋转过程中，工作切削平面 p_{se} 和工作基面 p_{re} 的方位随凸轮曲线的形状而变，因而刀具的工作前、后角也发生相应的变化，如图 2-14 所示。

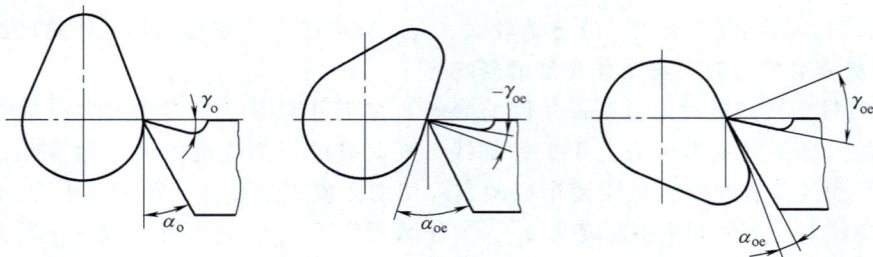

图 2-14　加工表面形状对刀具角度的影响

第三节　金属切削过程

金属切削过程是指将工件上多余的金属层，通过切削加工切除成为切屑从而得到所需要的零件几何形状的过程。在这一过程中，始终存在着刀具切削工件和工件材料抵抗切削的矛盾，从而产生一系列现象，如切削变形、切削力、切削热与切削温度以及有关刀具的磨损与刀具寿命、卷屑与断屑等。对这些现象进行研究，揭示其内在的机理，探索和掌握金属切削过程的基本规律，从而主动地加以有效的控制，对保证加工精度和表面质量，提高切削效率，降低生产成本和劳动强度具有十分重大的意义。

一、金属切削变形区及特点

大量的实验和理论分析证明，塑性金属切削过程中切屑的形成过程，就是切削层金属的变形过程。图 2-15 是用显微镜直接观察低速直角自由切削工件得到的金属切削过程中的滑移线和流线示意图。流线表示被切削金属的某一点在切削过程中流动的轨迹。由图 2-15 可见，切削层金属的变形大致可划分为三个变形区。

1. 第一变形区（Ⅰ区）

从 OA 线（称始滑移线）开始发生塑性变形，到 OM 线（称终滑移线）晶粒的剪切滑

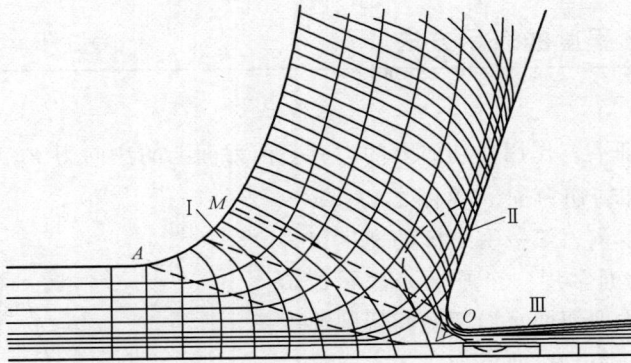

图 2-15 金属切削过程中的滑移线和流线示意图

移基本完成，这一区域称为第一变形区。

2. 第二变形区（Ⅱ区）

切屑沿前刀面排出时进一步受到前刀面的挤压和摩擦，使靠近前刀面处的金属纤维化，纤维化方向基本上和前刀面平行，这一区域称为第二变形区。

3. 第三变形区（Ⅲ区）

已加工表面受到切削刃钝圆部分和后刀面的挤压与摩擦，产生变形和回弹，造成表层金属纤维化与加工硬化，这一区域称为第三变形区。

在第一变形区内金属变形的主要特征是剪切变形。追踪切削层上任一点 P，可以观察切削的变形和形成过程，如图 2-16 所示。当切削层中金属某点 P 向切削刃逼近，到达点 1 时，此时其切应力达到材料的屈服强度 τ_s。过点 1 后，P 点在向前移动的同时，也沿 OA 滑移，其合成运动使点 1 流动到点 2。2—2′为滑移量。随着滑移量的增加，切应变将逐渐增加，直到当 P 点移动到超过 4 点位置后，其流动方向与前刀面平行，不再沿 OM 线滑移，OA 称为始滑移线，OM 称为终滑移线。在 OA 到 OM 之间的第一变形区内，其变形的主要特征是沿滑移线的剪切滑移变形以及随之产生的加工硬化。

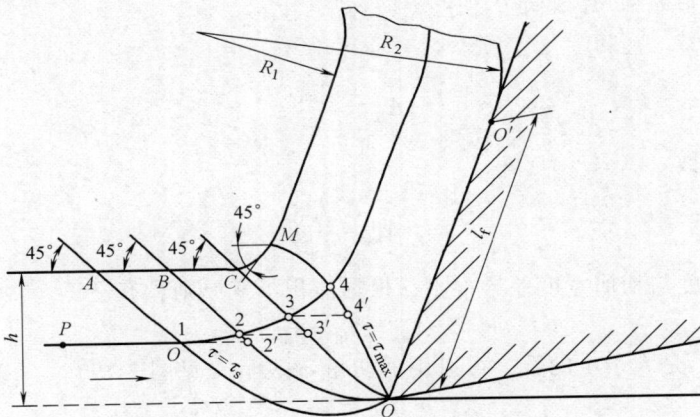

图 2-16 第一变形区金属的滑移

二、切削变形程度的表示方法

1. 剪切角

在直角自由切削下，作用在切屑上的力有：前刀面上的法向力 F_n 和摩擦力 F_f；剪切面上的法向力 F_{ns} 和剪切力 F_s（见图 2-17）。

在一般切削速度内，第一变形区的宽度仅为 $0.02 \sim 0.2\text{mm}$，因此通常用一个平面来表示这个变形区，该平面称为剪切面。剪切面和切削速度方向的夹角称为剪切角，以 ϕ 表示。

根据材料力学原理可得

$$\phi + \beta - \gamma_o = \frac{\pi}{4}$$

即

$$\phi = \frac{\pi}{4} - \beta + \gamma_o \qquad (2\text{-}14)$$

式中，β 为 F_n 和 F 的夹角，称为摩擦角；γ_o 为前角。

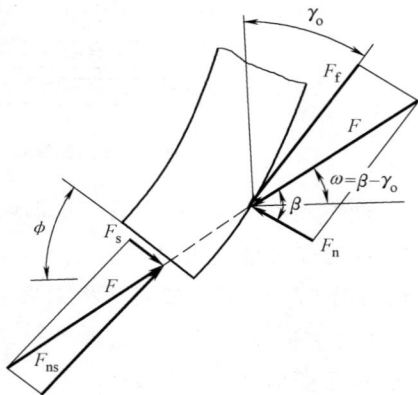

图 2-17 作用在切屑上的力

由式（2-14）可知：

1）当 γ_o 增大时，ϕ 角随之增大，变形减小。可见在保证切削刃强度前提下，加大刀具前角对切削过程是有利的。

2）当 β 增大时，ϕ 角随之减小，变形增大。故仔细研磨刀面，以及使用切削液以减少前刀面上的摩擦对切削过程同样是有利的。

2. 变形系数

切削时，切屑厚度 h_{ch} 通常都要大于切削厚度 h，而切屑长度 l_{ch} 却小于切削长度 l_c，如图 2-18 所示。切屑厚度与切削厚度之比称为厚度变形系数 Λ_{ha}；而切削长度与切屑长度之比称为长度变形系数 Λ_{hl}，即

厚度变形系数

$$\Lambda_{ha} = \frac{h_{ch}}{h} \qquad (2\text{-}15)$$

长度变形系数

$$\Lambda_{hl} = \frac{l_c}{l_{ch}} \qquad (2\text{-}16)$$

由于切削宽度与切屑宽度差异很小，根据体积不变原则，有

$$\Lambda_{ha} = \Lambda_{hl} = \Lambda_h$$

变形系数 Λ_h 是大于 1 的数，可以用剪切角 ϕ 表示（见图 2-19）

$$\Lambda_h = \frac{h_{ch}}{h} = \frac{\overline{OM}\cos(\phi - \gamma_o)}{\overline{OM}\sin\phi} = \frac{\cos(\phi - \gamma_o)}{\sin\phi} \qquad (2\text{-}17)$$

变形系数直观地反映了切屑的变形程度，Λ_h 越大，变形越大。而且 Λ_h 容易测量，但很粗略。Λ_h 与剪切角 ϕ 有关，ϕ 增大，Λ_h 减小，切削变形减小。

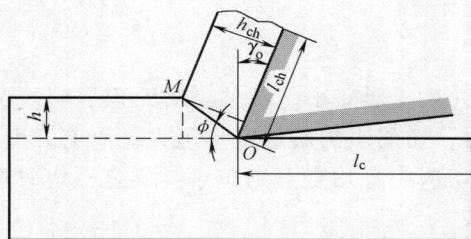

图 2-18　变形系数 Λ_h 的计算

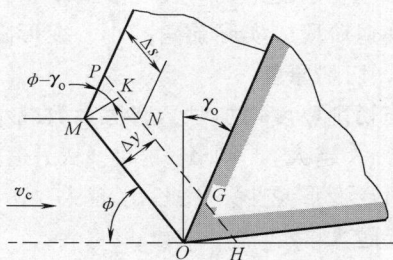

图 2-19　剪切变形示意图

3. 切应变

切削过程中金属变形主要是剪切滑移，那么采用切应变即相对滑移 ε 来衡量变形程度，应该说是比较合理的。如图 2-19 所示，当平行四边形 $OHNM$ 发生剪切变形，变为 $OGPM$ 时，其切应变为

$$\varepsilon = \frac{\Delta s}{\Delta y} = \frac{\overline{NP}}{\overline{MK}} = \frac{\overline{NK+KP}}{\overline{MK}} = \frac{\overline{NK}}{\overline{MK}} + \frac{\overline{KP}}{\overline{MK}} = \cot\phi + \tan(\phi - \gamma_o)$$

或

$$\varepsilon = \frac{\cos\gamma_o}{\sin\phi\cos(\phi - \gamma_o)} \tag{2-18}$$

三、影响切削变形的因素

1. 工件材料

工件材料强度越高，切削变形越小。这是因为工件材料强度越高，摩擦系数 μ 越小。根据式（2-14）和式（2-17）两式可知，μ 减小时（$\mu = \tan\beta$），剪切角 ϕ 将增大，于是变形系数 Λ_h 将减小。

工件材料的塑性也是影响切削变形的主要因素。如碳素钢的塑性越大，抗拉强度和屈服强度越低，在较小的应力条件下就开始产生塑性变形。在相同的切削条件下，工件材料的塑性越大，切削变形就越大。例如，12Cr18Ni9 和 45 钢的强度近似，但前者伸长率大得多，切削时切削变形大，易黏刀且不易断屑。

2. 刀具前角

刀具前角越大，切削变形越小。这是因为当 γ_o 增加时，根据式（2-14），剪切角 ϕ 增大，因而变形系数 Λ_h 减小。另外，γ_o 增大使摩擦角 β 增加，导致 ϕ 减小，但其影响比 γ_o 增加的影响小，结果还是 Λ_h 随 γ_o 的增大而减小。

3. 切削速度

在无积屑瘤的切削速度范围内，切削速度越高，则变形系数越小。这有两方面原因：其一是因为塑性变形的传播速度较弹性变形的慢，切削速度越高，切削变形越不充分，导致变形系数下降；其二是 v_c 对 μ 有影响，除低速区外，v_c 增大，则 μ 减小，因此变形系数减小。在有积屑瘤的切削速度范围内，切削速度的影响是通过积屑瘤所形成的实际前角来影响切削变形的。在积屑瘤增长阶段，实际前角增大，因而 v_c 增加时 Λ_h 减小。在积屑瘤消退阶段，实际前角减小，变形随之增大。

4. 切削厚度

当切削厚度增加时，摩擦系数减小，ϕ 增大，变形变小。可见，在无积屑瘤情况下，f 越大（h 越大），则 Λ_h 越小。从另一方面来看，切屑中的底层变形最大，离前刀面越远的切屑层变形越小。因此，f 越大（h 越大），切屑中平均变形则越小；反之，切屑越薄，变形量越大。

四、前刀面上的摩擦与积屑瘤

1. 前刀面上的摩擦

塑性金属在切削过程中，切屑与前刀面之间压力很大，再加上几百摄氏度的高温，实际上切削底层与前刀面呈黏结状态。故切屑与前刀面之间不是一般的外摩擦，而是切屑与前刀面黏结层与其上层金属之间的内摩擦，即金属内部的滑移剪切，它不同于外摩擦（外摩擦力的大小与摩擦系数以及正压力有关，与接触面积无关），而是与材料的流动应力特征以及黏结面积大小有关。

图 2-20 表示切屑和前刀面摩擦时的情形。刀-屑接触部分分为两个区域，黏结区域为内摩擦，滑动区域为外摩擦。图中也表示出了整个刀-屑接触区上正应力 σ_γ 的分布，显然金属的内摩擦力要比外摩擦力大得多，因此，应着重考虑内摩擦。

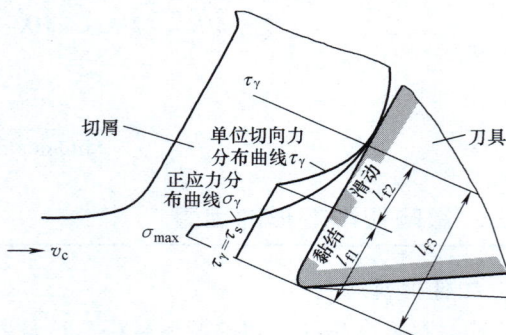

图 2-20　切屑和前刀面摩擦情况示意图

令 μ 为前刀面上的平均摩擦系数，则

$$\mu = \frac{F_f}{F_n} \approx \frac{\tau_s A_{f1}}{\sigma_{av} A_{f1}} = \frac{\tau_s}{\sigma_{av}} \tag{2-19}$$

式中　A_{f1}——内摩擦部分的接触面积；

　　　σ_{av}——内摩擦部分的平均正应力；

　　　τ_s——工件材料的剪切屈服强度。

由于 τ_s 随切削温度升高略有下降，σ_{av} 随材料硬度、切削厚度及刀具前角而变化，其变化范围较大，因此，μ 是一个变数。

2. 积屑瘤

（1）积屑瘤现象及其产生原因

1）积屑瘤现象。在切削速度不高而又能形成连续性切屑的情况下，加工钢料等塑性材料时，常在前刀面切削处黏着一块剖面呈三角状的硬块，这块冷焊在前刀面上的金属称为积屑瘤（见图 2-21）。它的硬度很高（通常是工件材料的 2~3 倍），在处于稳定状态时，能够代替切削刃进行切削。

2）积屑瘤产生原因。切削加工时，切屑与前刀面发生强烈摩擦而形成新鲜表面接触。当接触面具有适当的温度和较高的压力时就会产生黏结（冷焊）。于是，切屑底层金属与前刀面冷焊而滞留在前刀面上。连续流动的切屑从黏在刀面的底层上流过时，在温度、压力适当的情况下，也会被阻滞在底层上，使黏结层逐层在前一层上积聚，最后长成积屑瘤。

积屑瘤的产生及其积聚程度与金属材料的硬化性质有关，也与刃前区的温度和压力状况有关。一般情况下，材料的加工硬化趋势越强，越易产生积屑瘤；刃前区的温度和压力太低，不会产生积屑瘤；如温度太高，产生弱化作用，也不会产生积屑瘤。对碳素钢，在 300~500℃ 时积屑瘤最高，到 500℃ 以上时趋于消失。积屑瘤高度与切削速度的关系如图 2-22 所示。在低速区 I 中不产生积屑瘤；在区 II 中积屑瘤高度随切削速度增加而加大至最大值；在区 III 内积屑瘤高度随切削速度增加而减小；在区 IV 内积屑瘤不再产生。

（2）积屑瘤对切削过程的影响及其控制

1）增大前角。积屑瘤黏结在前刀面上，加大了刀具的实际前角，可使切削力减小。积屑瘤越高，实际前角越大。

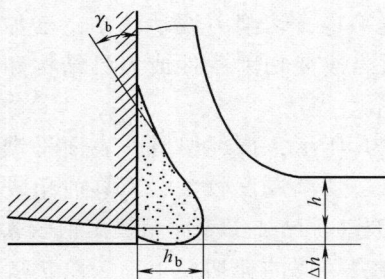

图 2-21 积屑瘤前角 γ_b 和伸出量 Δh

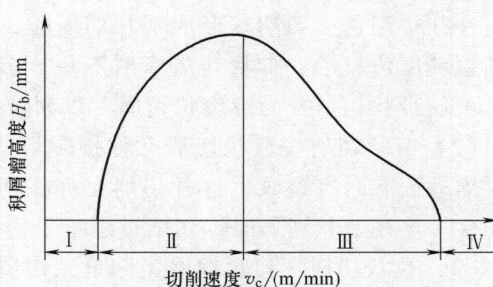

图 2-22 积屑瘤高度与切削速度关系示意图

2）增大切削厚度。如图 2-21 所示，积屑瘤使刀具切入深度增加了 Δh。由于积屑瘤的产生、成长与脱落是一个周期性过程，Δh 变化有可能引起振动。

3）增大已加工表面粗糙度值。积屑瘤的顶部很不稳定，易破裂，其破裂的部分碎片可能留在已加工表面上；积屑瘤凸出切削刃部分使加工表面变得粗糙。

4）影响刀具使用寿命。积屑瘤相对稳定时，可代替切削刃切削，能提高刀具使用寿命；但在不稳定时，积屑瘤的破裂有可能导致刀具的剥落磨损。

（3）抑制或避免积屑瘤的措施　显然，积屑瘤有利有弊。粗加工时，对精度和表面粗糙度要求不高，如果积屑瘤能稳定生长，则可以代替刀具进行切削，保护了刀具，同时减小了切削变形。在精加工时应避免或减小积屑瘤，其措施有：

1）控制切削速度，尽量避开易生成积屑瘤的中速区。

2）使用润滑性能好的切削液，以减小摩擦。

3）增大刀具前角，以减小刀-屑接触区压力。

4）提高工件材料硬度，减少加工硬化倾向。

五、切屑的种类与控制

1. 切屑的基本类型

由于工件材料不同，变形情况也不同，因而产生的切屑种类也就多种多样。切屑主要分为带状切屑、节状切屑、粒状切屑、崩碎切屑四种类型，如图 2-23 所示。

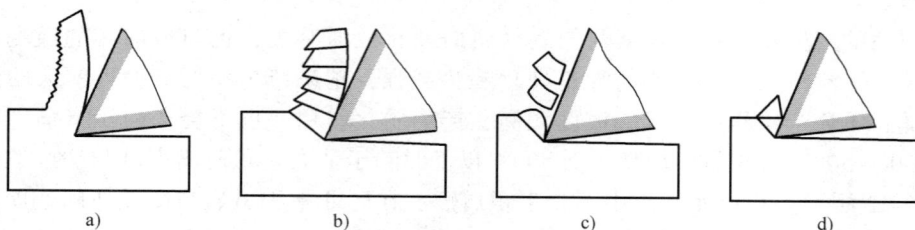

图 2-23　切屑类型

a）带状切屑　b）节状切屑　c）粒状切屑　d）崩碎切屑

（1）带状切屑　如图 2-23a 所示，带状切屑连续不断呈带状，内表面是光滑的，外表面是毛茸的。一般加工塑性金属材料，当切削厚度较小、切削速度较高、刀具前角较大时，往往得到这类切削。形成带状切屑时，切削过程较平稳，切削力波动较小，已加工表面粗糙度值较小。带状切屑断屑不便，影响加工，适当改变切削条件或刀具结构和角度，可使带状切屑变为螺旋状切屑，以利断屑。

（2）节状切屑　节状切屑又称挤裂切屑。如图 2-23b 所示，挤裂切屑外表面呈锯齿形，内表面有时有裂纹。这种切削大都在切削速度较低、切削厚度较大、刀具前角较小时产生。出现节状切屑时，切削过程不平稳，切削力有波动，已加工表面粗糙度值较大。

（3）粒状切屑　粒状切屑又称单元切屑。如果在挤裂切屑的剪切面上，裂纹扩展到整个面上，则切屑被分割成梯形状的单元切屑，如图 2-23c 所示。当切削塑性材料，在切削速度极低时产生这种切屑。出现粒状切屑时，切削力波动大，已加工表面粗糙度值大。

（4）崩碎切屑　切削脆性材料时，被切金属层在前刀面的推挤下未经塑性变形就在拉应力作用下脆断，形成不规则的崩碎切屑，如图 2-23d 所示。形成崩碎切屑时，切削力幅度小，但波动大，加工表面凹凸不平。加工脆性材料，切削厚度越大越易得到这类切屑。

前三种切屑是加工塑性金属时常见的切屑类型。形成带状切屑时，切削过程最平稳。形成粒状切屑时，切削力波动最大。在形成节状切屑的情况下，若减小前角、降低切削速度或加大切削厚度，就可以变成粒状切屑；反之，若加大前角、提高切削速度或减小切削厚度，则可以得到带状切屑。这说明切屑的形态是可以随切削条件而相互转化的。掌握其变化规律，就可以控制切屑的变形、形态和尺寸，以实现断屑。

2. 切屑的控制

在生产实践中存在不同的排屑情况。有的切屑卷成螺旋状，到一定长度时自行折断；

有的切屑弯成 C 形；有的呈发条状卷屑；有的碎成针状或小片，四处飞溅，影响安全；有的带状切屑缠绕在刀具和工件上，易造成事故。不良的排屑状态会影响生产的正常运行，因此切屑的控制具有重要意义，这在自动化生产线上加工时尤为重要。

切屑经第Ⅰ、第Ⅱ变形区的剧烈变形后，硬度增加，塑性下降，性能变脆。在切屑排出过程中，当碰到刀具后刀面、工件上过渡表面或待加工表面等障碍时，如某一部分的应变超过了切屑材料的断裂应变值，切屑就会折断。图 2-24 所示为切屑碰到工件或刀具后刀面折断的情况。

研究表明，工件材料脆性越大（断裂应变值越小）、切削厚度越大、切削卷曲半径越小，切屑就越容易折断。生产中可采用以下措施对切屑实施控制。

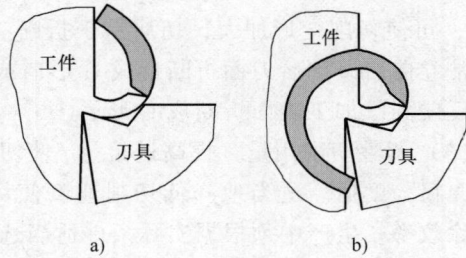

图 2-24   切屑碰到工件或刀具后刀面折断的情况
a）切屑碰到工件折断   b）切屑碰到刀具后刀面折断

（1）采用断屑槽   通过设置断屑槽对流动中的切屑施加一定的约束力，使切屑应变增大，切屑卷曲半径减小。断屑槽的尺寸参数应与切削用量的大小相适应，否则会影响断屑效果。常用的断屑槽截面形状有折线形、直线圆弧形和全圆弧形，如图 2-25 所示。前角较大时，采用全圆弧形断屑槽刀具的强度较好。断屑槽位于前刀面上的形式有平行、外斜、内斜三种，如图 2-26 所示。外斜式常形成 C 形屑，能在较宽的切削用量范围内实现断屑；内斜式常形成长紧螺卷屑，但断屑范围窄；平行式的断屑范围居于上述两者之间。

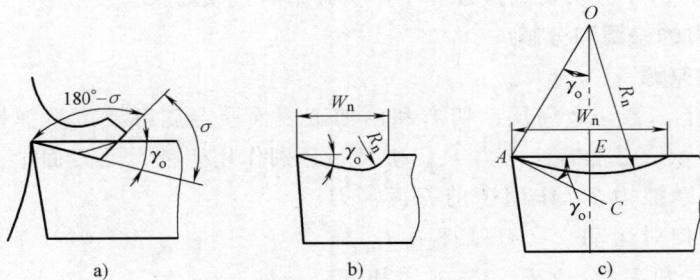

图 2-25   断屑槽截面形状
a）折线形   b）直线圆弧形   c）全圆弧形

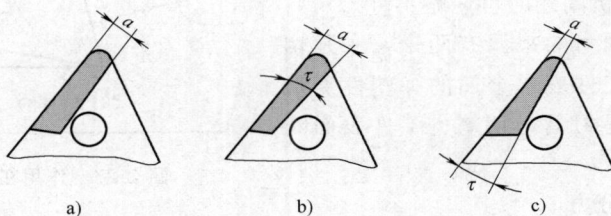

图 2-26   前刀面上的断屑槽形状
a）平行式   b）外斜式   c）内斜式

由于磨槽与压块的调整工作一般是由操作者单独进行的，因此使用效果取决于他们的经验与技术水平，往往难以获得满意的效果。一个可行的而且较为理想的解决方法就是结合推广使用可转位刀具，由专业化的刀具生产厂家集中解决合理的槽形设计和精确的制造工艺问题。

（2）改变刀具角度 增大刀具主偏角 κ_r，切削厚度变大，有利于断屑。减小刀具前角 γ_o，可使切削变形加大，切屑易于折断。刃倾角 λ_s 可以控制切屑的流向，为正值时，切屑常卷曲后碰到后刀面折断形成 C 形屑或自然流出形成螺卷屑；λ_s 为负值时，切屑常卷曲后碰到已加工表面折断成 C 形屑。

（3）调整切削用量 提高进给量 f 使切削厚度增大，对断屑有利；但增大 f 会增大加工表面粗糙度值。适当地降低切削速度使切削变形增大，也有利于断屑，但这会降低材料切除效率。生产中须根据实际条件适当选择切削用量。

第四节 切削力和切削功率

一、切削力

切削加工中，刀具作用到工件上的力称切削力。切削力是一个重要参数。在切削过程中，切削力直接影响切削热、刀具磨损与使用寿命、加工精度和已加工表面质量。在生产中，切削力又是计算切削功率，以及设计机床、刀具、夹具的必要依据。因此，研究切削力的规律，对于分析切削过程和生产实际都有重要意义。

（一）切削力的来源和分解

1. 切削力的来源

在刀具作用下，被切金属层、切屑和已加工表面层金属都要产生弹性变形和塑性变形。如图 2-27 所示，必然有法向力 $F_{\gamma N}$ 和 $F_{\alpha N}$ 分别作用于前、后刀面上；由于切屑沿前刀面流出，故有摩擦力 F_γ 作用于前刀面；刀具与工件之间有相对运动，又有摩擦力 F_α 作用于后刀面，$F_{\gamma N}$ 和 F_γ 合成 $F_{\gamma,\gamma N}$，$F_{\alpha N}$ 和 F_α 合成 $F_{\alpha,\alpha N}$，$F_{\gamma,\gamma N}$ 和 $F_{\alpha,\alpha N}$ 再合成 F，F 就是作用在刀具上的总切削力。对于锋利的刀具，$F_{\alpha N}$ 和 F_α 很小，分析问题时可忽略不计。

综上所述，切削力的来源有两个：一是切削层金属、切屑和工件表层金属的弹塑性变形所产生的抗力；二是刀具与切屑、工件表面间的摩擦阻力。

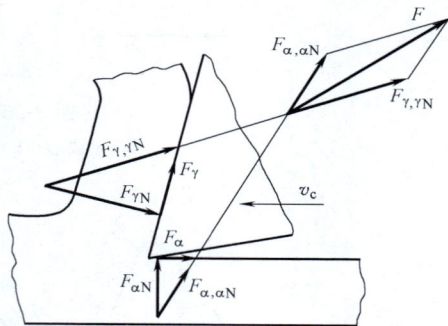

图 2-27 作用在刀具上的力

2. 切削合力和分力

如图 2-28 所示，以车削外圆为例，忽略副切削刃的切削作用及其他影响因素，合力 F 在刀具的正交平面内。为了便于测量和应用，可以将 F 分解为三个相互垂直的分力。

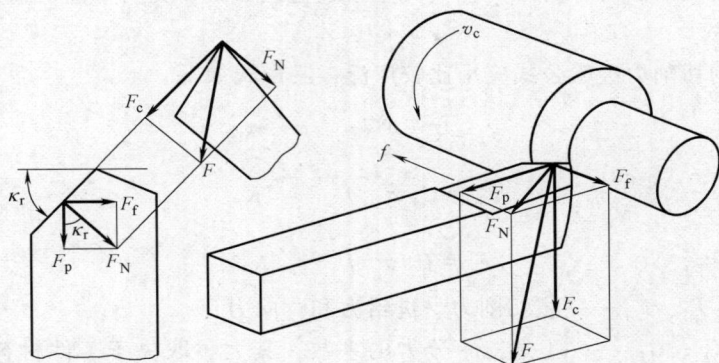

图 2-28 切削合力和分力

主切削力 F_c ——它垂直于基面，与切削速度 v_c 的方向一致，又称为切向力。F_c 是计算切削功率和设计机床的主要参数。

背向力 F_p ——它处于基面内，并与进给方向相垂直。F_p 会使机床工艺系统（包括机床、刀具和工件）产生变形，对加工精度和已加工表面质量影响较大。

进给力 F_f ——它在基面内，并与进给方向相平行。F_f 是设计机床进给机构或校核其强度的主要参数。

由图 2-28 可知

$$F = \sqrt{F_c^2 + F_N^2} = \sqrt{F_c^2 + F_p^2 + F_f^2} \tag{2-20}$$

F_p、F_f 与 F_N 有如下关系

$$F_p = F_N \cos\kappa_r$$
$$F_f = F_N \sin\kappa_r \tag{2-21}$$

一般情况下，F_c 值最大，F_p 为 $(0.15 \sim 0.7)F_c$，F_f 为 $(0.1 \sim 0.6)F_c$。

（二）切削力的理论公式

由于工件与后刀面的接触情况较复杂，且具有随机性，应力状态也较复杂，因此后刀面上的切削力定量计算比较困难。但试验表明：当刀具保持锋利状态时，后刀面上的切削力仅占总切削力的 3%~4%，因此可以忽略后刀面上的切削力，可推导出主切削力的计算公式为

$$F_c = F\cos(\beta - \gamma_o) = \frac{\tau hb\cos(\beta - \gamma_o)}{\sin\phi\cos(\phi + \beta - \gamma_o)} \tag{2-22}$$

此式称为主切削力的理论公式。

由式（2-22）可看出，F_c 可以计算出来，但准确性很差。这是由于影响切削力的各项因素难以确定，只好做很多假设。为了准确计算切削力就必须依靠试验测定方法，但切削力的理论公式也十分有用，它能够揭示影响切削力诸因素之间的内在联系，有助于分析问题。

（三）切削力的经验公式

目前生产实际中采用的切削力计算公式都是通过大量的试验和数据处理而得到的经

验公式。经验公式一般可分为两类：一类是指数公式；另一类用单位切削力计算。

1. 指数公式

指数形式的切削力经验公式应用比较广泛，其形式如下

$$F_c = C_{F_c} a_p^{X_{F_c}} f^{Y_{F_c}} v_c^{Z_{F_c}} K_{F_c} \tag{2-23}$$

$$F_p = C_{F_p} a_p^{X_{F_p}} f^{Y_{F_p}} v_c^{Z_{F_p}} K_{F_p} \tag{2-24}$$

$$F_f = C_{F_f} a_p^{X_{F_f}} f^{Y_{F_f}} v_c^{Z_{F_f}} K_{F_f} \tag{2-25}$$

式中　　　F_c、F_f、F_p——主切削力、进给力和背向力；

C_{F_c}、C_{F_f}、C_{F_p}——上述三个分力的系数，其大小取决于工件材料和切削条件的系数；

X_{F_c}、Y_{F_c}、Z_{F_c}、X_{F_p}、Y_{F_p}、Z_{F_p}、X_{F_f}、Y_{F_f}、Z_{F_f}——三个分力中背吃刀量 a_p、进给量 f 和切削速度 v_c 的指数；

K_{F_c}、K_{F_f}、K_{F_p}——实际加工条件与经验公式的试验条件不符时，各种因素对各切削分力的修正系数，这些系数和指数都可以在切削用量手册中查到。

2. 用单位切削力计算

单位切削力 p 是指单位切削面积上的切削力，即

$$p = \frac{F_c}{A} = \frac{F_c}{a_p f} = \frac{F_c}{hb} \tag{2-26}$$

各种工件材料的单位切削力可在有关手册中查到。根据式（2-26）可得主切削力 F_c 的计算公式为

$$F_c = K_{F_c} A p \tag{2-27}$$

式中　　　K_{F_c}——切削条件修正系数，可在有关手册中查到。

（四）影响切削力的因素

1. 工件材料的影响

金属工件材料的强度、硬度越高，材料的剪切强度 τ_s 越大，虽然变形系数 Λ_h 有所下降，但总的切削力还是增大的。强度、硬度相近的材料，若其塑性较大，则与刀具间的摩擦系数 μ 也较大，故切削力也越大。

切削灰铸铁及其他脆性材料时，一般形成崩碎切削，切屑与前刀面的接触长度短，摩擦力小，故切削力较小。

2. 切削用量的影响

（1）背吃刀量和进给量的影响　背吃刀量 a_p 或进给量 f 加大，均使切削力增大，但两者的影响程度不同。a_p 加大时，变形系数 Λ_h 不变，切削力成正比例增大；而 f 加大时，Λ_h 有所下降，故切削力不成正比例增大。在车削力的经验公式中，加工各种材料，a_p 的指数近似为 1，而 f 的指数为 0.75~0.9。因此，切削加工中，若从切削力和切削功率角度考虑，加大进给量比加大背吃刀量有利。

（2）切削速度的影响　在图 2-29 所示的试验条件下加工塑性金属，切削速度 $v_c >$ 27m/min 时，积屑瘤消失，切削力一般随切削速度的增大而减小。这主要是因为随着 v_c 的增大，切削温度升高，μ 下降，从而使 Λ_h 减小。在 $v_c < 27$m/min 时，切削力是受积屑瘤影响而变化的。约在 $v_c = 5$m/min 时已出现积屑瘤，随着切削速度的提高，积屑瘤逐渐增大，刀具的实际前角加大，故切削力逐渐减小；约在 $v_c = 17$m/min 处，积屑瘤最大，切削力最小；当切削速度超过 $v_c = 27$m/min 时，由于积屑瘤减小，使切削力逐步增大。

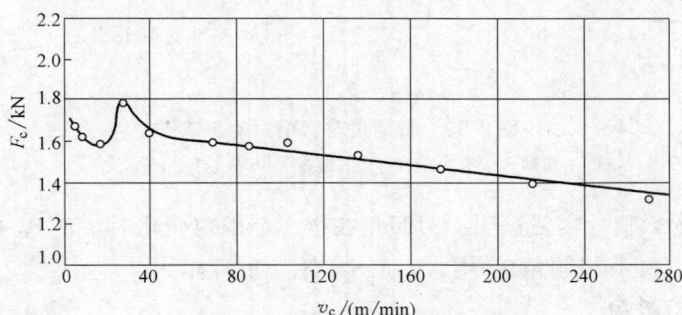

图 2-29　切削速度对切削力的影响

工件材料：45 钢（正火），187HBW；刀具：外圆车刀，材料为 P10；

刀具几何参数：$\gamma_o = 18°$，$\alpha_o = 6° \sim 8°$，$\alpha_o' = 4° \sim 6°$，$\kappa_r = 75°$，
$\kappa_r' = 10° \sim 12°$，$\lambda_s = 0°$，$b_\gamma = 0$，$r_\varepsilon = 0.2$mm；

切削用量：$a_p = 3$mm，$f = 0.25$mm/r。

切削铸铁等脆性材料时，因为金属的塑性变形很小，切屑与前刀面的摩擦也很小，所以切削速度对切削力没有显著的影响。

3. 刀具几何参数的影响

（1）前角的影响　前角 γ_o 加大，变形系数减小，切削力减小。材料塑性越大，前角 γ_o 对切削力的影响越大；而加工脆性材料时，因切削时塑性变形很小，故前角变化对切削力影响不大。

（2）负倒棱的影响　为了提高刀尖部位强度、改善散热条件，常在主切削刃上磨出一个带有负前角 γ_{o1} 的倒棱，其宽度为 $b_{\gamma 1}$，如图 2-30a 所示。负倒棱对切削力的影响与负倒棱面在切屑形成过程中所起作用的大小有关。当负倒棱宽度小于切屑与前刀面接触长度 l_f 时，如图 2-30b 所示，切屑除与倒棱接触外，主要还与前刀面接触，切削力虽有所增大，但增大的幅度不大。当 $b_{\gamma 1} > l_f$ 时，切屑只与负倒棱面接触，相当于用负前角为 γ_{o1} 的车刀进行切削，与不设负倒棱相比，切削力将显著增大。

（3）主偏角的影响　由图 2-28 可知

$$F_p = F_N \cos\kappa_r$$
$$F_f = F_N \sin\kappa_r$$

当主偏角 κ_r 加大时，F_p 减小，F_f 加大。

（4）过渡圆弧刃的影响　在一般的切削加工中，刀尖圆弧半径 r_ε 对 F_p 和 F_f 的影响较大，对 F_c 的影响较小。随着 r_ε 的增大，F_p 增大，F_f 减小，F_c 略有增大。

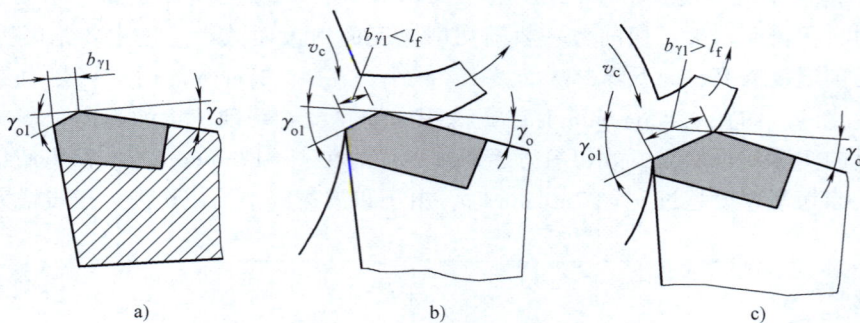

图 2-30　负倒棱对切削力的影响

a）主切削刃带有负前角 γ_{o1} 的倒棱　b）$b_{\gamma1}<l_f$　c）$b_{\gamma1}>l_f$

（5）刃倾角的影响　实践证明，刃倾角在很大范围内变化时，F_c 基本不变，但对 F_p 和 F_f 的影响较大。随着刃倾角 λ_s 增大，F_p 减小，而 F_f 增大。

4. 刀具磨损的影响

后面磨损增大时，后面上的法向力和摩擦力都增大，故切削力增大。

5. 切削液的影响

使用以冷却作用为主的切削液对切削力影响不大，使用润滑作用强的切削液可使切削力减小。

6. 刀具材料的影响

刀具材料与工件材料间的摩擦系数影响摩擦力的大小，导致切削力变化。在其他切削条件完全相同的条件下，一般按立方碳化硼（CBN）刀具、陶瓷刀具、涂层刀具、硬质合金刀具、高速钢刀具的顺序，切削力依次增大。

二、切削功率

切削功率是各切削分力消耗功率的总和。在车削外圆时，F_p 不做功，只有 F_c 和 F_f 做功，因此，切削功率可按下式计算

$$P_c = \left(F_c v_c + \frac{F_f n_w f}{1000} \right) \times 10^{-3} \tag{2-28}$$

式中　P_c——切削功率，单位为 kW；

　　　F_c——主切削力，单位为 N；

　　　v_c——切削速度，单位为 m/s；

　　　F_f——进给力，单位为 N；

　　　n_w——工件转速，单位为 r/s；

　　　f——进给量，单位为 mm/r。

由于 $F_f<F_c$，而 F_f 方向的进给速度又很小，因此 F_f 所消耗的功率很小（<1%），可以忽略不计。因此，一般切削功率可按下式计算

$$P_c = F_c v_c \times 10^{-3} \tag{2-29}$$

根据切削功率选择机床电动机时，还应考虑机床的传动效率。机床电动机的功率应为

$$P_E \geqslant \frac{P_c}{\eta_m} \tag{2-30}$$

式中 η_m ——机床的传动效率，一般取为 0.75~0.85，大值适用于新机床，小值适用于旧机床。

第五节 切削热和切削温度

一、切削热的产生与切削温度

切削热和由它产生的切削温度直接影响刀具的磨损和使用寿命，最终影响工件的加工精度和表面质量。因此，研究切削热和切削温度的产生及变化规律，是研究金属切削过程的重要方面。

在刀具的切削作用下，切削层金属发生弹性变形、塑性变形，这是切削热的一个来源。另外，切屑与前刀面、工件与后刀面间消耗的摩擦功也将转化为热能，这是切削热的另一个来源。切削过程中的三个变形区就是三个发热区域，如图 2-31 所示。

切削时所消耗的能量有 98%~99%转换为切削热，若忽略进给运动所消耗的能量，则单位时间内产生的切削热

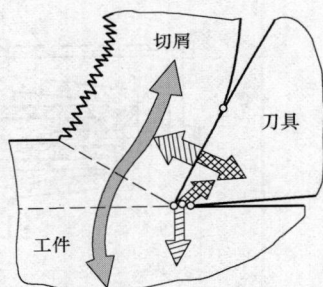

图 2-31 切削热的产生与传导

$$Q = F_c v_c \tag{2-31}$$

式中 Q ——单位时间内产生的切削热，单位为 J/s；
  F_c ——主切削力，单位为 N；
  v_c ——切削速度，单位为 m/s。

切削热由切屑、工件、刀具及周围的介质（空气，切削液）向外传导。影响散热的主要因素是：

（1）工件材料的热导率 工件材料的热导率高，由切屑和工件传导出去的热量就多，切削区温度低。工件材料的热导率低，切削热传导慢，切削区温度高，刀具磨损快。

（2）刀具材料的热导率 刀具材料的热导率高，切削区的热量向刀具内部传导快，可以降低切削区的温度。

（3）周围介质 采用冷却性能好的切削液能有效地降低切削区的温度。

据有关资料介绍，由切屑、刀具、工件和周围介质传出的热量的比例大致为：

车削时：50%~86%由切屑带走，10%~40%传入车刀，3%~9%传入工件，1%左右传入空气。

钻削时：28%由切屑带走，14.5%传入刀具，52.5%传入工件，5%传入周围介质。

二、切削温度的测量

测量切削温度的方法很多，有热电偶法、辐射热计法、热敏电阻法等。目前常用的是热电偶法，它简单、可靠、使用方便。用热电偶法测量切削温度有自然热电偶法和人工热电偶法两种方法。

1. 自然热电偶法

图 2-32 所示为用自然热电偶法测量切削温度的示意图。利用工件材料和刀具材料化学成分不同组成热电偶的两极。切削区温度升高后，形成热电偶的热端；刀具尾端及工件引出端保持室温，形成热电偶的冷端。热端和冷端之间有热电势产生，热电势的大小与切削温度高低有关，因此可通过测量热电势来测量切削温度。测量前，须对该热电偶输出电压与温度之间的对应关系做出标定。根据标定曲线，即可由毫伏计的输出电压示值求得与之相对应的切削温度值。用自然热电偶法测得的温度是切削区的平均温度。

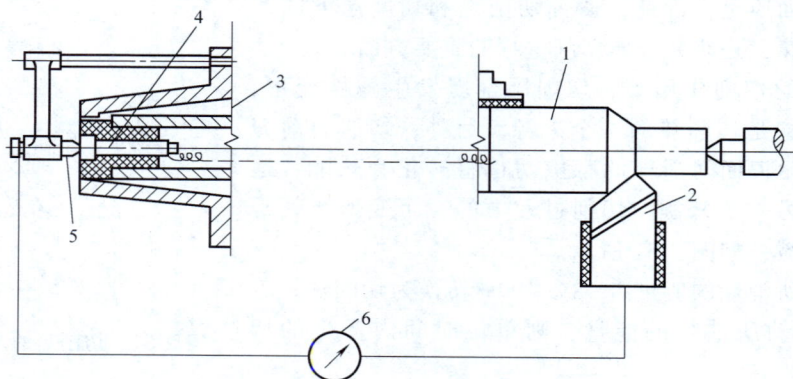

图 2-32 自然热电偶法测量切削温度示意图

1—工件　2—车刀　3—车床主轴尾部　4—铜接线柱　5—铜顶尖（与支架绝缘）　6—毫伏计

2. 人工热电偶法

图 2-33 所示为用人工热电偶法测量切削温度的示意图。用两种预先经过标定的金属丝组成热电偶，它的热端焊接在测温点上，冷端接在毫伏表上。用这种方法测得的是某一点的温度。

三、刀具上切削温度的分布规律

由于刀具上各点与三个变形区（三个热源）的距离各不相同，因此刀具上不同点处获得热量和传导热量的情况也就不相同，结果使各个刀面上的温度分布不均匀。应用人工热电偶法测温，并辅以传热学得到的刀具、切屑和工件上的切削温度分布情况，如图 2-34 和图 2-35 所示。

切削塑性材料时，刀具上温度最高处是在距离刀尖一定长度的地方，该处由于温度

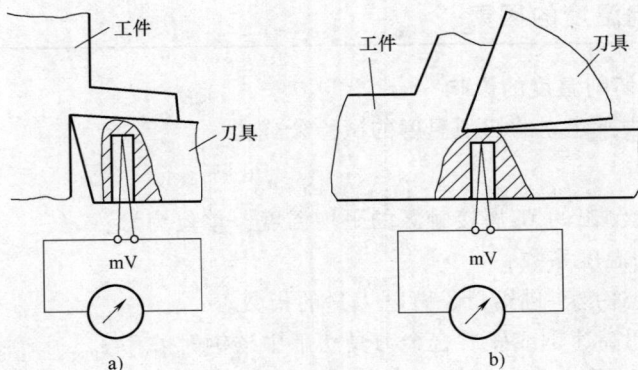

图 2-33　用人工热电偶法测量刀具、工件温度的示意图

a）测刀具　b）测工件

高而首先开始磨损。这是因为切屑沿前刀面流出，当热量积累得越来越多，而热传导又十分不利时，在距离刀尖一定长度的地方的温度就达到最大值。图 2-35 表示了切削塑性材料时刀具前刀面上切削温度的分布情况。而在切削脆性材料时，第一变形区的塑性变形不太显著，且切屑呈崩碎状，与前刀面接触长度大大减小，使第二变形区的摩擦减小，切削温度不易升高，只有刀尖与工件摩擦，即只有第三变形区产生的热量是主要的。因而可以肯定：切削脆性材料时，最高切削温度将在刀尖处且靠近后刀面的地方，磨损也将首先从此处开始。

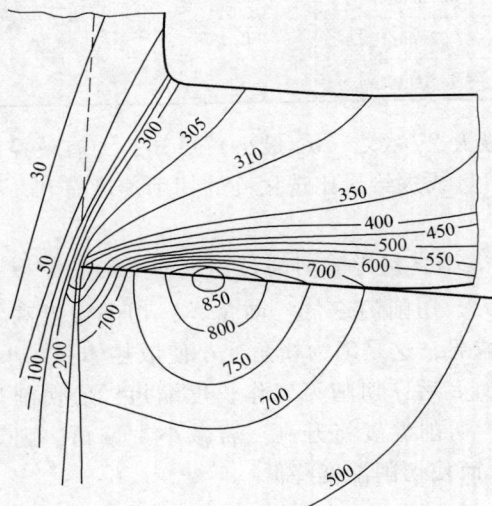

图 2-34　刀具、切屑和工件的温度分布（单位为℃）

工件材料：GCr15；刀具：P20 车刀，$\gamma_o = 0°$

切削层参数和切削用量：$b = 5.8\text{mm}$，$h = 0.35\text{mm}$，$v_c = 80\text{m/min}$

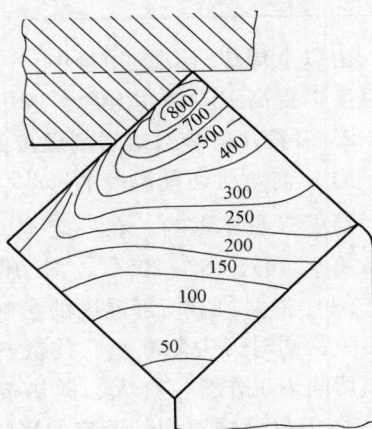

图 2-35　刀具前刀面上的切削温度分布（单位为℃）

工件材料：GCr15；刀具：P20 车刀

切削用量：$a_p = 4.1\text{mm}$，$f = 0.5\text{mm}$，$v_c = 80\text{m/min}$

四、影响切削温度的因素

1. 切削用量对切削温度的影响

用自然热电偶法所建立的切削温度的试验公式为

$$\theta = C_\theta v_c^{z_\theta} f^{y_\theta} a_p^{x_\theta} \tag{2-32}$$

式中 θ——试验测出的刀-屑接触区的平均温度，单位为℃；

         C_θ——切削温度系数；

z_θ、y_θ、x_θ——切削速度、进给量、背吃刀量的指数。

由试验得出的用高速钢或硬质合金刀具切削中碳钢时 C_θ、z_θ、y_θ、x_θ 值列于表 2-1。

由式（2-32）及表 2-1 可知：v_c、f、a_p 增大时，变形和摩擦加剧，切削功增大，切削温度升高。但影响程度不一，以 v_c 最为显著，f 次之，a_p 最小。原因是：v_c 增大，前刀面的摩擦热来不及向切屑和刀具内部传导，因此 v_c 对切削温度影响最大；f 增大，切屑变厚，切屑的热容量增大，由切屑带走的热量增多，因此 f 对切削温度的影响不如 v_c 显著；a_p 增大，切削刃工作长度增大，散热条件改善，故 a_p 对切削温度的影响相对较小。

表 2-1 切削温度公式中的 C_θ、z_θ、y_θ、x_θ 值

刀具材料	加工方法	C_θ	z_θ	y_θ	x_θ
高速钢	车削	140~170	0.35~0.45	0.2~0.3	0.08~0.10
	铣削	80			
	钻削	150			
硬质合金	车削	320	0.41（当 f=0.1mm/r 时）	0.15	0.05
			0.31（当 f=0.2mm/r 时）		
			0.26（当 f=0.3mm/r 时）		

由以上规律（切削用量中，v_c 对 θ 影响最大，f 次之，a_p 最小）可知，为有效控制切削温度以提高刀具使用寿命，选用大的背吃刀量或进给量比选用高的切削速度有利。

2. 刀具几何参数对切削温度的影响

（1）前角对切削温度的影响   前角 γ_o 的大小直接影响切削过程中的变形和摩擦，对切削温度有明显影响。在一定范围内，前角大，切削温度低；前角小，切削温度高；但当前角 γ_o 超过 18°~20°后，对切削温度影响减弱，这是因为楔角变小使散热体积减小。

（2）主偏角对切削温度的影响   主偏角加大后，切削刃工作长度缩短，使切削热相对集中；同时刀尖角减小，使散热条件变差，切削温度将升高。若减小主偏角，则刀尖角和切削刃工作长度加大，散热条件改善，从而使切削温度降低。

3. 刀具磨损对切削温度的影响

刀具磨损后切削刃变钝，使金属变形增加；同时，刀具后刀面与工件的摩擦加剧，切削温度上升。

4. 工件材料对切削温度的影响

工件材料的硬度和强度越高，切削时所消耗的功越多，产生的切削热越多，切削温

度就越高。工件材料的热导率小时，切削热不易散出，切削温度相对较高。

切削灰铸铁等脆性材料时，金属变形小，切屑呈崩碎状，与前刀面摩擦小，产生的切削热小，故切削温度一般较切削钢料时低。

5. 切削液对切削温度的影响

使用切削液可以从切削区带走大量热量，可以明显降低切削温度，提高刀具使用寿命。

第六节 刀具磨损和使用寿命

刀具在切削过程中因摩擦作用将逐渐磨损。当磨损量达到一定程度时，切削力加大，切削温度上升，切屑颜色改变，甚至产生振动。同时，工件尺寸可能超差，已加工表面质量也明显恶化，此时必须刃磨刀具或更换新刀。有时，刀具也可能在切削过程中突然损坏而失效，造成刀具破损。刀具的磨损、破损及其使用寿命对加工质量、生产率和成本影响极大，因此它是切削加工中极为重要的问题之一。

一、刀具磨损形态

刀具的失效形式主要有磨损和破损两类。刀具磨损是指刀具在正常的切削过程中，由于物理的或化学的作用，使刀具逐渐产生的磨损。显然，在切削过程中，前、后刀面不断与切屑、工件接触，在接触区里存在着强烈的摩擦，同时在接触区里又有很高的温度和压力，随着切削的进行，前、后刀面都将逐渐磨损。刀具磨损呈现为以下三种形式。

1. 前刀面磨损（月牙洼磨损）

切削塑性材料时，如果切削速度和切削厚度较大，在前刀面上经常会磨出一个月牙洼（见图2-36）。月牙洼的位置发生在刀具前刀面上切削温度最高的地方。月牙洼和切削刃之间有一条小棱边。在磨损过程中，月牙洼的宽度、深度不断增大，当月牙洼扩展到使棱边很窄时，切削刃的强度大为削弱，极易导致崩刃。月牙洼磨损量以其最大深度 KT 表示（见图2-37）。

2. 后刀面磨损

由于加工表面和刀具后刀面间存在着强烈的摩

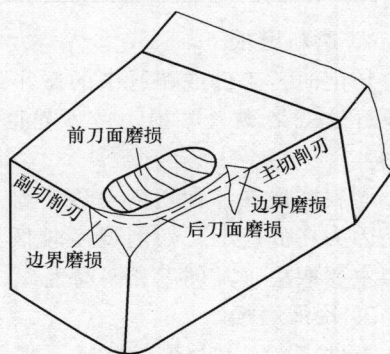

前刀面磨损
副切削刃
主切削刃
边界磨损
后刀面磨损
边界磨损

图 2-36 刀具的磨损形态

擦，在后刀面上毗邻切削刃的地方很快被磨出后角为零的小棱面，这种磨损形式叫作后刀面磨损（见图2-37）。在切削速度较低、切削厚度较小的情况下切削塑性材料或加工脆性材料时，主要发生后刀面磨损。后刀面磨损带往往是不均匀的，刀尖部分（C 区）强度较低，散热条件又差，磨损比较严重，其最大值为 VC。在主切削刃靠近工件外表面处（N 区），由于上道工序的加工硬化层或毛坯表面硬层的影响，被磨成较严重的深沟，以 VN 表示。在后刀面磨损带中间部位（B 区）上，磨损比较均匀，平均磨损带宽度以 VB

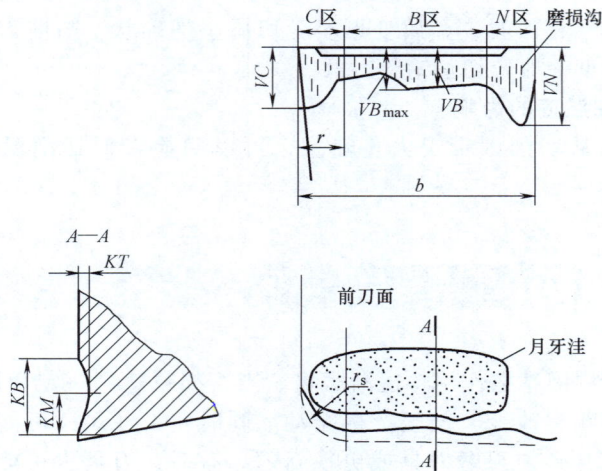

图 2-37　刀具磨损的测量位置

表示，而最大磨损带宽度以 VB_{max} 表示。切削钢料时，常在主切削刃靠近工件外皮处以及副切削刃靠近刀尖处的后刀面上，磨出较深的沟纹，这就是边界磨损（见图 2-36）。加工铸、锻等外皮粗糙的工件，容易发生边界磨损。

3. 前刀面和后刀面同时磨损

这是一种兼有上述两种情况的磨损形式。在切削塑性金属时，经常会发生这种磨损。

二、刀具磨损原因

1. 磨料磨损

切削时，工件或切屑中的微小硬质点以及积屑瘤碎片，不断滑擦前、后刀面，划出沟纹，这就是磨料磨损。像砂轮磨削工件一样，刀具被一层层磨掉。这是一种纯机械作用。

磨料磨损在各种切削速度下都存在，但在低速下磨料磨损是刀具磨损的主要原因。这是因为在低速下，切削温度较低，其他原因产生的磨损不明显。刀具抵抗磨料磨损的能力主要取决于其硬度和耐磨性。

2. 冷焊磨损

工件表面、切屑底面与前、后刀面之间存在着很大的压力和强烈的摩擦，因而它们之间会发生冷焊。由于摩擦副的相对运动，冷焊结将被破坏而被一方带走，从而造成冷焊磨损。

由于工件或切屑的硬度比刀具的低，因此冷焊结的破坏往往发生在工件或切屑一方。但由于交变应力、接触疲劳、热应力以及刀具表层结构缺陷等原因，冷焊结的破坏也会发生在刀具一方，从而造成刀具磨损。这是一种物理作用（分子吸附作用），一般在中等偏低的速度下切削塑性材料时冷焊磨损较为严重。

3. 扩散磨损

在切削过程中，刀具后刀面与已加工表面、刀具前刀面与切屑底面相接触，由于高温和高压作用，刀具材料和工件材料中的化学元素相互扩散，使两者的化学成分发生变化，这种变化削弱了刀具材料的性能，使刀具的磨损加快。例如用硬质合金刀具切钢时，从 800℃ 开始，硬质合金中的 Co、C、W 等元素会扩散到切屑和工件中，硬质合金中 Co 元素的减少，降低了硬质合金硬质相（WC、TiC）的黏结强度，导致刀具磨损加快。扩散磨损在高温下产生，且随温度升高而加剧。

扩散磨损的快慢和程度与刀具材料中化学元素的扩散速率关系密切。如硬质合金中，Ti 的扩散速率远低于 Co、W，故 P 类合金的抗扩散磨损能力优于 K 类合金。硬质合金中添加 Ta、Nb 后形成固溶体，更不易扩散，故具有良好的抗扩散磨损性能。

4. 氧化磨损

当切削温度达到 $700 \sim 800℃$ 时，空气中的氧在切屑形成的高温区与刀具材料中某些成分（Co、WC、TiC）发生氧化反应，产生较软的氧化物（Co_3C_4、CoO、WO_3、TiO_2），从而使刀具表面层硬度下降，较软的氧化物被切屑或工件擦掉而形成氧化磨损。

5. 热电磨损

工件、切屑与刀具由于材料不同，切削时在接触区将产生热电势，这种热电势有促进扩散的作用而加速刀具磨损。这种在热电势的作用下产生的扩散磨损，称为热电磨损。

总之，在不同的工件材料、刀具材料和切削条件下，磨损的原因和强度是不同的。用硬质合金刀具加工钢料时，磨料磨损总是存在，但所占比例不大；在中低切削速度（切削温度）下，以冷焊磨损为主；在高速（高温）情况下，以扩散磨损、氧化磨损和热电磨损为主。

三、刀具磨损过程及磨钝标准

1. 刀具磨损过程

随着切削时间的延长，刀具的后刀面磨损量 VB（或前刀面月牙洼磨损深度 KT）随之增加。图 2-38 所示为典型的刀具磨损曲线，其磨损过程分为三个阶段：

（1）初期磨损阶段　因为新刃磨的刀具切削刃较锋利，其后刀面与加工表面接触面积很小，压应力较大，加之新刃磨的刀具的后刀面存在着微观不平等缺陷，所以这一阶段的磨损很快。一般初期磨损量为 $0.05 \sim 0.10$mm，其大小与刀面刃磨质量有很大关系。经仔细研磨过的刀具，其初期磨损量较小。

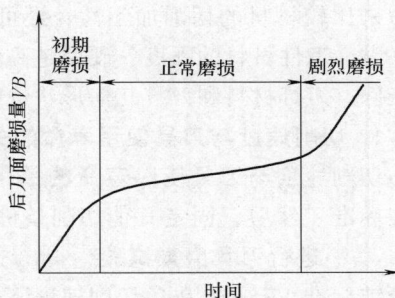

图 2-38　典型的刀具磨损曲线

（2）正常磨损阶段　经初期磨损后，刀具的粗糙表面已经磨平，承压面积增大，压应力减小，从而使磨损速率明显减小，刀具进入正常磨损阶段。这个阶段的磨损比较缓慢均匀。后刀面磨损量随切削时间延长而近似地成比例增加。这是刀具工作的有效阶段。

（3）剧烈磨损阶段　刀具经过正常磨损阶段后，切削刃变钝，切削力、切削温度迅速升高，磨损速度急剧增加，以致刀具损坏而失去切削能力。生产中应该避免达到这个磨损阶段，要在这个阶段到来之前及时更换刀具。

2. 刀具的磨钝标准

刀具磨损到一定限度就不能继续使用。这个磨损限度称为磨钝标准。一般刀具的后刀面上都有磨损，它对加工质量和切削力、切削温度的影响比前刀面磨损显著，同时后刀面磨损量易于测量，因此在金属切削的科学研究中多数按后刀面磨损宽度制定磨钝标准。国际标准化组织（ISO）统一规定以背吃刀量的1/2处后刀面上测量的磨损带宽度作为刀具的磨钝标准。

制订磨钝标准应考虑以下因素：

（1）工艺系统刚性　工艺系统刚性差，VB 应取小值。如车削刚性差的工件，应控制 $VB = 0.3\text{mm}$ 左右。

（2）工件材料　切削难加工材料，如高温合金、不锈钢、钛合金等，一般应取较小的 VB 值，加工一般材料，VB 值可以取大一些。

（3）加工精度和表面质量　加工精度和表面质量要求高时，VB 应取小值。如精车时，应控制 $VB = 0.1 \sim 0.3\text{mm}$。

（4）工件尺寸　加工大型工件，为了避免频繁换刀，VB 应取大值。

四、刀具寿命

刃磨好的刀具自开始切削直到磨损量达到磨钝标准为止的净切削时间，称为刀具使用寿命，以 T 表示。使用寿命指净切削时间，不包括用于对刀、测量、快进、回程等非切削时间。也可以用达到磨钝标准时所走过的切削过程 l_m 来定义使用寿命。显然，$l_m = v_c T$。用刀具使用寿命乘以刃磨次数，得到的就是刀具总寿命。

刀具使用寿命是一个重要参数。在相同切削条件下切削某种工件材料时，可以用使用寿命来比较不同刀具材料的切削性能；同一刀具材料切削各种工件材料，可以用使用寿命来比较材料的切削加工性；还可以用刀具使用寿命来判断刀具几何参数是否合理。通常来讲，工件材料的强度、硬度越高，刀具磨损越快，刀具寿命越短。对于某一切削加工，当工件、刀具材料和刀具几何形状选定之后，切削用量是影响刀具使用寿命的主要因素。

1. 切削速度与刀具使用寿命的关系

切削速度与刀具使用寿命的关系是用试验方法求得的。试验前先选定刀具后刀面的磨钝标准。然后，固定其他切削条件，在常用的切削速度范围内，取不同的切削速度 v_{c1}、v_{c2}、v_{c3}…进行刀具磨损试验，得出在各种速度下的刀具磨损曲线（见图2-39）。根据规定的磨钝标准 VB 求出在各切削速度下所对应的刀具使用寿命 T_1、T_2、T_3…，在双对数坐标纸上定出（T_1、v_{c1}）、（T_2、v_{c2}）、（T_3、v_{c3}）…各点。在一定的切削速度范围内，可发现这些点基本上在一条直线上，这就是刀具的 T-v_c 关系曲线，如图2-40所示。该直线的方程为

$$\lg v_c = -m\lg T + \lg A$$

式中　m——该直线的斜率，$m = \tan\varphi$；

A——当 $T=1\text{s}$（或 1min）时直线在纵坐标上的截距。

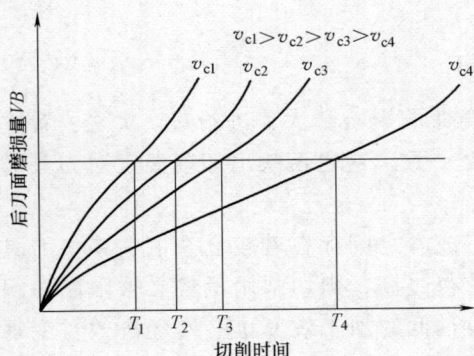

图 2-39　各种速度下的刀具磨损曲线

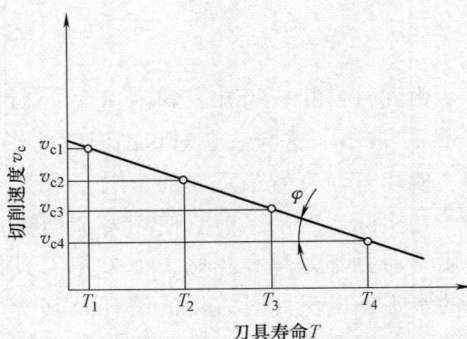

图 2-40　在双对数坐标上的 $T\text{-}v_c$ 曲线

m 及 A 均可以求出，因此 $T\text{-}v_c$ 关系式可以写成

$$v_c=\frac{A}{T^m}\text{或 } v_c T^m=A \qquad (2\text{-}33)$$

$T\text{-}v_c$ 关系式反映了切削速度与刀具使用寿命之间的关系，是选择切削速度的重要依据。指数 m 表示切削速度对刀具使用寿命的影响程度。m 值较小，表示切削速度对刀具使用寿命影响大；m 值较大，表明切削速度对刀具使用寿命的影响小，即刀具材料的切削性能较好。对于高速钢刀具，$m=0.1\sim0.125$；硬质合金刀具，$m=0.1\sim0.4$；陶瓷刀具，$m=0.2\sim0.4$。

2. 进给量、背吃刀量与刀具使用寿命的关系

按照求 $T\text{-}v_c$ 关系式的方法，同样可以求得 $T\text{-}f$ 和 $T\text{-}a_p$ 关系式，即

$$a_p=\frac{C}{T^p} \qquad (2\text{-}34)$$

$$f=\frac{B}{T^n} \qquad (2\text{-}35)$$

式中　B、C ——系数；

　　　n、p ——指数。

综合式（2-33）~式（2-35），可以得到切削用量三要素与刀具使用寿命的关系为

$$T=\frac{C_T}{v_c^{1/m}f^{1/n}a_p^{1/p}} \qquad (2\text{-}36)$$

或

$$v_c=\frac{C_v}{T^m f^{y_v}a_p^{x_v}} \qquad (2\text{-}37)$$

式中　C_T、C_v ——与工件材料、刀具材料和其他切削条件有关的常数，指数 $x_v=m/p$，

　　　$y_v=m/n$。

例如，用 P30 硬质合金车刀切削抗拉强度为 750MPa 的碳钢时，当 $f > 0.75$mm/r 时，切削用量与刀具使用寿命的关系式为

$$T = \frac{C_T}{v_c^5 f^{2.25} a_p^{0.75}} \qquad (2-38)$$

由式（2-38）可知，切削速度 v_c 对刀具使用寿命的影响最大，进给量 f 次之，背吃刀量 a_p 最小。这与三者对切削温度的影响顺序完全一致。这也反映出切削温度对刀具磨损、使用寿命有着最重要的影响。

在实际生产中，刀具使用寿命同生产率和加工成本之间存在着较复杂的关系。刀具使用寿命并不是越高越好，如果把刀具使用寿命选得过高，则切削用量势必被限制在很低的水平，虽然此时刀具的消耗及其费用较少，但过低的加工效率也会使经济效益变得很差。若刀具使用寿命选得过低，虽可采用较高的切削用量使金属切除量增多，但由于刀具磨损加快而使换刀、刃磨的工时和费用显著增加，同样达不到高效率、低成本的要求。因此，一般选择刀具使用寿命时应从三个方面来考虑，即以生产率最高、生产成本最低、利润率最大为目标来优选刀具使用寿命。

一般情况下，应采用最低成本刀具使用寿命。在生产任务紧迫或生产中出现节拍不平衡时，可选用最高生产率刀具使用寿命。

制订刀具使用寿命时，还应具体考虑以下几点：

1）刀具构造复杂、制造和磨刀费用高时，刀具寿命应规定得高些。

2）多刀车床上的车刀，组合机床上的钻头、丝锥和铣刀，自动机及自动线上的刀具，因为调整复杂，刀具寿命应规定得高些。

3）某工序的生产成为生产线上的瓶颈时，刀具寿命应定得低些，这样可以选用较大的切削用量，以加快该工序生产节拍；某工序单位时间的生产成本较高时，刀具寿命应规定得低些，这样可以选用较大的切削用量，缩短加工时间，降低生产成本。

4）精加工尺寸很大的工件时，为避免在加工同一表面时中途换刀，刀具寿命应规定得至少能完成一次走刀。

五、刀具破损

刀具破损和刀具磨损一样，也是刀具失效的一种形式。刀具在一定的切削条件下使用时，如果它经受不住强大的应力，就可能发生突然损坏，使刀具提前失去切削能力，这种情况就称为刀具破损。

1. 刀具破损的主要形式

刀具破损的形式分脆性破损和塑性破损两种。

（1）刀具的脆性破损　硬质合金和陶瓷刀具，在机械应力和热应力冲击下，经常发生以下几种形式的脆性破损：

1）崩刃：指在切削刃上产生的小缺口。

2）碎断：指在切削刃上发生小块碎裂或大块断裂，不能继续正常切削。硬质合金和陶瓷刀具断续切削时常出现这种碎断。

3）剥落：指在前、后刀面上几乎平行于切削刃而剥下一层碎片，经常连切削刃一起剥落，有时也在离切削刃一小段距离处剥落。用陶瓷刀具端铣时常见到这种破损。

4）裂纹破损：指在较长时间连续切削后，由于疲劳而引起裂纹的一种破损。热冲击和机械冲击均会引发裂纹。当这些裂纹不断扩展合并，就会引起切削刃的碎裂或断裂。

（2）刀具的塑性破损　切削时，由于高温和高压的作用，有时在前、后刀面和切屑、工件的接触层上，刀具表层材料发生塑性流动而丧失切削能力，这就是刀具的塑性破损。

刀具的塑性破损直接与刀具材料和工件材料的硬度比有关。硬度比越高，越不容易发生塑性破损。硬质合金、陶瓷刀具的高温硬度高，一般不容易发生这种破损，高速钢刀具因其耐热性较差，就易出现塑性破损。

2. 刀具破损的防止

为了防止或减少刀具破损，在提高刀具材料的强度和抗热振性能的基础上，可以采取以下措施：

1）合理选择刀具材料的牌号，如断续切削刀具，必须具有较高的冲击韧度、疲劳强度和热疲劳抗力。

2）选择合理的刀具角度，通过调整前角、后角、刃倾角和主、副偏角，增加切削刃和刀尖的强度；在切削刃上磨出负倒棱，可以有效地防止崩刃。

3）合理选择切削用量，避免切削力过大和过高的切削温度，以防止刀具破损。

4）保证焊接和刃磨质量，避免因焊接、刃磨不当所产生的各种弊病。

5）尽可能保证工艺系统具有较好的刚性，以减少切削时的振动。

6）尽量使刀具不承受或少承受突变性载荷。

第七节　材料的切削加工性

一、材料切削加工性的含义

工件材料的切削加工性是指工件材料加工的难易程度。材料的切削加工性是一个相对的概念。所谓某种材料切削加工性的好坏，是相对于另一种材料而言的。一般在讨论钢料的切削加工性时，以 45 钢作为比较基准；而讨论铸铁的切削加工性时，则以灰铸铁作为比较基准。如高强度钢难加工，就是相对于 45 钢而言的。

衡量材料切削加工性的指标要根据具体加工情况选用，常用的衡量材料切削加工性的指标有：

（1）刀具使用寿命指标　在相同的切削条件下，切削某种材料时，若一定切削速度下刀具使用寿命 T 较长或在相同使用寿命下的切削速度较大，则该材料的切削加工性较好；反之，其切削加工性较差。

在切削普通材料时，用刀具使用寿命达到 60min 时所允许的切削速度 v_{c60} 来衡量材料加工性的好坏；切削难加工材料时，用 v_{c20} 来评定。

一般以正火状态 45 钢的 v_{c60} 为基准，写作 $(v_{c60})_j$，然后把其他各种材料的 v_{c60} 同它相比，这个比值 K_T 称为相对加工性，即 $K_T = v_{c60}/(v_{c60})_j$。凡 $K_T \geq 1$ 的材料，其加工性比45钢好；$K_T < 1$ 者，其加工性比45钢差。常用工件材料的相对加工性可分为8级，见表2-2。

表2-2 材料切削加工性等级

加工性等级	名称及种类		相对加工性 K_T	代表性材料
1	很容易切削的材料	一般有色金属	>3.0	ZCuSn5Pb5Zn5，ZCuAl10Fe3，铝镁合金
2	容易切削的材料	易切削钢	2.5～3.0	退火15Cr，抗拉强度为0.38～0.45GPa 自动机钢，抗拉强度为0.4～0.5GPa
3		较易切削钢	1.6～2.5	正火30钢，抗拉强度为0.45～0.56GPa
4	普通材料	一般钢及铸铁	1.0～1.6	正火45钢，灰铸铁
5		稍难切削的材料	0.65～1.0	20Cr13调质，抗拉强度为0.85GPa 85钢，抗拉强度为0.9GPa
6	难切削材料	较难切削的材料	0.5～0.65	45Cr调质，抗拉强度为1.05GPa 65Mn调质，抗拉强度为0.95～1.0GPa
7		难切削材料	0.15～0.5	50CrV调质，某些钛合金
8		很难切削的材料	<0.15	某些钛合金，铸造镍基高温合金

（2）切削力、切削温度指标 在相同切削条件下加工不同材料时，凡切削力大、切削温度高的材料较难加工，即其切削加工性差；反之，则切削加工性好。

（3）加工表面质量指标 切削加工时，凡容易获得好的加工表面质量的材料，其切削加工性较好，反之较差。精加工时，常以此作为衡量加工性的指标。

（4）断屑难易程度指标 切削时，凡切屑易于控制或断屑性能良好的材料，其加工性较好，反之则较差。在自动机床或自动线上，常以此为加工指标。

二、影响材料切削加工性的因素

1. 金属材料物理和力学性能的影响

（1）硬度和强度 金属材料的硬度和强度越高，则切削力越大，切削温度越高，刀具磨损越快，故切削加工性越差。

并非材料的硬度越低越好加工。有些材料如低碳钢、纯铁、纯铜等硬度虽低，但其塑性很大，并不好加工。硬度适中的材料（160～200HBW）容易加工。

（2）塑性 一般情况下，材料的塑性越大，越难加工。因为塑性大的材料，加工变形、冷作硬化以及刀具前刀面的冷焊现象都比较严重，不易断屑，不易获得好的已加工表面质量。

（3）韧性 材料的韧性越高，则切削时消耗能量越多，切削力和切削温度也都较高，且不易断屑，故切削加工性较差。

（4）导热性 材料的热导率越大，由切屑和工件带走的热量就越多，越有利于降低切削区的温度，故切削加工性较好。

（5）线胀系数 材料的线胀系数越大，加工时工件会热胀冷缩，其尺寸变化大，不易控制尺寸精度，故切削加工性差。

2. 金属材料化学成分的影响

（1）钢的化学成分的影响 碳素钢含碳量增加，强度、硬度增高，塑性、韧性降低。低碳钢塑性、韧性较高，不易获得较小的表面粗糙度值，断屑也难；高碳钢强度高，切削力大，刀具易磨损；中碳钢介于两者之间，加工性好。钢中加入硅、锰、镍、铬、钼、钨、钒、铝等，可改善钢的力学性能。

（2）铸铁的化学成分的影响 铸铁的化学成分对切削加工性的影响，主要取决于这些元素对碳的石墨化作用。碳以石墨形态存在时，因石墨软且有润滑作用，刀具磨损小；以碳化铁形态存在时，硬度高，会加速刀具机械磨损。硅、铝、镍、铜、钛等能促进石墨化，改善加工性；铬、钒、锰、钼、钴、磷、硫等阻碍石墨化，加工性差。

3. 金属材料热处理状态和金相组织的影响

铁素体和奥氏体由于塑性较大，因而切削加工性较差。渗碳体和马氏体由于硬度过高，因而切削加工性很差。珠光体的强度、硬度和塑性都比较适中。当钢中含有大部分铁素体和少量珠光体时，刀具使用寿命较高，切削加工性良好。索氏体和托氏体是较细和最细的珠光体组织，其硬度和强度高于珠光体，而塑性则低于珠光体。

三、改善材料切削加工性的途径

1. 通过热处理改变材料的组织和力学性能

高碳钢、工具钢的硬度偏高，且有较多的网状、片状的渗碳体组织，加工较难。经过球化退火即可降低硬度，并得到球状的渗碳体，从而改善其切削加工性；热轧状态的中碳钢，组织不均匀，表面有硬皮，经正火可使其组织与硬度均匀，从而改善其切削加工性；低碳钢的塑性太高，可通过正火适当降低塑性，提高硬度，从而改善其切削加工性；马氏体不锈钢常要进行调质处理降低塑性，使其变得容易加工。

铸铁件一般在切削加工前均要进行退火处理，以降低表层硬度，消除内应力，改善其切削加工性。

2. 选择易切钢

在钢中适当添加一些元素，如硫、磷、铅、钙等，可使钢的切削加工性得到显著改善，这样的钢叫"易切钢"。易切钢加工时的切削力小，易断屑，刀具使用寿命高，已加工表面质量好。

第八节 切削条件的合理选择

一、刀具几何参数的选择

刀具的几何参数包括刀具角度、刀面结构和形状、切削刃的形式等。合理的刀具几何参数是指在保证加工质量的前提下，能够满足刀具使用寿命长、生产率高、加工成本低的刀具几何参数。刀具合理几何参数的选择主要取决于工件材料、刀具材料、刀具类型及其他具体工艺条件，如切削用量、工艺系统刚性及机床功率等。

1. 前角的选择

前角是刀具上重要的几何参数之一。增大前角可以减小切屑变形，从而使切削力和切削温度减少，刀具使用寿命提高；但若前角过大，楔角变小，切削刃强度降低，易发生崩刃，同时刀头散热体积减小，致使切削温度升高，刀具寿命反而下降。较大的前角可减小已加工表面的变形、加工硬化和残余应力，并能抑制积屑瘤和鳞刺的产生，还可防止切削过程中的振动，有利于提高表面质量；较小的前角使切削变形增大，切屑易折断。

由以上分析可知，增大或减小前角，各有其有利和不利两方面的影响。在一定切削条件下，存在一个刀具使用寿命为最大的前角，即合理前角 γ_{opt}。

合理前角的选择应综合考虑刀具材料、工件材料、具体的加工条件等。选择前角的原则是以保证加工质量和足够的刀具使用寿命为前提，应尽量选取大的前角。具体选择时要考虑的因素如下：

1）工件材料的强度、硬度低，可以取较大的前角；反之，取小的前角。加工特别硬的材料，前角甚至取负值。

2）加工塑性材料，尤其是冷硬严重的材料时，应取大的前角。加工脆性材料，可取较小的前角。

3）粗加工、断续切削或工件有硬皮时，为了保证刀具有足够的强度，应取小的前角。

4）对于成形刀具和前角影响切削刃形状的其他刀具，为防止其刃形畸变，常取较小的前角。

5）刀具材料抗弯强度大、韧性较好时，应取大的前角。

6）工艺系统刚性差或机床功率不足时，应取大的前角。

7）对于数控机床和自动机、自动线用刀具，为保障刀具尺寸公差范围内的使用寿命及工作稳定性，应选用较小的前角。

用硬质合金刀具加工一般钢时，可取 $\gamma_o = 10° \sim 20°$；加工灰铸铁时，可取 $\gamma_o = 8° \sim 12°$。

2. 后角的选择

后角的主要功用是减小后刀面和加工表面之间的摩擦。增大后角，可以减小后刀面的摩擦与磨损，提高已加工表面质量和刀具使用寿命，还可增加切削刃的锋利性；在相同磨钝标准 VB 下，后角越大，所允许磨去的金属体积也越大（见图 2-41），因而延长了刀具使用寿命。但它使刀具的径向磨损值 NB 增大（见图 2-41），当工件尺寸精度要求较高时，就不宜采用大后角。

但当后角增大时，由于楔角减小，将使切削刃和刀头的强度削弱，导热面积和容热体积减小，从而降低刀具使用寿命。且径向磨损值 NB 一定时的磨耗体积小，刀具使用寿命短（见图 2-41），这些都是增大后角的不利方面。因此，在一定切削条件下，存在一个刀具使用寿命为最大的后角，即合理后角 α_{opt}。

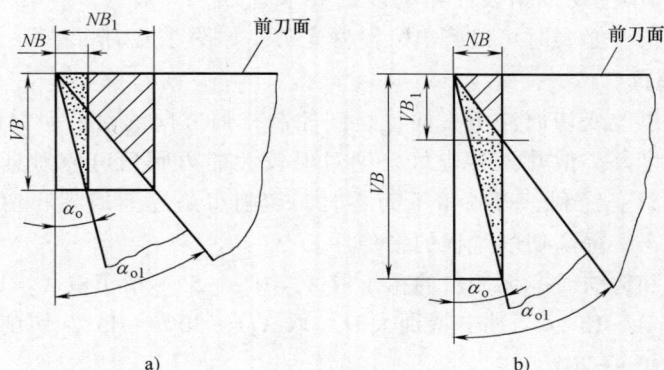

图 2-41 后角与磨损体积的关系

a）VB 一定 b）NB 一定

选择合理后角值时具体应该考虑如下因素：

1）粗加工、强力切削及承受冲击载荷的刀具，要求切削刃有足够强度，应取较小的后角；精加工时，应以减小后刀面上的摩擦为主，宜取较大的后角，可延长刀具使用寿命和提高已加工表面质量。

2）工件材料强度、硬度较高时，为保证切削刃强度，宜取较小的后角；工件材料较软、塑性较大时，后刀面摩擦对已加工表面质量及刀具磨损影响极大，应适当加大后角；加工脆性料，切削力集中在刃区，宜取较小的后角。

3）工艺系统刚性差，容易出现振动时，应适当减小后角，有增加阻尼的作用。

4）各种有尺寸精度要求的刀具，为了限制重磨后刀具尺寸的变化，宜取小的后角。

车削一般钢和铸铁时，车刀后角通常取 6°~8°。车刀的副后角一般取其等于或小于主后角。

3. 主偏角和副偏角的选择

主偏角和副偏角对刀具使用寿命影响很大。减小主偏角和副偏角，可使刀尖角增大，刀尖强度提高，散热条件改善，因此刀具使用寿命得以提高；减小主偏角和副偏角，可降低残留面积的高度，故可减小加工表面的粗糙度值；在背吃刀量和进给量一定的情况下，减小主偏角会使切削厚度减小，切削宽度增加，切削刃单位长度上的负荷下降；主偏角和副偏角还会影响各切削分力的大小和比例，例如，车外圆时，增大主偏角可使 F_p 减小，F_f 增大。

选择合理主偏角时考虑的因素有：

1）加工很硬的材料时，如淬硬钢和冷硬铸铁，为减轻单位长度切削刃上的负荷，同时为改善刀头导热和容热条件，延长刀具使用寿命，宜取较小的主偏角。

2）粗加工和半精加工时，硬质合金车刀一般选用较大的主偏角，以利于减小振动、延长刀具使用寿命、断屑和采用较大的背吃刀量。

3）工艺系统刚性较好时，较小的主偏角可延长刀具使用寿命；刚性不足（如车细长轴）时，应取较大的主偏角，甚至 $\kappa_r \geqslant 90°$，以减小背向力 F_p。

　　副偏角 κ_r' 的大小主要根据表面粗糙度的要求选取，一般为 5°~15°，粗加工时取大值，精加工时取小值，必要时可以磨出一段修光刃，如图 2-42 所示。

4. 刃倾角的选择

　　改变刃倾角可以改变切屑流出方向，达到控制排屑方向的目的，如图 2-43 所示。刃倾角的车刀刀头强度好，散热条件也好。绝对值较大的刃倾角可使刀具的切削刃实际钝圆半径变小，切削刃变锋利。刃倾角不为零时，切削刃是逐渐切入和切出工件的，可以减小刀具受到的冲击，提高切削过程的平稳性。

　　加工一般钢件和铸铁时，无冲击的粗车取 $\lambda_s = 0° \sim -5°$，精车取 $\lambda_s = 0° \sim +5°$；有冲击负荷时，取 $\lambda_s = -5° \sim -15°$；当冲击特别大时，取 $\lambda_s = -30° \sim -45°$。切削高强度钢、冷硬钢时，可取 $\lambda_s = -20° \sim -30°$。

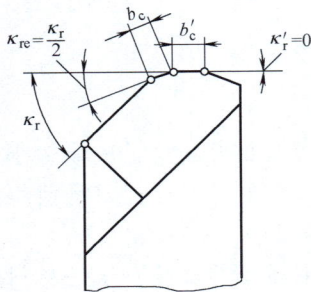

图 2-42　修光刃

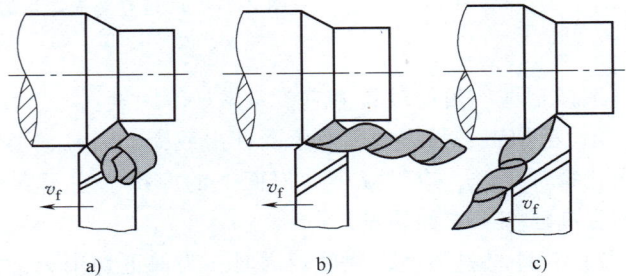

图 2-43　刃倾角对切屑流出方向的影响

a) $\lambda_s = 0°$　b) $\lambda_s < 0°$　c) $\lambda_s > 0°$

二、切削用量的选择原则

　　切削用量的选择，对生产率、加工成本和加工质量均有重要影响。合理的切削用量是指在充分利用刀具的切削性能和机床性能、保证加工质量的前提下，能取得较高的生产率和较低成本的切削速度 v_c、进给量 f 和背吃刀量 a_p。约束切削用量选择的主要条件有：工件的加工要求，包括加工质量要求和生产率要求；刀具材料的切削性能；机床性能，包括动力特性（功率、转矩）和运动特性；刀具寿命要求。

1. 切削用量与生产率、刀具寿命的关系

　　机床切削效率可以用单位时间内切除的材料体积 Q（mm³/min）表示

$$Q = f\,a_p v_c \tag{2-39}$$

　　分析式（2-39）可知，切削用量三要素 a_p、f、v_c 均同 Q 保持线性关系，三者对机床切削效率的权重是完全相同的。从提高生产率考虑，切削用量三要素 a_p、f、v_c 中任一要素提高一倍，机床切削效率 Q 都提高一倍，但提高 v_c 一倍与提高 a_p、f 一倍对刀具寿命带来的影响却是完全不相同的。由式（2-36）和式（2-38）知，切削用量三要素中对刀具寿命影响最大的是 v_c，其次是 f，再其次是 a_p。综上分析可知，在保持刀具寿命一定的情况下，提高背吃刀量 a_p 比提高进给量 f 的生产率高，比提高切削速度 v_c 的生产率更高。

2. 切削用量的选择原则

选择切削用量的基本原则：首先选取尽可能大的背吃刀量 a_p；其次根据机床进给机构强度、刀杆刚度等限制条件（粗加工时）或已加工表面粗糙度要求（精加工时），选取尽可能大的进给量 f；最后根据切削用量手册查取或根据式（2-37）计算确定切削速度。具体切削用量的选择请参考本书第七章第五节——工序内容的确定。

三、切削液的合理选用

在切削加工中，合理使用切削液可以改善切屑、工件与刀具之间的摩擦状况，降低切削力和切削温度，延长刀具使用寿命，并能减小工件热变形，控制积屑瘤和鳞刺的生长，从而提高加工精度，改善已加工表面质量。

1. 切削液的作用

（1）切削液的冷却作用　切削液能降低切削温度，从而可以提高刀具使用寿命和加工质量。在刀具材料的耐磨性较差、工件材料的热胀系数较大以及两者的导热性较差的情况下，切削液的冷却作用尤为重要。切削液冷却性能的好坏取决于它的热导率、比热容、汽化热、汽化速度、流量、流速等。水溶液的冷却性能最好，油类最差，乳化液介于两者之间。

（2）切削液的润滑作用　金属切削时切屑、工件与刀具界面的摩擦可分为干摩擦、流体润滑摩擦和边界润滑摩擦三类。不用切削液（干切削），则形成金属与金属接触的干摩擦，此时摩擦系数较大。如果在加切削液后，切屑、工件与刀面之间形成完全的润滑油膜，金属直接接触面积很小或接近于零，则成为流体润滑。流体润滑时摩擦系数很小。但在很多情况下，由于切屑、工件与刀具界面承受载荷（压力很高），温度也较高，流体油膜大部分被破坏，造成部分金属直接接触（见图2-44）；由于润滑液的渗透和吸附作用，部分接触面仍存在着润滑液的吸

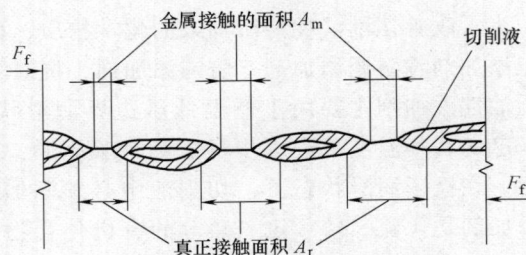

图2-44　金属间的边界摩擦

F_f—摩擦力

附膜，起到降低摩擦系数的作用，这种状态称之为边界润滑摩擦。边界润滑摩擦时的摩擦系数大于流体润滑，但小于干切削。金属切削加工中，大多属于边界润滑。一般的切削油在200℃左右即失去流体润滑能力，此时形成低温低压边界润滑摩擦；而在某些切削条件下，切屑、刀具界面间可达到 $600\sim1000℃$ 的高温和 $1.47\sim1.96GPa$ 的高压，形成了高温高压边界润滑，或称极压润滑。在切削液中加入极压添加剂可形成极压化学吸附膜。切削液的润滑性能与其渗透性以及形成吸附膜的牢固程度有关。

（3）切削液的清洗作用　在切削铸铁或磨削时，会产生碎屑或粉屑，极易进入机床导轨面，因此要求切削液能将其冲洗掉。清洗性能的好坏取决于切削液的渗透性、流动性和压力。为了改善切削液的清洗性能，应加入剂量较大的表面活性剂和少量矿物油，制成水溶液或乳化液来提高其清洗效果。

（4）切削液的防锈作用　为了减小工件、机床、刀具受周围介质（水、空气等）的腐蚀，要求切削液具有一定的防锈作用。防锈作用的好坏取决于切削液本身的性能和加入的防锈剂的作用。

除上述作用外，切削液还应满足价廉，配置方便，性能稳定，不污染环境和对人体无害等要求。

2. 切削液的种类

金属切削加工中常用的切削液分为三大类：水溶液、乳化液和切削油。

（1）水溶液　水溶液的主要成分是水，它的冷却性能好，呈透明状，便于工作者观察。但是单纯的水易使金属生锈，且润滑性能欠佳。因此，经常在水溶液中加入一定的添加剂，使其既能保持冷却性能又有良好的防锈性能和一定的润滑性能。水溶液冷却性能最好，最适用于磨削加工。

（2）乳化液　乳化液以水为主加入适量的乳化油而成。乳化油由矿物油、乳化剂及添加剂配成。用95%~98%的水稀释后成为乳白色或半透明状的乳化液。尽管乳化液的润滑性能优于水溶液，但润滑和防锈性能仍较差。为了提高其润滑和防锈性能，需再加入一定量的油性添加剂、极压添加剂和防锈添加剂，配成极压乳化液或防锈乳化液。

（3）切削油　切削油的主要成分是矿物油，少数采用植物油或复合油。纯矿物油不能在摩擦界面上形成坚固的润滑膜。切削油中也常加入油性添加剂、极压添加剂和防锈添加剂，以提高其润滑和防锈性能。

3. 切削液的添加剂

为了改善切削液性能所加入的化学物质，称为添加剂。常见的添加剂有油性添加剂、极压添加剂、防锈添加剂、防霉添加剂、抗泡沫添加剂和乳化剂等。

油性添加剂主要用于低温低压边界润滑状态，在金属切削过程中主要起润滑作用，在一定的切削温度下进一步形成物理吸附膜，减小前刀面与切屑、后刀面与工件之间的摩擦。在极压润滑状态下，切削液中必须添加极压添加剂来维持润滑膜强度。常用的极压添加剂是含硫、磷、氯、碘等的有机化合物，这些化合物在高温下与金属表面起化学反应，生成比物理吸附膜熔点高得多的化学吸附膜。

4. 切削液的选择和使用

切削液的使用效果除取决于切削液的性能外，还与工件材料、刀具材料、加工方法、加工要求等因素有关，应综合考虑、合理选用。

（1）从工件材料方面考虑　切削钢等塑性材料时，需用切削液。切削铸铁、青铜等脆性材料时可不用切削液，原因是其作用不明显，且会污染工作场地。切削高强度钢、高温合金等难加工材料时，属高温高压边界摩擦状态，宜选用极压切削油或极压乳化液，有时还需配制特殊的切削液。对于铜、铝及铝合金，为了得到较好的加工表面质量和较高的加工精度，可采用10%~20%的乳化液或煤油等。

（2）从刀具方面考虑　高速钢刀具耐热性差，应采用切削液。硬质合金刀具耐热性好，一般不用切削液，必须使用时可采用低浓度乳化液和水溶液，但浇注时要充分连续，否则刀片会因冷热不均而导致破裂。

（3）从加工方法方面考虑　钻孔、铰孔、攻螺纹和拉削等工序的刀具与已加工表面摩擦严重，宜采用乳化液、极压乳化液或极压切削油。成形刀具、齿轮刀具等价格昂贵，要求刀具使用寿命高，也应采用极压切削油或高浓度极压切削液。磨削加工温度很高，还会产生大量的碎屑及脱落的砂粒，因此要求切削液应具有良好的冷却和清洗作用，常采用乳化液，如选用极压乳化液效果更好。

（4）从加工要求方面考虑　粗加工时，金属切除量大，产生的热量也大，因此应着重考虑降低温度，选用以冷却为主的切削液，如 3%～5% 的低浓度乳化液。精加工时主要要求提高加工精度和加工表面质量，应选用以润滑性能为主的切削液，如极压切削油或高浓度极压乳化液，它们可减小刀具与切屑间的摩擦与黏结，抑制积屑瘤。

5. 切削液的使用方法

（1）浇注法　切削加工时，切削液以浇注法使用最多。这种方法使用方便，设备简单，但流速慢、压力低，难以直接渗透入最高温度区，因此，冷却效果不理想。

（2）高压冷却法　高压冷却法是利用高压（1～10MPa）切削液直接作用于切削区周围进行冷却润滑并冲走切屑，效果比浇注法好得多。深孔加工的切削液常用高压冷却法。

（3）喷雾冷却法　喷雾冷却法是以 0.3～0.6MPa 的压缩空气，通过喷雾装置使切削液雾化，高速喷射到切削区。高速气流带着雾化成微小液滴的切削液，渗透到切削区，在高温下迅速汽化，吸收大量热，从而获得良好的冷却效果。

第九节　磨削与砂轮

一、磨削过程

磨削加工是靠砂轮表面随机排列的大量磨粒完成的。每个磨粒都可以看作是一把微小的切刀。磨料磨粒的形状是很不规则的多面体，不同粒度号磨粒的顶锥角大多为 90°～120°。磨粒上刃尖的钝圆半径 r_n 大约在几微米至几十微米之间，磨粒磨损后 r_n 还将增大。由于磨粒以较大的负前角（-40°～-60°）和钝圆半径对工件进行切削（见图 2-45），磨粒接触工件的初期不会切下切屑，只有在磨粒的切削厚度增大到某一临界值后才开始切下切屑。磨削过程中磨粒对工件的作用包括滑擦、耕犁和形成切屑三个阶段（见图 2-46）。

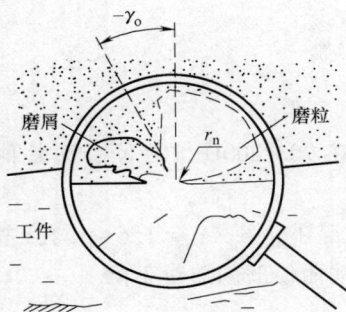

图 2-45　磨粒对工件的切削

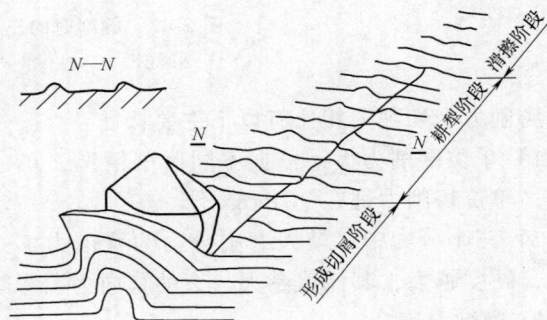

图 2-46　磨粒的切削过程

1. 滑擦阶段

磨粒刚开始与工件接触时，由于切削厚度非常小，磨粒只是在工件上滑擦，工件仅产生弹性变形。这种滑擦现象会产生很高的温度，是引起被磨表面产生烧伤、裂纹等缺陷的主要原因之一。

2. 耕犁阶段

随着切削厚度逐渐加大，被磨工件表面开始产生塑性变形，磨粒逐渐切入工件表层材料中。表层材料被挤向磨粒的前方和两侧，工件表面出现沟痕，沟痕两侧产生隆起，如图 2-46 中 N—N 截形图所示。此阶段磨粒对工件的挤压摩擦剧烈，热应力增加。

3. 形成切屑阶段

当磨粒的切削厚度增加到某一临界值时，磨粒前面的金属产生明显的剪切滑移而形成切屑。

由此可见，磨削过程是包括滑擦、耕犁和形成切屑三个阶段的综合复杂过程。磨削过程中产生的隆起残留量增大了磨削表面粗糙度值，但试验证明，隆起残留量与磨削速度有着密切关系，随着磨削速度的提高而成正比下降。因此，高速磨削能减小表面粗糙度值。

二、磨削力与磨削温度

1. 磨削力

同其他切削加工一样，磨削力可分解为三个分力：F_c——主磨削力（切向磨削力）；F_p——背向力（径向磨削力）；F_f——进给力（轴向磨削力）。几种不同类型磨削加工的三向磨削分力如图 2-47 所示。

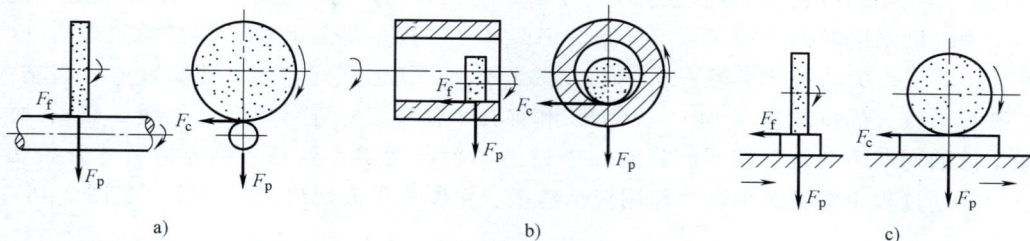

图 2-47 磨削时的三向磨削分力

a）外圆磨削 b）内孔磨削 c）平面磨削

磨削力与切削力相比有以下主要特征：

1）单位磨削力大，根据不同磨削情况，单位磨削力在 70~200GPa 之间，而其他切削时，单位切削力都在 7GPa 以下。

2）三个分力中，最大磨削分力为背向力 F_p，一般情况下，$F_p/F_c = 1.6~3.2$，塑性越小，硬度越大，其比值越大。大的背向力因影响系统振动而使磨削质量下降。

2. 磨削温度

磨削时，由于磨削速度很高，切削厚度很小，切削刃很钝，因此切除单位体积金属所消耗的功率为车、铣等切削方法的 10~20 倍。磨削所消耗能量的大部分转变为热能，使磨削区形成高温。

磨削温度常用磨削点温度和磨削区温度来表示。磨削点温度是指磨削时磨粒切削刃与工件、磨屑接触点温度。磨削点温度非常高（可达 1000~1400℃），它不但影响表面加工质量，而且对磨粒磨损也有很大的影响。砂轮磨削区温度就是通常所说的磨削温度，是指砂轮与工件接触面上的平均温度，在 400~1000℃ 之间，它是产生磨削表面烧伤、残余应力和表面裂纹的原因。

三、砂轮的特性与选择

砂轮是由磨料加结合剂用制造陶瓷的工艺方法制成的。制造砂轮时，用不同的配方和不同的投料密度来控制砂轮的硬度和组织。

砂轮的特性由下列五个因素来决定：磨料、粒度、结合剂、硬度和组织。

1. 磨料

常用的磨料有氧化物系、碳化物系和高硬磨料系三类。

氧化物系磨料的主要成分是 Al_2O_3，由于它的纯度不同和加入金属元素不同而分为不同的品种。碳化物系磨料主要以碳化硅、碳化硼等为基体，也是因材料的纯度不同而分为不同品种。高硬磨料系中主要有人造金刚石和立方氮化硼。常用磨料的特性及适用范围见表 2-3。

表 2-3　常用磨料的特性及适用范围

系列	磨料名称	代号	显微硬度 HV	特性	适用范围
氧化物系	棕刚玉	A	2200~2280	棕褐色。硬度高，韧性大，价格便宜	磨削碳素钢、合金钢、可锻铸铁、硬青铜
	白刚玉	WA	2200~2300	白色。硬度比棕刚玉高，韧性较棕刚玉低	磨削淬火钢、高速钢、高碳钢及薄壁零件
碳化物系	黑碳化硅	C	2840~3320	黑色，有光泽。硬度比白刚玉高，性脆而锋利，导热性和导电性良好	磨削铸铁、黄铜、铝、耐火材料及非金属材料
	绿碳化硅	GC	3280~3400	绿色。硬度和脆性比黑碳化硅高，具有良好的导热性和导电性	磨削硬质合金、宝石、陶瓷、玉石、玻璃等材料
高硬磨料系	人造金刚石	D	6000~10000	无色透明或淡黄色、黄绿色、黑色。硬度高，比天然金刚石脆	磨削硬质合金、宝石、光学玻璃、半导体等材料
	立方氮化硼	CBN	6000~8500	黑色或淡白色。立方晶体，硬度仅次于金刚石，耐磨性高	磨削各种高温合金，高钼、高钒、高钴钢，不锈钢等材料

其中，立方氮化硼的硬度比金刚石略低，但其耐热性（1400℃）比金刚石（800℃）高出许多，而且对铁元素的化学惰性高，因此特别适合于磨削既硬又韧的钢材。在加工高速钢、模具钢、耐热钢时，立方氮化硼的工作能力超过金刚石 5~10 倍。同时，立方氮

化硼的磨粒切削刃锋利，在磨削时可减小加工表面材料的塑性变形，因此磨出的表面粗糙度值比用一般砂轮小。

在相同的切削条件下，立方氮化硼砂轮加工所得的表面层为残余压应力，而氧化铝砂轮加工的表面层为残余张应力，因此用立方氮化硼砂轮所加工出的零件，其使用寿命要高些。由此可见，立方氮化硼是一种很有前途的磨料。

2. 粒度

粒度表示磨粒的大小程度。以磨粒刚能通过的那一号筛网的网号来表示磨粒的粒度。例如粒度 F60 是指磨粒刚可通过每英寸长度上有 60 个孔眼的筛网。直径小于 $40\mu m$ 的磨粒称为微粉。微粉的粒度以其尺寸大小来表示。如尺寸为 $28\mu m$ 的微粉，其粒度号为 W28。常用的砂轮粒度和尺寸及其应用范围见表 2-4。

表 2-4　常用的砂轮粒度和尺寸及其应用范围

粒度号	颗粒尺寸/μm	应用范围	粒度号	颗粒尺寸/μm	应用范围
F12~F36	2000~1600 500~400	荒磨 去毛刺	W40~W28	40~28 28~20	珩磨 研磨
F46~F80	400~315 200~160	粗磨 半精磨 精磨	W20~W14	20~14 14~10	研磨、超级加工、超精磨削
F100~F280	160~125 50~40	精磨 珩磨	W10~W5	10~7 5~3.5	研磨、超级加工、镜面磨削

磨粒粒度对磨削生产率和加工表面粗糙度有很大影响。一般来说，粗磨用颗粒较粗的磨粒，精磨用颗粒较细的磨粒。当工件材料软、塑性大和磨削面积大时，为避免堵塞砂轮，也可采用较粗的磨粒。

3. 结合剂

结合剂的作用是将磨粒粘合在一起，使砂轮具有必要的形状和强度。砂轮的强度、耐蚀性、耐热性、抗冲击性和高速旋转而不破裂的性能，主要取决于结合剂的性能。常用的砂轮结合剂有陶瓷结合剂、树脂结合剂、橡胶结合剂、金属结合剂（常见的是青铜结合剂）。表 2-5 为常用结合剂的性能及适用范围。

表 2-5　常用结合剂的性能及适用范围

结合剂	代号	性能	适用范围
陶瓷	V	耐热、耐蚀、气孔多、易保持廓形，弹性差	最常用，适用于各类磨削
树脂	B	弹性好，强度比陶瓷高，耐热性差	适用于高速磨削、切断、开槽
橡胶	R	弹性更好，强度更高，气孔少，耐热性差	适用于切断、开槽，以及作为无心磨的导轮
金属	M	强度最高，导电性好，磨耗少，自锐性差	适用于金刚石砂轮

4. 硬度

砂轮的硬度是反映磨粒在磨削力作用下，从砂轮表面上脱落的难易程度。砂轮硬，表示磨粒难以脱落；砂轮软，表示磨粒容易脱落。砂轮的软硬和磨粒的软硬是两个不同的概念，必须区分清楚。砂轮的硬度等级名称及代号见表 2-6。

表 2-6　砂轮的硬度等级名称及代号

大级名称	超软	软			中软		中		中硬			硬		超硬
小级名称	超软	软1	软2	软3	中软1	中软2	中1	中2	中硬1	中硬2	中硬3	硬1	硬2	超硬
代号	CR	R1	R2	R3	ZR1	ZR2	Z1	Z2	ZY1	ZY2	ZY3	Y1	Y2	CY
	D	E	F	G	H	J	K	L	M	N	P	Q	R	S	T	Y

选用砂轮时，应注意硬度选得适当。若砂轮选得太硬，会使磨钝了的磨粒不能及时脱落，因而产生大量磨削热，造成工件烧伤；若选得太软，会使磨粒脱落得太快而不能充分发挥其切削作用。选择砂轮硬度时，可参照以下几条原则：

（1）工件硬度　工件材料越硬，砂轮硬度应选得软些，使磨钝了的磨粒快点脱落，以便砂轮经常保持有锐利的磨粒在工作，避免工件因磨削温度过高而烧伤。工件材料越软，砂轮的硬度应选得硬些，使磨粒脱落得慢些，以便充分发挥磨粒的切削作用。

（2）加工接触面　砂轮与工件的接触面大时，应选用软砂轮，使磨粒脱落快些，以免工件因磨屑堵塞砂轮表面而引起表面烧伤。内圆磨削和端面平磨时，砂轮硬度应比外圆磨削的砂轮硬度低。磨削薄壁零件及导热性差的工件时，砂轮硬度也应选得低些。

（3）精磨和成形磨削　精磨和成形磨削时，应选用硬一些的砂轮，以保持砂轮必要的形状精度。

（4）砂轮粒度大小　砂轮的粒度号越大时，其硬度应选低一些的，以避免砂轮表面组织被磨屑堵塞。

（5）工件材料　磨削有色金属、橡胶、树脂等软材料，应选用较软的砂轮，以免砂轮表面被磨屑堵塞。

5. 组织

砂轮的组织反映了磨粒、结合剂、气孔三者之间的比例关系。磨粒在砂轮总体积中所占的比例越大，则砂轮的组织越紧密，气孔越小；反之，磨粒的比例越小，则组织越疏松，气孔越大。砂轮组织的级别可分为紧密、中等、疏松三大类别，细分可分为15级，见表 2-7。

表 2-7　砂轮的组织号

类别	紧密			中等					疏松						
组织号	0	1	2	3	4	5	6	7	8	9	10	11	12	13	14
磨粒占砂轮体积百分比（%）	62	60	58	56	54	52	50	48	46	44	42	40	38	36	34

紧密组织的砂轮适用于重压力下的磨削。在成形磨削和精密磨削时，紧密组织的砂轮能保持砂轮的成形性，并可获得较小的表面粗糙度值。中等组织的砂轮适用于一般的磨削工作，如淬火钢的磨削及刀具刃磨等。疏松组织的砂轮不易堵塞，适用于平面磨、内圆磨等磨削接触面积较大的工序以及磨削热敏性强的材料或薄工件。磨削软质材料最好采用组织号为 10 以上的疏松组织，以免磨屑堵塞砂轮。

一般砂轮若未标明组织号，即为中等组织。

6. 砂轮形状

常用砂轮的形状、代号及其用途见表2-8。

表2-8　常用砂轮的形状、代号及其用途

砂轮名称	代号	断面简图	基本用途
平形砂轮	1		根据不同尺寸分别用于外圆磨、内圆磨、平面磨、无心磨、工具磨、螺纹磨和砂轮机上
筒形砂轮	2		用于立式平面磨床上
碗形砂轮	11		通常用于刃磨刀具,也可用于导轨磨上磨机床导轨
碟形一号砂轮	12a		适于磨铣刀、铰刀、拉刀等,大尺寸的砂轮一般用于磨齿轮的齿面

在砂轮的端面上一般都印有标志,例如 1-300×30×75-A60L5V-35m/s,表示该砂轮为平形砂轮(1),外径为300mm,厚度为30mm,内径为75mm,磨料为棕刚玉(A),粒度号为60,硬度为中软2(L),组织号为5,结合剂为陶瓷(V),最高圆周速度为35m/s。

本 章 小 结

本章是机械制造技术基础课程学习的基础,也是学习的难点,主要学习了如下内容:

1)金属切削的基本概念:切削运动、切削加工表面、切削用量三要素以及切削层参数。

2)刀具几何角度:刀具切削部分的结构要素;刀具标注角度的参考系及标注角度、工作角度。

3)金属切削过程:主要介绍切屑变形过程(重点是三个变形区)以及切屑的种类与控制。

4)金属切削过程中的物理现象:切削力、切削热和切削温度;刀具磨损和刀具使用寿命;材料的切削加工性以及改进措施。

5)切削条件的合理选择:刀具几何参数的选择;切削用量的优化;切削温度控制——切削液选择与使用。

6)磨削与砂轮:磨削原理及磨削过程;砂轮的特性及结构组成,砂轮的种类及用途。

通过本章学习，掌握切削和磨削机理、熟悉刀具几何角度的作用，为保证切削加工质量和效率，能对切削液磨削过程进行适当控制。

复习思考题

2-1　什么是切削用量三要素？在外圆车削中，它们与切削层参数有什么关系？

2-2　用 $\kappa_r = 45°$ 的车刀加工外圆柱面，加工前工件直径为 $\phi62mm$，加工后直径为 $\phi54mm$，主轴转速 $n = 240r/min$，刀具的进给速度 $v_f = 96mm/min$，试计算 v_c、f、a_p、h、b、A。

2-3　刀具标注角度参考系是由哪些参考平面构成的？如何定义？

2-4　确定一把单刃刀具切削部分几何形状最少需要哪几个基本角度？

2-5　试述判定车刀前角 γ_o、后角 α_o 和刃倾角 λ_s 正负号的规则。

2-6　画出下列标注角度的用于车削外圆柱面的车刀图：

$$\gamma_o = 15°, \quad \alpha_o = 6°, \quad \alpha_o' = 6°, \quad \kappa_r = 60°, \quad \kappa_r' = 10°, \quad \lambda_s = 5°$$

2-7　画出下列标注角度的用于车削端面的车刀图：

$$\gamma_o = 15°, \quad \alpha_o = 6°, \quad \alpha_o' = 6°, \quad \kappa_r = 60°, \quad \kappa_r' = 10°, \quad \lambda_s = -5°$$

2-8　画出下列标注角度的车床切断刀的车刀图：

$$\gamma_o = 10°, \quad \alpha_o = 6°, \quad \alpha_o' = 2°, \quad \kappa_r = 90°, \quad \kappa_r' = 2°, \quad \lambda_s = 0°$$

2-9　已知：加工阶梯轴的外圆车刀 $\gamma_o = 15°$，$\alpha_o = 10°$，$\kappa_r' = 15°$，$\lambda_s = -5°$，$\alpha_o' = 5°$，画出该车刀并标注角度，并计算刀尖角 ε_r、楔角 β_o。

2-10　切断车削时，进给运动怎样影响刀具工作角度？

2-11　镗内孔时，刀具安装高低怎样影响刀具工作角度？

2-12　怎样划分切削变形区？第一变形区有哪些变形特点？

2-13　什么是积屑瘤？它对切削过程有什么影响？如何控制积屑瘤的产生？

2-14　试论述影响切削变形的各种因素。

2-15　常见的切屑形态有哪几种？它们一般在什么情况下生成？怎样对切屑形态进行控制？

2-16　车削时切削力为什么要分解为三个分力？各分力大小对切削加工过程的影响如何？

2-17　影响切削力的主要因素有哪些？试论述其影响规律。

2-18　影响切削温度的主要因素有哪些？试论述其影响规律。

2-19　刀具磨损的机理主要有哪些？刀具磨损过程分为哪几个阶段？

2-20　什么是刀具磨钝标准？制定刀具磨钝标准要考虑哪些因素？

2-21　什么是刀具使用寿命？试分析切削用量三要素对刀具使用寿命的影响规律。

2-22　试述刀具破损的形式及防止破损的措施。

2-23　何谓工件材料的切削加工性？衡量工件材料切削加工性的评价指标和方法有哪些？如何改善材料的切削加工性？

2-24 试述刀具前角、后角的功用及选择原则。

2-25 切削液的主要作用有哪些？切削液有哪些种类？如何选用切削液？

2-26 试论述切削用量的选用原则。

2-27 磨削加工有何特点及应用？

2-28 砂轮的特性由哪些因素决定？什么叫砂轮硬度？如何正确选择砂轮的硬度？

第三章
金属切削刀具

金属切削刀具是机械加工时最基本的工艺技术装备，是机械制造工艺系统中的一个重要组成部分。加工材料不同，加工表面不同，加工方法和设备不同，所选择使用的切削刀具也不同。本章主要介绍：刀具的材料和类型，常用的车刀、铣刀、孔加工刀具和典型的复杂刀具。

第一节　刀具材料及类型

一、刀具材料

金属切削刀具性能的优劣主要取决于刀具材料、切削部分几何形状以及刀具的结构。刀具材料是最重要的因素之一，刀具材料的选择对刀具使用寿命、加工质量、生产率和加工成本影响极大。根据刀具材料的发展历程，在切削加工中常用的刀具材料有碳素工具钢、合金工具钢、高速钢、硬质合金、陶瓷、立方氮化硼和金刚石等。目前，在生产中所用的刀具材料主要是高速钢和硬质合金两大类。

（一）刀具材料性能要求

正确选材是机械加工与设计的一项重要任务，它必须使选用的材料保证产品在使用过程中具有良好的工作能力，保证产品便于加工制造，同时保证产品的总成本尽可能低和具有环保性。选材时应充分考虑材料的使用性能原则，必须兼顾材料的工艺性能原则，同时注重选材的经济性原则以及走可持续发展之路。

在切削过程中，刀具切削部分与切屑、工件相互接触的表面上承受很大的压力和强烈的摩擦，可见切削时刀具要承受高温、高压以及冲击和振动等作用，因此刀具须满足以下基本要求：

（1）高的硬度　刀具材料的硬度必须比工件材料的硬度要高，这是刀具材料最基本的要求。刀具材料的常温硬度一般要求在 60HRC 以上。

（2）高的耐磨性　刀具材料还要具有良好的耐磨性，可以经受切削过程中的剧烈摩擦，以及抵抗磨损。耐磨性除了与刀具材料的硬度有关以外，还与刀具材料的性质有关。一般来说，刀具材料硬度越高，耐磨性就越好。

（3）足够的强度和韧性　刀具材料要能够承受切削过程中的切削力、冲击和振动，不产生崩刃和断裂，因此其必须具有足够的抗弯强度和冲击韧度。一般情况下，刀具材料的硬度越高，抗弯强度和冲击韧度值越低。在刀具材料选用时，应考虑硬度和韧性之间的平衡关系。

（4）高的耐热性　耐热性也称热稳定性，是指刀具材料在高温作用下保持硬度、耐磨性、强度和韧性的能力。耐热性是衡量刀具材料切削性能的主要指标，一般用保持其常温下切削性能的温度来表示耐热性。

（5）良好的导热性和耐热冲击性能　刀具材料的导热性要好，这样有利于散热，可以加快切削热向外传导，降低切削温度，否则内部会承受热冲击作用而产生裂纹，严重时导致刀具断裂。如在断续切削（如铣削）中，刀具常常受到很大的热冲击，易出现裂纹。耐热冲击性能好，材料内部就不会因受到大的热冲击产生裂纹。

（6）良好的工艺性能　刀具材料应具有良好的可制造性，即工艺性，包括锻造性能、机械加工性能、焊接性能、热处理性能、高温塑性及刃磨性能等，便于刀具制造。

（7）经济性。经济性是刀具材料的重要指标之一。采用便宜的材料，把总成本降至最低，以取得最大的经济效益，且立足于国内资源，有利于推广应用，使产品在市场上具有最强的竞争力，始终是设计工作的重要任务。但应当指出，我们应理解为整体上的经济性，好的经济性是刀具材料价格及刀具制造成本不高，使分摊到每个工件的成本不高。值得注意的是，有些刀具材料虽然单价很高，但因其使用寿命长，分摊到每个零件的成本不一定很高，仍有好的经济性。

（二）常用刀具材料

刀具材料种类很多，主要有工具钢、硬质合金、陶瓷、立方氮化硼和金刚石五大类型。目前，在生产中所用的刀具材料主要是高速钢和硬质合金两类。碳素工具钢（如T10A、T12A）和合金工具钢（如9SiCr、CrWMn），因耐热性差，仅用于手工或切削速度较低的刀具。

1. 高速钢

高速钢是合金工具钢之一，是含有较多钨（W）、钼（Mo）、铬（Cr）、钒（V）、钴（Co）、铝（Al）等元素的高合金工具钢。高速钢具有较高的硬度（热处理硬度可达62～67HRC）和耐热性（切削温度可达550～600℃）。与碳素工具钢和合金工具钢相比，高速钢能提高切削速度1～3倍，提高刀具使用寿命10～40倍。它可以加工从有色金属到高温合金在内的范围广泛的材料。高速钢按切削性能分，可分为普通高速钢和高性能高速钢，其中普通高速钢按化学成分分为钨系高速钢和钨钼系高速钢，普通高速钢适用于切削硬度在250～280HBW之间的结构钢和铸铁，切削钢料时，切削速度一般为40～60m/min。钨系高速钢的典型牌号是W18Cr4V（简称W18或18-4-1），主要元素的质量分数为$w(C)=$0.73%～0.83%、$w(W)=17.2\%～18.7\%$、$w(Cr)=3.8\%～4.5\%$、$w(V)=1.0\%～1.2\%$。钨钼系高速钢的典型牌号是W6Mo5Cr4V2（简称M2或6-5-4-2），主要元素的质量分数为$w(C)=0.8\%～0.9\%$、$w(W)=5.5\%～6.75\%$、$w(Mo)=4.5\%～5.5\%$、$w(Cr)=3.8\%～$

4.4%、$w(V) = 1.75\% \sim 2.2\%$。钨钼系高速钢碳化物晶粒较细小、分布较均匀，故强度和韧性好于钨系高速钢，可用于制造大截面尺寸的刀具，特别是在热状态下塑性好，适用于制造热轧刀具，如热轧钻头；高性能高速钢是在普通高速钢成分中再增加碳、钒含量及钴、铝等合金元素的钢种，力学性能和切削性能比普通高速钢有明显提高。其典型牌号有 W2Mo9Cr4VCo8（简称 M42），是一种应用最广的含钴超硬高速钢，具有良好的综合性能。W6Mo5Cr4V2Al（简称 501）是我国独创的一种含铝的超硬高速钢，501 立足于我国资源，与含钴钢比较，成本较低，并具有优良的切削性能。W6Mo5Cr4V3 是高钒高速钢，由于 V 含量的增加，从而提高了刀具的耐磨性，一般用于切削高强度钢。CW6Mo5Cr4V3 是高碳高钒高速钢，$w(C) = 1.25\% \sim 1.32\%$、$w(V) = 2.70\% \sim 3.20\%$，其耐热性、耐磨性和切削性能比 W6Mo5Cr4V3 高，刀具寿命长，可用于制作要求切削性能较高的刀具；按制造工艺不同，可分为熔炼高速钢和粉末冶金高速钢，其中粉末冶金高速钢通过高压氩气或氮气将高速钢钢液雾化得到细小的高速钢粉末，然后将这种粉末在高温高压下压制成钢坯，最后将钢坯锻轧成钢材或刀具形状。其结晶组织细小且均匀，淬火变形小，刃磨性不随钒含量增加而下降，耐磨性能好，刀具寿命长，适用于制造切削难加工材料的刀具、大尺寸刀具、精密刀具及复杂刀具等。表 3-1 列出了常用高速钢的力学性能。

表 3-1　常用高速钢的力学性能

种类	钢号	常温硬度 HRC	抗弯强度 /GPa	冲击韧度 /MJ·m⁻²	高温硬度 HRC	
					500℃	600℃
普通高速钢	W18Cr4V（W18）	$63 \sim 66$	$3 \sim 3.4$	$0.18 \sim 0.32$	56	48.5
	W6Mo5Cr4V2（M2）	$63 \sim 66$	$3.5 \sim 4$	$0.3 \sim 0.4$	$55 \sim 56$	$47 \sim 48$
	9W18Cr4V（9W18）	$66 \sim 68$	$3 \sim 3.4$	$0.17 \sim 0.22$	57	51
高性能高速钢	W6Mo5Cr4V3	$65 \sim 67$	3.2	0.25	—	51.7
	W6Mo5Cr4V2Co8	$66 \sim 68$	3.0	0.3	—	54
	W2Mo9Cr4VCo8（M42）	$67 \sim 69$	$2 \sim 3.8$	$0.23 \sim 0.3$	60	55
	W6Mo5Cr4V2Al（501）	$67 \sim 69$	$2.9 \sim 3.9$	$0.23 \sim 0.3$	60	55
	W10Mo4Cr4V3Al（5F6）	$67 \sim 69$	$3.1 \sim 3.5$	$0.2 \sim 0.28$	59.5	54

2. 硬质合金

硬质合金是用高硬度、难熔的金属碳化物（主要是 WC、TiC 等，又称高温碳化物）和金属黏结剂（Co、Ni 等）在高温条件下烧结而成的粉末冶金制品。允许切削温度高达 $800 \sim 1000℃$，切削中碳钢时，切削速度可达 $100 \sim 200 m/min$。

硬质合金的性能主要取决于金属碳化物的种类、性能、数量、粒度和黏结剂的含量。在硬质合金中碳化物所占比例越大，硬度越高；反之，碳化物减少，硬度降低，但抗弯强度提高。碳化物的粒度越细，越有利于提高硬质合金的硬度和耐磨性，但当黏结剂含量一定时，如碳化物粒度减小，则碳化物颗粒的总表面积加大，使黏结层厚度减薄，从而降低了合金的抗弯强度。

硬质合金以其优良的切削性能已成为主要的刀具材料。大部分车、镗类刀具和面铣刀已采用硬质合金，其他切削刀具采用硬质合金的也日益增多。

国家标准（GB/T 18376.1—2008）中按使用领域的不同将切削工具用硬质合金分成

K、P、M、N、S、H 六类。

（1）K 类　即以 WC 为基，以 Co 作为黏结剂，或添加少量 TaC、NbC 的合金/涂层合金。该类硬质合金的韧性、磨削加工性、导热性和抗弯强度较好，适合于加工产生崩碎切屑、有冲击切削力和切削热集中在刃尖附近的脆性材料，如铸铁、冷硬铸铁、非金属材料及热导率低的不锈钢。

（2）P 类　即以 TiC、WC 为基，以 Co（Ni+Mo、Ni+Co）作为黏结剂的合金/涂层合金。该类硬质合金除了有较高的硬度和耐磨性外，抗黏结扩散能力和抗氧化能力好，适用于高速切削钢料；但不宜用于加工含钛的不锈钢和钛合金，因为硬质合金中的钛元素和工件材料中的钛元素之间易发生亲和作用，会加速刀具的磨损。

（3）M 类　即以 WC 为基，以 Co 作为黏结剂，添加少量 TiC（TaC、NbC）的合金/涂层合金。该类合金若含有适当的 TaC（NbC）含量和增加 Co 含量，其强度提高，能承受机械振动和热冲击，可用于通用合金、断续切削。

（4）N 类　即以 WC 为基，以 Co 作为黏结剂，或添加少量 TaC、NbC 或 CrC 的合金/涂层合金。该类合金适用于有色金属、非金属材料的加工，如铝、镁、塑料、木材等的加工。

（5）S 类　即以 WC 为基，以 Co 作为黏结剂，或添加少量 TaC、NbC 或 TiC 的合金/涂层合金。该类合金适用于耐热和优质合金材料的加工，如耐热钢、含镍、钴、钛的各类合金材料的加工。

（6）H 类　即以 WC 为基，以 Co 作为黏结剂，或添加少量 TaC、NbC 或 TiC 的合金/涂层合金。该类合金适用于硬切削材料的加工，如淬硬钢、冷硬铸铁等材料的加工。

硬质合金中含 Co 量增多，WC、TiC 含量减少时，抗弯强度和冲击韧度提高，适用于粗加工，含 Co 量减少，WC、TiC 量增加时，其硬度、耐磨性及耐热性提高，强度及韧性降低，适用于精加工。

表 3-2 列出了常用硬质合金各组别的力学性能要求、性能提高方向及作业条件推荐等。

表 3-2　常用硬质合金的力学性能要求、性能提高方向及作业条件推荐

类型	分组号	力学性能			性能提高方向		作业条件	
		硬度		抗弯强度/GPa，不小于	切削性能	合金性能	被加工材料	适应的加工条件
		HRA，不小于	HV_3，不小于					
K 类	01	92.3	1750	1.35	↑切削速度↓	↑进给量↓	↑耐磨性↓	铸铁、冷硬铸铁、短屑可锻铸铁	车削、精车、铣削、镗削、刮削
	10	91.7	1680	1.46				布氏硬度高于 220HBW 的铸铁、短屑可锻铸铁	车削、铣削、镗削、刮削、拉削
	20	91.0	1600	1.55				布氏硬度低于 220HBW 的灰铸铁、短屑可锻铸铁	用于中等切削速度下、轻载荷粗加工、半精加工的车削、铣削、镗削等
	30	89.5	1400	1.65			↑韧性↓	铸铁、短屑可锻铸铁	用于在不利条件下[①]可能采用大切削角的车削、铣削、刨削、切槽加工，对刀片的韧性有一定的要求
	40	88.5	1250	1.80				铸铁、短屑可锻铸铁	用于在不利条件下[①]的粗加工，采用较低的切削速度和大的进给量

（续）

类型	分组号	力学性能			性能提高方向		作业条件	
		硬度		抗弯强度 /GPa，不小于	切削性能	合金性能	被加工材料	适应的加工条件
		HRA，不小于	HV_3，不小于					
P类	01	92.3	1750	0.70	↑切削速度 ｜ ｜进给量↓	↑耐磨性 ｜ ｜韧性↓	钢、铸钢	高切削速度、小切屑截面、无振动条件下精车、精镗
	10	91.7	1680	1.20			钢、铸钢	高切削速度、中/小切屑截面条件下的车削、仿形车削、车螺纹和铣削
	20	91.0	1600	1.40			钢、铸钢、长屑可锻铸铁	中等切削速度、中等切屑截面条件下的车削、仿形车削和铣削、小切屑截面的刨削
	30	90.2	1500	1.55			钢、铸钢、长屑可锻铸铁	中或低等切削速度、中等或大切屑截面条件下的车削、铣削、刨削和不利条件下[①]的加工
	40	89.5	1400	1.75			钢、含砂眼和气孔的铸钢件	低切削速度、大切削角、大切屑截面以及不利条件下[①]的车削、刨削、切槽和自动机床上加工
M类	01	92.3	1730	1.20	↑切削速度 ｜ ｜进给量↓	↑耐磨性 ｜ ｜韧性↓	不锈钢、铁素体钢、铸钢	高切削速度、小载荷、无振动条件下精车、精镗
	10	91.0	1600	1.35			不锈钢、铸钢、锰钢、合金钢、合金铸铁、可锻铸铁	中和高等切削速度、中/小切屑截面条件下的车削
	20	90.2	1500	1.50			不锈钢、铸钢、锰钢、合金钢、合金铸铁、可锻铸铁	中等切削速度、中等切屑截面条件下的车削、铣削
	30	89.9	1450	1.65			不锈钢、铸钢、锰钢、合金钢、合金铸铁、可锻铸铁	中和高等切削速度、中等或大切屑截面条件下的车削、铣削、刨削
	40	88.9	1300	1.80			不锈钢、铸钢、锰钢、合金钢、合金铸铁、可锻铸铁	车削、切断、强力铣削加工
N类	01	92.3	1750	1.45	↑切削速度 ｜ ｜进给量↓	↑耐磨性 ｜ ｜韧性↓	有色金属、塑料、木材、玻璃	高切削速度下，有色金属铝、铜、镁，塑料、木材等非金属材料的精加工
	10	91.7	1680	1.56				较高切削速度下，有色金属铝、铜、镁，塑料、木材等非金属材料的精加工或半精加工
	20	91.0	1600	1.65			有色金属、塑料	中等切削速度下，有色金属铝、铜、镁、塑料等的半精加工或粗加工
	30	90.0	1450	1.70				中等切削速度下，有色金属铝、铜、镁及塑料等的粗加工

（续）

类型	分组号	力学性能			性能提高方向		作业条件	
		硬度		抗弯强度/GPa,不小于	切削性能	合金性能	被加工材料	适应的加工条件
		HRA,不小于	HV$_3$,不小于					
S类	01	92.3	1730	1.50	↑切削速度—	─进给量↓	↑耐磨性─	─韧性↓	耐热和优质合金:含镍、钴、钛的各类合金材料	中等切削速度下,耐热钢和钛合金的精加工
	10	91.5	1650	1.58						低切削速度下,耐热钢和钛合金的半精加工或粗加工
	20	91.0	1600	1.65						较低切削速度下,耐热钢和钛合金的半精加工或粗加工
	30	90.5	1550	1.75						较低切削速度下,耐热钢和钛合金的断续切削,适于半精加工或粗加工
H类	01	92.3	1730	1.00	↑切削速度—	─进给量↓	↑耐磨性─	─韧性↓	淬硬钢、冷硬铸铁	低切削速度下,淬硬钢、冷硬铸铁的连续轻载精加工
	10	91.7	1680	1.30						低切削速度下,淬硬钢、冷硬铸铁的连续轻载精加工、半精加工
	20	91.0	1600	1.65						较低切削速度下,淬硬钢、冷硬铸铁的连续轻载半精加工、粗加工
	30	90.5	1520	1.50						较低切削速度下,淬硬钢、冷硬铸铁的半精加工、粗加工

① 不利条件是指原材料或铸造、锻造的零件表面硬度不匀,加工时的切削深度不匀,间断切削以及振动等情况。

（三）其他刀具材料

1. 涂层刀具

涂层刀具是在韧性较好的硬质合金基体上,或在高速钢刀具基体上,涂抹一薄层耐磨性高的难熔金属化合物而获得的。在高速钢刀具上进行涂层一般采用物理气相沉积法（PVD）,沉积温度为 500℃左右；在硬质合金上进行涂层一般采用化学气相沉积法（CVD）,沉积温度为 1000℃左右。

常用的涂层材料有 TiC、TiN、Al_2O_3 等。硬质合金刀具的涂层厚度一般为 4~5μm,表层硬度可达 2500~4200HV；高速钢刀具一般为 2μm,表层硬度可达 80HRC。涂层刀具具有较高的抗氧化性能,因而有较高的耐磨性和抗月牙洼磨损能力；有低的摩擦系数,可降低切削时的切削力及切削温度,可提高刀具的使用寿命（提高硬质合金刀具使用寿命 1~3 倍,提高高速钢刀具使用寿命 2~10 倍）,但其锋利性、韧性、抗剥落性和抗崩刃性均不及未涂层刀片,而且成本较高。

2. 陶瓷

用于制作刀具的陶瓷材料主要有纯 Al_2O_3 陶瓷及 Al_2O_3-TiC 混合陶瓷两种,以其微粉在高温下烧结而成。它有很高的硬度（91~95HRA）和耐磨性,有很高的耐热性（在1200℃时,硬度尚能达 80HRA,仍具有较好的切削性能）；切削速度比硬质合金高 2~5

倍，有很高的化学稳定性，与金属的亲和力小，抗黏结和抗扩散的能力好。

陶瓷刀具可用于加工钢、铸铁，对于冷硬铸铁、淬硬钢的车削和铣削非常有效。它还特别适合于高速切削。但其脆性大，抗弯强度低；冲击韧性差，易崩刃，使其使用范围受到限制。随着陶瓷材料制造工艺的改进，将有利于抗弯强度的提高，从而扩大陶瓷刀具的使用范围。

3. 金刚石

金刚石分天然金刚石和人造金刚石两种，它们都是碳的同素异构体。其硬度高达10000HV，是自然界中最硬的材料。由于天然金刚石价格昂贵，工业上多使用人造金刚石。人造金刚石是在高温高压条件下，借助于某些合金的触媒作用，由石墨转化而成。人造金刚石又分为单晶金刚石和聚晶金刚石（PCD）。

金刚石刀具能切削陶瓷、高硅铝合金、硬质合金等难加工材料，还可以切削有色金属及其合金，但不能切削铁族材料。因为金刚石中的碳元素和铁族元素有很强的亲和性，碳元素向工件扩散，而产生碳化磨损（即扩散磨损），加快刀具磨损，而且影响加工质量。当温度高于700℃时，金刚石转化为石墨结构而丧失了硬度。用金刚石刀具进行切削时须对切削区进行强制冷却。金刚石刀具的刃口可以磨得很锋利，对有色金属进行精密和超精密切削时，表面粗糙度 Ra 值可达到 $0.01\sim0.1\mu m$。

4. 立方氮化硼

立方氮化硼（CBN）是由六方氮化硼在高温高压下加入催化剂转变而成的。立方氮化硼的硬度很高（可达到8000~9000HV），仅次于金刚石。立方氮化硼具有很好的热稳定性（可达1300~1500℃），它的最大的优点是在高温（1200~1300℃）时也不易与铁族金属起反应。立方氮化硼能以硬质合金切削铸铁和普通钢的切削速度对冷硬铸铁、淬硬钢、高温合金等进行加工。

立方氮化硼刀具有整体聚晶立方氮化硼和立方氮化硼复合片两种类型。整体聚晶立方氮化硼能像硬质合金一样焊接，并可多次重磨；立方氮化硼复合片是在硬质合金基体上烧结一层厚度为0.5mm的立方氮化硼而成的。

图3-1所示为近200年来刀具材料的发展，以及刀具材料与切削加工高速化的关系。

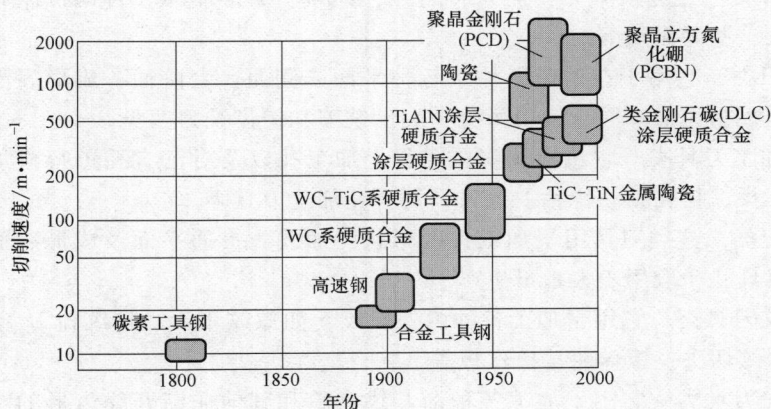

图 3-1 刀具材料的发展与切削加工高速化的关系

图 3-2 所示为不同刀具材料随着机械制造加工在追求高效高速的背景下的使用进展情况，可见随着切削加工高效高速的发展，高速钢在高速切削时易出现退火现象，而使用范围越来越小，但由于高速钢具有良好的工艺性能，因此一些复杂刀具还是常选用高速钢材料，如拉刀、成形车刀等。

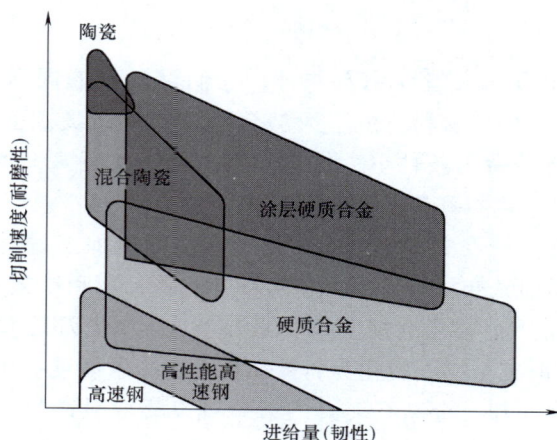

图 3-2　刀具材料的使用进展情况

二、刀具类型

在机械加工过程中，刀具直接参与切削过程，从工件上切除多余金属层。它是保证加工质量、提高劳动生产率的一个重要因素，在工艺系统中占有重要的地位。在现代技术迅猛发展的今天，刀具的性能对机床性能的发挥更具有决定性的作用。由于机械零件的材质、形状、技术要求和加工工艺的多样性，客观上要求加工中使用的刀具具有不同的结构和切削性能。因此，生产中所使用的刀具的种类很多。刀具按加工方式和具体用途可分为以下几种类型：

（1）车刀类　它包括车刀、刨刀、插刀、镗刀、成形车刀、自动机床和半自动机床用的切刀以及一些专用切刀。

（2）铣刀类　它用于在铣床上加工各种平面、侧面、台阶面、成形表面以及用于切断、切槽等。根据齿形不同，铣刀可分为尖齿铣刀和铲齿铣刀两类。

（3）孔加工刀具类　它包括从实体材料上加工孔以及对已有孔进行再加工所用的刀具。如各种钻头、扩孔钻、锪钻、铰刀、复合孔加工刀具等。

（4）拉刀类　这类刀具用于加工各种形状的通孔、贯通平面及成形表面等，是高生产率的多齿刀具，一般用于大批量生产。

（5）螺纹刀具类　它用于加工各种内外螺纹，如螺纹车刀、螺纹梳刀、丝锥、板牙、螺纹铣刀、螺纹切头、滚丝轮、搓丝板等。

（6）齿轮刀具类　它用于加工各种渐开线齿轮和其他非渐开线齿形的工件，如齿轮滚刀、插齿刀、剃齿刀、蜗轮滚刀、花键滚刀等。

第二节 车刀

一、车刀的种类、结构形式及用途

车刀是金属切削加工中应用最广泛的一种刀具。它可以用来加工外圆、内孔、端面、螺纹及各种内、外回转体成形表面，也可用于切断和切槽等。常用车刀的种类及其用途如图3-3所示。外圆车刀用于加工外圆柱面和外圆锥面，它分为直头和弯头两种。弯头车刀通用性较好，可以车削外圆、端面和倒棱。外圆车刀又可分为粗车刀、精车刀和宽刃光刀。精车刀刀尖圆弧半径较大，可获得较小的残留面积，以减小表面粗糙度值；宽刃光刀用于低速精车；当外圆车刀的主偏角为90°时，可用于车削阶梯轴、凸肩、端面及刚度较低的细长轴。外圆车刀按进给方向又分为左偏刀和右偏刀。

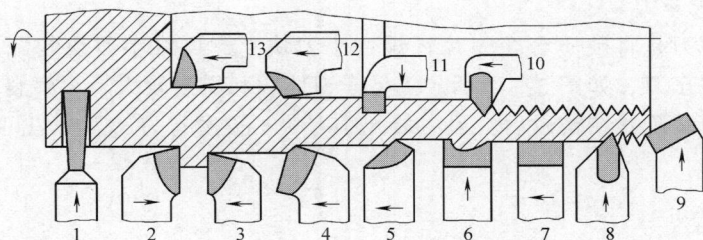

图 3-3 常用车刀的种类及其用途

1—切断刀 2—左偏刀 3—右偏刀 4—弯头车刀 5—直头车刀 6—成形车刀 7—宽刃精车刀
8—外螺纹车刀 9—端面车刀 10—内螺纹车刀 11—内槽车刀 12—通孔车刀 13—不通孔车刀

车刀在结构上可分为整体车刀、焊接车刀、焊接装配式车刀和机械夹固刀片的车刀。机械夹固刀片的车刀又分为机夹车刀和可转位车刀。不同结构类型车刀的特点及使用场合见表3-3。

表 3-3 不同结构类型车刀的特点及使用场合

名称	特　　点	使用场合
整体车刀	用整体高速钢制造,易磨成锋利的切削刃,刀具刚性好	小型车刀和加工非铁金属车刀
焊接车刀	可根据需要刃磨几何形状,刀片的利用较充分,结构紧凑,制造方便,使用可靠	各类车刀,特别是小刀具
焊接装配车刀	将焊有硬质合金刀片的小刀块装配在刀杆上,刃磨时只需刃磨小刀块,刀杆可重复使用	重型车削
机夹车刀	避免焊接内应力引起刀具寿命下降,刀杆利用率高,刀片可刃磨获得所需参数,使用灵活方便	大型刀具、螺纹车刀、切断车刀
可转位车刀	避免了焊接的缺点,刀片转位更换迅速,可使用涂层刀片,生产率高,断屑稳定	用于普通车床,特别是自动线、数控车床的各类车刀

1. 整体车刀

整体车刀主要是高速钢车刀，俗称"白钢刀"，截面为正方形或矩形，使用时可根据不同用途进行修磨。

2. 焊接车刀

焊接车刀是在普通碳素钢刀杆上镶焊（钎焊）硬质合金刀片，经过刃磨而成的，如图 3-4 所示。其优点是结构简单，制造方便，并且可以根据需要进行刃磨，硬质合金的利用也较充分，目前在车刀中仍占相当比重。

硬质合金焊接车刀的缺点是其切削性能主要取决于工人刃磨的技术水平，与现代化生产不相适应；此外刀杆不能重复使用，当刀片用完以后，刀杆也随之报废。在制造工艺上，由于硬质合金和刀杆材料（一般是中碳钢）的线胀系数不同，当焊接工艺不够合理时易产生热应力，严重时会导致硬质合金出现裂纹，因此在焊接硬质合金刀片时，应尽可能采用熔化温度较低的焊料，对刀片应缓慢加热和缓慢冷却，对于 P01 等易产生裂纹的硬质合金，应在焊缝中放一层应力补偿片。

3. 焊接装配车刀

焊接装配车刀是将硬质合金刀片钎焊在小刀块上，再将小刀块装配到刀杆上，这种结构多用于重型车刀，如图 3-5 所示。重型车刀体积和质量较大，刃磨整体车刀，劳动强度大，采用焊接装配式结构以后，只需装配小刀块，刃磨省力，刀杆也可重复使用。

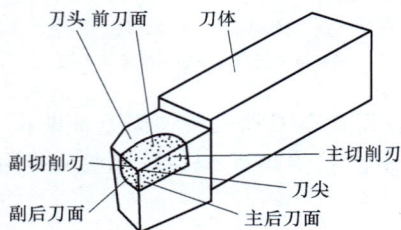

图 3-4　焊接车刀

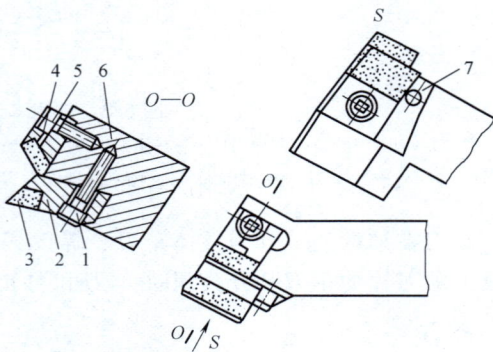

图 3-5　焊接装配车刀

1、5—螺钉　2—小刀块　3—刀片　4—断屑器
6—刀杆　7—支承销

4. 机夹车刀

机夹车刀是将硬质合金刀片用机械夹固的方法安装在刀杆上的车刀，如图 3-6 所示。机夹车刀只有一条主切削刃，结构简单，用钝后必须修磨，刀片在重磨后能够调整尺寸，有时还要考虑断屑的要求，并且可修磨多次。其优点是刀杆可以重复使用，刀具管理简便；刀杆也可进行热处理，提高硬质合金刀片支承面的硬度和强度，这就相当于提高了刀片的强度，减少了打刀的危险性，从而可提高刀具的使用寿命；此外，刀片不经高温焊接，排除了产生焊接裂纹的可能性。机夹车刀使用时在结构上要保证刀片夹固可靠。

5. 可转位车刀

可转位车刀是使用可转位刀片的机夹车刀，由刀杆、刀片、刀垫和夹固元件组成，如图 3-7 所示。它与普通机夹车刀的不同点在于刀片为多边形，每一边都可作为切削刃，用钝后只需将刀片转位，即可使新的切削刃投入工作，当几个切削刃都用钝后，即可更换新刀片。可转位车刀除具备机夹车刀的优点外，其最大优点在于几何参数完全由刀片和刀槽保证，不受工人技术水平的影响，因此切削性能稳定，很适合现代化生产的要求。

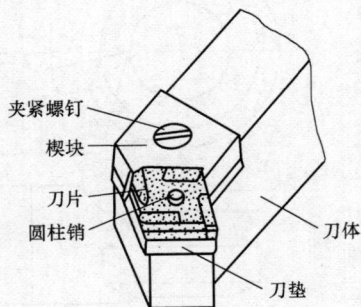

图 3-6　机夹车刀

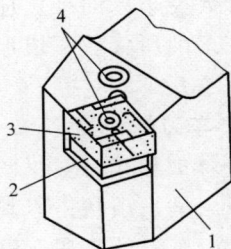

图 3-7　可转位车刀

1—刀杆　2—刀垫　3—刀片　4—夹固元件

常用硬质合金可转位刀片的形状很多，如三角形、偏 8°三角形、凸三角形、正方形、五角形、圆形等，如图 3-8 所示。刀片大多不带后角，但在每个切削刃上做有断屑槽并形成刀片的前角。刀具的实际角度由刀片和刀槽的角度组合确定。

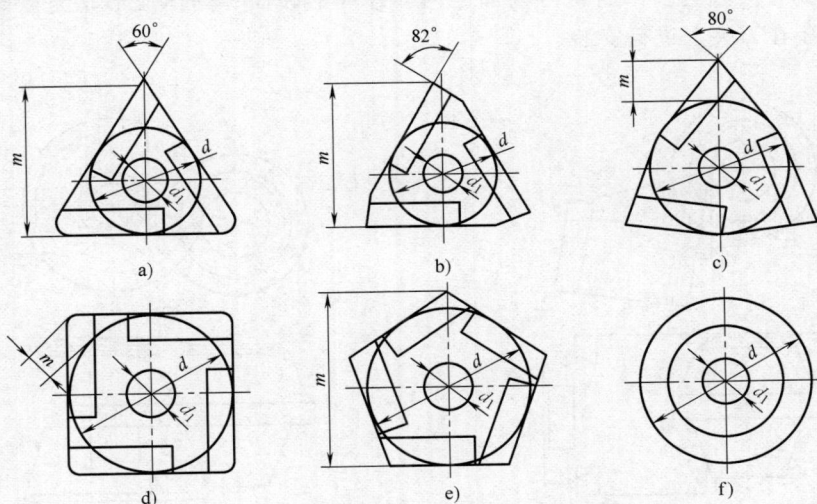

图 3-8　硬质合金可转位刀片的常用形状

a）三角形　b）偏 8°三角形　c）凸三角形　d）正方形　e）五角形　f）圆形

二、成形车刀

成形车刀是加工回转体成形表面的专用工具，它的切削刃形状是根据工件的廓形设计的。用成形车刀加工，只要一次切削行程就能切出所需的成形表面，生产率较高；成形表面的精度主要取决于刀具的设计和制造精度，与工人技术水平无关；它可以保证被加工工件表面形状和尺寸精度的一致性和互换性，加工精度可达 IT9 ~ IT10，表面粗糙度 $Ra = 6.3 \sim 3.2 \mu m$；成形车刀的可重磨次数多，使用寿命较长，但是由于成形车刀的切削刃形状复杂，其设计和制造成本较高，一般在大批大量生产中使用。目前采用硬质合金作为刀具材料时制造比较困难，因此多用高速钢作为刀具材料。再者，随着数控车床的推广应用，许多成形表面的车削被数控车削所代替，成形车刀的应用正在逐步减少。

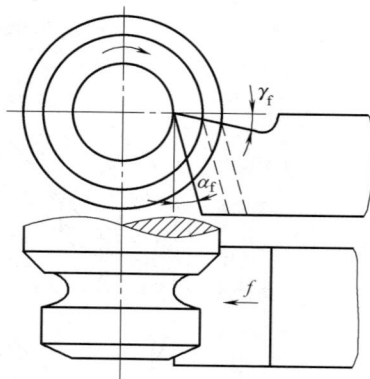

图 3-9 平体成形车刀

1. 成形车刀的种类

（1）平体成形车刀（见图 3-9） 它和普通车刀的外形相似，呈平条状，但其切削刃是成形的。螺纹车刀及铲齿车刀就是属于这类成形车刀。其装夹方法和普通车刀一样。

（2）棱体成形车刀（见图 3-10） 其外形是棱柱体，只能用来加工外成形表面，可重磨次数比平体成形车刀多。一般用专用刀夹夹住车刀的燕尾部分，安装在普通车床或自动车床刀架上。

（3）圆体成形车刀（见图 3-11） 其外形是回转体，由于刀体是圆柱状，重磨时是磨前刀面，可重磨次数更多，而且可以加工内、外成形表面。圆体成形车刀以圆柱孔作为定位基准套装在刀夹上进行安装。

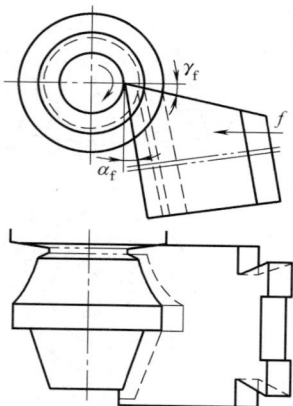

图 3-10 棱体成形车刀

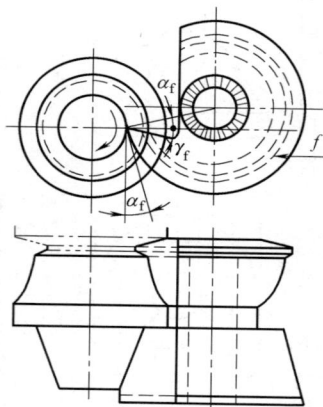

图 3-11 圆体成形车刀

2. 成形车刀的前角和后角

图 3-12 所示为棱体成形车刀前角和后角的形成。刀具制造时，使楔角为 $90° - (\gamma_f + \alpha_f)$，安装时车刀倾斜 α_f 角，即能形成所需的前角和后角。

对于圆体成形车刀（见图 3-13），制造时使车刀中心到前刀面的垂直距离为 $h_o = R_1$

$\sin$（$\gamma_f + \alpha_f$）。安装时，使刀尖位于工件中心高度位置，并使刀具中心比工件中心高 $H = R_1 \sin\alpha_f$，这样就能形成所需的前角和后角。

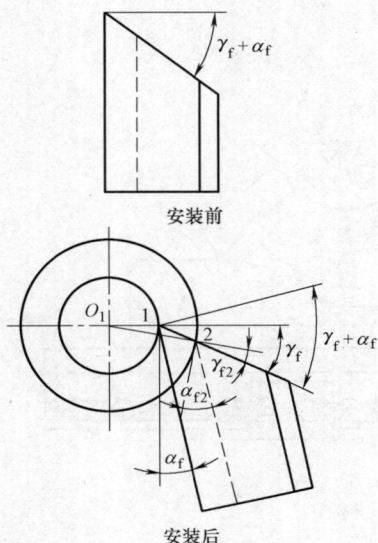

图 3-12　棱体成形车刀前角和后角的形成

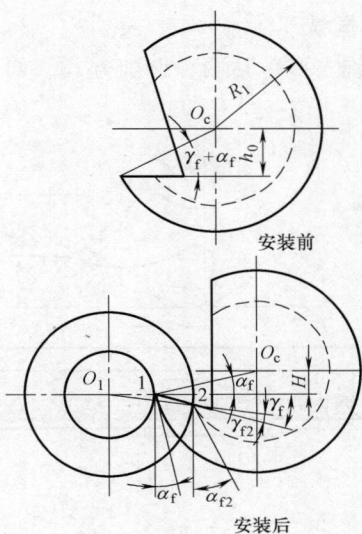

图 3-13　圆体成形车刀前角和后角的形成

　　成形车刀的前角和后角是指切削刃最外一点，也就是位于工件中心高度位置一点的前角和后角。当 $\gamma_f > 0°$ 时，切削刃上不位于工件中心高度位置上的其他各点，都低于切削刃最外的一点，这些点的基面和切削平面都发生变化，故各点的前角和后角也不相同，离切削刃最外一点越远，其前角越小，后角越大。圆体成形车刀还由于切削刃上各点的后刀面切线方向的改变，使后角的变化比棱体成形车刀更大。

　　成形车刀属于专用刀具，生产中需根据要求专门设计。为制造方便，成形车刀刃形是根据后刀面的法向剖面（棱体）或刀具的径向剖面（圆体）内的刃形制造的。由于成形车刀的前、后角一般都不为零，故刀具的刃形与工件的廓形不同，必须进行刃形的设计计算。当刀具径向进给时，刀具刃形沿工件轴向的尺寸与工件相同，只需计算其法向尺寸的变化。因而，在结构类型和前、后角选定后，成形车刀的设计主要是廓形深度的设计。

第三节　铣刀

一、铣削

　　用铣刀在铣床上的加工称为铣削，铣削是一种应用非常广泛的切削加工方法。它可以对许多不同形状的表面进行粗加工和半精加工，其加工精度可达 IT7 ~ IT9，精铣表面粗糙度 $Ra = 3.2 ~ 1.6\mu m$。

（一） 铣削方式

铣刀刀齿在刀具上的分布有两种形式：一种是切削刃分布在铣刀的圆柱面上，如圆周铣削（周铣）；一种是切削刃分布在铣刀的端部，如端面铣削（端铣）。

1. 周铣

周铣主要包括两种铣削方式，如图 3-14 所示。

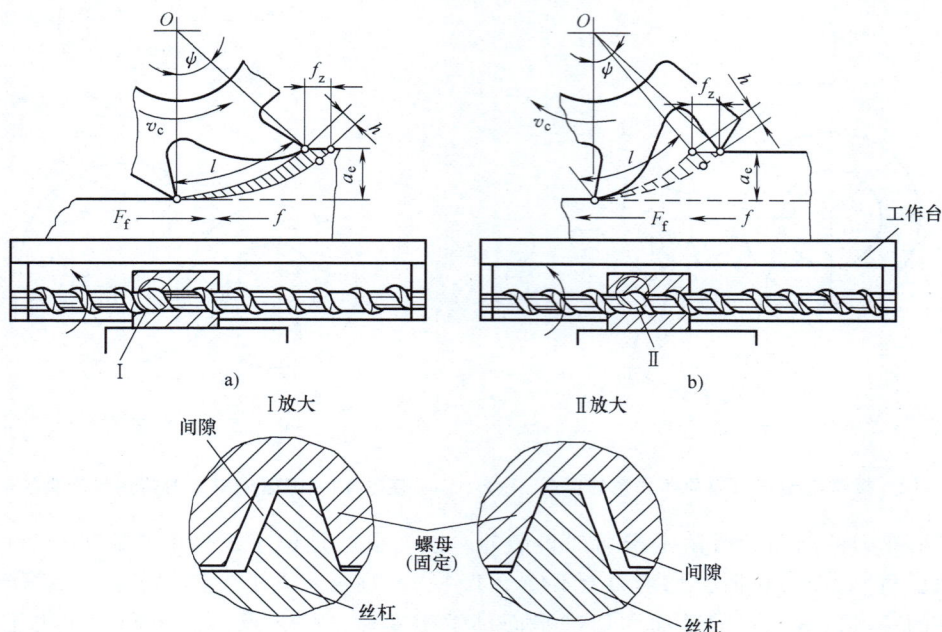

图 3-14　周铣

a）逆铣　b）顺铣

（1）逆铣　铣削时，铣刀切入工件时的切削速度方向和工件的进给方向相反，这种铣削方式称为逆铣，如图 3-14a 所示。

逆铣时，刀齿的切削厚度从零逐渐增大至最大值。刀齿在开始切入时，由于切削刃钝圆半径的影响，刀齿在已加工表面上滑擦一段距离后才能真正切入工件，因而刀齿磨损快，加工表面质量较差。此外，刀齿对工件的垂直铣削分力向上，容易使工件的装夹松动。铣床工作台的纵向进给运动一般是依靠丝杠和螺母来实现的。工作台螺母固定不动，丝杠转动带动工作台一起移动。逆铣时，纵向铣削分力 F_f 与纵向进给方向相反，使丝杠与螺母间传动面始终贴紧，故工作台不会发生窜动现象，铣削过程较平稳。

（2）顺铣　铣削时，铣刀切出工件时的切削速度方向与工件的进给方向相同，这种铣削方式称为顺铣，如图 3-14b 所示。

顺铣时，刀齿的切削厚度从最大逐渐递减至零，没有逆铣时的刀齿滑行现象，加工硬化程度大为减轻，已加工表面质量较高，刀具使用寿命也比逆铣时高。从图 3-14b 中可看出，顺铣时，刀齿对工件的垂直铣削分力始终将工件压向工作台，避免了上下振动，加工比较平稳。纵向铣削分力 F_f 方向始终与进给方向相同，由于丝杠与螺母传动副有间隙，铣刀会带动工件和工作台窜动，使铣削进给量不均匀，容易打刀。因此，若采用顺铣，必须要求铣床工作台进给丝杠螺母副有消除侧向间隙机构，或采取其他有效措施。

由以上分析可知，顺铣和逆铣各有特点，应根据加工的具体条件合理选择。

2. 端铣

端铣时有以下三种铣削方式：

（1）对称铣削（见图3-15a）　这种铣削方式在切入、切出时切削厚度相同，它具有较大的平均切削厚度，在用较小的每齿进给量铣削淬硬钢时，为使刀齿超越冷硬层切入工件，应采用对称铣削。

（2）不对称逆铣（见图3-15b）　这种铣削方式在切入时切削厚度最小，切出时切削厚度最大，铣削碳素钢和一般合金钢时，可减小切入时的冲击，故可提高硬质合金面铣刀使用寿命一倍以上。

（3）不对称顺铣（见图3-15c）　这种铣削方式在切入时切削厚度最大，切出时切削厚度最小。实践证明，不对称顺铣用于加工不锈钢和耐热合金时，可减少硬质合金的剥落磨损，可提高切削速度40%~60%。

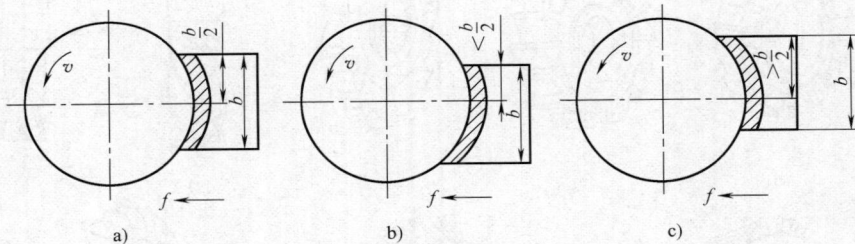

图3-15　端铣
a）对称铣削　b）不对称逆铣　c）不对称顺铣

（二）铣削特点

（1）**断续切削**　铣刀刀齿切入或切出工件时产生冲击，端铣尤为明显。当冲击频率与铣床固有频率相同或成倍数时，会引起共振。此外，铣削时刀齿还经受周期性的温度骤变，即热冲击，硬质合金刀片在这种力、热的联合冲击下，容易产生裂纹和破损。

（2）**多刃切削**　铣削是多刃切削的典型。铣刀的刀齿多，切削刃的总长度大，这有利于提高加工生产率和刀具使用寿命。但多刃回转刀具的最大特点是难以消除刀齿的径向跳动。刀齿径向跳动会造成刀齿负荷不一致、磨损不均匀，从而直接影响加工表面粗糙度。

（3）**属于半封闭或封闭式容屑方式**　由于铣刀是多齿刀具，刀齿和刀齿之间的空间有限，每个刀齿切下的切屑必须有足够的容屑空间并能够按要求的方向顺利排出，否则会造成铣刀的损坏。

（4）**有切入过程**　在圆柱逆铣中，刀齿切入工件时的切削厚度为零，由于刃口圆钝半径 r_n 的存在，开始时刀齿并不能切入工件，只有当切削厚度 h 逐渐增大到一定大小（一般认为应达到 $h \approx r_n$）后，刀齿才能切入金属。切入金属以前称为"切入过程"，在切入过程中，刀齿磨损快，并使已加工表面粗糙。

二、铣刀的种类和用途

铣刀的种类很多，如图 3-16 所示。铣刀可以按用途分类，也可按齿背形式分类。

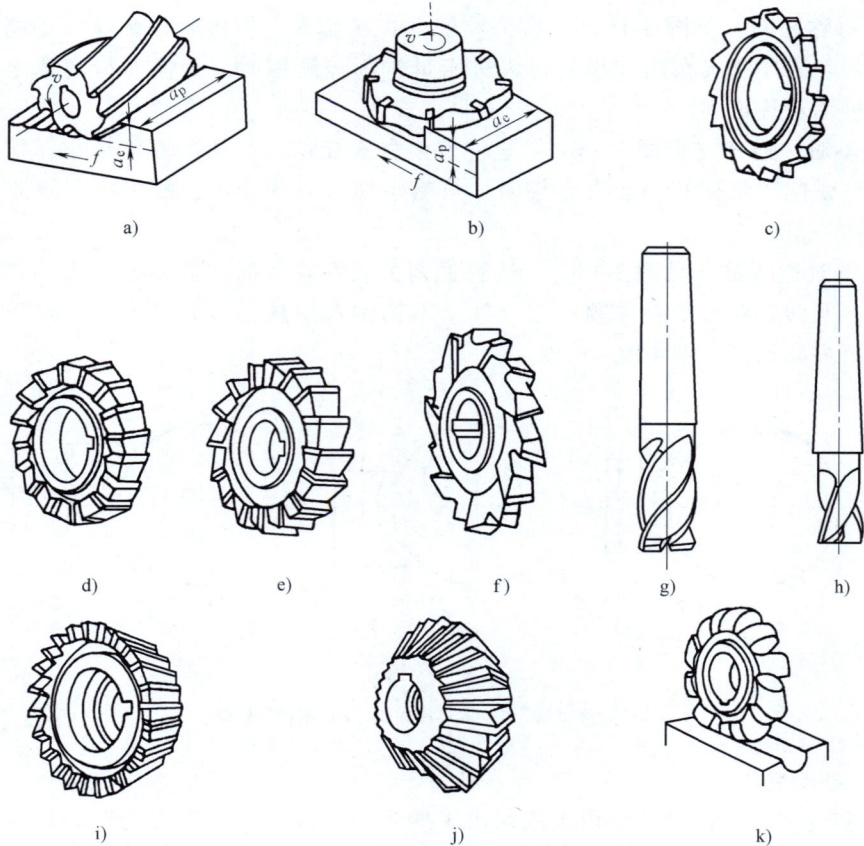

图 3-16　铣刀的种类

a）圆柱铣刀　b）面铣刀　c）槽铣刀　d）两面刃铣刀　e）三面刃铣刀　f）错齿三面刃铣刀
g）立铣刀　h）键槽铣刀　i）单角铣刀　j）双角铣刀　k）成形铣刀

1. 按用途分类

（1）圆柱铣刀　如图 3-16a 所示，它用于在卧式铣床上加工平面。它主要用高速钢制造，也可以镶焊螺旋形的硬质合金刀片。圆柱铣刀采用螺旋形刀齿以提高切削工作的平稳性。圆柱铣刀仅在圆柱表面上有切削刃，没有副切削刃。

（2）面铣刀　如图 3-16b 所示，它用在立式铣床上加工平面，轴线垂直于被加工表面，其主切削刃分布在圆锥表面或圆柱表面上，端部切削刃为副切削刃。面铣刀主要采用硬质合金刀齿，故有较高的生产率。

（3）盘形铣刀　盘形铣刀分为槽铣刀、两面刃铣刀、三面刃铣刀和错齿三面刃铣刀，如图 3-16c~f 所示。槽铣刀一般用于加工浅槽，两面刃铣刀用于加工台阶面，三面刃铣刀用于切槽和加工台阶面。

（4）锯片铣刀　这是薄片的槽铣刀，用于切削窄槽或切断材料，它和切断车刀类似，对刀具几何参数的合理性要求较高。

（5）立铣刀　如图 3-16g 所示，立铣刀用于加工平面、台阶、槽和相互垂直的平面，利用锥柄或直柄紧固在机床主轴中。立铣刀圆柱表面上的切削刃是主切削刃，端刃是副切削刃。用立铣刀铣槽时槽宽有扩张，故应取直径比槽宽略小（0.1mm 以内）的铣刀。

（6）键槽铣刀　如图 3-16h 所示，键槽铣刀一般有 2 个或 3 个刃瓣，端刃为完整刃口，既像立铣刀又像钻头，它可以用轴向进给对毛坯钻孔，然后沿键槽方向运动铣出键槽的全长。键槽铣刀重磨时只磨端刃。

（7）角度铣刀　角度铣刀分为单角铣刀（见图 3-16i）和双角铣刀（见图 3-16j），用于铣削沟槽和斜面。角度铣刀大端和小端直径相差较大时，往往造成小端刀齿过密，容屑空间过小，因此常在小端将刀齿间隔地去掉，使小端的齿数减少一半，以增大容屑空间。

（8）成形铣刀　如图 3-16k 所示，成形铣刀是用于加工成形表面的刀具，其刀齿廓形要根据被加工工件的廓形来确定。

2. 按齿背加工形式分类

（1）尖齿铣刀　尖齿铣刀的特点是齿背经铣制而成，并在切削刃后磨出一条窄的后刀面，铣刀用钝后只需刃磨后刀面，刃磨比较方便。尖齿铣刀是铣刀中的一大类，图 3-16a～j 所示皆为尖齿铣刀。

（2）铲齿铣刀　铲齿铣刀的特点是齿背经铲制而成，铣刀用钝后仅刃磨前刀面，易于保持切削刃原有的形状，因此适用于切削廓形复杂的铣刀，如成形铣刀等。图 3-16k 所示即为铲齿成形铣刀。

此外，铣刀还按齿数疏密程度分为粗齿铣刀和细齿铣刀。粗齿铣刀刀齿少、刀齿强度高、容屑空间大，用于粗铣。细齿铣刀齿数多、容屑空间小，用于精铣。

3. 按刀具参数和材料分类

为了改善铣刀的切削性能，提高铣削效益，对于圆柱铣刀，生产实践中常采取改变某些参数（如螺旋角、齿数等）及选用硬质合金刀具材料等方法来实现其目标。

（1）大螺旋角铣刀　圆柱铣刀的螺旋角，实际上是铣刀的刃倾角。增大螺旋角可以增大实际前角、减小刃口实际钝圆半径，从而缩短切入过程、改善加工表面质量。但螺旋角过大，会降低铣刀使用寿命，增加铣刀制造和重磨的困难。

（2）分屑铣刀　分屑是改善铣刀切削性能的有效措施，对较长切削刃多采用分屑槽。分屑槽可使切屑变窄，减少切削变形，有利于卷屑和排屑，提高了刀具使用寿命，因而可以选用较大的切削用量。

（3）硬质合金铣刀和高速钢铣刀　采用焊接或机夹硬质合金刀齿的铣刀，可大大提高生产率和刀具使用寿命。复杂精密铣刀常采用高速钢铣刀。

三、成形铣刀

成形铣刀是在铣床上加工成形表面的专用刀具，它与成形车刀的相同之处是刀具廓形都要根据工件廓形设计。用成形铣刀可在通用的铣床上加工复杂形状的表面，并获得较高的精度和表面质量，生产率也较高。成形铣刀常用于加工成形直沟和成形螺旋沟。

　　按齿背的加工形式，成形铣刀分为尖齿成形铣刀和铲齿成形铣刀两种。由于廓形复杂的成形铣刀做成尖齿的，刃磨难以保证廓形，因而常做成铲齿成形铣刀，其前刀面是平面，刃磨很方便，且能保刀证铣刀的廓形不变。

　　铲齿成形铣刀常做成前角为零度，并重磨前刀面。但是，为保证铣刀重磨后廓形保持不变，则要求铣任意轴向剖面内的刃形都应相同；同时刀齿在每次重磨前刀面以后，都需有适当的后角，因此，廓形应依次、逐渐向铣刀轴线靠近。铣刀后刀面实质是以新刀切削刃廓形为母线，绕铣刀轴线旋转并同时向轴线靠近而形成的表面。如图 3-17 所示，$A—A$、$B—B$ 都是径向剖面，且廓形相同，但 $B—B$ 剖面中廓形更靠近铣刀轴线，以形成铣刀的后角。实现这种后刀面廓形的加工方法叫作铲齿，是用铲刀在铲齿车床上铲削加工出来的。

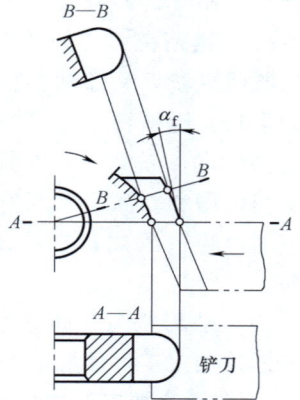

图 3-17　成形铣刀的铲齿

第四节　孔加工刀具

一、孔加工刀具的种类和用途

　　孔加工刀具按其用途可分为两大类：一类是在实体材料上加工出孔的刀具，如中心钻、麻花钻和深孔钻等；另一类是对工件上已有孔进行再加工的刀具，如扩孔钻、铰刀及镗刀等。

1. 中心钻

中心钻主要用于加工轴类零件的中心孔，有无护锥中心钻（见图 3-18a）及带护锥中心钻（见图 3-18b）两种。钻孔前，先钻中心孔，有利于钻头的导向，可防止孔的偏斜。

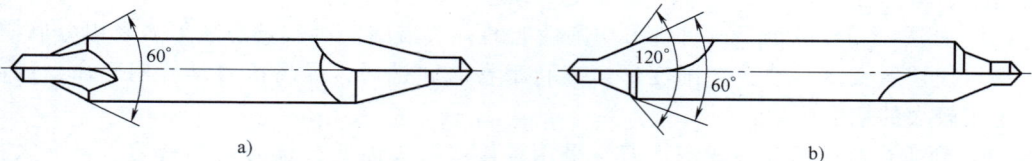

图 3-18　中心钻

a) 无护锥中心钻　b) 带护锥中心钻

2. 麻花钻

麻花钻是孔加工刀具中应用最为广泛的刀具（见图 3-25），特别适合于 $\phi30mm$ 以下孔的粗加工，有时也可用于扩孔。麻花钻按其制造材料分为高速钢麻花钻和硬质合金麻花钻。用高速钢麻花钻加工的孔精度可达 IT11～IT13，表面粗糙度 $Ra = 6.3～2.5\mu m$；用硬质合金钻头加工时则分别可达 IT10～IT11 和 $Ra = 12.5～3.2\mu m$。

3. 深孔钻

深孔钻一般用来加工孔深度与直径之比为 5～10 的孔。为解决深孔加工中的断屑、排屑、冷却润滑和导向等问题，人们先后开发了外排屑深孔钻、内排屑深孔钻、喷吸钻和套料钻等多种深孔钻。图 3-19 所示为用于加工枪管的外排屑深孔钻的工作原理。

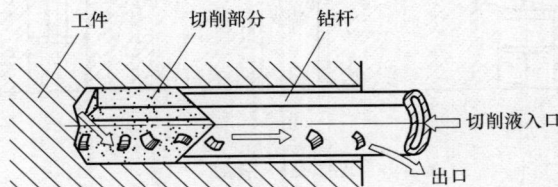

图 3-19　深孔钻的工作原理

4. 扩孔钻

扩孔钻通常用于铰削或磨削前的预加工或毛坯孔的扩大。扩孔钻的外形和麻花钻相类似，只是加工余量小，主切削刃较短，因而容屑槽浅，刀齿数目较麻花钻多，刀体强度高，刚性好，故加工后的质量比麻花钻加工的好。一般加工精度可达 IT10～IT11，表面粗糙度 $Ra = 6.3～3.2\mu m$，通常作为孔的半精加工刀具。常见的结构形式有高速钢整体式、镶齿套式和镶硬质合金可转位式，分别如图 3-20a、b、c 所示。

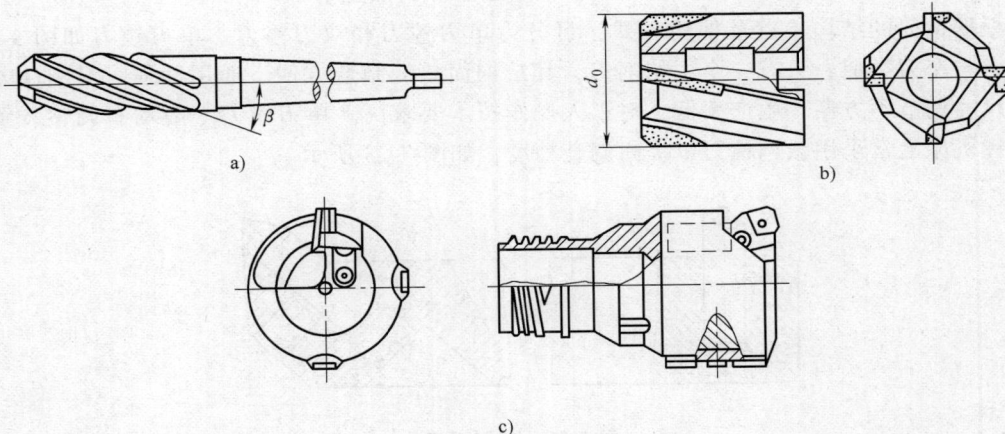

图 3-20　扩孔钻
a）高速钢整体式　b）镶齿套式　c）镶硬质合金可转位式

5. 锪钻

锪钻用于在孔的端面上加工圆柱形沉头孔（见图 3-21a）、锥形沉头孔（见图 3-21b）或凸台表面（见图 3-21c）。锪钻上的定位导向柱是用来保证被锪的孔或端面与原来的孔有一定的同轴度或垂直度的。导向柱可以拆卸，以便制造锪钻的端面齿。锪钻可制成高速钢整体结构或硬质合金镶齿结构。

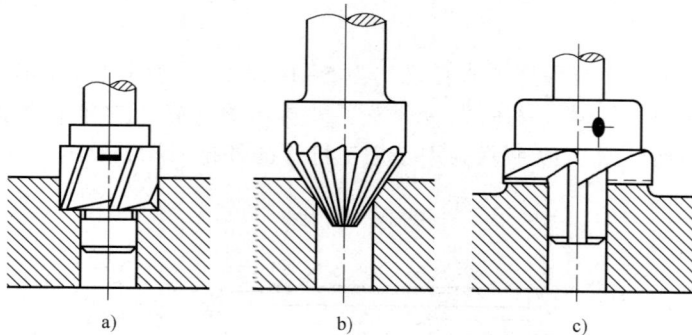

图 3-21　锪钻

a）锪圆柱形沉头孔　b）锪锥形沉头孔　c）锪凸台表面

6. 铰刀

铰刀是精加工或半精加工刀具（见图 3-29），由于加工余量小，齿数多，加工精度和表面质量都较高，加工精度可达 IT6～IT8，加工表面粗糙度 $Ra = 1.6～0.2\mu m$，常用于中小孔的半精加工和精加工。

7. 镗刀

镗刀是一种很常见的扩孔用的刀具，在许多机床上都可以用镗刀镗孔（如车床、铣床、镗床以及组合机床等）。镗孔的加工精度可达 IT6～IT8，加工表面粗糙度 $Ra = 6.3～0.8\mu m$，常用于较大直径的孔的粗加工、半精加工和精加工。

根据镗刀的结构特点及使用方式，可分为单刃镗刀和双刃镗刀。单刃镗刀如图 3-22 所示，与车刀类似，只有一个主切削刃，其结构简单、制造方便、通用性强，但刚性差，镗孔尺寸调节不方便，生产率低，对工人操作技术要求高。单刃镗刀一般均有调整装置。在精镗机床上常采用微调镗刀以提高调整精度，如图 3-23 所示。

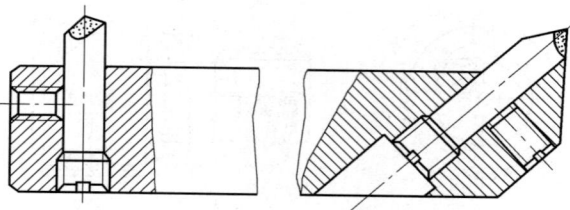

图 3-22　单刃镗刀

双刃镗刀两边都有切削刃，工作时可以消除径向力对镗杆的影响，工件的孔径尺寸与精度由镗刀径向尺寸保证。镗刀上的两个刀片径向可以调整，因此，可以加工一定尺寸范围的孔。图 3-24 所示为常用的装配式浮动镗刀，刀块 1 以动配合状态浮动安装在镗杆的径向孔中，工作时，刀块在切削力的作用下保持平衡对中，可以减少镗刀块安装误差及镗杆径向跳动所引起的加工误差。

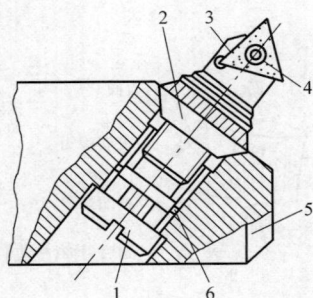

图 3-23　微调镗刀
1—紧固螺钉　2—精调螺母　3—刀块
4—刀片　5—镗杆　6—导向键

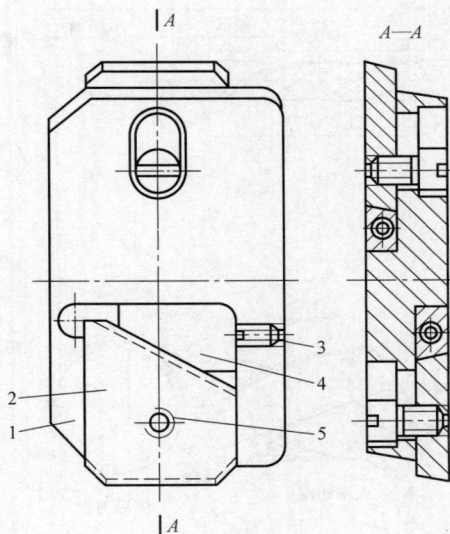

图 3-24　双刃镗刀
1—刀块　2—刀片　3—调节螺钉
4—斜面垫板　5—紧固螺钉

二、麻花钻的结构与参数

1. 麻花钻的结构

如图 3-25 所示,标准麻花钻由以下三个部分组成:

(1) 工作部分　它是钻头的主要部分,前端为切削部分,承担主要的切削工作;后端为导向部分,起引导钻头的作用,也是切削部分的后备部分。

(2) 颈部　它是工作部分和尾部间的过渡部分,供磨削时砂轮退刀和打印标记用。小直径的直柄钻头没有颈部。

(3) 柄部　它是钻头的夹持部分,用于与机床连接,并传递转矩和轴向力。按麻花钻直径的大小,分为直柄(小直径)和锥柄(大直径)两种。

钻头的工作部分有两条对称的螺旋槽,是容屑和排屑的通道,两个刃瓣由钻芯连接。导向部分磨有两条棱边,为了减少与加工孔壁的摩擦,棱边直径磨有 $(0.03 \sim 0.12)/100$ 的倒锥,从而形成副偏角 κ_r'。

2. 麻花钻的几何角度

(1) 螺旋角 β　钻头的螺旋角 β 是螺旋槽最外缘处螺旋线的切线与钻头轴线间的夹角。在主切削刃上半径不同的点的螺旋角不相等,钻头外缘处的螺旋角最大,越靠近钻头中心,其螺旋角越小。螺旋角实际上是钻头的进给前角。因此,螺旋角越大,钻头的进给前角越大,钻头越锋利。但是螺旋角过大,会削弱钻头的强度和散热条件,使钻头的磨损加剧。标准高速钢麻花钻的 $\beta = 18° \sim 30°$,小直径钻头 β 值较小。

(2) 顶角 2ϕ　钻头的顶角为两主切削刃在与其平行的轴向平面上投影之间的夹角,

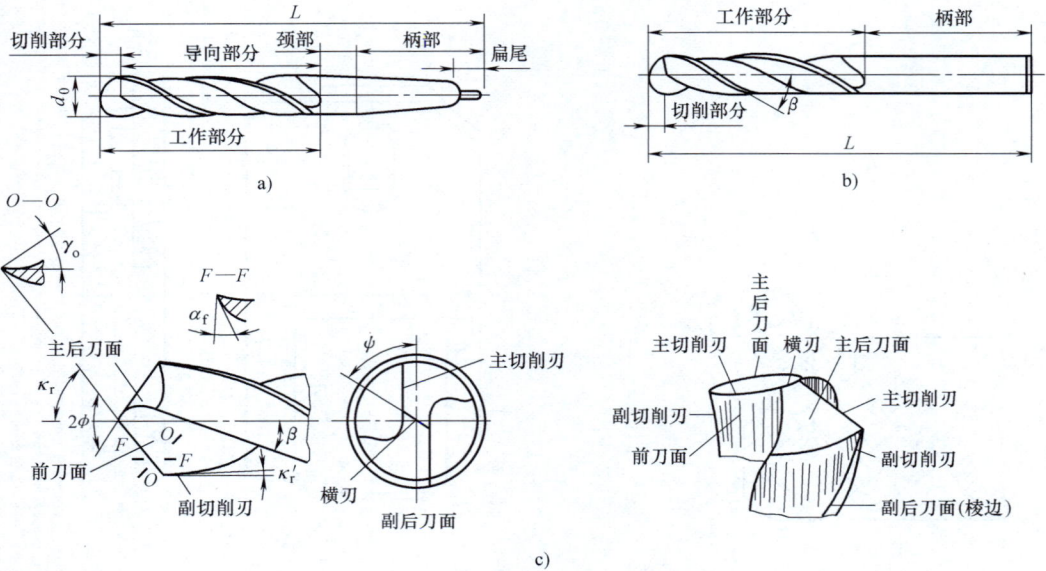

图 3-25　标准高速钢麻花钻的组成

如图 3-25c 所示。标准麻花钻的顶角 $2\phi = 118°$。

（3）主偏角 κ_r 和副偏角 κ_r'　钻头的主偏角 κ_r 是主切削刃在基面上的投影与进给方向的夹角，如图 3-25c 所示。由于主切削刃上各点的基面不同，因此主切削刃上各点的主偏角也是变化的，越接近钻芯，主偏角越小。

为了减小导向部分与孔壁的摩擦，除了在国家标准中规定直径大于 0.75mm 的麻花钻在导向部分上制有两条窄的棱边，还规定直径大于 1mm 的麻花钻有向柄部方向减小的直径倒锥量（每 100mm 长度上减小 0.03~0.12mm），从而形成副偏角 κ_r'（见图 3-25c）。

（4）前角 γ_o　麻花钻主切削刃上任意点的前角是在正交平面内测量的前刀面与基面间的夹角。麻花钻主切削刃各点前角变化很大，从外缘到钻芯，前角逐渐减小，对于标准麻花钻外缘处前角 30°，到钻芯减到-30°，如图 3-25c 所示。

（5）后角 α_f　麻花钻主切削刃上任意点的后角是在以钻头轴线为轴心的圆柱面的切平面内测量的切削平面与主后刀面之间的夹角，如图 3-25c 所示。如此确定后角的测量平面是由于主切削刃在进行切削时做圆周运动，进给后角比较能够反映钻头后刀面与加工表面之间的摩擦关系，同时测量也方便。刃磨钻头后角时，应沿主切削刃将后角从外缘到中心逐渐增大。

（6）横刃角度　横刃是两个主后刀面的交线（见图 3-26），b_ψ 为横刃长度。横刃角度包括横刃斜角 ψ、横刃前角 $\gamma_{o\psi}$ 和横刃后角 $\alpha_{o\psi}$。

在端面投影上，横刃与主切削刃之间的夹角为横刃斜角 ψ，它是刃磨后刀面时形成的。标准高速钢麻花钻的横刃斜角 $\psi = 50° ~ 55°$。当后角磨得偏大时，横刃斜角减小，横刃长度增大。因此，在刃磨麻花钻时，可以观察横刃斜角的大小来判断后角是否磨得合适。

横刃是通过钻头中心的，并且它在钻头端面上的投影为一条直线，因此横刃上各点

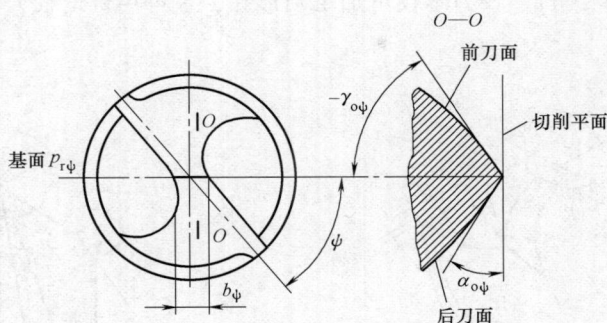

图 3-26 麻花钻横刃处的几何参数

的基面是相同的。从横刃上任一点的正交平面看，横刃前角为负值（标准麻花钻的 $\gamma_{o\psi} = -54° \sim -60°$），$\alpha_{o\psi} = 30° \sim 36°$。由于横刃具有很大的负前角，钻削时横刃处发生严重的挤压而造成很大的进给力。通常横刃的进给力占全部进给力的 $1/2$ 以上。由于横刃处切削条件很差，对加工工件孔的尺寸精度有较大影响。

3. 麻花钻的修磨

由于麻花钻的结构所限，使它存在许多缺点。如前角值沿主切削刃变化太大，外缘处为 $+30°$，靠近钻芯处为 $-30°$，各点切削条件不同；横刃上的前角竟达 $-54° \sim -60°$，副后角为 $0°$，摩擦严重；主切削刃太长，会造成切屑太宽，排屑不畅；横刃太长，会造成定心困难，进给力大等。为改善钻头的切削性能，需对麻花钻进行修磨。主要修磨方法有：修磨横刃、修磨前刀面、修磨棱边、修磨主切削刃和开分屑槽。群钻就是综合应用了标准高速钢麻花钻各种修磨方法而制成的。图 3-27 所示为 $d_0 > 15 \sim 40\text{mm}$ 的标准群钻。其修磨方法是：先磨出两条外刃（AB），然后再在两个后刀面上分别磨出月牙形圆弧槽（BC），最后修磨横刃，使之缩短、变尖、变低，以形成两条内刃（CD），留下一条窄横刃 b，此外，在外刃上还磨出分屑槽。群钻的加工精度和生产率大大高于标准高速钢麻花钻。

4. 硬质合金钻头

近年来，硬质合金钻头已逐渐得到广泛应用，特别是对加工铸铁等脆性材料，其钻头使用寿命和生产率比高速钢钻头有显著提高（见图 3-28）。硬质合金钻头不仅可以加工钢铁材料，还可以加工各种有色金属以及橡胶、塑料、玻璃、石材等非金属材料，在工艺系统刚度足够大的情况下还能成功地应用于加工高强度材料。

三、铰刀的结构与参数

铰孔是孔的精加工方法之一，在生产中应用很广。对于较小的孔，铰孔是一种较为经济实用的加工方法。铰刀一般分为手用铰刀及机用铰刀两种。手用铰刀柄部为直柄，工作部分较长，导向作用较好。手用铰刀又分为整体式手用铰刀（见图 3-29a）和外径可调整式手用铰刀（见图 3-29b）两种。机用铰刀可分为带柄机用铰刀（见图 3-29c）和套式机用铰刀（见图 3-29d）。铰刀不仅可加工圆形孔，也可用锥度铰刀（见图 3-29e）加工锥孔。

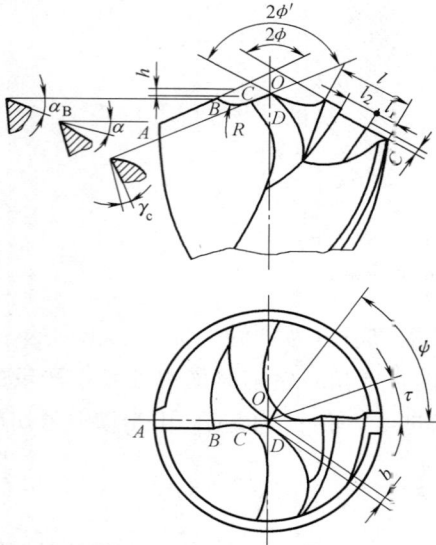

图 3-27 中型标准群钻

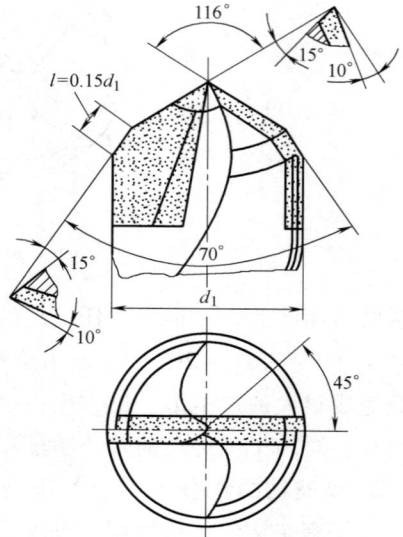

图 3-28 钻铸铁孔用硬质合金钻头

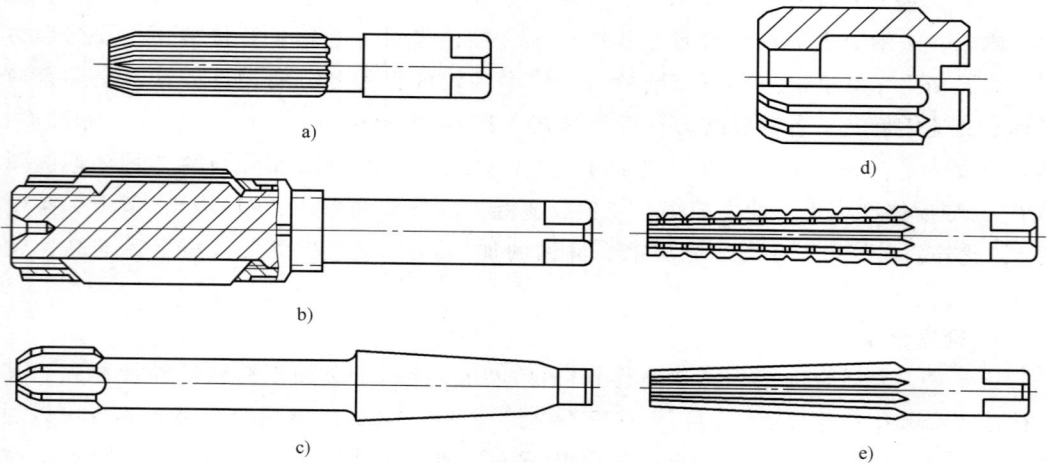

图 3-29 铰刀

a）整体式手用铰刀 b）外径可调整式手用铰刀 c）带柄机用铰刀 d）套式机用铰刀 e）锥度铰刀

1. 铰刀的结构

如图 3-30 所示，铰刀由工作部分、颈部及柄部组成。工作部分又分为切削部分与校准（修光）部分，切削部分担任主要的切削工作，校准部分起导向、校准和修光作用。为减小校准部分刀齿与已加工孔壁的摩擦，并防止孔径扩大，校准部分的后端为倒锥形状。

2. 铰刀的参数

（1）直径及公差 铰刀是定尺寸刀具，直径及其公差的选取主要取决于被加工孔的

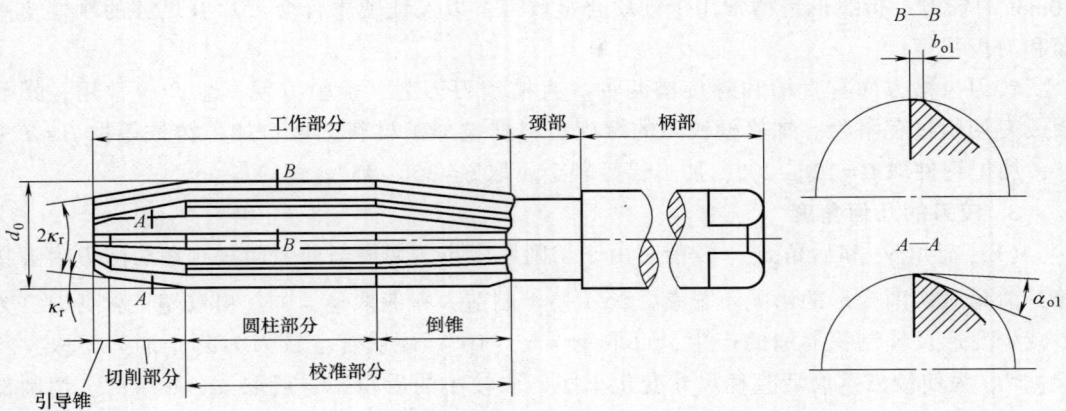

图 3-30　铰刀的结构

直径及其精度，同时，也要考虑铰刀的使用寿命和制造成本。铰刀的公称直径 d_0 是指校准部分的圆柱部分直径，确定铰刀直径和公差时，应考虑被铰削孔的公差、铰刀的制造公差 G、铰刀磨损储备量 H 和铰削后孔径可能产生的扩张量 P 或收缩量 P_1。

铰孔时，由于机床主轴间隙产生的径向圆跳动、铰刀刀齿的径向圆跳动、铰孔余量不均匀而引起的颤动、铰刀的安装偏差、切削液和积屑瘤等因素的影响，会使铰出的孔径大于铰刀校准部分的外径，即产生孔径扩张。这时，铰刀的直径就应减小一些。其极限尺寸可由下式计算

$$d_{0max} = D_{max} - P_{max} \tag{3-1}$$

$$d_{0min} = D_{max} - P_{max} - G \tag{3-2}$$

铰孔时，铰削力较大或工件孔壁较薄时，由于工件的弹性变形或热变形的恢复，铰孔后孔径常会缩小。这时，选用的铰刀的直径应增大一些。

$$d_{0max} = D_{max} + P_{1min} \tag{3-3}$$

$$d_{0min} = D_{max} - G \tag{3-4}$$

式中　d_{0max}、d_{0min}——铰刀直径的上、下极限尺寸；

　　　　D_{max}——孔的上极限尺寸；

　　　　P_{max}——铰孔时孔的直径最大扩张量；

　　　　P_{1min}——铰孔后孔的直径最小收缩量。

（2）齿数 z 及槽形　铰刀齿数一般为 4～12。齿数多，则导向性好，刀齿负荷轻，铰孔质量高。但齿数过多，会降低铰刀刀齿强度和减小容屑空间，故通常根据直径和工件材料性质选取铰刀齿数。大直径铰刀取较多齿数；加工韧性材料取较小齿数；加工脆性材料取较多齿数。为便于测量直径，铰刀齿数一般取偶数。刀齿在圆周上一般为等齿距分布，在某些情况下，为避免周期性切削负荷对孔表面的影响，也可选用不等齿距结构。

铰刀的齿槽形式有直线形、折线形和圆弧形三种。直线形齿槽制造容易，一般用于 $d_0 = 1～20mm$ 的铰刀；圆弧形齿槽具有较大的容屑空间和较好的刀齿强度，一般用于 $d_0 >$

20mm 的铰刀；折线形齿槽常用于硬质合金铰刀，以保证硬质合金刀片有足够的刚性支承面和刀齿强度。

铰刀齿槽方向有直槽和螺旋槽两种。直槽铰刀刃磨、检验方便，生产中常用；螺旋槽铰刀切削过程平稳。螺旋槽铰刀的螺旋角根据被加工材料选取：加工铸铁等取 $\beta = 7° \sim 8°$；加工钢件取 $\beta = 12° \sim 20°$；加工铝等轻金属取 $\beta = 35° \sim 45°$。

3. 铰刀的几何角度

（1）前角 γ_o 和后角 α_o　铰削时由于切削厚度小，切屑与前刀面只有在切削刃附近接触，前角对切削变形的影响不显著。为了便于制造，一般取 $\gamma_o = 0°$。粗铰塑性材料时，为了减少变形及抑制积屑瘤的产生，可取 $\gamma_o = 5° \sim 10°$；硬质合金铰刀为防止崩刃，取 $\gamma_o = 0° \sim 5°$。为使铰刀重磨后直径尺寸变化小些，取较小的后角，一般取 $\alpha_o = 6° \sim 8°$。切削部分的刀齿刃磨后应锋利，不留刃带，校准部分刀齿则必须留有 $0.05 \sim 0.3mm$ 宽的刃带，以起修光和导向作用，也便于铰刀制造和检验。

（2）主偏角 κ_r　主偏角 κ_r 的大小影响铰刀参加工作的长度和切屑厚薄以及各分力间的比值，对加工质量有较大影响。若 κ_r 小，则参加工作的切削刃较长，切屑薄，进给力小，且切入时的导向好，但变形较大，并且切入和切出的时间也长。因此，手用铰刀宜取较小的 κ_r 值，通常 $\kappa_r = 0.5° \sim 1°$。机用铰刀工作时，其导向和进给由机床保证，故 κ_r 可选用较大值，一般在加工钢材时，$\kappa_r = 15°$，铰削铸铁和脆性材料时，$\kappa_r = 3° \sim 5°$，加工不通孔时，$\kappa_r = 45°$。

（3）刃倾角 λ_s　在铰削塑性材料时，高速钢直槽铰刀切削部分的切削刃沿轴线倾斜 $15° \sim 20°$ 形成刃倾角 λ_s，它适用于加工余量较大的通孔。硬质合金铰刀为便于制造，一般取 $\lambda_s = 0°$。

第五节　复杂刀具

复杂刀具主要包括螺纹刀具、拉刀和齿轮加工刀具等，一般由专业化刃具厂生产。

一、螺纹刀具

螺纹被广泛地用作紧固件或传动件，因此螺纹加工在机械制造中占有重要地位，其加工方法很多，一般可分为切削加工和滚压加工两大类。切削加工是应用切削刀具，使被切金属层变为切屑。切削法加工螺纹的刀具有螺纹车刀、螺纹梳刀、丝锥、板牙、螺纹铣刀、螺纹切头和砂轮等。滚压法加工是利用滚压的方法，使金属发生塑性变形而形成螺纹，不产生切屑，因而也可称为无屑加工。滚压法加工螺纹的工具有搓丝扳、滚丝轮等。

1. 螺纹车刀

螺纹车刀是一种按螺纹截形设计廓形的成形车刀，可在车床上加工各种内、外螺纹。它的特点是适应性广，可以加工各种形状和各种尺寸的螺纹，加工精度高；刀具制造简单，成本低；重磨质量要求高；生产率较低。因此，螺纹车刀适用于单件小批生产。

2. 丝锥

丝锥是加工中小尺寸螺纹的标准刀具之一，使用方便，故应用极为广泛。常用的有适合于单件或修配工作的手用丝锥（见图 3-31a）、机床上加工内螺纹的机用丝锥（见图 3-31b），以及螺母丝锥、板牙丝锥、锥形螺纹丝锥、拉削丝锥等。

3. 板牙

板牙（见图 3-32）是用于加工外螺纹的标准刀具之一。它的外形像是一个螺母，在螺母周围钻几个出屑孔，形成了切削刃。一次走刀即可切出所需螺纹，生产率极高。但刀齿廓形不能磨削，加工出的螺纹精度较低。

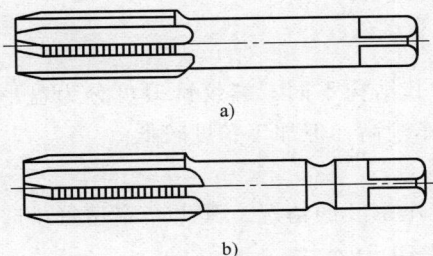

图 3-31 丝锥
a）手用丝锥 b）机用丝锥

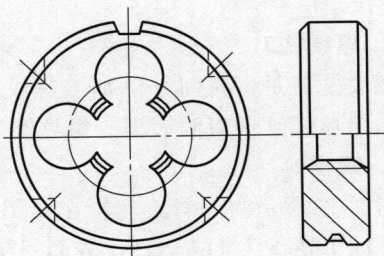

图 3-32 板牙

4. 螺纹梳刀

螺纹梳刀（见图 3-33）就是多齿的螺纹车刀，有平体、棱体和圆体之分。其切削部分具有斜角，各刀齿廓形高度依次增大，将切削量分配在各个刀齿上，最后由校准齿起修正校准作用。其特点是只需一次走刀即可加工出所需螺纹，生产率高，但要求工件有足够的退刀位置和刚性；需要专用的螺纹梳刀。螺纹梳刀适合于成批生产。

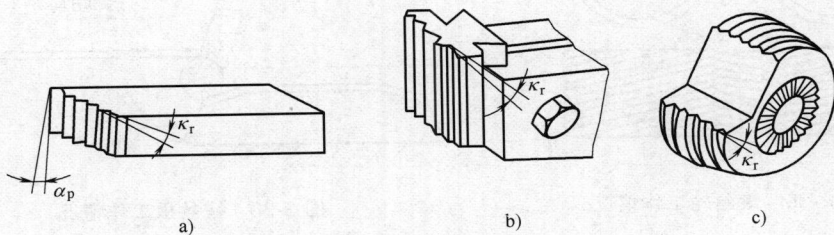

图 3-33 螺纹梳刀
a）平体 b）棱体 c）圆体

5. 自动开合螺纹切头

螺纹切头分为自动开合板牙和自动开合丝锥两大类，常用于转塔车床、自动转塔车床及自动车床上。自动开合板牙切头（见图 3-34）工作时，四把圆体螺纹梳刀合拢，同时切削。切削完毕后，梳刀自动张开，切头便退出，准备下一个循环。其特点是生产率高、精度高，但结构复杂、成本高，只适合于大批生产中加工精度较高的螺纹。

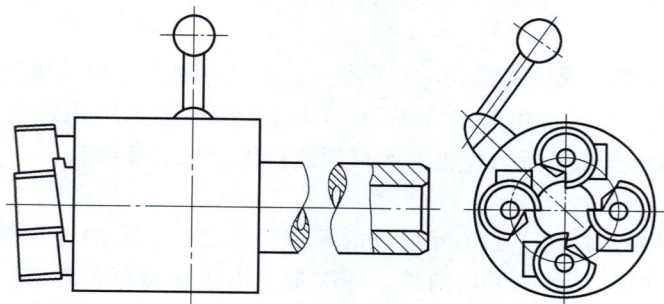

图 3-34　自动开合板牙切头

6. 螺纹铣刀

螺纹铣刀是用铣削方法加工螺纹的刀具。按其结构不同，螺纹铣刀可分为盘形螺纹铣刀和梳形螺纹铣刀两大类。螺纹铣刀生产率比车削高，但加工精度较低。

7. 滚丝轮

图 3-35 所示为一对滚丝轮在专用滚丝机上滚压螺纹的情况。其生产率达每小时千件以上，加工精度为 IT4 ~ IT5，表面粗糙度 $Ra = 0.4 ~ 0.2 \mu m$。

8. 搓丝板

用搓丝板滚压螺纹时的工作情况如图 3-36 所示。其生产率高，每小时可加工数千件，加工精度可达 IT6，适用于大量生产、尺寸不大的螺纹紧固件。用搓丝板加工时径向力大，故不宜加工空心工件。

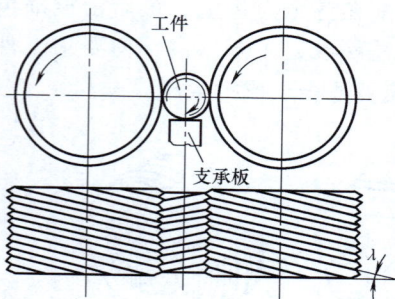

图 3-35　滚丝轮工作情况

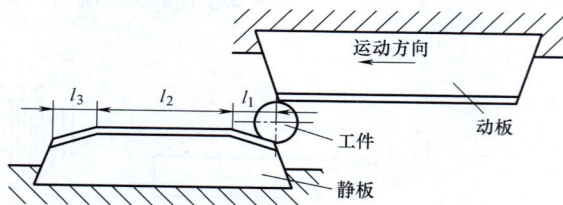

图 3-36　搓丝板工作情况

二、拉刀

1. 拉削过程及特点

拉刀是一种高生产率、高精度的多齿刀具。拉削时，拉刀沿其轴线做等速直线运动，由于拉刀的后一个（或一组）刀齿高出前一个（或一组）刀齿，因此能够依次从工件上切下金属层，从而获得所需的表面，如图 3-37 所示。

拉削加工与其他切削加工方法比较，具有以下特点：

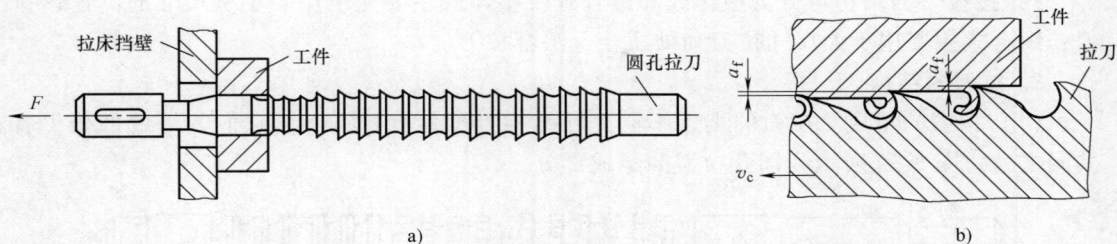

图 3-37 拉削过程

1）生产率高。拉刀是多齿刀具，同时参加工作的刀齿多，切削刃的总长度大，又多为直线运动，一次行程即完成粗加工、半精加工及精加工，因此生产率很高。

2）加工后工件精度与表面质量高。拉削时的切削速度很低（一般 $v_c = 1.02 \sim 8\text{m/min}$），拉削过程平稳，切削厚度小（一般精切齿的切削厚度 $h = 0.005 \sim 0.015\text{mm}$），因此可加工出加工精度为 IT7，表面粗糙度 $Ra \leqslant 0.8\mu\text{m}$ 的工件。

3）拉刀使用寿命高。由于拉削速度很低，而且每个刀齿实际参加切削的时间极短，因此拉刀使用寿命很高。

4）加工范围广。可拉削各种特型表面，图 3-38 所示是其中的一些例子。

5）拉削运动简单。拉削只有主运动，拉削过程的进给量即相邻两刀齿的齿高差。

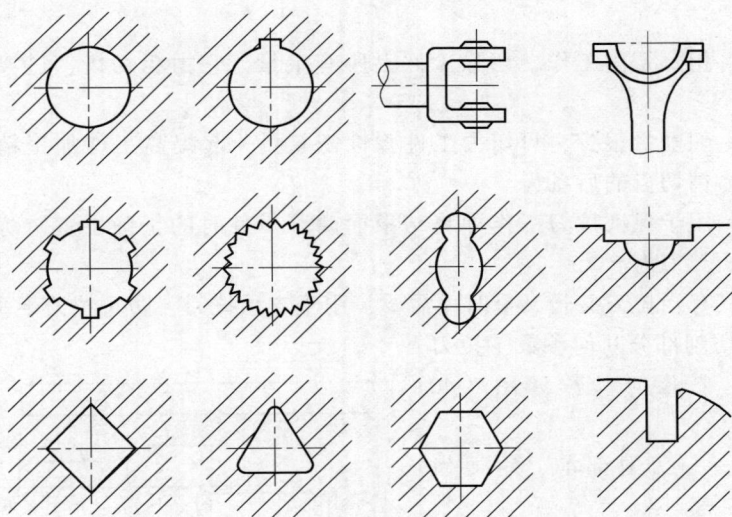

图 3-38 拉削的典型表面形状

由于拉刀构造比较复杂，制造成本高，因此一般多用于大量或成批生产。

2. 拉刀的种类和应用范围

由于拉削加工方法应用广泛，拉刀的种类也很多。

1）按加工表面不同可分为内拉刀和外拉刀。前者用于加工如圆孔、方孔、花键孔等内表面；后者用于加工平面、成形面等外表面。

2）按拉刀工作时受力方向的不同可分为拉刀和推刀。

3）按拉刀的结构可分为整体式和组合式。整体式主要用于中、小型尺寸的高速钢拉刀；组合式主要用于大尺寸拉刀和硬质合金组合拉刀。

3. 拉刀的结构

（1）拉刀的组成　拉刀的类型不同，其结构上虽各有特点，但它们的组成部分仍有共同之处。图 3-39 所示为圆孔拉刀的组成部分。

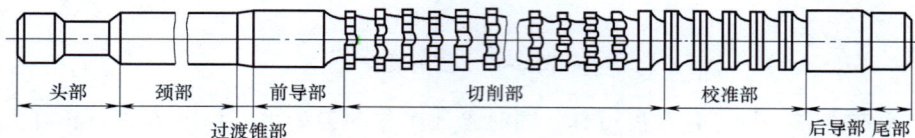

图 3-39　圆孔拉刀的组成部分

圆孔拉刀由头部、颈部、过渡锥部、前导部、切削部、校准部、后导部及尾部组成，其各部分功用如下：

头部——拉刀的夹持部分，用于传递动力。

颈部——头部与过渡锥部之间的连接部分，并便于头部穿过拉床挡壁，也是打标记的地方。

过渡锥部——使拉刀前导部易于进入工件孔中，起对准中心的作用。

前导部——起引导作用，防止拉刀进入工件孔后发生歪斜，并可检查拉前孔径是否符合要求。

切削部——担负切削工作，切除工件上所有余量，它由粗切齿、过渡齿与精切齿三部分组成。

校准部——切削量很少，只切去工件弹性恢复量，起提高工件加工精度和表面质量的作用，也作为精切齿的后备齿。

后导部——用于保证拉刀工作即将结束而离开工件时的正确位置，防止工件下垂而损坏已加工表面与刀齿。

尾部——只有当拉刀又长又重时才需要，用于支承拉刀，防止拉刀下垂。

（2）拉刀切削部分几何参数　拉刀切削部分的主要几何参数如图 3-40 所示。

齿升量 a_f——切削部前、后刀齿（或组）高度之差。

齿距 p——两相邻刀齿之间的轴向距离。

刃带 b_{a1}——用于在制造拉刀时控

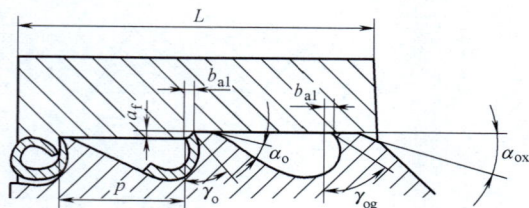

图 3-40　拉刀切削部分的几何参数

制刀齿直径，也为了增加拉刀校准齿前刀面的可重磨次数，提高拉刀使用寿命，有了刃带，还可提高拉削过程稳定性。

前角 γ_o——前角根据工件材料来选择。

后角 α_o——拉刀后角直接影响拉刀刃磨后的径向尺寸，一般取较小值。

4. 拉削图形

拉刀从工件上把拉削余量切下来的顺序，通常都用图形来表达，这种图形即所谓"拉削图形"。拉削图形选择得合理与否，直接影响到刀齿负荷的分配、拉刀的长度、拉削力的大小、拉刀的磨损和使用寿命、工件表面质量、生产率和制造成本等。

拉削图形可分为分层式、分块式及综合式三大类。

（1）分层式拉削 分层式拉削可分为成形式及渐成式两种。

1）成形式。按成形式设计的拉刀，每个刀齿的廓形与被加工表面最终要求的形状相似，切削部的刀齿高度向后递增，工件上的拉削余量被一层一层地切去，最终由最后一个切削齿切出所要求的尺寸，经校准齿修光达到预定的工件尺寸精度及表面粗糙度。图 3-41a 所示为成形式圆孔拉刀的拉削图形，图 3-41b 为该拉刀切削部的刀齿结构。

采用成形式拉刀，可获得较小的工件表面粗糙度值。但是，为了避免出现环状切屑，便于容屑，成形式拉刀相邻刀齿的切削刃上磨有交错排列的狭窄分屑槽，分屑槽与切削刃交接处的尖角上散热条件最差，加剧了拉刀的磨损，降低了拉刀使用寿命。此外，由于刀齿上的分屑槽造成切屑上有一条加强筋（图 3-41c），切屑卷曲困难，其半径增大，为了能容纳切屑，就需要较大的容屑空间（即较大齿距和齿深），加上切屑很薄，需要足够多的刀齿才能把切削余量切完，因此拉刀就比较长，不仅浪费刀具材料，造成制造上的困难，还降低了拉削生产率。

由于成形式拉刀的每个刀齿形状都与被加工工件最终表面形状相似，因此除圆孔拉刀外，制造都比较困难。

2）渐成式。如图 3-42 所示，按渐成式原理设计的拉刀，刀齿的廓形与被加工工件最终表面形状不同，被加工工件表面的形状和尺寸由各刀齿的副切削刃所形成。这时拉刀刀齿可制成简单的直线形或弧形，对于加工复杂成形表面的工件，拉刀的制造要比成形式简单，缺点是在工件已加工表面上可能出现副切削刃的交接痕迹，因此加工出的工件表面质量较差。

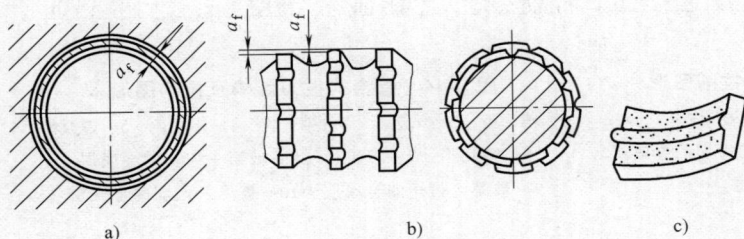

图 3-41 成形式拉削图形
a）拉削图形 b）切削部齿形 c）切屑

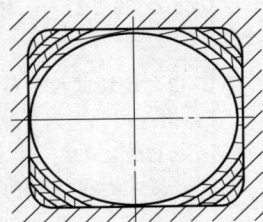

图 3-42 渐成式拉削图形

（2）分块式拉削 分块拉削方式与分层拉削方式的区别，在于工件上的每层金属是由一组尺寸基本相同的刀齿切去，每个刀齿仅切去一层金属的一部分。图 3-43 所示为三个刀齿一组的圆孔拉刀及其拉削图形，第一齿与第二齿的直径相同，但切削刃位置互相错开，各切除工件上同一层金属中的几段材料，剩下的残留金属，由同一组的第三个刀齿切除，该刀齿不再制有圆弧分屑槽，为避免切削刃与前两个刀齿切成的工件表面摩擦及切下整圈金属，其直径应较同组其他两个刀齿的直径小 $0.02\sim0.05$mm。按分块拉削方式设计的拉刀称为轮切式拉刀，常用的是每组 2~4 个齿。

分块拉削方式与分层拉削方式柜比较，虽然工件上的每层金属由一组（2~4 个）刀齿切除，但由于每个刀齿参加工作的切削刃的长度较小，在保持相同拉削力的情况下，允许较大的切削厚度（即齿升量）。因此，在相同的拉削余量下，轮切式拉刀所需的刀齿总数要少很多，加上不存在切屑加强筋，切屑卷曲顺利，拉刀长度可以缩短，不仅节省了贵重的刀具材料，生产率也有提高。采用这种拉刀拉削带有硬皮的铸锻件，不会损坏刀齿。但由于切削厚度（即齿升量）大，拉削后工件表面质量不如成形式拉刀的好。

（3）综合式拉削　这种方式集中了成形式拉刀与轮切式拉刀的优点，即粗切齿制成轮切式结构，精切齿则采用成形式结构。这样，既可缩短拉刀长度，保持较高的生产率，又能获得较好的工件表面质量。图 3-44 所示为综合式拉刀结构及其拉削图形，粗切齿采取不分组的轮切式拉刀结构，即第一个刀齿切去一层金属的一半左右，第二个刀齿比第一个刀齿高出一个齿升量，除了切去第二层金属的一半左右外，还切去第一个刀齿留下的第一层金属的一半左右，后面的刀齿都以同样顺序交错切削，直到把粗切余量切完为止。精切齿则采取成形式结构。按综合拉削方式设计的拉刀，称为综合式拉刀。

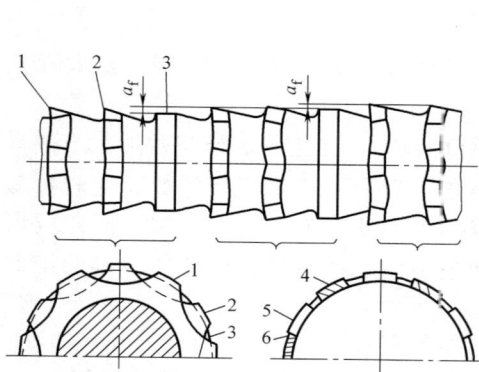

图 3-43　轮切式拉刀截形及拉削图形
1—第一齿　2—第二齿　3—第三齿
4—被第一齿切的金属层　5—被第二齿切的金属层
6—被第三齿切的金属层

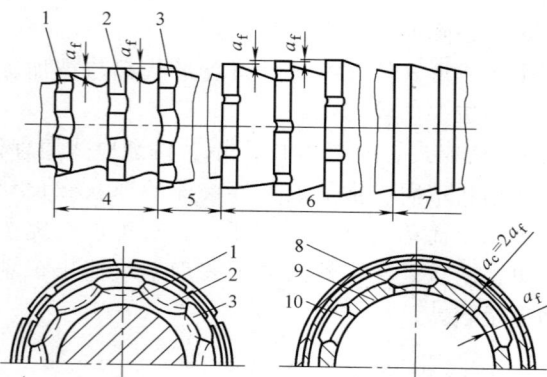

图 3-44　综合式拉刀结构及拉削图形
1—第一齿　2—第二齿　3—第三齿　4—粗切齿　5—过渡齿
6—精切齿　7—校准齿　8—被第一齿切的金属层
9—被第二齿切的金属层　10—被第三齿切的金属层

三、齿轮加工刀具

齿轮刀具是用于加工齿轮齿形的刀具。由于齿轮的种类很多，相应的齿轮刀具种类也极其繁多。按照齿轮齿形的形成方法，可将齿轮刀具分为成形齿轮刀具和展成齿轮刀具两大类。

成形齿轮刀具的齿形与被加工齿轮的齿槽形状相同。常用的成形齿轮刀具有盘形齿轮铣刀和指形齿轮铣刀，如图 3-45 所示。盘形齿轮铣刀是铲齿成形铣刀，结构简单，成本低廉，在一般铣床上就可加工齿轮，但其加工精度、生产率都比较低，适用于单件生产及修配工作中加工直齿、斜齿圆柱齿轮和齿条等。指形齿轮铣刀主要用于加工大模数（$m = 10 \sim 100\text{mm}$）的直齿、圆柱齿轮和人字齿轮。对于多于两列的人字齿轮，指形齿轮铣刀是主要的加工刀具。

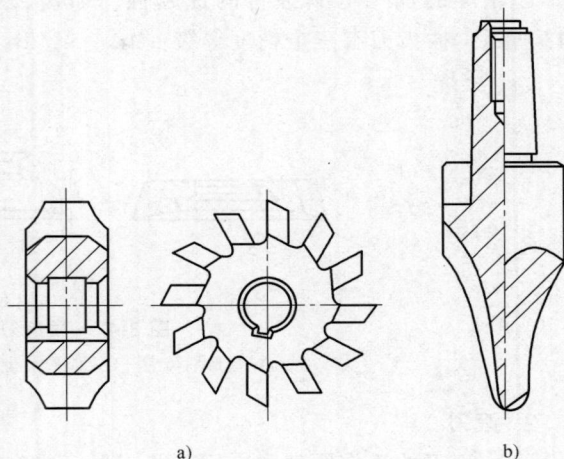

图 3-45　成形齿轮铣刀

a）盘形齿轮铣刀　b）指形齿轮铣刀

展成齿轮刀具的齿形或其齿形的投影均不同于所切齿轮齿槽的任意截形。工件的齿形是经刀具刃形若干次切削而包络成的。展成法加工齿轮时，同一把刀具可加工模数相同而齿数不同的渐开线齿轮，刀具的通用性较广，加工精度和生产率都比较高。但是这种加工方法一般需要有专门的齿轮加工机床。常用的展成齿轮刀具有插齿刀、齿轮滚刀和剃齿刀等。

1. 插齿刀

插齿刀是应用很广泛的齿轮刀具之一。插齿刀的形状如同圆柱齿轮，但其具有前角、后角和切削刃。插齿时，它的切削刃随插齿机床的往复运动在空间形成一个渐开线齿轮，称为铲形齿轮。插齿刀和被切齿轮的展成运动一方面包络形成齿轮渐开线齿廓，另一方面又是切削时的圆周进给运动和连续的分齿运动（见图 3-46）。为了避免后刀面与工件的摩擦，插齿刀每次空行程退刀时，应有让刀运动。在开始切削时，还有径向进给运动，切到全齿深时径向进给运动自动停止。插齿刀是一种展成法齿轮刀具，它可以用来加工同模数、同压力角的任意齿数的齿轮；既可以加工标准齿轮，也可以加工变位齿轮。

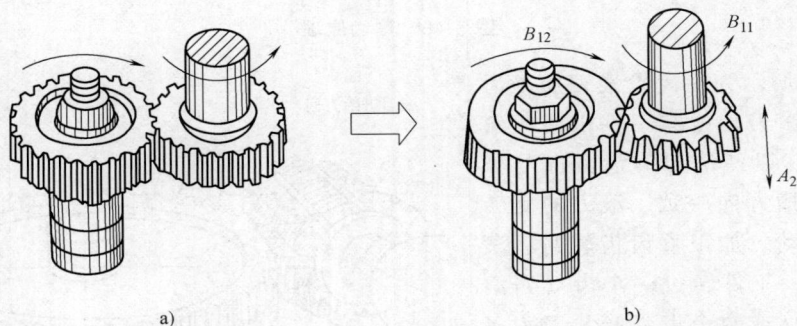

图 3-46　插齿原理及加工所需的运动

插齿刀用于加工直齿内外齿轮、斜齿圆柱齿轮和齿条，尤其是对于双联或多联齿轮、扇形齿轮等的加工有其独特的优越性。插齿刀有盘形、碗形、锥柄等标准形式，如图3-47所示。插齿刀有三个精度等级：AA、A、B，分别用于加工6、7、8级精度的齿轮。

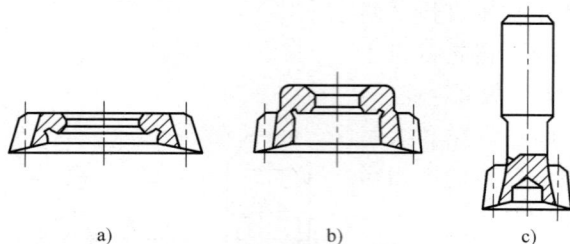

图 3-47 插齿刀的类型

a）盘形插齿刀　b）碗形插齿刀　c）锥柄插齿刀

2. 滚刀

（1）滚刀的工作原理和应用　齿轮滚刀是按展成法加工齿轮的刀具，在齿轮制造中应用很广泛，可以用来加工外啮合的直齿轮、斜齿轮、标准齿轮和变位齿轮。加工齿轮的范围很大，从模数大于0.1mm到小于40mm的齿轮，均可用滚刀加工。加工齿轮的精度一般可达7~9级，在使用超高精度滚刀和严格的工艺条件下也可以加工5~6级精度的齿轮。用一把滚刀可以加工模数相同的任意齿数的齿轮。

用齿轮滚刀加工齿轮的过程，相当于一对螺旋齿轮啮合滚动的过程（见图3-48a）。将其中的一个齿数减少到一个或几个，轮齿的螺旋角很大（见图3-48b）。开槽并铲背后，就成了齿轮滚刀（见图3-48c）。当机床使滚刀和工件严格地按一对螺旋齿轮的传动关系做相对旋转运动时，就可在工件上连续不断地切出齿来。

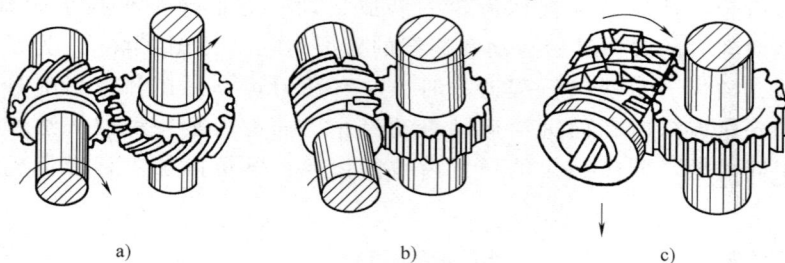

图 3-48 滚齿原理

图3-49所示为用齿轮滚刀加工齿轮的情况。滚刀轴线与工件端面倾斜一个角度δ，以使滚刀刀齿方向与被切齿轮的齿槽方向一致。滚刀的旋转运动为主运动。加工直齿齿轮时，滚刀每转一转，工件转过一个齿（当滚刀为单头时）或数个齿（当滚刀为多头时），以形成展成运动即圆周进给运动。为了在齿轮的全齿宽上切出牙齿，滚刀还需有沿齿轮轴线方向的进给运

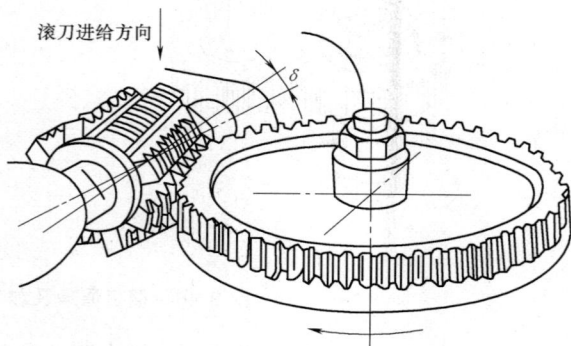

滚刀进给方向

图 3-49 滚齿

动。切斜齿轮时，除上述运动外，还需给工件一个附加的转动。

（2）齿轮滚刀的结构 齿轮滚刀是一个蜗杆形刀具，为了形成切削刃，在垂直于蜗杆螺旋线方向或平行于轴线方向开出容屑槽，形成前刀面，并对滚刀的顶面和侧面进行铲背，铲磨出后角。图 3-50 所示为齿轮滚刀的基本蜗杆的外形。根据一对螺旋齿轮的啮合原理，基本蜗杆应当是一个端截面为渐开线的斜齿轮，这种类型的滚刀称为渐开线滚刀，由于这种渐开线滚刀的制造比较困难，目前应用较少。生产中大量使用的是阿基米德滚刀。这种滚刀的基本蜗杆轴向截面是直线齿形，设计时经过对基本蜗杆齿形角的修正，可以得到很近似于渐开线蜗杆的滚刀，其齿形在误

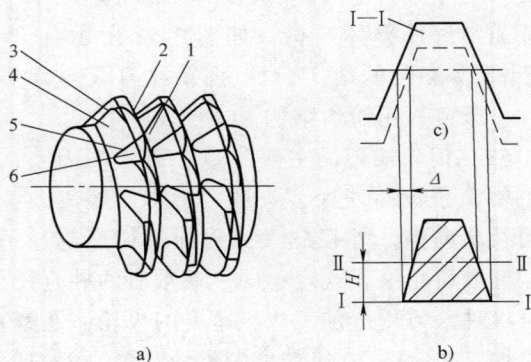

图 3-50 齿轮滚刀的基本蜗杆的外形

a）齿轮滚刀的基本蜗杆 b）分圆柱截面展开图
c）重磨前后的齿形位置

1—齿顶刃 2—齿顶刃的后刀面 3—蜗杆表面
4—侧刃的后刀面 5—侧切削刃 6—滚刀前刀面

差范围之内。图 3-51 所示为阿基米德螺旋面形成示意图。车削时，可选用刀尖角等于蜗杆齿形角 $2\alpha_x$，前角等于 0° 的直线车刀，切削刃安装在蜗杆轴线的水平面内。当工件（蜗杆）做等速转动，车刀沿工件轴向做等速移动时，车刀切削刃就形成了阿基米德蜗杆的齿侧面。由于阿基米德滚刀制造、检验方便，而且刃磨齿面精度比较容易控制，因此目前在我国，凡是模数在 10mm 以下的精加工滚刀均规定为阿基米德滚刀。

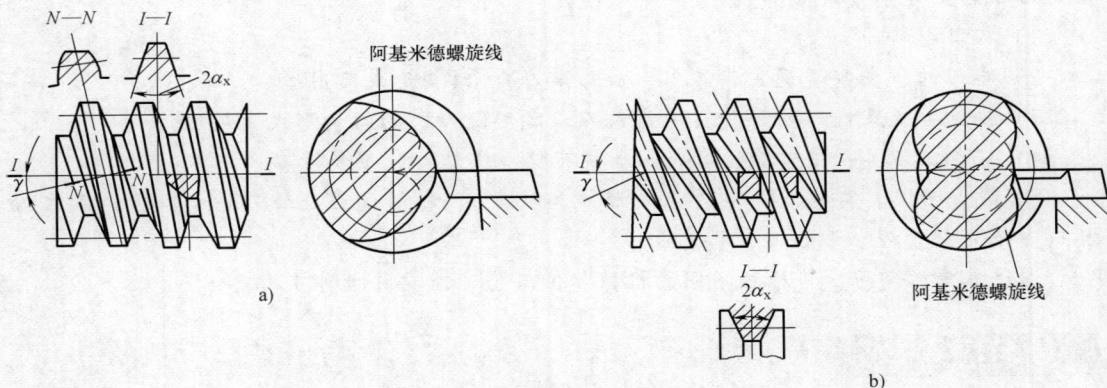

图 3-51 阿基米德蜗杆的车制

a）当 γ≤3° 时单刀切削 b）当 γ>3° 时双刀切削

将滚刀基本蜗杆法向截面做成直线齿线的滚刀称为法向直廓滚刀。此时端面截形齿形不是渐开线而是延长渐开线。这种滚刀设计时，经过对基本蜗杆齿形角的修正，也可以得到近似于渐开线蜗杆的滚刀。但由于加工精度比阿基米德滚刀低，一般用于粗加工滚刀和大模数的滚刀。

滚刀结构分为整体式和镶片式滚刀两大类。对于中小模数（$m = 1 \sim 10\text{mm}$）滚刀，通常做成整体结构，如图 3-52 所示。对于模数较大的滚刀，为了节省刀具材料，一般多采用镶齿结构。

（3）齿轮滚刀的主要参数 齿轮滚刀的主要参数包括外径、头数、齿形、螺旋升角及旋向等。外径越大，则加工精度越

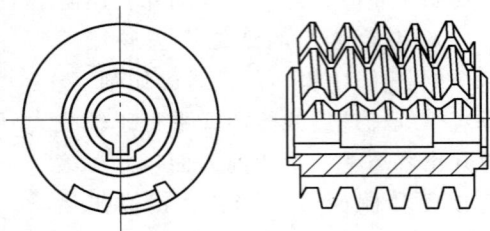

图 3-52 整体滚刀的结构

高。标准齿轮滚刀规定，同一模数有两种直径系列，Ⅰ型直径较大，适用于 AA 级精密滚刀，这种滚刀用于加工 7 级精度的齿轮；Ⅱ型直径较小，适用于 A、B、C 级精度的滚刀，用于加工 8、9、10 级精度的齿轮。单头滚刀的精度较高，多用于精切齿，多头滚刀精度较差，但生产率高。选用齿轮滚刀时，应注意以下几点：

1）齿轮滚刀的基本参数（如模数、压力角、齿顶高系数等）应按被切齿轮的相同参数选取。齿轮滚刀的参数标注在其端面上。

2）齿轮滚刀的精度等级，应按被切齿轮的精度要求或工艺文件的规定选取。

3）齿轮滚刀的旋向，应尽可能与被切齿轮的旋向相同，以减小滚刀的安装角度，避免产生切削振动，以提高加工精度和表面质量。滚切直齿轮一般选用右旋滚刀，滚切左旋齿轮最好选用左旋滚刀。

本 章 小 结

本章的主要学习内容：

1）刀具材料。

2）车刀的种类（普通尖齿车刀、成形车刀）、结构形式及用途。

3）铣削方式及铣刀的种类（尖齿铣刀、成形铣刀）的结构形式及用途。

4）孔加工刀具：中心钻、麻花钻、扩孔钻、锪钻、铰刀和镗刀。

5）复杂刀具：螺纹刀具（重点是丝锥和板牙）；拉削过程及拉刀结构；齿轮加工刀具（重点是插齿刀、滚齿刀）。

通过本章的学习，可根据不同的机械加工工艺选择常用切削刀具。

复习思考题

3-1 刀具切削部分的材料必须具备哪些基本性能？

3-2 常用的硬质合金有哪几类？如何选用？

3-3 试简述各种车刀、铣刀的结构特征及加工范围。

3-4 标准高速钢麻花钻由哪几部分组成？切削部分包括哪些几何参数？

3-5 用钻头钻孔，为什么钻出来的孔径一般都比钻头的直径大？

3-6 麻花钻切削刃从外缘到钻心，前角和刃倾角的变化趋势如何？刃磨后刀面时，

为什么要从外缘到钻心使后角逐渐增大？

3-7 确定铰刀外径尺寸时应考虑什么问题？为什么？

3-8 螺纹刀具有哪些类型？它们的用途怎样？

3-9 什么是逆铣？什么是顺铣？试分析逆铣和顺铣、对称铣和不对称铣的工艺特征。

3-10 为何加工平面沟槽等铣刀的刀齿常做成尖齿形，而加工成形表面的铣刀的刀齿常做成铲齿形？

3-11 铣削有哪些主要特点？可采用什么措施改进铣刀和铣削特性？

3-12 拉削加工的特点与应用有哪些？拉刀通常采用什么样的刀具材料？

3-13 拉削速度并不高，但拉削却是一种高生产率的加工方法，原因何在？

3-14 拉削方式（拉削图形）有哪几种？各有什么优缺点？

3-15 试述齿轮滚刀的切削原理。

3-16 插齿刀顶刃后角、侧刃后角如何形成？形成侧齿面的基本要求是什么？什么叫插齿刀的原始剖面？

3-17 齿轮滚刀的前角和后角是怎样形成的？

3-18 加工齿轮时，如何选择齿轮刀具的类型和参数？

本章主要介绍金属切削机床的分类和型号编制方法；CA6140 型卧式车床的工艺范围、组成和运动以及传动系统，立式车床、专用车床和自动车床的结构；铣床的工艺范围和升降台铣床的结构，对龙门铣床和工具铣床做了简介；M1432A 型万能外圆磨床结构及其运动分析，普通内圆磨床结构，无心磨床工作原理和平面磨床磨削方式以及卧轴矩台式平面磨床结构；齿轮加工原理，滚齿机的传动原理和 Y3150E 型滚齿机，插齿机的传动原理；数控机床与加工中心；孔加工机床（钻床、镗床）、刨床、拉床、插床以及组合机床等。

第一节 概述

金属切削机床是一种用切削的方法将金属毛坯加工成机器零件的机器，它是制造机器的机器，因此又称为"工作母机"或"工具机"，习惯上简称为机床。

机床是现代机械制造业中最重要的加工设备，它所担负的加工工作量占机械制造总工作量的 40%～60%，机床的技术性能直接影响所生产的机电产品的性能、质量和经济性。因此，机床工业的发展和机床技术水平的提高，必然对国民经济的发展起着重大推动作用。

机床的品种和规格繁多，为了便于区别、使用和管理，须对机床加以分类和编制型号。

一、机床的分类

从不同角度出发，机床可有如下多种分类方法。

1. 基本分类

最基本的分类方法是以机床的加工方法和所用刀具的特征来分，根据我国制订的金属切削机床型号编制方法，目前将机床分为 11 类：车床、钻床、镗床、磨床、齿轮加工机床、螺纹加工机床、铣床、刨插床、拉床、锯床和其他机床。在每类机床中，又按工艺范围、布局形式、结构性能的不同，细分为若干组，而每一组又细分为若干系列。

2. 其他分类

除上述基本分类法外，机床还可根据其他特征进行分类。

以通用性程度为特征，机床可分：

（1）通用机床　其工艺范围很宽，可完成多种类型零件不同工序的加工，如卧式车床、万能外圆磨床及摇臂钻床等。

（2）专门化机床　其工艺范围较窄，它是为加工某类零件或某类工序而专门设计和制造的，如铲齿车床、丝杠铣床等。

（3）专用机床　其工艺范围最窄，它一般是为某特定零件的特定工序而设计制造的，如大量生产的汽车零件所用的各种钻、镗组合机床。

以质量和尺寸的大小为特征，机床可分为仪表车床、中型机床、大型机床、重型机床和超重型机床。

以加工精度为特征，机床可分为普通精度机床、精密机床和高精密机床。

以机床主要工作部件的多少分为单轴机床、多轴机床、单刀机床、多刀机床等。

以自动化程度为特征，机床可分为手动机床、机动机床、半自动机床和自动机床。

二、机床的型号

机床的型号是机床产品的代号，用以简明表示机床的类型、通用性和结构特性、主要技术参数等。按照 GB/T 15375—2008《金属切削机床　型号编制方法》规定，我国机床的型号由汉语拼音字母和阿拉伯数字按一定规律排列组成。

（一）通用机床的型号编制

如下所示，通用机床型号由基本部分和辅助部分组成，中间用"/"隔开，读作"之"。前者需要统一管理，后者由企业决定是否纳入型号。

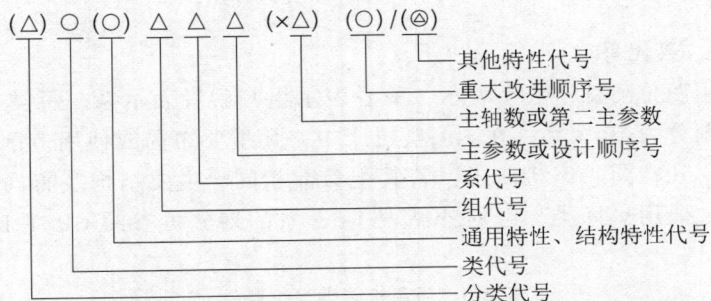

$$(\triangle)\bigcirc(\bigcirc)\ \triangle\ \triangle\ \triangle\ (\times\triangle)\ (\bigcirc)/(\oslash)$$

其他特性代号
重大改进顺序号
主轴数或第二主参数
主参数或设计顺序号
系代号
组代号
通用特性、结构特性代号
类代号
分类代号

注：1. 有"（　）"的代号或数字，当无内容时，则不表示。若有内容则不带括号。

2. 有"○"符号的，为大写的汉语拼音字母。

3. 有"△"符号的，为阿拉伯数字。

4. 有"⊘"符号的，为大写的汉语拼音字母或阿拉伯数字，或两者兼有之。

通用机床型号说明：

1. 机床的类代号

类代号用汉语拼音的第一个大写字母表示，以区别 11 类不同机床。例如，"车床"的汉语拼音是"Che Chuang"，所以用"C"来表示。需要时，类以下还可有若干分类，分类代号用阿拉伯数字表示，放在类代号之前，但第一分类不予表示。例如，磨床类分为 M、2M、3M 三个分类。机床的分类和代号见表 4-1。

表 4-1　机床的分类和代号

类别	车床	钻床	镗床	磨床			齿轮加工机床	螺纹加工机床	铣床	刨插床	拉床	锯床	其他机床
代号	C	Z	T	M	2M	3M	Y	S	X	B	L	G	Q
读音	车	钻	镗	磨	二磨	三磨	牙	丝	铣	刨	拉	割	其

2. 机床的通用特性及结构特性代号

这两种代号用汉语拼音字母表示，放在类代号之后。

（1）通用特性代号　当某类机床除有普通型外，还有某些通用特性时，在类代号之后加通用特性代号予以区分。例如，CM6232 型精密卧式车床型号中的"M"表示"精密"。通用特性的代号在各类机床中所表示的意义相同，见表 4-2。

表 4-2　通用特性代号

通用特性	高精度	精密	自动	半自动	数控	加工中心（自动换刀）	仿型	轻型	加重型	柔性加工单元	数显	高速
代号	G	M	Z	B	K	H	F	Q	C	R	X	S
读音	高	密	自	半	控	换	仿	轻	重	柔	显	速

（2）结构特性代号　为了区别主参数相同而结构不同的机床，在型号中用结构特性代号区分。例如，CA6140 型卧式车床型号中的"A"，可理解为：CA6140 型卧式车床在结构上区别于 C6140 型卧式车床。当机床有通用特性代号时，结构特性代号应排在通用特性代号之后。为了避免混淆，通用特性代号已用的字母及"I""O"都不能作为结构特性代号。

3. 机床的组、系代号

组、系代号用两位阿拉伯数字表示，前者表示组，后者表示系。每类机床划分为 10 个组，每个组又划分为 10 个系。在同一类机床中，凡主要布局或使用范围基本相同的机床，即为同一组。凡在同一组机床中，若其主参数相同、主要结构及布局形式相同的机床，即为同一系。通用机床类、组划分见表 4-3，系的划分可参阅 GB/T 15375—2008 中有关内容。

表 4-3　通用机床类、组划分

组别类别	0	1	2	3	4	5	6	7	8	9
车床 C	仪表小型车床	单轴自动车床	多轴自动、半自动车床	回轮、转塔车床	曲轴及凸轮轴车床	立式车床	落地及卧式车床	仿形及多刀车床	轮、轴、辊、锭及铲齿车床	其他车床

（续）

组别类别	0	1	2	3	4	5	6	7	8	9
钻床 Z	—	坐标镗钻床	深孔钻床	摇臂钻床	台式钻床	立式钻床	卧式钻床	铣钻床	中心孔钻床	其他钻床
镗床 T	—	—	深孔镗床	—	坐标镗床	立式镗床	卧式铣镗床	精镗床	汽车、拖拉机修理用镗床	其他镗床
磨床 M	仪表磨床	外圆磨床	内圆磨床	砂轮机	坐标磨床	导轨磨床	刀具刃磨床	平面及端面磨床	曲轴、凸轮轴、花键轴及轧辊磨床	工具磨床
磨床 2M	—	超精机	内圆珩磨机	外圆及其他珩磨机	抛光机	砂带抛光及磨削机床	刀具刃磨床及研磨机床	可转位刀片磨削机床	研磨机	其他磨床
磨床 3M	—	球轴承套圈沟磨床	滚子轴承套圈滚道磨床	轴承套圈超精机	—	叶片磨削机	滚子加工机床	钢球加工机床	气门、活塞及活塞环磨削机床	汽车、拖拉机修磨机床
齿轮加工机床 Y	仪表齿轮加工机	—	锥齿轮加工机	滚齿及铣齿机	剃齿及珩齿机	插齿机	花键轴铣床	齿轮磨齿机	其他齿轮加工机	齿轮倒角及检查机
螺纹加工机床 S	—	—	套丝机	攻丝机	—	螺纹铣床	螺纹磨床	螺纹车床	—	
铣床 X	仪表铣床	悬臂及滑枕铣床	龙门铣床	平面铣床	仿形铣床	立式升降台铣床	卧式升降台铣床	床身铣床	工具铣床	其他铣床
刨插床 B	—	悬臂刨床	龙门刨床	—	—	插床	牛头刨床	—	边缘及模具刨床	其他刨床
拉床 L	—	—	侧拉床	卧式外拉床	连续拉床	立式内拉床	卧式内拉床	立式外拉床	键槽、轴瓦及螺纹拉床	其他拉床
锯床 G	—	—	砂轮片锯床	—	卧式带锯床	立式带锯床	圆锯床	弓锯床	锉锯床	
其他机床 Q	其他仪表机床	管子加工机床	木螺钉加工机	—	刻线机	切断机	多功能机床	—	—	—

4. 机床主参数、设计顺序号和第二主参数

机床主参数代表机床规格的大小，在机床型号中，用阿拉伯数字给出主参数的折算值（1/10 或 1/100）。各类主要机床的主参数和折算系数见表 4-4。

表 4-4 各类主要机床的主参数和折算系数

机床	主参数名称	主参数折算系数	第二主参数
卧式车床	床身上最大回转直径	1/10	最大工件长度
立式车床	最大车削直径	1/100	最大工件高度
摇臂钻床	最大钻孔直径	1/1	最大跨距
卧式铣镗床	镗轴直径	1/10	—

（续）

机床	主参数名称	主参数折算系数	第二主参数
坐标镗床	工作台面宽度	1/10	工作台面长度
外圆磨床	最大磨削直径	1/10	最大磨削长度
内圆磨床	最大磨削孔径	1/10	最大磨削深度
矩台平面磨床	工作台面宽度	1/10	工作台面长度
齿轮加工机床	最大工件直径	1/10	最大模数
龙门铣床	工作台面宽度	1/100	工作台面长度
升降台铣床	工作台面宽度	1/10	工作台面长度
龙门刨床	最大刨削宽度	1/100	最大刨削长度
插床及牛头刨床	最大插削及刨削长度	1/10	—
拉床	额定拉力	1/10	最大行程

某些通用机床，当无法用一个主参数表示时，则在型号中用设计顺序号表示。设计顺序号从 1 开始。当设计顺序号小于 10 时，则在设计顺序号之前加 "0"。

第二主参数一般是指主轴数、最大跨距、最大工件长度、工作台工作面长度等。第二主参数也用折算值表示。

5. 机床的重大改进顺序号

当机床的性能和结构布局有重大改进并按新产品重新设计、试制和鉴定时，在原机床型号的尾部加重大改进顺序号，序号按 A、B、C、…的顺序选用（但 "I" "O" 两个字母不得选用）。

6. 其他特性代号

其他特性代号用汉语拼音字母或阿拉伯数字或两者的组合来表示（但 "I" "O" 两个字母不得选用）。其他特性代号主要用以反映各类机床的特性，如对数控机床，可反映不同的数控系统；对于一般机床，可反映同一型号机床的变型等。

通用机床的型号编制举例：

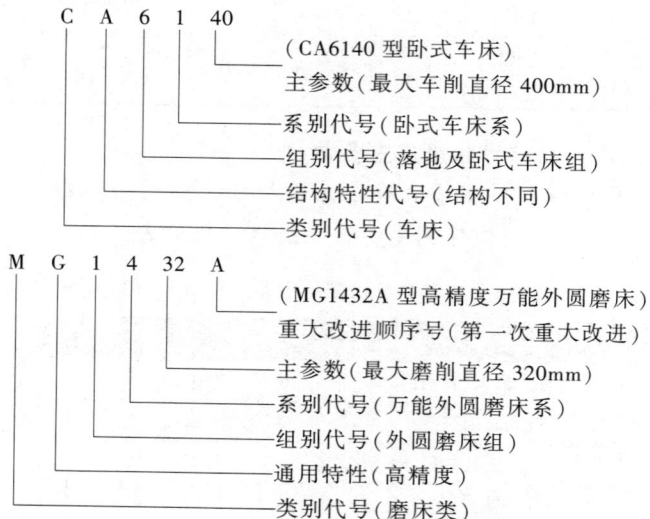

```
C   A   6   1   40
                 └── （CA6140 型卧式车床）
              └───── 主参数（最大车削直径 400mm）
          └───────── 系别代号（卧式车床系）
      └───────────── 组别代号（落地及卧式车床组）
  └───────────────── 结构特性代号（结构不同）
└───────────────────── 类别代号（车床）
```

```
M   G   1   4   32   A
                     └── （MG1432A 型高精度万能外圆磨床）
                └─────── 重大改进顺序号（第一次重大改进）
            └─────────── 主参数（最大磨削直径 320mm）
        └─────────────── 系别代号（万能外圆磨床系）
    └─────────────────── 组别代号（外圆磨床组）
  └───────────────────── 通用特性（高精度）
└───────────────────────── 类别代号（磨床类）
```

(二) 专用机床的型号编制

（1）专用机床型号表示方法 专用机床的型号一般由设计单位代号和设计顺序号组成，其表示方法为：

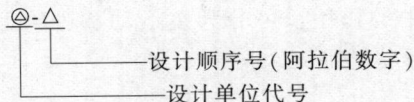

设计顺序号（阿拉伯数字）
设计单位代号

（2）设计单位代号 包括机床生产厂和机床研究单位代号，位于型号之首。

（3）专用机床的设计顺序号 按该单位的设计顺序号（从"001"起始）排列，位于设计单位代号之后，并用"-"隔开，读作"至"。

例如，北京第一机床厂设计制造的第100种专用机床为专用铣床，其型号为B1-100。

三、机床的运动与传动

(一) 机床的运动

为了获得所需的具有一定几何形状、尺寸精度和表面质量的工件，利用机床进行切削加工时，必须使刀具和工件完成一系列的运动，其中包括刀具和工件间的相对运动。

机床在加工过程中完成的各种运动，按其功用可分为表面成形运动和辅助运动两类。

1. 表面成形运动

保证得到工件要求的表面形状的运动，称为表面成形运动，简称成形运动。成形运动按其组成情况不同，可分为简单成形运动和复合成形运动。

如果一个独立的成形运动，是由单独的旋转运动或直线运动构成的，则此成形运动称为简单成形运动。例如，用外圆车刀车削外圆柱面时（见图4-1a），工件的旋转运动 B_1 和刀具的直线运动 A_1 就是两个简单成形运动。

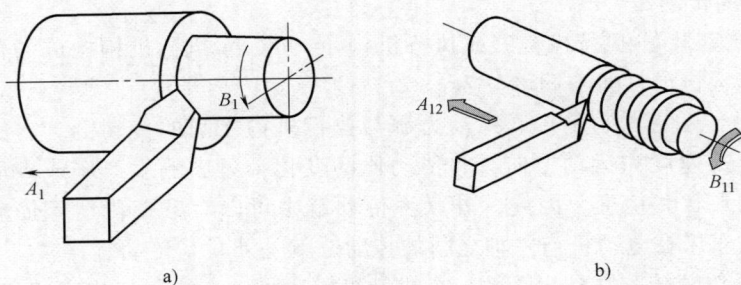

图 4-1 成形运动的组成

a) 车削外圆柱表面时的成形运 b) 加工螺纹时的运动

如果一个独立的成形运动，是由两个或两个以上旋转运动或直线运动，按照某种确定的运动关系组合而成的，则称此成形运动为复合成形运动。例如，车削螺纹时（见图4-1b），形成螺旋线所需的刀具和工件之间的相对运动，通常将其分解为工件的等速旋转运动 B_{11} 和刀具的等速直线移动 A_{12}。B_{11} 和 A_{12} 不能彼此独立，它们之间必须保持严格的运动关系，即工件每转一转时，刀具就均匀地移动一个螺旋线导程。复合运动标注符号的下标含义为：第一位数字表示成形运动的序号（第一个、第二个、第…个成形运动）；第二位数字表示构成同一个复合运动的单独运动的序号。

按成形运动在切削加工中的作用，可分为主运动和进给运动。进给运动与主运动配合即可完成所需的表面几何形状的加工。

2. 辅助运动

机床在加工过程中除了完成成形运动外，还需要一系列辅助运动，以实现机床的各种辅助动作，为表面成形创造条件。它的种类很多，一般包括：切入运动、分度运动、调位运动（调整刀具和工件之间相互位置）、操纵及控制运动以及其他各种空行程运动（如运动部件的快进和快退等）。

（二）机床的组成

加工零件时，工件和刀具都安装在机床上，由机床驱动两者形成相对运动，产生各种表面成形运动和辅助运动。要实现加工过程所需的各种运动，机床必须具备以下几个主要组成部分：

（1）执行机构　执行机构是指机床上最终实现所需运动的部件，如主轴、刀架、工作台等，它们带动工件或刀具旋转或移动。

（2）动力源　机床上动力源一般采用交流异步电动机、步进电动机、直流伺服电动机、交流伺服电动机等。它们为机床执行机构的运动提供动力，以克服切削阻力及摩擦阻力。机床可以几个运动共享一个动力源，也可以每个运动单独使用一个动力源，前者如普通机床，后者如数控机床。

（3）传动装置　传动装置把动力源的运动和动力传递给执行机构，或将运动由一个执行机构传递到另一个执行机构，以保持两个运动之间的准确关系。传动装置还可以变换运动的方向、速度及运动的类别，如将旋转运动变为直线运动。

（三）机床的传动链

由动力源-传动装置-执行机构，或执行机构-传动装置-执行机构构成的传动联系，称为传动链。按传动链的性质不同可分为：

（1）外联系传动链　它是指联系动力源与执行机构之间的传动链。它使执行机构获得动力以及一定的速度和运动方向，其传动比的变化，只影响生产率或表面粗糙度，不影响加工表面的形状和精度。因此，外联系传动链中可以有摩擦传动等传动比不准确的传动副。如卧式车床在电动机与主轴之间的传动链就是外联系传动链。

（2）内联系传动链　它是指联系一个执行机构和另一个执行机构之间运动的传动链。它决定着加工表面的形状和精度，对执行机构之间的相对运动有严格要求。因此，内联系传动链的传动比必须准确，不应有摩擦传动或瞬时传动比变化的传动副（如带传动和链传动）。车削螺纹时，保证主轴和刀架之间的严格运动关系的传动链就是内联系传动链。

传动链中通常包含两类传动机构：一类是传动比和传动方向固定不变的传动机构，如定比齿轮副、蜗杆副、丝杠副等，称为定比传动机构；另一类是根据加工要求可以变换传动比和传动方向的传动机构，如交换齿轮变速机构、滑移齿轮变速机构、离合器换向机构等，统称为换置机构。

（四）传动原理图与传动系统图

1. 机床传动原理图

为了便于研究机床的传动原理，常用一些简明的符号把传动链的首末端传动件连接起来，这就是机床的传动原理图，如图 4-21 所示。

2. 机床传动系统图

为便于了解和分析机床运动的传递、联系情况，常采用传动系统图。它是表示实现机床全部运动的传动示意图。图中将每条传动链中的具体传动机构用机构运动简图符号表示，并标明齿轮和蜗轮的齿数、蜗杆头数、丝杠导程、带轮直径、电动机功率和转速等。传动链的传动机构，按照运动传递或联系顺序依次排列，以展开图形式画在能反映主要部件相互位置的机床外形轮廓中，如图 4-4 所示。

第二节 车床

车床是制造业中使用最广泛的一类机床，主要用来加工各种回转表面，如内外圆柱、圆锥表面、成形回转表面和回转体的端面，有些车床还能加工螺纹面。

车床的种类很多，按其用途和结构的不同，主要分为仪表车床、卧式车床、单轴自动和半自动车床、多轴自动和半自动车床、转塔车床、立式车床、仿形及多刀车床等。在大批大量生产中，还使用各种专用车床。近年来，各类数控车床及车削中心也在越来越多地投入使用。

一、卧式车床

在各种车床中，卧式车床应用最普遍，工艺范围很广。其中 CA6140 车床是比较典型的普通卧式车床，现以它为例进行介绍。

（一）CA6140 卧式车床的工艺范围

CA6140 型卧式车床的工艺范围很广，它适用于加工各种轴类和盘套类零件的回转表面，如车削内外圆柱面、圆锥面、切槽、车成形面、车端面、车螺纹；还可以进行钻孔、扩孔、铰孔、钻中心孔和滚花等工艺，如图 4-2 所示。CA6140 型卧式车床的通用性强，但结构复杂而且自动化程度低，适用于单件、小批生产及修理车间。

（二）CA6140 卧式车床的组成和主要技术性能

1. CA6140 型卧式车床的组成

CA6140 型卧式车床的主要组成部分有主轴箱、进给箱、溜板箱、左床腿、右床腿、床身、尾座和刀架以及动力装置（图中未画出），如图 4-3 所示。

（1）主轴箱　它用螺钉、压板固定在床身的左上端，用来支承主轴并把动力经主轴箱内的变速机构传给主轴，使主轴带动工件按规定的转速旋转，以实现主运动，包括实现车床的起动、停止、变速和换向等。

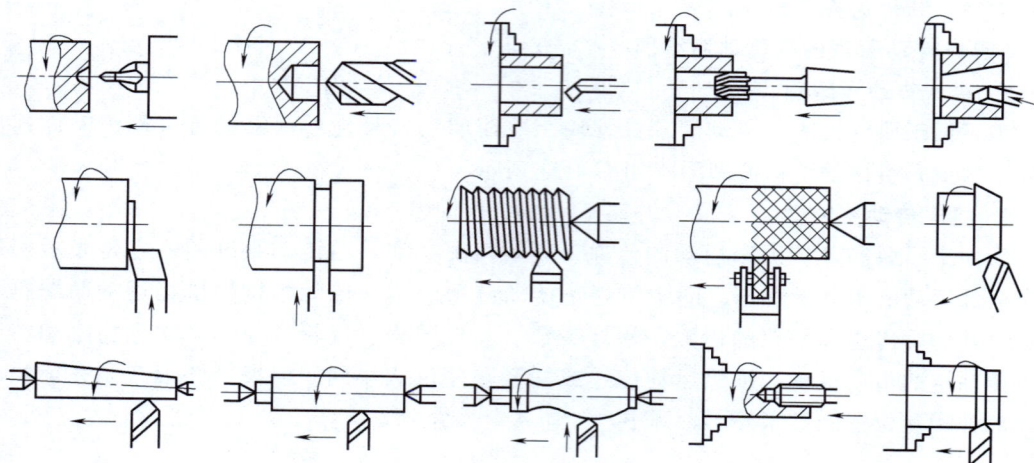

图 4-2 卧式车床所能完成的典型加工

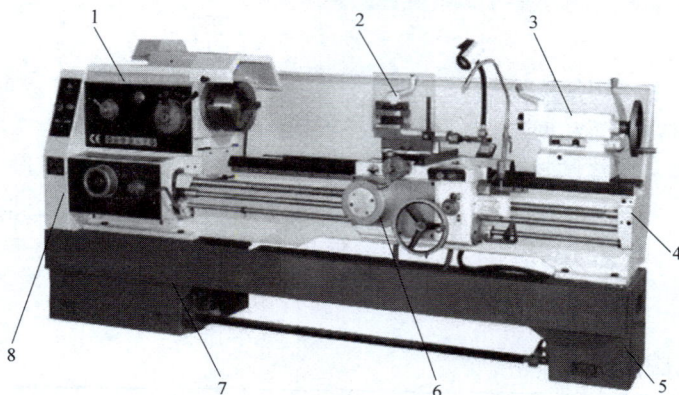

图 4-3 CA6140 型普通卧式车床

1—主轴箱 2—刀架 3—尾座 4—床身 5—右床腿 6—溜板箱 7—左床腿 8—进给箱

（2）进给箱 它位于床身的左前侧。进给箱中装有进给运动和车螺纹所需的变速机构，调整其变速机构，可得到所需的进给量或螺距。

（3）溜板箱 它装在床身的前侧面，与纵向溜板相连。其功用是把进给箱传来的运动传递给刀架，使刀架实现纵向和横向进给或快速移动或车螺纹。

（4）尾座 它安装在床身右端导轨面上。其主要用途是用后顶尖支承细长工件，或装上钻头、铰刀等孔加工工具实现钻孔、扩孔、铰孔和攻螺纹等加工。

（5）刀架 它用来装夹车刀并使其做纵向、横向或斜向进给运动。

（6）床身 它装在左、右床腿上，共同构成了车床的基础，用于安装车床的各个主要部件，使它们在工作时保持准确的相对位置或运动轨迹。

2. CA6140 车床的主要技术性能

床身上最大工件回转直径：

400mm

最大工件长度：

750mm；1000mm；1500mm；2000mm

刀架上最大工件回转直径： 210mm

主轴转速：正转 24 级 $10\sim1400\mathrm{r/min}$

   反转 12 级 $14\sim1580\mathrm{r/min}$

进给量：纵向 64 级 $0.028\sim6.33\mathrm{mm/r}$

  横向 64 级 $0.014\sim3.16\mathrm{mm/r}$

车削螺纹范围：米制螺纹 44 种 $P=1\sim192\mathrm{mm}$

    寸制螺纹 20 种 $a=2\sim24$ 牙/in

    模数螺纹 39 种 $m=0.25\sim48\mathrm{mm}$

    径节螺纹 37 种 $DP=1\sim96$ 牙/in

主电动机功率和转速： $7.5\mathrm{kW}$，$1450\mathrm{r/min}$

机床轮廓尺寸（长×宽×高）： $2668\mathrm{mm}\times1000\mathrm{mm}\times1267\mathrm{mm}$

（三）CA6140 卧式车床的传动系统

CA6140 型卧式车床的传动系统图如图 4-4 所示，它具有以下传动链：主运动传动链和进给运动传动链。

1. 主运动传动链

主运动传动链的始末端件是主电动机与主轴，它的功用是把动力源（电动机）的运动及动力传给主轴，使主轴带动工件旋转实现主运动，并满足卧式车床主轴变速和换向的要求。

（1）主运动传动路线 由电动机经带轮传动副 $\phi130/\phi230$ 传至主轴箱中的轴 I 。轴 I 上装有双向多片摩擦离合器 M_1，离合器左半部接合时，主轴正转；右半部接合时，主轴反转；左、右都不接合时，轴 I 空转，主轴停止转动。轴 I 运动经 $M_1\to$ 轴 II $\to$ 轴 III，然后分成两条路线传给主轴：当主轴 VI 上的滑移齿轮（$z=50$）移至左边位置时，运动从轴 III 经齿轮副 63/50 直接传给主轴 VI，使主轴得到高转速；当主轴 VI 上的滑移齿轮（$z=50$）向右移，使齿轮式离合器 M_2 接合时，则运动经轴 III $\to$ IV $\to$ V 传给主轴 VI，使主轴获得中、低转速。主运动传动路线为

$$
\text{电动机}-\frac{\phi130}{\phi230}-\text{I}-
\begin{cases}
(M_1\text{ 左（正转）})\begin{cases}\dfrac{56}{38}\\[4pt]\dfrac{51}{43}\end{cases}\\[20pt]
M_1\text{ 右（反转）}-\dfrac{50}{34}-\text{VII}-\dfrac{34}{30}
\end{cases}
-\text{II}-\begin{cases}\dfrac{39}{41}\\[4pt]\dfrac{30}{50}\\[4pt]\dfrac{22}{58}\end{cases}-\text{III}-
$$

$$
\begin{cases}\dfrac{20}{80}\\[4pt]\dfrac{50}{50}\end{cases}-\text{IV}-
\begin{cases}\dfrac{20}{80}\\[4pt]\dfrac{51}{50}\end{cases}-\text{V}-\dfrac{26}{58}-M_2\\[20pt]
\qquad\qquad\qquad\dfrac{63}{50}
\end{cases}-\text{VI（主轴）}
$$

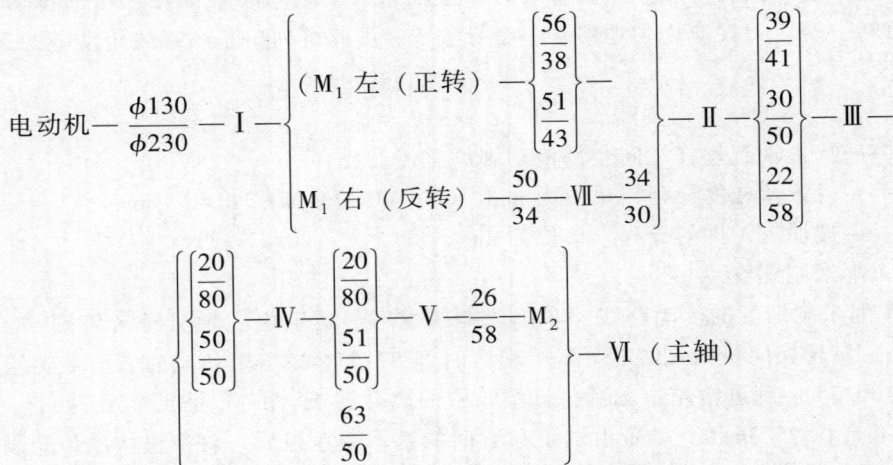

（2）主轴转速级数和转速 由传动系统图和传动路线表达式可以看出，主轴正转时，轴 II 上的双联滑移齿轮可有左、右两种啮合位置，分别经 56/38 或 51/43 使轴 II 获得两种

速度。其中的每种转速经轴Ⅲ的三联滑移齿轮 39/41 或 30/50 或 22/58 的齿轮啮合，使轴Ⅲ获得三种转速，因此轴Ⅱ的两种转速可使轴Ⅲ获得 2×3 = 6 种转速。经高速分支传动路线时，由齿轮副 63/50 使主轴Ⅵ获得 6 种高转速。经低速分支传动路线时，轴Ⅲ的 6 种转速经轴Ⅳ上的两对双联滑移齿轮，使主轴得到 6×2×2 = 24 种低转速。轴Ⅲ到轴 V 间的两个双联滑移齿轮变速组得到的四种传动比

$$u_1 = \frac{50}{50} \times \frac{51}{50} \approx 1 \quad u_2 = \frac{50}{50} \times \frac{20}{80} = \frac{1}{4} \quad u_3 = \frac{20}{80} \times \frac{51}{50} \approx \frac{1}{4} \quad u_4 = \frac{20}{80} \times \frac{20}{80} = \frac{1}{16}$$

其中，u_2、u_3 基本相等，因此经低速传动路线时，主轴Ⅵ获得的实际只有 6×(4-1) = 18 级转速，其中有 6 种重复转速。

同理，主轴反转时，只能获得 3+3×(2×2-1) = 12 级转速。

主轴的转速可按下列运动平衡式计算

$$n_主 = n_电 \times \frac{130}{230} \times (1-\varepsilon) u_{\text{I-Ⅱ}} \times u_{\text{Ⅱ-Ⅲ}} \times u_{\text{Ⅲ-Ⅵ}} \tag{4-1}$$

式中　ε——V 带轮的滑动系数，可取 $\varepsilon = 0.02$；

$u_{\text{I-Ⅱ}}$——轴 I 和轴 Ⅱ 间的可变传动比，其余类推。

例如，图 4-4 所示齿轮啮合情况（离合器 M_2 拨向左侧），主轴的转速 $n_主$ 为

$$n_主 = 1450 \times \frac{130}{230} \times (1-0.02) \times \frac{51}{43} \times \frac{22}{58} \times \frac{63}{50} \text{r/min} \approx 450 \text{r/min}$$

主轴反转主要用于车螺纹，在不断开主轴和刀架间传动联系的情况下，使刀架退回到起始位置，保证螺距的准确。

2. 进给运动传动链

进给运动传动链的始末件分别是主轴和刀架，其作用是实现刀具纵向或横向移动及变速与换向，它包括车螺纹进给运动传动链和机动进给运动传动链。

（1）车螺纹进给运动传动链　CA6140 型卧式车床可以车削米制螺纹、车制螺纹、模数螺纹和径节螺纹四种螺纹。车削螺纹时，主轴与刀架之间必须保持严格的传动比关系，即主轴每转一转，刀架应均匀地移动一个导程 P。由此可列出车削螺纹传动链的运动平衡方程式为

$$1_{(主轴)} \times u \times L_s = P \tag{4-2}$$

式中　u——从主轴到丝杠之间全部传动副的总传动比；

L_s——机床丝杠的导程，单位为 mm，CA6140 型车床的 $L_s = 12$mm；

P——被加工工件的导程，单位为 mm。

1）车削米制螺纹。

① 车削米制螺纹的传动路线。车削米制螺纹时，运动由主轴Ⅵ经齿轮副 58/58 至轴Ⅸ，再经三星轮换向机构 33/33（车左螺纹时经 33/25×25/33）传动轴 X，再经交换齿轮 63/100×100/75 传到进给箱中轴ⅩⅢ，进给箱中的离合器 M_3 和 M_4 脱开，M_5 接合，再经移换机构的齿轮副 25/36 传到轴ⅩⅣ由轴ⅩⅣ和ⅩⅤ间的基本变速组 u_j、移换机构的齿轮副 25/36×36/25 将运动传到轴ⅩⅥ，再经增倍变速组 u_b 传至轴ⅩⅧ，最后经齿式离合器 M_5，传动丝杠ⅪⅩ，经溜板箱带动刀架纵向运动，完成米制螺纹的加工。其传动路线表达如下：

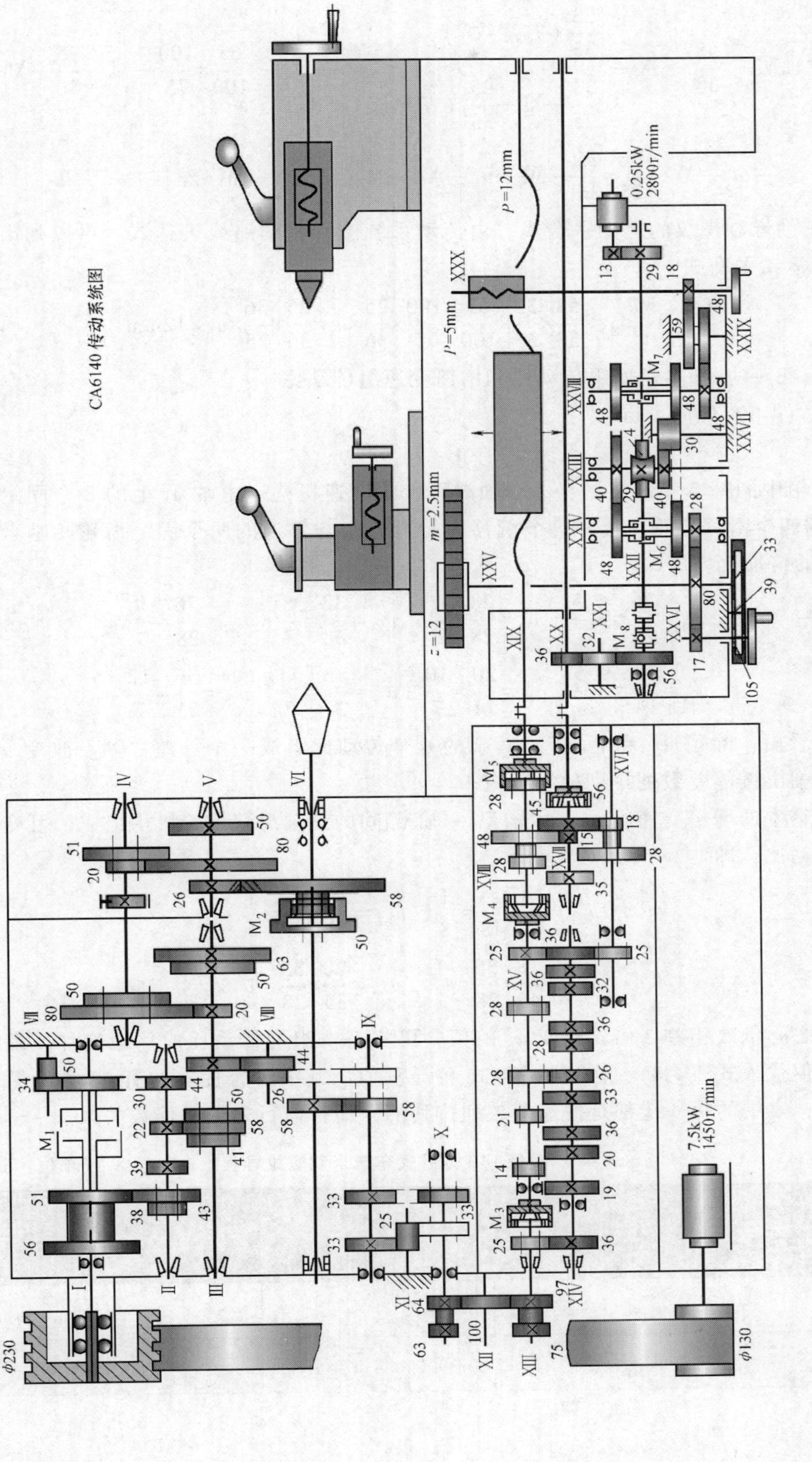

CA6140 传动系统图

图 4-4 CA6140 型卧式车床的传动系统图

$$主轴\,VI-\frac{58}{58}-IX-\begin{cases}\dfrac{33}{33}\,(右螺纹)\\[2mm]\dfrac{33}{25}-XI-\dfrac{25}{33}\,(左螺纹)\end{cases}-X-\frac{63}{100}\times\frac{100}{75}-XIII-\frac{25}{36}-XIV$$

$$-u_j-XV-\frac{36}{25}\times\frac{25}{36}-XVI-u_b-XVIII-M_5\,(啮合)-XIX\,(丝杠)-刀架$$

② 车削米制螺纹的运动平衡式。由传动系统图和传动路线表达式，可以列出车削米制螺纹的运动平衡式

$$P=1_{(主轴)}\times\frac{58}{58}\times\frac{33}{33}\times\frac{63}{100}\times\frac{100}{75}\times\frac{25}{36}\times u_j\times\frac{25}{36}\times\frac{36}{25}\times u_b\times 12\text{mm} \tag{4-3}$$

式中　u_j、u_b——基本变速组传动比和增倍变速组传动比。

将式（4-3）化简可得

$$P=7u_ju_b \tag{4-4}$$

进给箱中的基本变速组 u_j：为双轴滑移齿轮变速机构，由轴XIV上的8个固定齿轮和轴XV上的四个滑移齿轮组成，每个滑移齿轮可分别与邻近的两个固定齿轮相啮合，共有8种不同的传动比，即

$$u_{j1}=\frac{26}{28}=\frac{6.5}{7}\quad u_{j2}=\frac{28}{28}=\frac{7}{7}\quad u_{j3}=\frac{32}{28}=\frac{8}{7}\quad u_{j4}=\frac{36}{28}=\frac{9}{7}$$

$$u_{j5}=\frac{19}{14}=\frac{9.5}{7}\quad u_{j6}=\frac{20}{14}=\frac{10}{7}\quad u_{j7}=\frac{33}{21}=\frac{11}{7}\quad u_{j8}=\frac{36}{21}=\frac{12}{7}$$

不难看出，除了 u_{j1} 和 u_{j5} 外，其余的6个传动比组成一个等差数列。改变 u_j 的值，就可以车削出按等差数列排列的导程组。

进给箱中的增倍变速组 u_b：由轴XVI—轴XVIII间的三轴滑移齿轮机构组成，可变换4种不同的传动比，即

$$u_{b1}=\frac{18}{45}\times\frac{15}{48}=\frac{1}{8}\quad u_{b2}=\frac{28}{35}\times\frac{15}{48}=\frac{1}{4}$$

$$u_{b3}=\frac{18}{45}\times\frac{35}{28}=\frac{1}{2}\quad u_{b4}=\frac{28}{35}\times\frac{35}{28}=1$$

它们之间依次相差2倍，改变 u_b 的值，可将基本组的传动比成倍地增加或缩小。把 u_j、u_b 的值代入式（4-4），得到 $8\times4=32$ 种导程值，其中符合标准的有20种，见表4-5。可以看出，表中的每一行都是按等差数列排列的，而行与行之间成倍数关系。

表 4-5　CA6140 型卧式车床米制螺纹导程　　　　　　（单位：mm）

基本组传动比 u_j 导程 P 增倍组传动比 u_b	$\frac{6.5}{7}$	$\frac{7}{7}$	$\frac{8}{7}$	$\frac{9}{7}$	$\frac{9.5}{7}$	$\frac{10}{7}$	$\frac{11}{7}$	$\frac{12}{7}$
$\frac{1}{8}$	—	—	1	—	—	1.25	—	1.5
$\frac{1}{4}$	—	1.75	2	2.25	—	2.5	—	3

（续）

基本组传动比 u_l / 导程 P / 增倍组传动比 u_b	$\dfrac{6.5}{7}$	$\dfrac{7}{7}$	$\dfrac{8}{7}$	$\dfrac{9}{7}$	$\dfrac{9.5}{7}$	$\dfrac{10}{7}$	$\dfrac{11}{7}$	$\dfrac{12}{7}$
$\dfrac{1}{2}$	—	3.5	4	4.5		5	5.5	6
1	—	7	8	9	—	10	11	12

③ 扩大导程传动路线。从表 4-5 中可以看出，此传动路线能加工的最大螺纹导程是 12mm。如果需车削导程大于 12mm 的米制螺纹，应采用扩大导程传动路线。这时，主轴 Ⅵ 的运动（此时 M_2 接合，主轴处于低速状态）经斜齿轮传动副 58/26 到轴 Ⅴ，背轮机构 80/20 与 80/20 或 50/50 至轴 Ⅲ，再经 44/44、26/58（轴 Ⅸ 滑移齿轮 z_{58} 处于右位与轴 Ⅷ 的齿轮 z_{26} 啮合）传到轴 Ⅸ，其传动路线表达式为

$$主轴\;Ⅵ - \begin{cases} (扩大导程)\;\dfrac{58}{26} - Ⅴ - \dfrac{80}{20} - Ⅳ - \begin{Bmatrix} \dfrac{50}{50} \\ \dfrac{80}{20} \end{Bmatrix} - Ⅲ - \dfrac{44}{44} \times \dfrac{26}{58} \\ (正常导程)\; - \; - \; - \; - \; \dfrac{58}{58} \end{cases} -$$

$$Ⅸ - （接正常导程传动路线）$$

由该传动路线表达式可知，扩大螺纹导程时，主轴 Ⅵ 到轴 Ⅸ 的传动比为

当主轴转速为 40～125r/min 时，

$$u_1 = \frac{58}{26} \times \frac{80}{20} \times \frac{50}{50} \times \frac{44}{44} \times \frac{26}{58} = 4$$

当主轴转速为 10～32r/min 时，

$$u_2 = \frac{58}{26} \times \frac{80}{20} \times \frac{80}{20} \times \frac{44}{44} \times \frac{26}{58} = 16$$

而正常螺纹导程时，主轴 Ⅵ 到轴 Ⅸ 的传动比为

$$u = \frac{58}{58} = 1$$

因此，通过扩大导程传动路线可将正常螺纹导程扩大 4 倍或 16 倍。CA6140 型卧式车床车削大导程米制螺纹时，最大螺纹导程为 $P_{max} = 12 \times 16\text{mm} = 192\text{mm}$。

2）车削寸制螺纹。寸制螺纹是英、美等少数英寸制国家所采用的螺纹标准。我国部分管螺纹也采用寸制螺纹。寸制螺纹以每英寸长度上的螺纹扣数 a（扣/in）表示，其标准值也按分段等差数列的规律排列。寸制螺纹的导程 $P_a = 1/a$，单位为 in。由于 CA6140 型卧式车床的丝杠是米制螺纹，被加工的寸制螺纹也应换算成以毫米为单位的相应导程值，即

$$P_a = \frac{1}{a}\text{in} = \frac{25.4}{a}\text{mm}$$

车削英制螺纹时，对传动路线做如下变动：首先，改变传动链中部分传动副的传动比，使其包含特殊因子 25.4；其次，将基本组两轴的主、从动关系对调，以便使分母为

等差级数。其余部分的传动路线与车削米制螺纹时相同。其运动平衡式为

$$P_a = 1_{(主轴)} \times \frac{58}{58} \times \frac{33}{33} \times \frac{63}{100} \times \frac{100}{75} \times \frac{1}{u_j} \times \frac{36}{25} \times u_b \times 12\text{mm} = \frac{4}{7} \times 25.4 \times \frac{1}{u_j} \times u_b \tag{4-5}$$

将 $P_a = 25.4/a$ 代入式（4-5）得

$$a = \frac{7}{4} \times \frac{u_j}{u_b} \tag{4-6}$$

变换 u_j、u_b 的值，就可得到各种标准的寸制螺纹。

3）车削模数螺纹。模数螺纹主要用在米制蜗杆中，模数螺纹螺距 $P = \pi m$，P 也是分段等差数列。因此，模数螺纹的导程为

$$P_m = k\pi m \tag{4-7}$$

式中　P_m——模数螺纹的导程，单位为 mm；

　　　　k——螺纹的线数；

　　　　m——螺纹模数，单位为 mm。

模数螺纹的标准模数 m 也是分段等差数列。车削时的传动路线与车削米制螺纹的传动路线基本相同。由于模数螺纹的螺距中含有 π 因子，因此车削模数螺纹时所用的交换齿轮与车削米制螺纹时不同，需用 $\frac{64}{100} \times \frac{100}{97}$ 来代替 $\frac{63}{100} \times \frac{100}{75}$ 引入常数 π，其运动平衡式为

$$P_m = 1_{(主轴)} \times \frac{58}{58} \times \frac{33}{33} \times \frac{64}{100} \times \frac{100}{97} \times \frac{25}{36} \times u_j \times \frac{25}{36} \times \frac{36}{25} \times u_b \times 12 \tag{4-8}$$

式中，$\frac{64}{100} \times \frac{100}{97} \times \frac{25}{36} \approx \frac{7\pi}{48}$，其绝对误差为 0.00004，相对误差为 0.00009，这种误差很小，一般可以忽略。将运动平衡方程式整理后得

$$m = \frac{7}{4k} u_j u_b \tag{4-9}$$

变换 u_j、u_b 的值，就可得到各种不同模数的螺纹。

4）车削径节螺纹。径节螺纹主要用于同寸制蜗轮相配合，即为寸制蜗杆，其标准参数为径节，用 DP 表示，其定义为：对于寸制蜗轮，将其总齿数折算到每英寸分度圆直径上所得的齿数值，称为径节。根据径节的定义可得蜗轮齿距 p 为

$$p = \frac{\pi D}{z} = \frac{\pi}{\dfrac{z}{D}} = \frac{\pi}{DP} \tag{4-10}$$

式中　p——蜗轮齿距，单位为 in；

　　　　z——蜗轮的齿数；

　　　　D——蜗轮的分度圆直径，单位为 in。

只有寸制蜗杆的轴向齿距 p_{DP} 与蜗轮齿距 $\dfrac{\pi}{DP}$ 相等才能正确啮合，而径节制螺纹的导程为寸制蜗杆的轴向齿距，即

$$p_{DP} = \frac{\pi}{DP}(\text{in}) = \frac{25.4k\pi}{DP}(\text{mm}) \tag{4-11}$$

标准径节的数列也是分段等差数列。径节螺纹的导程排列的规律与寸制螺纹相同，只是含有特殊因子 25.4π。车削径节螺纹时，可采用寸制螺纹的传动路线，但交换齿轮需更换为 $\dfrac{64}{100} \times \dfrac{100}{97}$，其运动平衡式为

$$P_{DP} = 1_{(\text{主轴})} \times \frac{58}{58} \times \frac{33}{33} \times \frac{64}{100} \times \frac{100}{97} \times \frac{1}{u_j} \times \frac{36}{25} \times u_b \times 12 \qquad (4\text{-}12)$$

式中，$\dfrac{64}{100} \times \dfrac{100}{97} \times \dfrac{36}{25} \approx \dfrac{25.4\pi}{84}$，将运动平衡方程式整理后得

$$DP = 7k \frac{u_j}{u_b} \qquad (4\text{-}13)$$

变换 u_j、u_b 的值，可得常用的 24 种螺纹径节。

5）车削非标准螺纹和精密螺纹。所谓非标准螺纹是指利用上述传动路线无法得到的螺纹。这时需将进给箱中的齿式离合器 M_3、M_4 和 M_5 全部啮合，被加工螺纹的导程 $P_\text{工}$ 依靠调整交换齿轮的传动比 $u_\text{换}$ 来实现。其运动平衡式为

$$P_\text{工} = 1_{(\text{主轴})} \times \frac{58}{58} \times \frac{33}{33} \times u_\text{换} \times 12\text{mm} \qquad (4\text{-}14)$$

因此，交换齿轮的换置公式为

$$u_\text{换} = \frac{a}{b} \times \frac{c}{d} = \frac{P_\text{工}}{12} \qquad (4\text{-}15)$$

适当地选择交换齿轮的齿数 a、b、c 及 d，就可车出所需要的非标准螺纹。同时，由于螺纹传动链不再经过进给箱中任何齿轮传动，减少了传动件制造和装配误差对被加工螺纹导程的影响，若选择高精度的齿轮作为交换齿轮，则可加工精密螺纹。

（2）机动进给运动传动链　机动进给传动链主要是用来加工圆柱面和端面，为了减少螺纹传动链丝杠及开合螺母磨损，保证螺纹传动链的精度，机动进给是由光杠经溜板箱传动的。

1）纵向机动进给传动链。CA6140 型卧式车床纵向机动进给量有 64 种。当运动由主轴经正常导程的米制螺纹传动路线时，可获得正常进给量。这时的运动平衡式为

$$f_\text{纵} = 1_{\text{主轴}} \times \frac{58}{58} \times \frac{33}{33} \times \frac{63}{100} \times \frac{100}{75} \times \frac{25}{36} \times u_j \times \frac{25}{36} \times \frac{36}{25} \times u_b \times \frac{28}{56} \times \frac{36}{32} \times \frac{32}{36} \times \frac{4}{29} \times \frac{40}{48} \times \frac{28}{80} \times \pi \times 2.5 \times 12\text{mm/r}$$

$$(4\text{-}16)$$

将式（4-16）化简可得

$$f_\text{纵} = 0.711 u_j u_b \qquad (4\text{-}17)$$

通过变换 u_j、u_b 的值，可得到 32 种正常进给量（范围为 $0.08 \sim 1.22\text{mm/r}$），其余 32 种进给量可分别通过寸制螺纹传动路线（范围为 $0.86 \sim 1.59\text{mm/r}$ 的 8 种较大的进给量）和扩大导程传动路线（范围为 $0.028 \sim 0.054\text{mm/r}$ 的 8 种细进给量和范围为 $1.71 \sim 6.33\text{mm/r}$ 的 16 种加大进给量）得到。

2）横向机动进给传动链。由传动系统图分析可知，当横向机动进给与纵向进给的传动路线一致时，所得到的横向进给量是纵向进给量的一半，横向与纵向进给量的种数相

同，都为 64 种。

3）刀架快速机动移动。为了缩短辅助时间，提高生产率，CA6140 型卧式车床的刀架可实现快速机动移动。刀架的纵向和横向快速移动由快速移动电动机（$P = 0.25\text{kW}$，$n = 2800\text{r/min}$）传动，经齿轮副 13/29 使轴 XXⅡ 高速转动，再经蜗杆副 4/29、溜板箱内的转换机构，使刀架实现纵向或横向的快速移动。快移方向由溜板箱中双向离合器 M_6 和 M_7 控制。其传动路线表达式为

$$\text{快速移动电动机} - \frac{13}{29} - \text{XXⅡ} - \frac{4}{29} - \text{XXⅢ} - \begin{cases} \text{M}_6 \cdots\cdots\text{纵向} \\ \text{M}_7 \cdots\cdots\text{横向} \end{cases}$$

二、立式车床

立式车床主要用于加工径向尺寸大、轴向尺寸相对较小且形状比较复杂的大型或重型零件。立式车床结构布局上的主要特点是主轴竖直布置，并有一个直径很大的圆形工作台，其台面处于水平位置，供安装工件之用，因此笨重工件的装夹和找正比较方便。由于工件及工作台的重量由床身导轨或推力轴承承受，大大减轻了主轴及其轴承的载荷，因此较易保证加工精度。

立式车床分单立柱式（见图 4-5a）和双立柱式（见图 4-5b）两种，前者加工直径一般小于 1600mm，后者加工直径一般大于 2000mm。

在图 4-5 中，立式车床的工作台 2 装在底座 1 上，工件装夹在工作台上并由工作台带动做旋转主运动。进给运动由竖直刀架 4 和侧刀架 7 实现。侧刀架 7 可在立柱 3 的导轨上移动做竖直进给，还可沿刀架滑座的导轨做横向进给。竖直刀架 4 可在横梁 5 的导轨上移动做横向进给，竖直刀架的滑板可沿其刀架滑座的导轨做竖直进给。

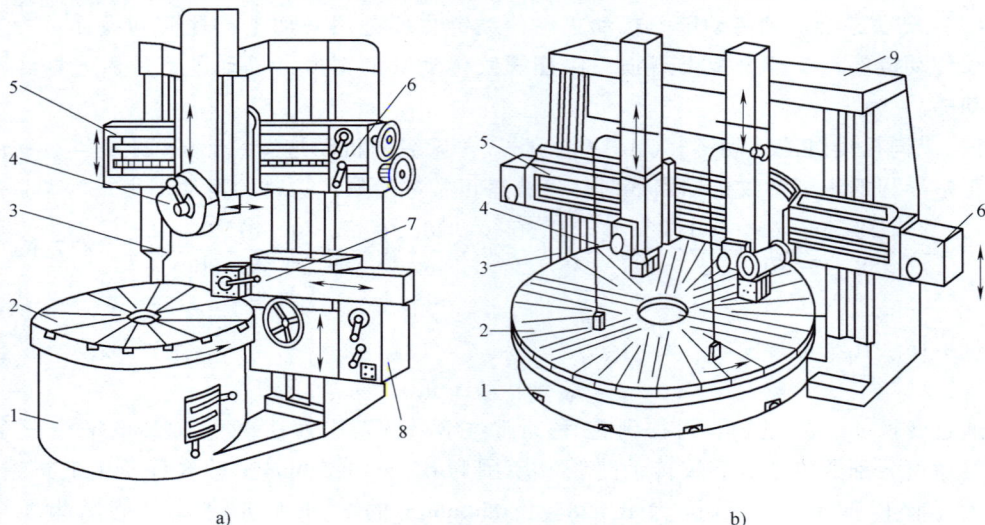

a)   b)

图 4-5　立式车床

1—底座　2—工作台　3—立柱　4—竖直刀架　5—横梁　6—竖直刀架进给箱
7—侧刀架　8—侧刀架进给箱　9—顶梁

三、专用车床

专用车床种类繁多，包括螺纹车床、曲轴车床、凸轮轴车床、仿形车床等。

螺纹车床的主要类型有丝杠车床、短螺纹车床和螺母车床等，它们的布局与卧式车床相似。螺纹车床使用车刀和梳刀加工螺纹，刀具结构比较简单，通用性好，但生产率较低，主要用于加工丝杠、螺母等零件上的传动螺纹。

图 4-6 所示为 SG8630 型高精度丝杠车床，其主要部件有交换齿轮机构 1、主轴箱 2、床身 3、刀架 4、丝杠 5 和尾座 6。这种机床的总体布局与卧式车床相似，但它没有进给箱和溜板箱，联系主轴和刀架的螺纹进给传动链的传动比由交换齿轮保证，刀架由装在床身前、后导轨之间的丝杠螺母传动。

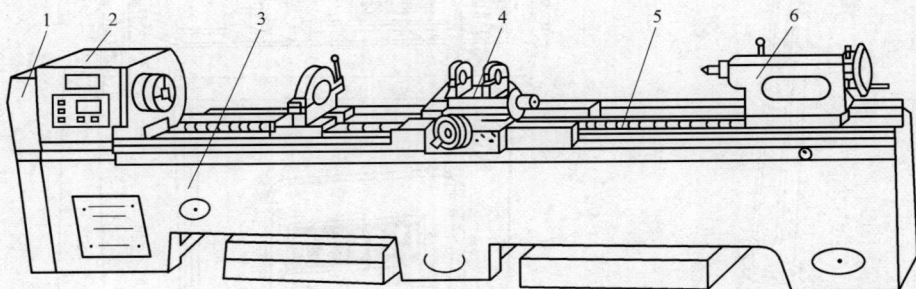

图 4-6　SG8630 型高精度丝杠车床
1—交换齿轮机构　2—主轴箱　3—床身　4—刀架　5—丝杠　6—尾座

为了保证高的螺纹加工精度和小的表面粗糙度值，SG8630 型高精度丝杠车床的螺纹进给传动链中只有两对交换齿轮，以缩短传动链，并提高传动件（特别是丝杠和螺母）的制造精度，以提高螺纹进给传动链的传动精度。另外，还采用螺距校正装置，有效地提高了传动精度并保持良好的精度稳定性。

高精度丝杠车床主要用于非淬硬精密丝杠的精加工，所加工的螺纹精度可达 6 级或更高，表面粗糙度 $Ra = 0.32 \sim 0.63 \mu m$。

四、自动车床

自动机床是指那些在调整好后无须工人参与便能自动完成表面成形运动和辅助运动，并能自动地重复其工作循环的机床。若机床能自动完成预定的工作循环，但装卸工件仍由人工进行，这种机床称为半自动机床。相应地符合上述定义的车床就称为自动车床或半自动车床。

传统的自动车床采用了凸轮和挡块控制来实现自动工作循环，当加工工件改变时，要花费较多时间去设计和制造凸轮，而且停机调整的时间较长，但这种机床价格远低于数控机床，工作稳定可靠，在大量生产领域里仍广泛使用。

自动车床的种类繁多，按自动化程度，可分为自动车床、半自动车床；按主轴数目，可分为单轴车床、多轴车床；按工艺特征，可分为纵切车床、横切车床等。

图4-7所示为CM1107型精密单轴纵切自动车床，它由底座1、床身2、送料装置3、主轴箱4、天平刀架5、中心架6、上刀架7、三轴钻铰附件8和分配轴9等部件组成。这种机床主要用于加工精度要求较高的小型细长轴类零件，可加工外圆柱面、锥面、端面、切槽、切断、成形表面、钻孔和加工内、外螺纹。

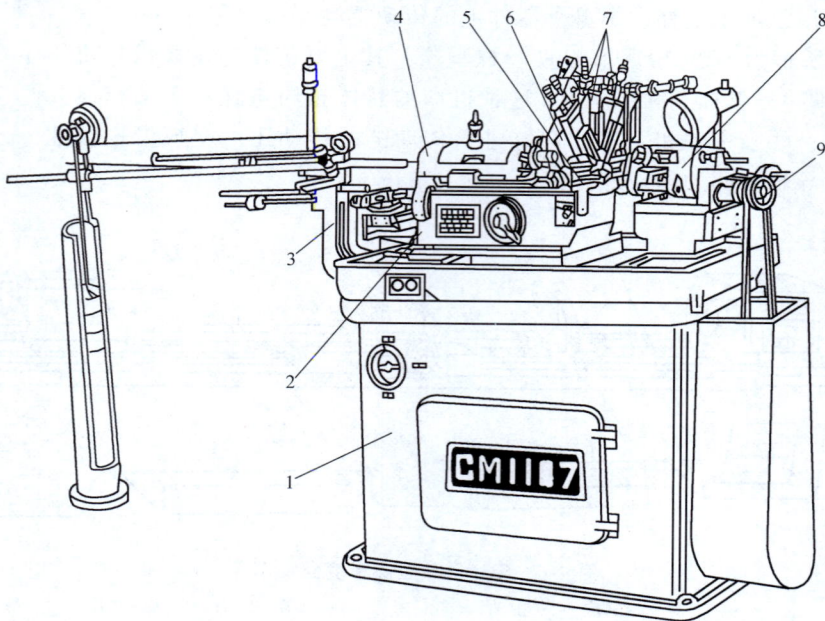

图4-7 CM1107型精密单轴纵切自动车床

1—底座 2—床身 3—送料装置 4—主轴箱 5—天平刀架
6—中心架 7—上刀架 8—三轴钻铰附件 9—分配轴

第三节 铣床

铣床是利用铣刀在工件上加工各种表面的机床。铣刀的旋转为主运动，工件或铣刀的移动为进给运动。铣床的工艺范围较广，可以加工各种平面、台阶、沟槽、分齿零件和螺旋面等，如图4-8所示。

铣床的类型很多，主要有升降台铣床、龙门铣床、工具铣床、各种专门化铣床及数控铣床等。这里仅简单介绍升降台铣床、龙门铣床和工具铣床。

一、升降台铣床

在铣床中，使用较为广泛的为升降台铣床。其工作台安装在可竖直升降的升降台上，使工作台可在相互垂直的三个方向上调整位置或完成进给运动，由于升降台刚性较差，

图 4-8　铣床的工艺范围

因此只适合于加工中小型工件。

1. 卧式升降台铣床

卧式升降台铣床的主轴为水平布置，它主要用于单件及成批生产中加工平面、沟槽和成形表面。如图 4-9 所示，卧式升降台铣床的各组成部分及功用如下：

（1）床身　床身 2 安装在底座 1 上，用来支承和固定铣床各部分。床身内装有主运动变速传动机构、主轴部件以及操纵机构等。

（2）悬梁　悬梁 3 装在床身 2 顶部的水平燕尾形导轨上，悬梁上装有刀杆支架 4，用以支持刀杆的悬伸端，以减少刀杆的弯曲和颤动。

（3）主轴　主轴 5 是用来安装刀具或刀杆并带动铣刀旋转的。主轴是空心的，前端有锥孔以便安装刀杆锥柄。

（4）升降台　升降台 8 安装在床身 2 的竖直导轨上，可沿着床身竖直导轨上下移动，以调整工作台面到铣刀间的距离。升降台内装有进给运动变速传动机构以及操纵机构等。

（5）滑座　滑座 7 装在升降台 8 的水平导轨上，可沿主轴轴线方向做横向进给运动。

（6）工作台　工作台 6 装在滑座 7 的导轨上，可沿垂直主轴轴线方向做纵向进给运动。

2. 立式升降台铣床

立式升降台铣床与卧式升降台铣床的主要区别在于安装铣刀的机床主轴垂直于工作台面，主要适用于单件及成批生产。这种铣床可用面铣刀或立铣刀加工平面、斜面、沟槽、台阶，若采用分度头或圆形工作台等附件，还可铣削齿轮、凸轮以及螺旋面。

图 4-10 所示为常见的立式升降台铣床，其工作台 5、滑座 6 和升降台 7 的结构与卧式升降台铣床相同。立铣头 3 可以在竖直平面内调整角度，主轴 4 可沿其轴线方向进给或调整位置。

3. 万能升降台铣床

万能升降台铣床与卧式升降台铣床（见图 4-9）基本相同，主要区别是在工作台 6 和滑座 7 之间增加一转台，它可以相对滑座 7 在水平面内调整 ±45° 偏转，以改变工作台的移动方向，从而可加工斜槽、螺旋槽等。此外，万能升降台铣床还可选配立铣头，以扩大机床的加工范围。

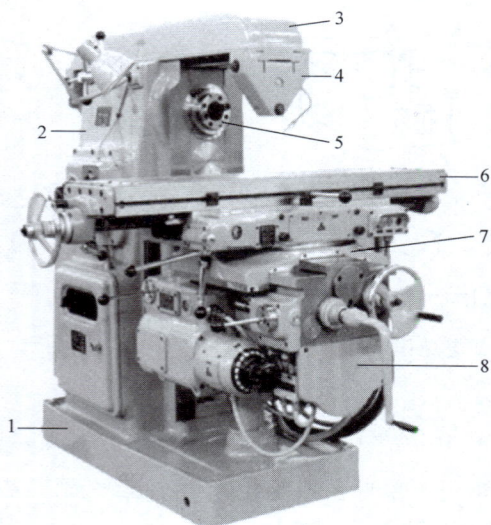

图 4-9　卧式升降台铣床

1—底座　2—床身　3—悬梁　4—刀杆支架
5—主轴　6—工作台　7—滑座　8—升降台

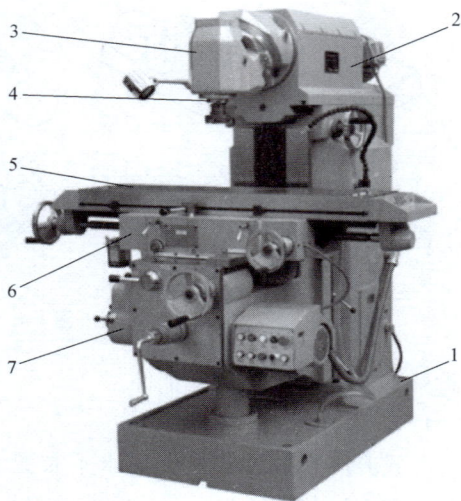

图 4-10　立式升降台铣床

1—底座　2—床身　3—立铣头　4—主轴
5—工作台　6—滑座　7—升降台

二、龙门铣床

龙门铣床是一种大型高效通用铣床，主要用来加工大型工件上的平面和沟槽。机床具有龙门式框架，如图 4-11 所示。横梁 5 可以在立柱 7 上升降，以适应加工不同高度的工件。横梁 5 上的立铣头 6 可在横梁 5 上做水平横向运动。立柱上的卧铣头 3 可沿立柱导轨升降。每个铣头部是一个独立部件，内部装有主运动变速机构、主轴部件及操纵机构等。各铣刀的切削深度均由主轴套筒带动铣刀主轴沿轴向移动来实现。加工时，工作台 2

图 4-11　龙门铣床

1—床身　2—工作台　3—卧铣头　4—控制盒　5—横梁　6—立铣头　7—立柱　8—顶梁　9—电控柜

连同工件做纵向进给运动。

龙门铣床可用多把铣刀同时加工几个表面，生产率较高，在成批和大量生产中广泛应用。

三、工具铣床

工具铣床除了能完成卧式铣床和立式铣床的加工外，常配备有回转工作台、可倾斜工作台、机用虎钳、分度头、立铣头和插削头等多种附件，因而扩大了机床的万能性，能完成镗、铣、钻、插等切削加工，适用于工具、机修车间用来加工各种刀具、夹具、冲模、压模等中小型模具及其他复杂零件。

图 4-12 所示为万能工具铣床，主轴的横向进给运动由主轴座 4 的移动来实现，纵向及垂直方向进给运动由工作台 3 及升降台 2 移动来实现。

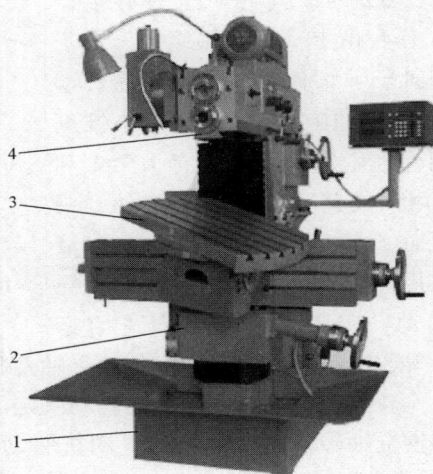

图 4-12 万能工具铣床
1—底座 2—升降台 3—工作台 4—主轴座

第四节 磨床

磨床是用非金属的磨料或磨具（砂轮、砂带、磨石或研磨料等）加工工件各种表面的机床。通常磨具的旋转为主运动，工件的旋转与移动或磨具的移动为进给运动。磨床是由于精加工和硬表面加工的需要而发展起来的。目前也有少数应用于粗加工的高效磨床。随着科技的发展，磨床的使用范围日益扩大，目前，它在金属切削机床中所占的比例已达到 13%~27%。

为了适应磨削各种加工表面、工件形状及生产批量的要求，磨床的种类很多，其主要类型有外圆磨床、内圆磨床、平面磨床、无心磨床、工具磨床、刀具和刃具磨床及各种专门化磨床（如曲轴磨床、凸轮磨床、齿轮磨床等）。此外，还有珩磨机、研磨机和超精加工机床等。

一、外圆磨床

外圆磨床主要用于磨削内、外圆柱和圆锥表面，也能磨削阶梯轴的轴肩和端面，加工精度可达 IT6~IT7，表面粗糙度 $Ra = 1.60~0.80\mu m$。外圆磨床的主要类型有万能外圆磨床、普通外圆磨床、无心外圆磨床、宽砂轮外圆磨床和端面外圆磨床等，其主参数是最大磨削直径。

1. 万能外圆磨床

（1）机床结构 图 4-13 所示为 M1432A 型万能外圆磨床，其主要部件有床身、头架、工作台、内圆磨具、砂轮架、尾座和床鞍。

在床身 12 的纵向导轨上装有工作台 10，工作台由上、下两层组成，上工作台可相对于下工作台在水平面内转动很小的角度（±10°），用以磨削小锥度的圆锥面。上工作台面上装有头架 1 和尾座 6，用以夹持不同长度的工件，头架带动工件旋转。床身 12 内部装有液压系统，用来驱动工作台 10 沿床身导轨往复移动，实现工件的纵向进给运动。

图 4-13　M1432A 型万能外圆磨床

1—头架　2—砂轮　3—内圆磨具　4—磨架　5—砂轮架
6—尾座　7—床鞍　8—换向挡块　9—横向进给手轮
10—工作台　11—纵向进给手轮　12—床身

动。砂轮架 5 装在床鞍 7 上，由砂轮主轴及其传动装置组成，用于支承并传动高速旋转的砂轮主轴。砂轮架 5 可在床鞍 7 上转动一定的角度以磨削短圆锥。内圆磨具 3 用于支承磨内孔的砂轮主轴部件，由单独的电动机驱动，图中内圆磨具处于抬起状态，当磨内圆时放下。

（2）机床的运动分析 图 4-14 所示为在万能外圆磨床上加工各种典型表面的情况。由图 4-14 可知，为了实现磨削加工，机床应具有以下运动：

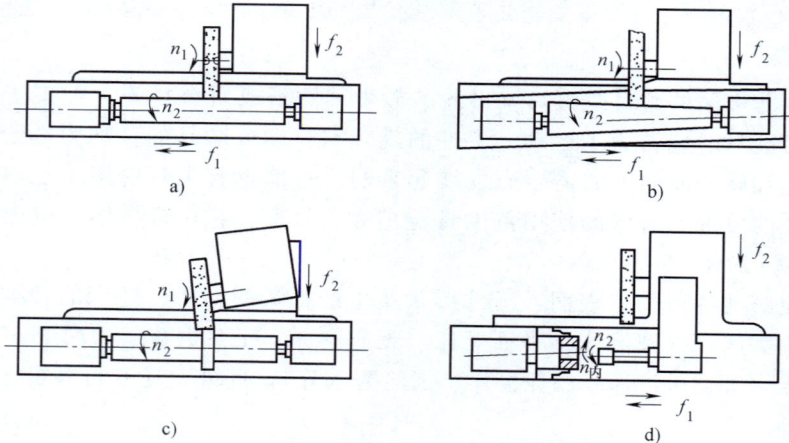

图 4-14　万能外圆磨床上典型加工示意图

1）砂轮旋转运动为磨削加工的主运动，用转速 n_1 表示。

2）工件旋转运动，也是工件的圆周进给运动，用工件的转速 n_2 表示。

3）工件纵向往复运动为磨出工件全长，必须有工件沿砂轮轴向的进给运动，用 f_1 表示。

4）砂轮横向进给运动是沿砂轮径向的切入进给运动，用 f_2 表示（图 4-14a、b、d 中的 f_2 是间歇的，图 4-14c 中的 f_2 是连续的）。

此外，为了装卸和测量工件方便，机床还有两个辅助运动：砂轮架的横向快速进退运动和尾座套筒的伸缩移动。

2. 普通外圆磨床

普通外圆磨床的结构与万能外圆磨床基本相同，其主要区别是：①头架和砂轮架不能绕轴心在水平面内调整角度位置；②头架主轴直接固定在箱体上不能转动，工件只能用顶尖支承进行磨削；③不配置内圆磨具。

因此，普通外圆磨床的工艺范围比万能外圆磨床窄，但由于减少了主要部件的结构层次，头架主轴又固定不动，故机床及头架主轴部件的刚度高，工件的旋转精度好。这种磨床只能用于磨削外圆柱面、锥度不大的外圆锥面以及台肩端面。

二、内圆磨床

内圆磨床主要用于磨削圆柱孔和圆锥孔，其类型主要有普通内圆磨床、无心内圆磨床和行星内圆磨床等。其中，普通内圆磨床比较常用，其主参数以最大磨削孔径的 1/10 表示。内圆磨床的自动化程度不高，磨削尺寸通常靠人工测量来加以控制，适用于单件小批生产。

图 4-15 所示为普通内圆磨床。头架 3 装在工作台 2 上，可随同工作台沿床身 1 的导轨做纵向往复运动，还可在水平面内调整角度位置以磨削圆锥孔。工件装夹在头架上，由头架主轴带动做圆周进给运动。砂轮架 4 上装有磨削内孔的砂轮主轴，它带动内圆磨砂轮做旋转运动，通过手动或液压传动砂轮架可沿滑座 5 的导轨做周期性的横向进给。

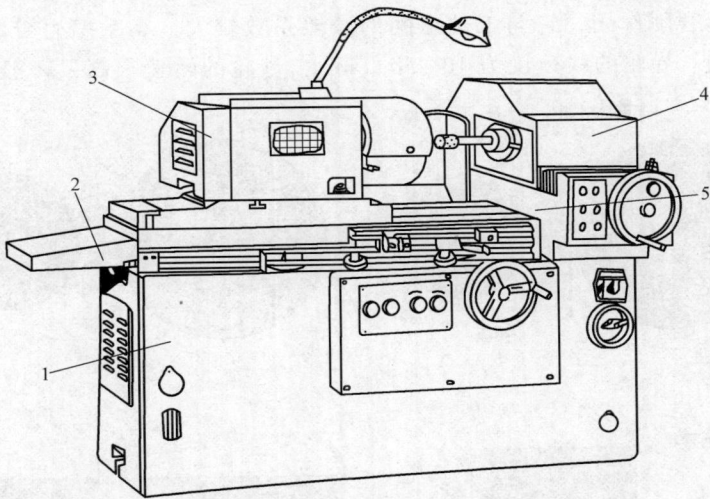

图 4-15 普通内圆磨床
1—床身 2—工作台 3—头架 4—砂轮架 5—滑座

三、无心磨床

无心磨床通常指无心外圆磨床，其主参数为最大磨削工件直径。图 4-16 所示为无心磨床，它主要由床身、进给手轮、砂轮修整器、砂轮架及砂轮、托板、导轮修整器、导轮架及导轮等部分构成。

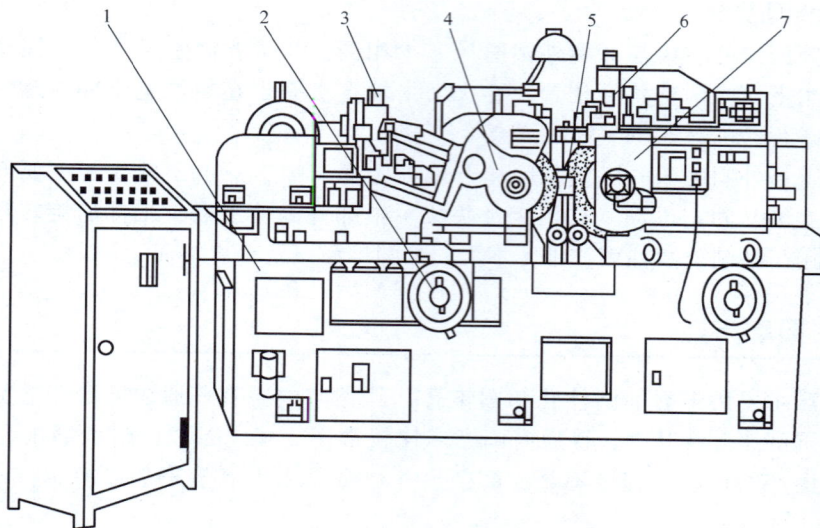

图 4-16　无心磨床

1—床身　2—进给手轮　3—砂轮修整器　4—砂轮架及砂轮　5—托板　6—导轮修整器　7—导轮架及导轮

无心磨床磨削工作原理如图 4-17 所示，磨削时工件不用顶尖定心和支承，而将工件放在砂轮与导轮之间并用托板支承定位进行磨削。导轮是用树脂或橡胶为黏结剂制成的刚玉砂轮，不起磨削作用，它与工件之间的摩擦系数较大，靠摩擦力带动工件旋转，实现圆周进给运动。导轮的线速度为 $10\sim50\mathrm{m/min}$，砂轮的转速很高，一般为 $35\mathrm{m/s}$ 左右，

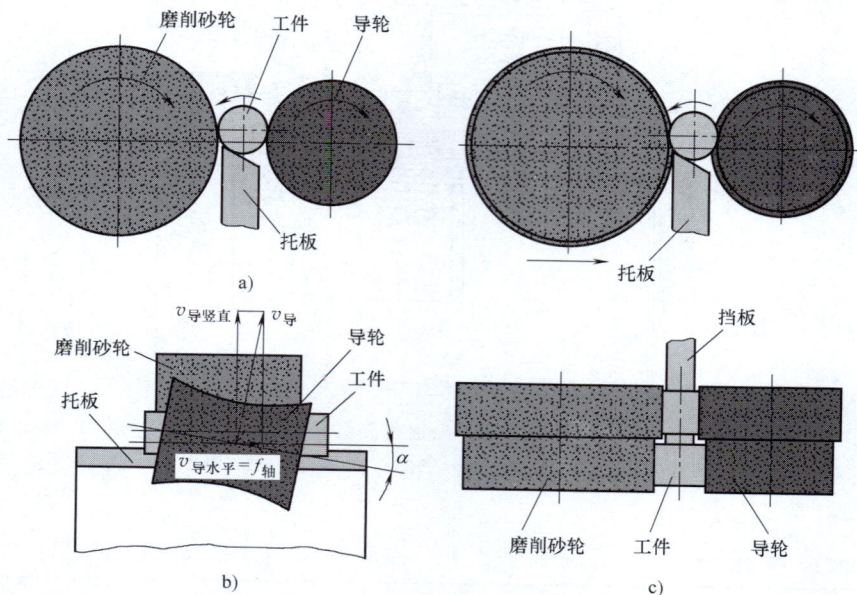

图 4-17　无心磨床磨削工作原理

从而在砂轮和工件间形成很大的相对速度，即磨削速度。

为了避免磨削出棱圆形工件，工件的中心应高于磨削砂轮与导轮的中心连线（高出工件直径的 15%～25%），使工件和导轮、砂轮的接触相当于是在假想的 V 形槽中转动，工件的凸起部分和 V 形槽两侧的接触不可能对称，这样使工件在多次转动中逐步磨圆。

用无心磨床加工时，工件精度较高。由于工件无须钻中心孔，且装夹省时省力，可连续磨削，因此生产率高。若配上自动装卸料机构，可实现自动化生产。无心磨床适于在大批量生产中磨削细长轴以及不带中心孔的轴、套、销等零件。

四、平面磨床

平面磨床用于磨削各种零件的平面，其磨削方式如图 4-18 所示。工件安装在矩形或圆形工作台上，做纵向往复直线运动或圆周进给运动（f_1），用砂轮的周边进行磨削（见图 4-18a、b）或端面进行磨削（见图 4-18c、d）。周边磨削时，由于砂轮宽度的限制，需要沿砂轮轴线方向做横向进给运动（f_2）。为了逐步地切除全部余量并获得所要求的工件尺寸，砂轮还需周期性地沿垂直于工件被磨削表面的方向进给（f_3）。

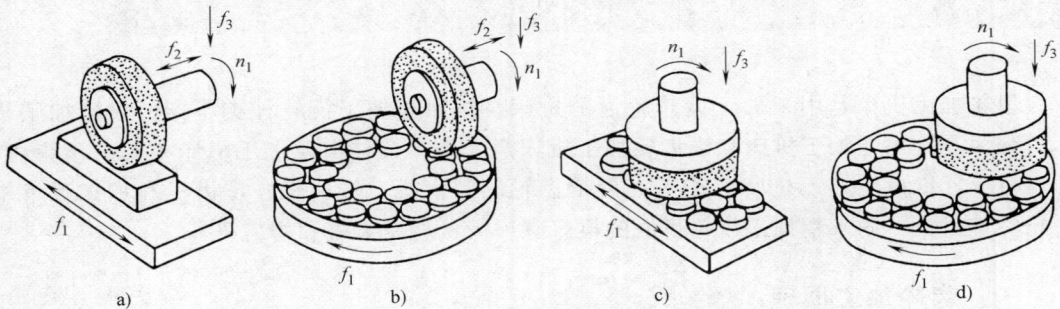

图 4-18 平面磨床磨削方式

根据砂轮主轴的布置和工作台的形状不同，平面磨床主要有卧轴矩台式平面磨床、卧轴圆台式平面磨床、立轴矩台式平面磨床和立轴圆台式平面磨床四种类型，它们的磨削方式分别如图 4-18a、b、c、d 所示。

采用端面磨削时，由于砂轮与工件的接触面积较大，因此生产率较高，但磨削时发热量大，冷却和排屑条件差，故加工精度较低，表面粗糙度值较大。而采用周边磨削时，由于砂轮和工件接触面较小，发热量少，冷却和排屑条件较好，可获得较高的加工精度和较小的表面粗糙度值。另外，由于圆台式是连续进给，而矩台式有换向时间损失，因此圆台式平面磨床比矩台式平面磨床的生产率稍高些。但是圆台式只适于磨削小零件和大直径的环形零件端面，不能磨削窄长零件，而矩台式可方便地磨削各种零件，包括直径小于矩台宽度的环形零件。

目前，最常见的平面磨床为卧轴矩台式平面磨床和立轴圆台式平面磨床。图 4-19 所示为卧轴矩台式平面磨床。其砂轮主轴是内连式异步电动机的轴，电动机的定子就装在砂轮架 2 的壳体内，砂轮架可沿滑座 3 的燕尾形导轨做横向间歇进给运动（可手动或液压传动）。滑座 3 与砂轮架 2 一起可沿立柱 4 的导轨做间歇的竖直切入运动。工作台 1 沿床身 5 的导轨做纵向往复运动（液压传动）。

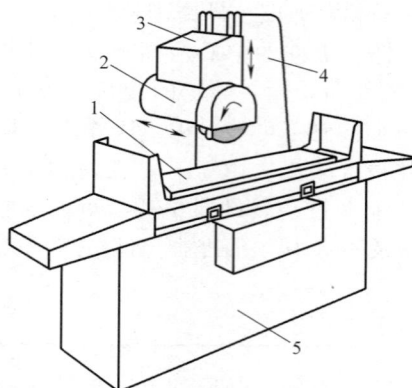

图 4-19　卧轴矩台式平面磨床

1—工作台　2—砂轮架　3—滑座　4—立柱　5—床身

第五节　齿轮加工机床

齿轮加工机床是用来加工齿轮轮齿的机床。按照被加工齿轮种类不同，齿轮加工机床可分为圆柱齿轮加工机床和锥齿轮加工机床两大类。圆柱齿轮加工机床主要有滚齿机、插齿机等，锥齿轮加工机床有加工直齿锥齿轮的刨齿机、铣齿机、拉齿机和加工弧齿锥齿轮的铣齿机。用来精加工齿轮齿面的机床有珩齿机、剃齿机和磨齿机等。

一、齿轮加工原理

按齿形形成的原理，齿轮加工方法可分为成形法和展成法两类。

1. 成形法

成形法加工齿轮时，采用与被加工齿轮齿槽形状相同的成形刀具切削轮齿。例如，在铣床上使用具有渐开线齿形的盘形齿轮铣刀或指形齿轮铣刀加工齿轮，如图 4-20 所示。形成母线（齿廓渐开线）的方法为成形法，机床形成母线时不需要运动。形成导线（直线）的方法是相切法。因此机床需要两个成形运动：盘形齿轮铣刀的旋转 B_1 和铣刀沿齿坯的轴向移动 A_2，两个都是简单运动。铣完一个齿槽后，铣刀返回原位，齿坯做分度运动——转过 $360°/z$（z 是被加工齿轮的齿数），然后再铣下一个齿槽，直至全部齿槽被铣削完毕。

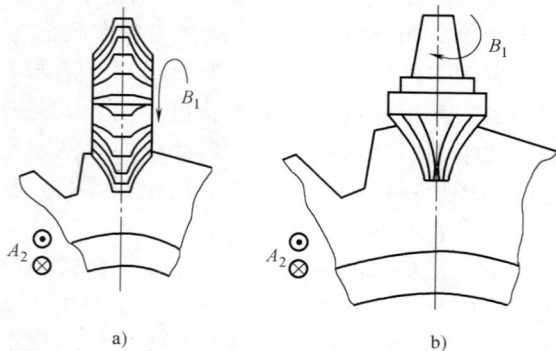

a)

b)

图 4-20　成形法加工齿轮

a）盘形齿轮铣刀加工齿轮　b）指形齿轮铣刀加工齿轮

加工模数较大齿轮时，常用指形齿轮铣刀（见图 4-20b），所需运动与盘形齿轮铣刀相同。

2. 展成法

展成法是应用齿轮啮合的原理进行加工齿轮的。在切齿过程中，将齿轮的啮合副中的一个齿轮转化为刀具，强制刀具和工件做严格的啮合运动（展成运动），由刀具切削刃的位置连续变化展成出齿廓。其优点是：刀具的切削刃相当于齿条或齿轮的齿廓，与被加工齿轮的齿数无关，只需一把刀具就能加工出模数相同而齿数不同的齿轮，其加工精度和生产率都比成形法高，是目前齿轮加工中最常用的一种方法，如滚齿机、插齿机、剃齿机等都采用这种加工方法。

二、滚齿机

滚齿机主要用于加工直齿和斜齿圆柱齿轮，使用蜗轮滚刀时，通过手动径向进给可滚切蜗轮。滚齿原理如图 3-48 所示。

1. 滚切直齿圆柱齿轮时机床的运动和传动原理（见图 4-21）

（1）机床的运动分析 用滚刀加工直齿圆柱齿轮必须具备以下两个运动：一个是形成渐开线齿廓所需的展成运动，即滚刀旋转运动和工件旋转运动组成的复合运动（B_{11} 和 B_{12}）；另一个是切出整个齿宽所需的滚刀沿工件轴线的竖直进给运动（A_2）。

（2）机床的传动原理 完成滚切直齿圆柱齿轮，需以下传动链：

1）主运动传动链。滚刀和动力源之间的传动链称为主运动传动链（1-2-u_v-3-4）。由于滚刀和动力源之间没有严格的相对运动

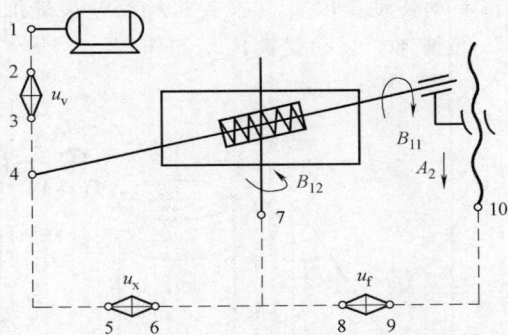

图 4-21 滚切直齿圆柱齿轮时机床的运动和传动原理

要求，因此主运动传动链属于外联系传动链，其主运动为滚刀的旋转运动。传动链中的换置机构 u_v 用于改变滚刀的转速，以满足加工工艺要求。

2）展成运动传动链。使滚刀和工件之间实现展成运动的传动链称为展成运动传动链（4-5-u_x-6-7）。滚刀旋转 B_{11} 和工件旋转 B_{12} 是一个复合成形运动，两执行件（滚刀和工件）之间的传动链属于内联系传动链，由它来保证滚刀和工件旋转运动之间严格的相对运动关系：滚刀转 1 转，工件转 K/z 转（z 为工件齿数，K 为滚刀头数）。传动链中的换置机构 u_x 用于调整它们之间的传动比，以适应因工件齿数和滚刀头数的变化及其他因素而需要改变传动比的要求。

3）轴向进给传动链。滚刀沿工件轴线做竖直进给运动（A_2），以便切出整个齿宽。轴向进给运动的快慢，只影响被加工齿面的表面粗糙度，因此 A_2 是个简单运动，其传动链（工件-7-8-u_f-9-10-刀架升降丝杠-刀架）属于外联系传动链。传动链中的换置机构 u_f 用于调整轴向进给量的大小和进给方向，以适应不同加工表面粗糙度的要求。

2. 滚切斜齿圆柱齿轮时机床的运动和传动原理（见图4-22）

（1）机床的运动分析　斜齿圆柱齿轮轮齿端面上的齿廓是渐开线，而沿轮齿齿长方向的齿廓是一条螺旋线。因此，在滚切斜齿圆柱齿轮时，除了与滚切直齿一样，需要有展成运动、主运动和轴向进给运动外，为了形成螺旋线齿线，在滚刀做轴向进给运动 A_{21} 的同时，工件还应做附加旋转运动 B_{22}（简称附加运动），而且这两个运动之间必须保持确定的关系，即滚刀移动一个工件螺旋线导程时，工件应准确地附加转过一转，两者组成一个复合运动。

（2）机床的传动原理　滚切斜齿圆柱齿轮时，展成运动、主运动以及轴向进给运动传动链与加工直齿圆柱齿轮相同，只是刀架与工件之间增加了一条附加运动传动链：刀架（滚刀移动 A_{21}）-12-13-u_y-14-15-［合成］-6-7-u_x-8-9-工作台（工件附加转动 B_{22}），以保证刀架沿工件轴线方向移动一个螺旋线导程 P_h 时，通过合成机构使工件附加转1转，形成螺旋齿线。由于这个传动联系是通过合成机构的差动作用，使工件的转动加快或减慢，因此这个传动链一般称为差动传动链，它属于内联系传动链。传动链中的换置机构 u_y 用于适应工件螺旋线导程 P_h 和螺旋方向的变化。

滚齿机既可加工直齿圆柱齿轮，又可加工斜齿圆柱齿轮。当加工直齿圆柱齿轮时，就将差动传动链断开（换置机构交换齿轮取下），并将合成机构调整成为一个如同"联轴器"的整体，只起等速传动的作用。

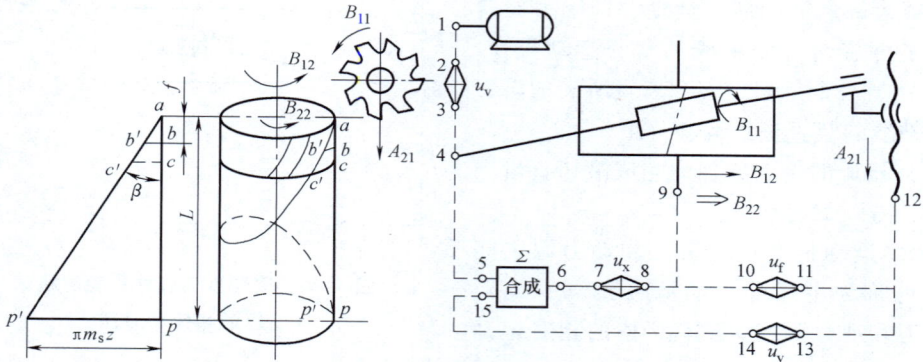

图4-22　滚切斜齿圆柱齿轮时机床的运动和传动原理

3. 滚刀的安装角

滚齿时，要求滚刀螺旋线方向与被加工齿轮的齿线方向一致，这是沿齿线方向进给滚出全齿长的条件。因此，加工前要调整滚刀的安装角。

（1）螺旋滚刀加工直齿圆柱齿轮安装角　螺旋滚刀加工直齿圆柱齿轮的安装角 δ 等于该刀的螺旋升角 ω。角度的偏转方向与滚刀螺旋线方向有关，图4-23所示为用左、右旋滚刀加工直齿圆柱齿轮的情况，滚刀位于工件前面，由几何关系可知，$\delta = \omega$。

（2）螺旋滚刀加工斜齿圆柱齿轮安装角　用螺旋滚刀加工斜齿圆柱齿轮时，由于滚刀和被加工齿轮的螺旋方向都有左、右方向之分，因此它们之间共有4种不同的组合，如图4-24所示。由几何关系可知

$$\delta = \beta \pm \omega \qquad (4\text{-}18)$$

式中　β——被加工齿轮的螺旋角。

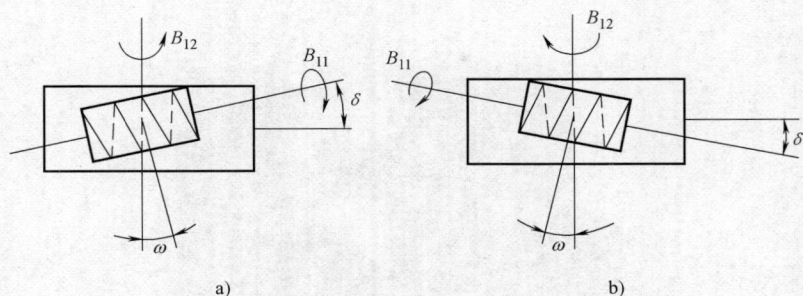

图 4-23 螺旋滚刀加工直齿圆柱齿轮安装角

a) 右旋滚刀滚切直齿圆柱齿轮 b) 左旋滚刀滚切直齿圆柱齿轮

当被加工的斜齿轮与滚刀的螺旋线方向相反时，式（4-18）取"+"号；当被加工的斜齿轮与滚刀的螺旋线方向相同时，式（4-18）取"−"号。

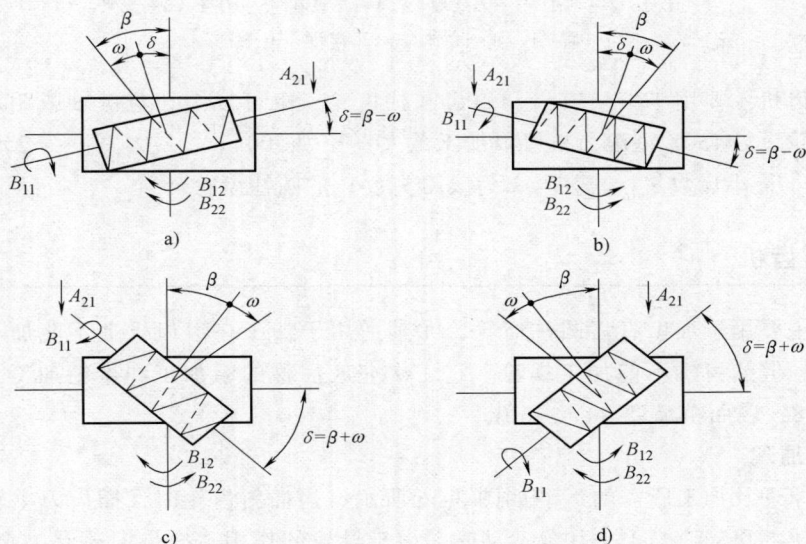

图 4-24 螺旋滚刀加工斜齿圆柱齿轮安装角

a) 左旋滚刀加工左旋齿轮 b) 右旋滚刀加工右旋齿轮
c) 左旋滚刀加工右旋齿轮 d) 右旋滚刀加工左旋齿轮

用螺旋滚刀加工斜齿轮时，应尽量采用与工件螺旋方向相同的滚刀，使滚刀安装角较小，有利于提高机床运动平稳性及加工精度。

4. Y3150E 型滚齿机

图 4-25 所示为 Y3150E 型滚齿机。床身 1 上固定有立柱 2，刀架溜板 3 可沿立柱上的导轨竖直移动，滚刀用刀杆 5 安装在刀架体 4 中的主轴上。工件安装在工作台 9 的心轴 8 上，随同工作台一起旋转。后立柱 7 和工作台装在床鞍 10 上，可沿床身的水平导轨移动，用于调整工件的径向位置或加工蜗轮时做径向进给运动。后立柱上的支架 6 可用轴套或顶尖支承心轴上端，以增加心轴刚度。

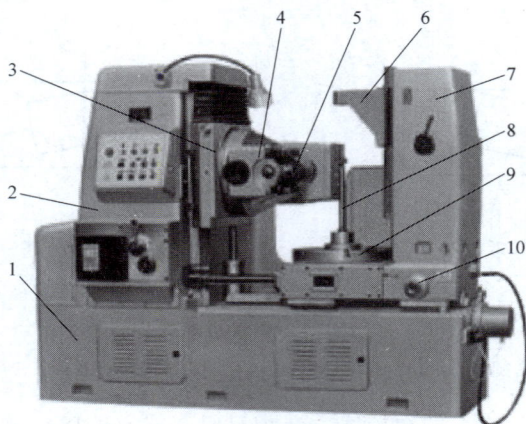

图 4-25   Y3150E 型滚齿机
1—床身   2—立柱   3—刀架溜板   4—刀架体   5—刀杆   6—支架
7—后立柱   8—心轴   9—工作台   10—床鞍

该种滚齿机主要用于滚切直齿和斜齿圆柱齿轮，也可以滚切花键轴或用手动径向进给法滚切蜗轮。Y3150E 型滚齿机可以加工最大直径为 500mm、最大宽度为 250mm、最大模数为 8mm、最小齿数 $z_{\min} = 5 \times k$（k 为滚刀头数）的圆柱齿轮。

三、插齿机

插齿机主要用于加工直齿圆柱齿轮，尤其适用于加工在滚齿机上不能加工的内齿轮和多联齿轮，但插齿机不能加工蜗轮。它一次完成齿槽的粗加工和半精加工，其加工精度为 IT7～IT8，表面粗糙度 $Ra = 1.6\mu m$。

1. 插齿原理

插齿机原理及加工所需的运动如图 3-46 所示。当插斜齿轮时，插齿刀主轴在一个专用的螺旋导轨上移动，当上下往复运动时，由于导轨的作用，插齿刀还有一个附加转动，用以形成斜齿圆柱齿轮的螺旋线导线。

插齿刀转动的快慢决定了工件轮坯转动的快慢，同时也决定了插齿刀每次切削的负荷，因此插齿刀的转动称为圆周进给运动。圆周进给量的大小用插齿刀每次往复行程中，刀具在分度圆圆周上所转过的弧长表示。降低圆周进给量将会增加形成齿廓的切削刃切削次数，从而提高齿廓曲线精度。

2. 插齿机的传动原理

图 4-26 所示为插齿机的传动原理，图中点 8 到点 11 是展成运动传动链（内联系传动链）；点 4 到点 8 是圆周进给传动链（外联系传动链）；以上两条传动链分别用来确定渐开线成形运动的轨迹和速度。由电动机轴上的点 1 到曲柄偏心盘上点 4 之间的传动链是机床的主运动传动链，由它确定插齿刀每分钟上下往复的次数（速度）。由于让刀运动及径向切入运动不直接参与工件表面的形成过程，因此没有在图中表示。

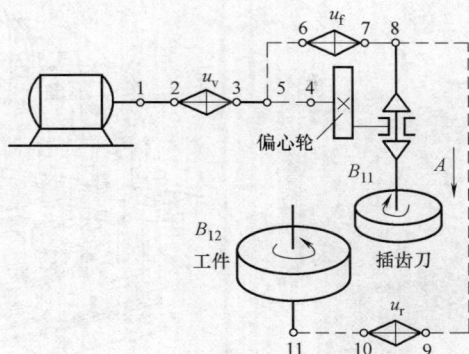

图 4-26 插齿机的传动原理及外形

第六节 数控机床与加工中心

一、数控机床

人们把用数字化的指令（脉冲指令）去控制机床动作的技术称为数字控制技术，简称数控（NC）。采用数控技术控制的机床，或者说装备了数控系统的机床称为数字控制机床，简称数控机床（NC 机床）。该控制系统能够逻辑地处理具有控制编码或其他符号指令规定的程序，并将其译码，用代码化的数字表示，通过信息载体输入数控装置。经运算处理由数控装置发出各种控制信号，控制机床的动作，按图样要求的形状和尺寸，自动地将零件加工出来。

数控机床是综合应用了电子技术、计算技术、自动控制、精密测量和机床设计等领域的先进技术而发展起来的一种柔性的、高效能的新型自动化机床，具有广泛的通用性和较大的灵活性，较好地解决了复杂、精密、小批量、多品种的零件加工问题，代表了现代机床控制技术的发展方向。

图 4-27 和图 4-28 所示分别为某 NC 车床的外形和某 NC 铣床的外形。

（一）数控机床的组成和工作原理

1. 数控机床的组成

数控机床一般由数控装置、伺服系统和机床本体组成，如图 4-29 所示。

（1）数控装置　数控机床是在以数控装置为核心的数控系统的控制下，按给定的程序自动地对机械零件进行加工。自 20 世纪 50 年代数控机床问世以来，数控装置已由 NC 发展到 CNC（计算机数字控制）。现代数控装置均采用 CNC 形式，这种 CNC 装置一般使用多个微处理器，以程序化的软件形式实现数控功能。数控装置是数控机床的核心，一般由输入装置、存储器、控制器、运算器和输出装置组成。数控装置接收输入介质的信息，并将其代码加以识别、储存、运算，输出相应的指令脉冲以驱动伺服系统，进而控制机床动作。在计算机数控机床中，由于计算机本身含有存储器、运算器、控制器等单

图 4-27 某 NC 车床的外形

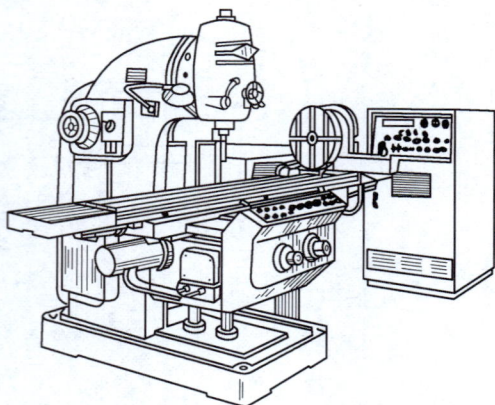

图 4-28 某 NC 铣床的外形

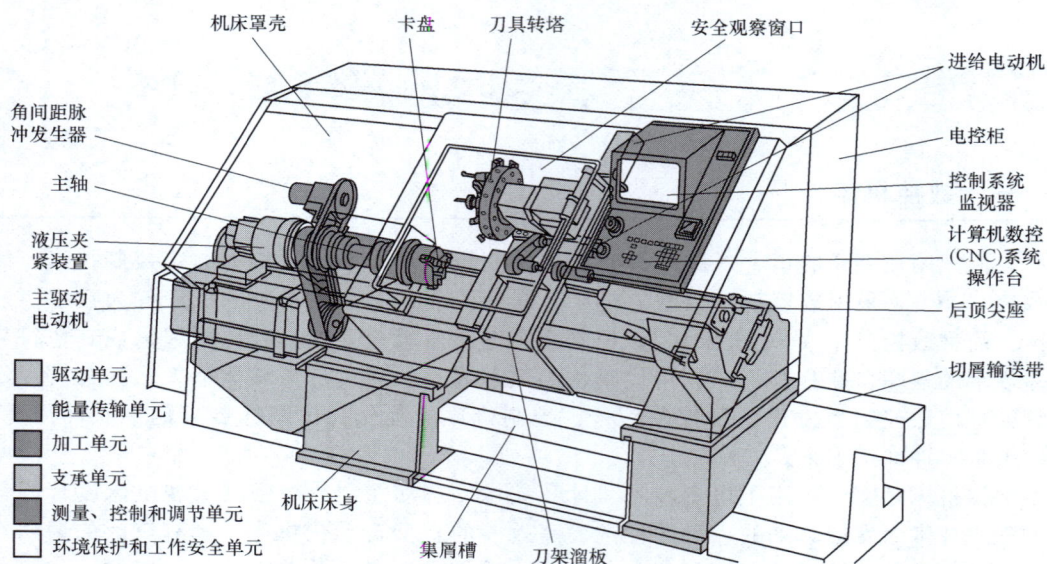

图 4-29 某数控锯床-车床及其功能单元

元，因此其数控装置的作用通常由一台计算机来完成。

（2）伺服系统 伺服系统是数控机床的执行机构，包括驱动和执行两大部分。伺服系统接受数控装置的指令信息，并按照指令信息的要求带动机床的移动部件运动或使执行部分动作，以加工出符合要求的零件。由于伺服系统直接控制工作台的移动，因此它应满足进给速度范围大、位移精度高、工作速度响应快以及工作稳定性好等要求。数控机床常用的伺服驱动组件有功率步进电动机、宽调速直流伺服电动机和交流伺服电动机等。

（3）机床本体 机床本体就是数控机床上完成各种切削加工的机械部分，它是数控机床的主体，为保证数控装置和伺服系统的功能更好地实现，数控机床主体的结构有以下特点：

1）采用高性能的主轴及伺服传动系统，其机械传动结构简单，传动链较短。

2）具有较高的刚度、阻尼和耐磨性，热变形小。

3）更多地采用高效、精密传动部件，如滚珠丝杠副和直线滚动导轨等，以减少摩擦，提高传动精度。

除上述三个主要部分外，数控机床还有一些辅助装置和附属设备，如电气、液压、气动系统，冷却、排屑、润滑、照明、储运装置，以及编程机、对刀仪等。

2. 数控机床的工作原理

用数控机床进行加工，首先必须将被加工零件的几何信息和工艺信息数字化，按规定的代码和格式编制数控加工程序，然后将此加工程序输入数控系统。数控装置根据输入的加工程序进行信息处理、计算出理想轨迹和运动速度、计算刀具（或工件）的运动轨迹。然后将处理的结果输出到机床的伺服系统，控制机床运动部件按预定的轨迹和速度运动。当加工对象改变时，除了重新装夹工件和更换刀具外，只须更换加工程序，不需对机床做任何调整，就能自动加工出所需的零件。

（二）数控机床的特点

1. 优点

与普通机床相比，数控机床有以下优点：

1）具有充分的柔性，只需更换零件加工程序就能加工不同零件。

2）加工精度高，产品质量稳定。

3）生产率高，生产周期较短。

4）可以加工复杂形状的零件。

5）大大减轻工人的劳动强度。

6）便于生产管理现代化。

2. 缺点

数控机床也存在以下缺点：

1）成本比普通机床高。

2）需要专门的维护保养人员。

3）需要熟练的零件编程技术人员。

（三）数控机床的分类

数控机床可按以下几种方式来划分：

1）按机床类型来划分，有数控车床、数控铣床、数控钻镗床、数控磨床等。

2）按机床控制系统的特点来划分，有点位控制数控机床、直线控制数控机床与轮廓切削（连续轨迹）控制数控机床。

3）按控制器的结构来划分，有硬件数控机床和计算机数控机床；计算机数控（当前主要是微机数控）又可分为单微处理器系统和多微处理器系统。

4）按伺服系统控制方式来划分，可分为开环系统数控机床、闭环系统数控机床和半闭环系统数控机床。

5）按数控功能水平来划分，可分为高档数控机床、中档数控机床、低档（经济型）数控机床三类。

二、加工中心

加工中心比数控机床有更高的集成度，往往配有刀库、换刀机械手、交换工作台、多动力头等装置，是目前世界上产量最高、应用最广泛的数控机床之一，它的广泛应用能大大节约数控机床的数量。加工中心主要由主机部分和数控部分构成。主机部分主要是机械部分，包括床身、主轴箱、工作台、底座、立柱、横梁、进给结构、刀库、换刀机构和辅助系统（气液、润滑和冷却）等。数控部分包括硬件部分和软件部分。硬件部分包括计算机数字控制（CNC）装置、可编程序控制器（PLC）、输出输入设备、主轴驱动装置、显示装置。软件部分包括系统程序和控制程序。图4-30所示为JCS-018型立式镗铣加工中心，它实质上是一种具有自动换刀装置的计算机数控立式镗铣机床，主要用于加工板类、盘类、模具及小型壳体件等复杂零件，特别适用于多品种生产的机器制造厂。工件一次装夹后，即可自动连续完成钻、镗、铣、铰及攻螺纹等多种工序，其加工质量，尤其是表面间的位置精度得到

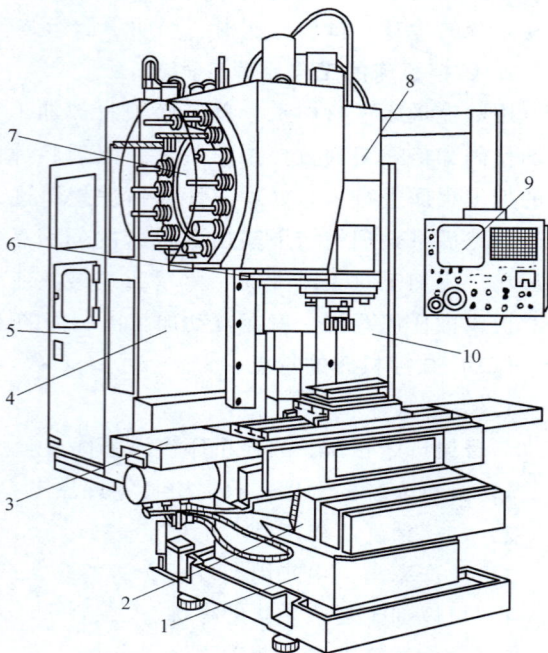

图4-30　JCS-018型立式镗铣加工中心
1—床身　2—滑座　3—工作台　4—立柱　5—数控柜
6—机械手　7—刀库　8—主轴箱
9—操纵面板　10—驱动电柜

了更好的保证。由于工件装夹、换刀、对刀等辅助时间大为减少，其生产率大为提高。

第七节　其他机床

机床的种类很多，除了上面介绍的车床、铣床、磨床、齿轮加工机床外，其他机床主要有孔加工机床（钻床、镗床）、刨床、拉床、插床以及组合机床等。

一、钻床与镗床

钻床和镗床都是孔加工机床，主要用于加工外形复杂、没有对称回转轴线工件上的孔，如箱体、支架、杠杆等零件上的单孔或孔系。

1. 钻床

钻床是用钻头在工件上加工孔的机床。钻床通常用于加工尺寸较小、精度要求不太

高的孔。在钻床上钻孔时，工件一般固定不动，刀具做旋转主运动，同时沿轴向做进给运动。在钻床上可完成钻孔、扩孔、铰孔、锪孔以及攻螺纹等加工。钻床的加工方法及所需的运动如图 4-31 所示。

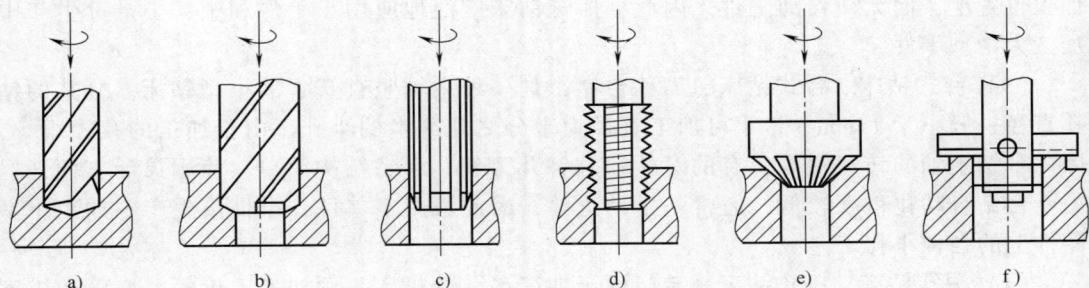

图 4-31　钻床的加工方法及所需的运动

a）钻孔　b）扩孔　c）铰孔　d）攻螺纹　e）钻埋头孔　f）刮平面

钻床的主参数是最大钻孔直径。根据用途和结构的不同，钻床可分为台式钻床、立式钻床、摇臂钻床、深孔钻床及其他钻床（如中心孔钻床）。

（1）立式钻床　图 4-32 所示为立式钻床。变速箱 5 固定在立柱 6 的顶部，装有主电动机和变速机构及其操纵机构。进给箱 4 内有主轴 3 和进给变速机构及操纵机构。进给箱右侧的手柄用于使主轴 3 升降。加工时，工件直接或利用夹具安装在工作台 2 上，主轴 3 由电动机带动既做旋转运动，又做轴向进给运动。进给箱 4、工作台 2 可沿立柱 6 的导轨调整上下位置，以适应加工不同高度的工件，当一个孔加工完再加工第二个孔时，需要重新移动工件，使刀具旋转中心对准被加工孔的中心。因此，对于大而重的工件，操作不方便，适用于中小型工件的单件、小批量生产。

（2）摇臂钻床　图 4-33 所示为摇臂钻床。工件固定在工作台 10 上，主轴 9 的旋转和

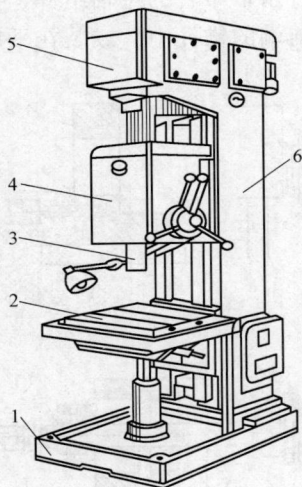

图 4-32　立式钻床

1—底座　2—工作台　3—主轴
4—进给箱　5—变速箱　6—立柱

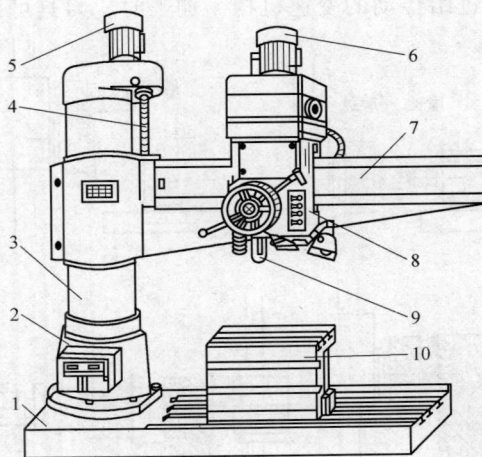

图 4-33　摇臂钻床

1—底座　2—内立柱　3—外立柱　4—丝杠
5、6—电动机　7—摇臂　8—主轴箱　9—主轴　10—工作台

轴向进给运动是由电动机 6 通过主轴箱 8 来实现的。主轴箱 8 可在摇臂 7 的导轨上移动，摇臂借助电动机 5 及丝杠 4 的传动，可沿外立柱 3 上下移动。外立柱 3 可绕内立柱 2 在 ±180°范围内回转。由于摇臂钻床结构上的这些特点，可以很方便地调整主轴 9 到所需的加工位置上，而无须移动工件。因此，摇臂钻床广泛地应用于单件和中、小批量生产中加工大中型零件。

（3）台式钻床 台式钻床，简称台钻，是一种主轴竖直布置的小型钻床。台钻的钻孔直径一般小于 15mm，最小可加工直径为十分之几毫米的小孔。由于加工的孔径很小，因此台钻主轴的转速很高，有的竟达每分钟几万转。台钻结构简单、使用灵活方便，但由于台钻自动化程度较低，通常是手动进给，因此适用于单件、小批量生产中加工小型零件上的各种小孔。

（4）深孔钻床 深孔钻床是专门用于加工深孔的机床，例如加工枪管、炮筒和机床主轴等零件的深孔。由于加工的孔较深，为了减少孔中心线的偏斜，加工时通常由工件转动来实现主运动，深孔钻头并不转动，只做直线进给运动。此外，由于被加工孔较深而且工件又往往较长，为了便于排除切屑及避免机床过于高大，深孔钻床通常采用卧式布局。为保证获得好的冷却效果及避免切屑的排出对工件表面质量的影响，深孔钻床中设有切削液输送装置和周期性退刀排屑装置。

2. 镗床

镗床是一种主要用镗刀在工件上加工有预制孔的机床。镗床通常用于加工尺寸较大、精度要求较高的孔，特别是分布在不同表面上、孔距和位置精度要求较高的孔，如各种箱体、汽车发动机缸体等零件上的孔。一般镗刀的旋转为主运动，镗刀或工件的移动为进给运动。在镗床上，除镗孔外，还可以进行铣削、钻孔、扩孔、铰孔、锪平面等工作，因此镗床的工艺范围较广。镗床的主要类型有卧式镗床、坐标镗床、金刚镗床和落地镗床等。

（1）卧式镗床 图 4-34 所示为卧式镗床的主要加工方法。图 4-35 所示为卧式镗床。主轴箱 2 可沿前立柱 3 垂直于导轨做上下移动，主轴箱中安装有水平布置的主轴组件、主传动和进给传动的变速机构。加工时，刀具可以安装在主轴 4 前端的锥孔中，或装在平旋

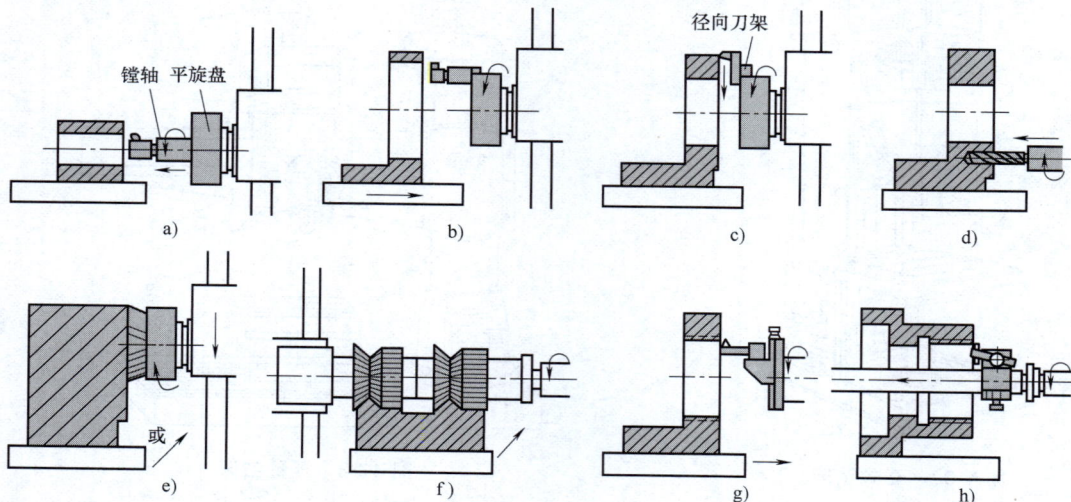

图 4-34 卧式镗床的主要加工方法

盘 5 的径向刀架上。主轴的旋转为主运动，它还可沿轴向移动做进给运动。平旋盘只能做旋转主运动，而装在平旋盘导轨上的径向刀架，可做径向进给运动，这时可以车端面。工件安装在工作台 6 上，可与工作台一起随上滑座 7 和下滑座 8 做横向或纵向移动。工作台也可在上滑座的圆导轨上绕竖直轴线转位，以便加工相互平行或呈一定角度的孔与平面。后立柱 11 上装有支承架 10，用来支承悬伸较长的刀杆，以增加刀杆的刚度。后立柱还可沿床身导轨做纵向移动，以调整位置。

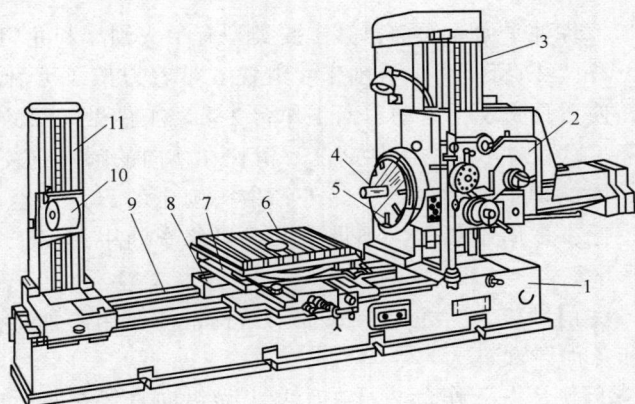

图 4-35　卧式镗床

1—床身　2—主轴箱　3—前立柱　4—主轴　5—平旋盘　6—工作台
7—上滑座　8—下滑座　9—导轨　10—支承架　11—后立柱

卧式镗床的主参数是主轴直径。其工艺范围较广，可对各种大中型工件进行钻孔、镗孔、扩孔、铰孔、锪平面、车削内外螺纹、车削外圆柱面和端面以及铣平面等加工，若再利用特殊附件和夹具，还可扩大其工艺范围。工件一次装夹后，即可完成多种表面的加工，这对于加工大而重的工件很有利。但由于卧式镗床结构复杂，生产率较低，故在大批量生产中加工箱体零件时多采用组合机床和专用机床。

（2）坐标镗床　坐标镗床是指具有精密坐标定位装置的镗床，其主参数是工作台的宽度。它主要用于镗削尺寸、形状及位置精度要求比较高的孔系，还能进行钻孔、扩孔、铰孔、锪端面、切槽、铣削等加工。此外，在坐标镗床上还能进行精密刻度、样板的精密划线、孔间距及直线尺寸的精密测量等。

坐标镗床有立式和卧式之分。立式坐标镗床适于加工轴线与安装基面（底面）垂直的孔系和铣削顶面，卧式坐标镗床适用于加工与安装基面平行的孔系和铣削侧面。

图 4-36 所示为卧式坐标镗床。其主轴 4 水平布置。镗孔坐标位置由下滑座 1 沿床身 7 上的导轨纵向移动和主轴箱 6 沿立柱 5 上的导轨上下移动来

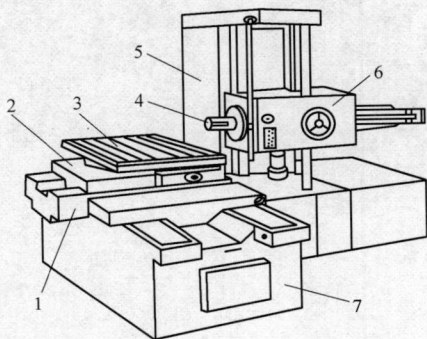

图 4-36　卧式坐标镗床

1—下滑座　2—上滑座　3—回转工作台
4—主轴　5—立柱　6—主轴箱　7—床身

实现。机床进行孔加工时的进给运动，可由主轴 4 轴向移动完成，也可由上滑座 2 横向移动完成。回转工作台 3 可在水平面内回转一定角度，以进行精密分度。

二、刨床、插床与拉床

刨床、插床与拉床的主运动都是直线运动，故又称为直线运动机床。

1. 刨床

刨床主要用于加工各种平面和沟槽，其主要类型有牛头刨床和龙门刨床。

（1）牛头刨床　图 4-37 所示为牛头刨床。滑枕 6 带着刀架 4 可沿床身导轨在水平方向做往复直线运动，使刀具实现主运动，而工作台 2 带着工件做间歇的横向进给运动。滑座 3 可在床身上升降，以适应不同的工件高度。滑枕在换向的瞬间有较大的惯量，限制了主运动速度的提高，因此切削速度较低。另外，牛头刨床的刀具在返程时不加工，浪费时间，因此生产率较低，多用于单件、小批生产或机修车间中，用于加工中、小型零件的平面、沟槽或成形平面。

（2）龙门刨床　龙门刨床为"龙门"式框架结构，主要用于加工大型或重型零件上的各种平面、沟槽和各种导轨面。

图 4-38 所示为龙门刨床。工作台 2 可在床身上做纵向直线往复运动，使刀具实现主运动。两个立刀架 5 可在横梁 3 的导轨上间歇地做横向进给运动，以刨削工件的水平面。刀架上的滑板可使刨刀上、下移动，做切入运动或刨削竖直平面。滑板还能绕水平轴线调整一定的角度，以加工倾斜平面。装在立柱 4 上的侧刀架 9 可沿立柱导轨做间歇移动，以刨削竖直平面。横梁 3 可沿立柱升降，以调整工件与刀具的相对位置。

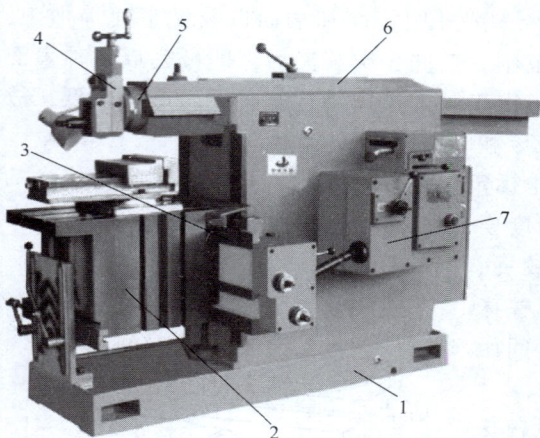

图 4-37　牛头刨床
1—底座　2—工作台　3—滑座　4—刀架
5—刀座　6—滑枕　7—床身

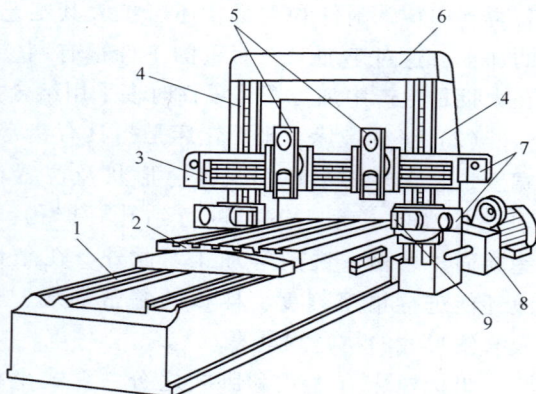

图 4-38　龙门刨床
1—床身　2—工作台　3—横梁　4—立柱
5—立刀架　6—顶梁　7—进给箱
8—变速箱　9—侧刀架

2. 插床

插床实质上是立式刨床，主要用于单件、小批量生产中插削与安装基面垂直的面，如孔中的键槽及多边形孔或内外成形表面。

图 4-39 所示为插床。滑枕 4 带动插刀沿立柱 6 竖直方向所做的直线往复运动为主运动。工件安装在回转工作台 2 上，通过下滑座及上滑座可分别做横向及纵向进给运动，回转工作台 2 可绕竖直轴线旋转，完成圆周进给或通过分度机构 7 实现分度。

3. 拉床

拉床是用拉刀加工各种内外成形表面的机床，可加工各种形状的通孔、平面及成形表面等。图 3-38 所示为拉削的典型表面形状。拉削时，拉刀使被加工表面一次拉削成形，因此拉床只有主运动，没有进给运动。拉床的主运动为拉刀的直线运动。拉床的主运动多采用液压驱动，以承受较大的切削力并使拉削过程平稳。

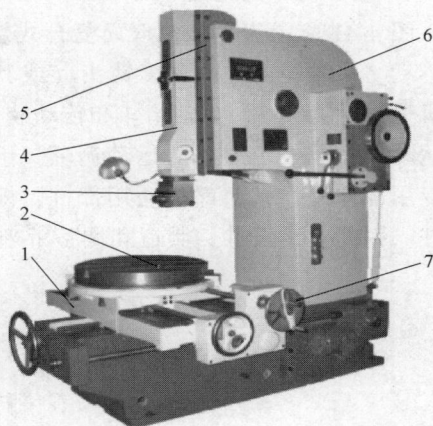

图 4-39 插床
1—床鞍 2—回转工作台 3—刀架 4—滑枕
5—滑枕导轨 6—立柱 7—分度机构

拉床按加工表面种类不同可分为内拉床和外拉床。前者用于拉削工件的内表面，后者用于拉削工件的外表面。按机床布局还可分为卧式、立式等。图 4-40a 所示为卧式内拉床，是拉床中最常用的，用以拉花键孔、键槽和精加工孔。图 4-40b 所示为立式外拉床，用于汽车、拖拉机行业加工气缸体等零件的平面。拉床的主参数是额定拉力。

拉削加工的生产率高，加工出的工件精度高、表面粗糙度值小；但刀具结构复杂，制造与刃磨费用较高，因此常用于大批、大量生产中。

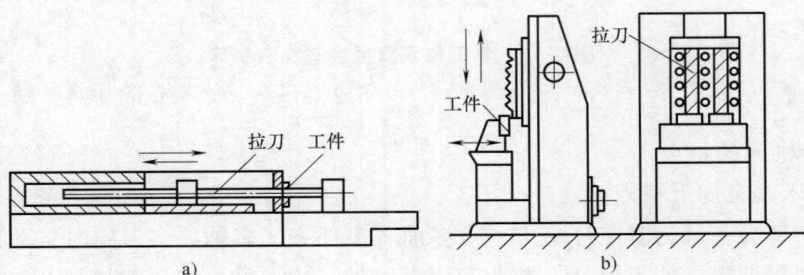

图 4-40 拉床
a）卧式内拉床 b）立式外拉床

三、组合机床

组合机床是以系列化、标准化的通用部件为基础，配以少量的专用部件组成的多轴、多刀、多任务、多面同时加工的高效专用机床。组合机床既具有专用机床的结构简单、生产率高和自动化程度较高的特点，又具有一定的重新调整能力，以适应工件变化的需要。它可进行钻、镗、铰、攻螺纹、车削、铣削等切削加工，最适用于在大批、大量生产中对一种或几种类似零件的一道或几道工序进行加工。

1. 组合机床的组成

图 4-41 所示为单工位双面复合式组合机床。被加工工件安装在夹具 5 中，加工时固定不动。多轴箱 4 上的许多钻头（或其他孔加工刀具）和镗削头 6 上的镗刀，分别由电动机通过动力箱 3、多轴箱 4 和传动装置驱动做旋转主运动，并由各自的滑台 7 带动做直线运动，完成一定形式的运动循环。组成上述组合机床的主要部件中，除多轴箱和夹具是专用部件外，其余都是通用部件，即使是专用部件，其中也有不少零件是通用件或标准件。因此，给设计、制造和调整带来很大方便。

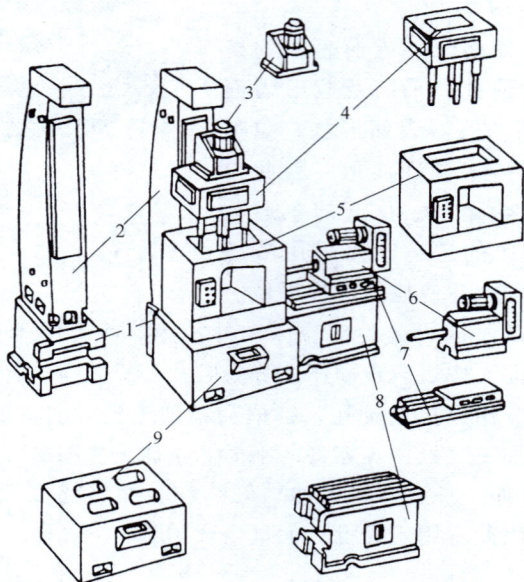

图 4-41　单工位双面复合式组合机床

1—立柱底座　2—立柱　3—动力箱　4—多轴箱　5—夹具　6—镗削头　7—滑台　8—侧底座　9—中间底座

2. 组合机床的特点

组合机床具有如下特点：

1）生产率高。因为其工序集中，可多面、多任务、多轴、多刀同时自动加工。

2）研制周期短，便于设计、制造和使用维护，成本低。组合机床所用的通用零部件由专业厂家成批生产，成本低。其结构稳定，工作可靠，使用和维修方便。

3）自动化程度高，劳动强度低。

4）配置灵活。通用零部件可重复利用，可按产品或工艺要求，灵活组成各种类型的组合机床及自动线。

本 章 小 结

通过本章的学习，应熟悉并掌握以下主要内容：

1）金属切削机床的分类和型号编制方法。

2）金属切削机床的主要技术参数，即主参数和基本参数（尺寸参数、运动参数和动力参数）。

3）机床所需的运动以及各种运动之间的联系。

4）CA6140型卧式车床的工艺范围和传动系统，立式车床的应用场合。

5）铣床的工艺范围、种类及其适用范围。

6）外圆磨床的种类及其运动分析，无心磨床工作原理和平面磨床磨削方式。

7）齿轮加工原理，滚齿机滚切直齿圆柱齿轮和斜齿圆柱齿轮的传动原理，插齿机的传动原理。

8）数控机床的组成及其工作原理与加工中心。

9）常用钻床、镗床的类型及其适用范围。

10）刨床、拉床、插床以及组合机床的特点及其应用场合。

复习思考题

4-1 指出下列机床型号中各位字母和数字代号的具体含义。

CG6125B   XK5040   Y3150E

4-2 分析CA6140型卧式车床的传动系统：

1）证明 $f_纵 \approx 2f_横$。

2）分析车削径节螺纹时的传动路线，列出运动平衡式。为什么此时能车削出标准的径节螺纹？

3）当主轴转速分别为40r/min、160r/min及400r/min时，能否实现螺距扩大4倍及16倍？为什么？

4）为何既有光杠又有丝杠来实现刀架的直线运动？可否单独设置丝杠或光杠？为什么？

5）为何在主轴箱中有两个换向机构？能否取消其中一个？溜板箱内的换向机构有何用处？

6）说明 M_3、M_4 和 M_5 的功用？是否可取消其中之一？

4-3 试述铣床的工艺范围、种类及其适用范围。

4-4 万能外圆磨床在磨削外圆柱面时需要哪些运动？

4-5 无心外圆磨床为什么能把工件磨圆？为什么它的加工精度和生产率往往比普通外圆磨床高？

4-6 试分析卧轴矩台式平面磨床与立轴圆台式平面磨床在磨削方法、加工质量、生产率等方面有何不同。各适用于什么场合？

4-7 应用展成法与成形法加工圆柱齿轮各有何特点？

4-8 对比滚齿机和插齿机的加工方法，说明它们各自的特点及主要应用范围。

4-9 常用钻床、镗床各有几类？其适用范围有何不同？

4-10 各类机床中，可用于加工外圆表面、内孔、平面和沟槽的各有哪些机床？它们的适用范围有何区别？

4-11 数控机床一般由哪几部分组成？试叙述其工作原理。

4-12 组合机床有哪些特点？适用于什么场合？

第五章
机床夹具设计原理

机床夹具是机械加工工艺系统的一个重要组成部分。本章主要讨论工件在夹具中的定位和夹紧、典型机床夹具以及夹具的选用与设计方法等。其主要内容包括：机床夹具的功用、分类和组成；六点定位原理、常见的定位方式及其定位元件、定位误差的分析与计算；夹紧装置的组成和设计要求、夹紧力的确定、典型夹紧机构；钻床与铣床夹具、通用夹具的选用、专用夹具设计及其举例。

第一节 概述

机床夹具是一种在金属切削机床上实现装夹任务的工艺装备，如车床上使用的自定心卡盘、铣床上使用的机用虎钳等。

一、机床夹具的功用

1. 能稳定地保证工件的加工精度

用夹具装夹工件时，工件相对于刀具及机床的位置精度由夹具保证，不受工人技术水平的影响，使一批工件的加工精度趋于一致。

2. 能减少辅助工时，提高劳动生产率

使用夹具装夹工件方便、快速，工件不需要划线找正，可显著地减少辅助工时；工件在夹具中装夹后提高了工件的刚性，可加大切削用量；可使用多件、多工位装夹工件的夹具，并可采用高效夹紧机构，进一步提高劳动生产率。

3. 减轻工人的劳动强度，保证安全生产

有些工件，特别是比较大的工件，调整和夹紧很费力气；如果使用夹具，采用气动或液压等自动化夹紧装置，既可减轻工人的劳动强度，又能保证安全生产。

4. 能扩大机床的使用范围，实现一机多能

根据加工机床的成形运动，附以不同类型的夹具，即可扩大机床原有的工艺范围。

例如在车床的溜板上或摇臂钻床工作台上装上镗模，就可以进行箱体零件的镗孔加工。

二、机床夹具的分类

随着机械制造业的发展，机床夹具的种类日趋增多，其分类也很多，一般可按专门化程度、使用的机床和夹紧动力源来进行分类。

1. 按专门化程度分类

（1）通用夹具 通用夹具是指已经标准化的，在一定范围内可用于加工不同工件的夹具。例如，车床上自定心卡盘和单动卡盘，铣床上的机用虎钳、分度头和回转工作台等。它们由于具有一定的通用性，故得其名。这类夹具一般由专业工厂生产，常作为机床附件提供给用户。其特点是适应性广，生产率低，主要适用于单件、小批量生产。

（2）专用夹具 专用夹具是指专为某一工件的某道工序而专门设计的夹具，因其用途专一而得名。其特点是结构紧凑，操作迅速、方便、省力，可以保证较高的加工精度和生产率，但设计制造周期较长、制造费用也较高。当产品变更时，专用夹具将由于无法再使用而报废，只适用于产品固定且批量较大的生产中。

（3）通用可调夹具和成组夹具 其特点是夹具的部分元件可以更换，部分装置可以调整，以适应不同零件的加工，用于相似零件的成组加工所用的夹具，称为成组夹具。通用可调夹具与成组夹具相比，加工对象不很明确，适用范围更广一些。

（4）组合夹具 组合夹具是指按零件的加工要求，由一套事先制造好的标准元件和部件组装而成的夹具，由专业厂家制造。其特点是灵活多变，万能性强，制造周期短，元件能反复使用，特别适用于新产品的试制和单件小批生产。

（5）随行夹具 随行夹具是一种在自动线上使用的夹具。该夹具既要起到装夹工件的作用，又要与工件成为一体沿着自动线从一个工位移到下一个工位，进行不同工序的加工。

2. 按使用的机床分类

由于各类机床自身工作特点和结构形式各不相同，对所用夹具的结构也相应地提出了不同的要求。按所使用的机床不同，夹具又可分为车床夹具、铣床夹具、钻床夹具、镗床夹具、磨床夹具、齿轮机床夹具和其他机床夹具等。

3. 按夹紧动力源分类

根据夹具所采用的夹紧动力源不同，可分为手动夹具、气动夹具、液压夹具、气-液夹具、电动夹具、磁力夹具、真空夹具等。

三、机床夹具的组成

机床夹具的组成可以通过一个专用夹具的实例来说明。

图5-1所示为车轴套夹具，用于加工薄壁套工件外圆的端面 A。工件8以内孔 $\phi85^{+0.1}_{0}$ 和端面 B 为基准，在夹具的胀块7上定位，转动螺母2，带动拉杆9向左移动，使胀块7胀开来定位夹紧工件。卸工件时，反向转动螺母2，销钉5推动胀块7向右移动，工件松动。

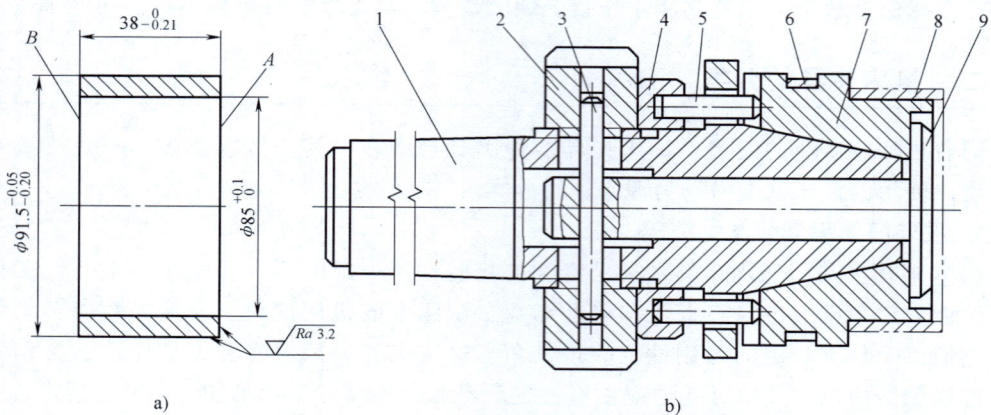

图 5-1　车轴套夹具

1—心轴　2—螺母　3—销钉　4—滑套　5—销钉　6—弹簧圈　7—胀块　8—工件　9—拉杆

通过上述例子可以看出，夹具要起到应有的作用，一般来说应由以下几部分组成：

（1）定位元件及定位装置　它与工件的定位基准相接触，用于确定工件在夹具中的正确位置，从而保证加工时工件相对于刀具和机床加工运动间的相对正确位置，如图 5-1 中的胀块 7。

（2）夹紧装置　用于夹紧工件，在切削时使工件在夹具中保持既定位置，如图 5-1 中各元件组成的楔块夹紧装置。

（3）对刀与导引元件　这些元件的作用是保证工件与刀具之间的正确位置。用于确定刀具在加工前正确位置的元件，称为对刀元件，如对刀块。用于确定刀具位置并导引刀具进行加工的元件，称为导引元件。

（4）夹具体　用于连接或固定夹具上各元件及装置，使其成为一个整体的基础件。它与机床有关部件进行连接、定位，使夹具相对机床具有确定的位置，例如图 5-1 中的心轴 1。

（5）其他元件及装置　有些夹具根据工件的加工要求，要有分度机构，铣床夹具还要有定位键等。

以上这些组成部分，并不是对每种机床夹具都是缺一不可的，但是任何夹具都必须有定位元件和夹紧装置，它们是保证工件加工精度的关键，目的是使工件定位准确、夹紧牢固。

第二节　工件的定位

工件在机床上的定位包括工件在夹具上的定位和夹具相对于机床的定位两个方面。这里只讨论工件在夹具上的定位。

在分析工件定位方案时，主要利用六点定位原理，根据工件的具体结构特点和工序加工精度要求去正确选择定位方式、设计定位元件、进行定位误差的分析与计算。

一、六点定位原理

一个自由物体在三维空间有六个独立活动的可能性，其中三个是沿 x、y、z 轴的移动，另三个是绕 x、y、z 轴的转动。习惯上把这种独立活动的可能性，称为自由度，活动可能性的个数称为自由度的数目。因此空间任一自由物体共有六个自由度。如图 5-2 所示，工件沿 x、y、z 轴移动的三个自由度，分别以 $\vec{x}$、$\vec{y}$、$\vec{z}$ 表示；绕 x、y、z 轴转动的三个自由度分别以 $\hat{x}$、$\hat{y}$、$\hat{z}$ 表示。若使工件在某方向有确定的位置，就必须限制在该方向的自由度。工件定位的任务就是根据加工要求限制工件的全部或部分自由度，限制的方法是用相当于六个支承点的定位元件与工件的定位基准面接触，如图 5-3 所示，在底面 Oxy 内的三个支承点限制了 $\hat{x}$、$\hat{y}$、$\vec{z}$ 三个自由度；在侧面 Oyz 内的两个支承点限制了 $\vec{x}$、$\hat{z}$ 两个自由度；在端面 Oxz 内的一个支承点限制了 $\vec{y}$ 一个自由度。

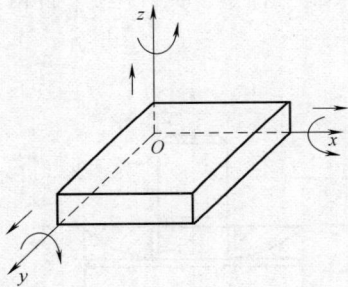

图 5-2　物体的六个自由度　　　　　图 5-3　工件的六点定位

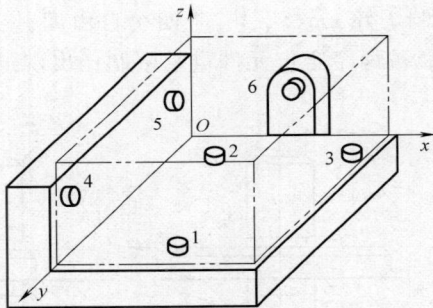

这种按一定要求分布的六个支承点来限制工件的六个自由度，从而使工件在夹具中得到正确位置的原理，称为六点定位原理。

二、工件在夹具中定位的几种情况

工件在加工中是否必须对六个自由度都要加以限制呢？这要根据工件的加工要求来确定。根据夹具定位元件限制工件自由度的情况，可将工件在夹具中的定位分为以下几种情况：

1. 完全定位

根据工件被加工表面的加工精度要求，有时需要将工件的六个自由度全部限制，这种定位方法称为完全定位。如图 5-4a 所示，在工件上加工不通槽。槽宽由刀具直径保证，但是要保证尺寸 A，

图 5-4　不同加工要求的工件

a）完全定位　b）不完全定位

就需要限制 $\hat{x}$、$\hat{y}$、$\vec{z}$，要保证尺寸 B，需要限制 $\vec{x}$、$\hat{z}$，要保证尺寸 C，需要限制 $\vec{y}$，因此六个自由度都要限制。

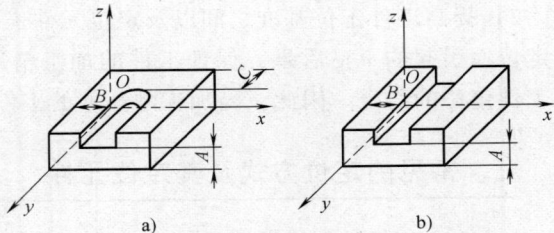

2. 不完全定位

根据工件被加工表面的加工精度要求，有时需要限制的自由度少于六个，这种定位方法称为不完全定位。如图5-4b所示，在工件上加工通槽，不需要保证尺寸C，因此也不必限制$\vec{y}$，只需要限制其他五个自由度就可以了。这种定位虽然没有完全限制工件的六个自由度，但保证加工精度的自由度已全部限制，因此也是合理的定位，在实际夹具定位中普遍存在。

3. 欠定位

根据工件被加工表面的加工精度要求，需要限制的自由度没有得到完全限制，这种定位方法称为欠定位。欠定位不能保证工件的加工精度要求，在工件加工中是绝对不允许的。

4. 过定位

若工件的某自由度被夹具上两个或两个以上的定位元件重复限制，这种定位方法称为过定位（或重复定位）。图5-5a所示为某工件以孔与端面联合定位情况，长销与工件孔配合限制工件$\vec{x}$、$\hat{x}$、$\vec{y}$、$\hat{y}$四个自由度，支承大端面限制工件$\hat{x}$、$\hat{y}$、$\vec{z}$三个自由度，可见$\hat{x}$、$\hat{y}$被两个定位元件重复限制，出现过定位。

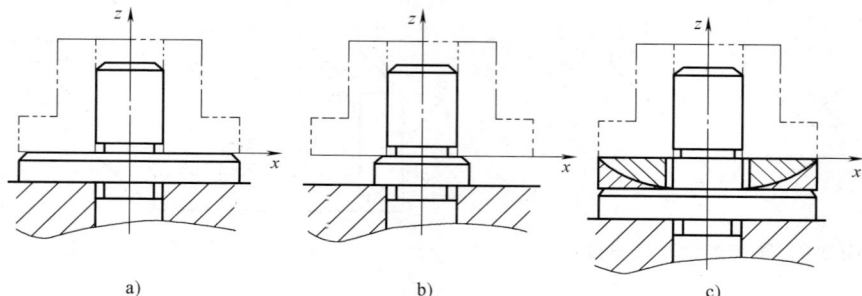

图5-5 工件过定位情况及改善措施

过定位可能导致定位干涉或工件装夹困难，进而导致工件或定位元件产生变形、定位误差增大，因此在定位设计中应该尽量避免过定位。消除或减小过定位的方法主要有：

1）改变定位元件结构，使定位元件重复限制自由度的部分不起定位作用。如图5-5b中将大端面改为小端面，图5-5c中在工件与大端面间加球形垫圈。

2）提高工件定位基准之间以及定位元件工作表面之间的位置精度，这样也可消除因过定位而引起的不良后果，保证工件的加工精度，而且有时还可以提高工件的局部刚度和工件定位的稳定。因此，当加工刚性差的工件时，过定位也可合理应用。

三、常见的定位方式及其定位元件

（一）定位元件的设计要求

通常设计夹具时，将定位元件设计成为单独的分离元件，通过装配与整个夹具构成一个整体，以保证其特殊的精度要求和制造工艺要求。

定位元件要求一定的定位精度、表面粗糙度、耐磨性、硬度和刚度等。设计定位元件时，应满足以下基本要求：

1）具有较高的制造精度，以保证工件定位准确。由于工件的定位是通过定位副的接触（或者配合）实现的，定位元件上的限位基面的精度直接影响工件的定位精度，即直接影响工件的加工精度。因此，定位元件上的限位基面应当具有足够的精度。

2）耐磨性好。工件的装卸会磨损定位元件的限位基面，为此要求定位元件的限位基面要耐磨，以延长定位元件的更换周期，长期保持定位精度，提高夹具的使用寿命。

3）应有足够的强度和刚度。在外力的作用下，定位元件可能发生较大的变形，从而影响加工精度。因此，定位元件应具有足够的强度和刚度，以保证在夹紧力、切削力等外力作用下，不产生较大的变形而影响加工精度。

4）工艺性好。定位元件的结构要有良好的工艺性，应力求简单、合理，便于加工、装配和更换。

在机械加工中，虽然被加工工件的种类繁多，形状各异，但从它们的基本结构来看，不外乎由平面、圆柱面、圆锥面及各种成形面所组成。工件在夹具中定位时，可根据各自的结构特点和工序要求，选取相应的平面、圆面、曲面或者组合表面作为定位基准。

（二）工件以平面定位

平面定位的主要形式是支承定位。工件的定位基准平面与定位元件表面相接触而实现定位，常见的支承元件有下列几种：

1. 固定支承

该类支承的高度尺寸是固定的，使用时不能调整高度。

（1）支承钉　图 5-6 所示为用于平面定位的几种常用支承钉，它们利用顶面对工件进行定位。其中，图 5-6a 所示为平顶支承钉，常用于精基准面的定位；图 5-6b 所示为圆顶支承钉，它可使工件与支承钉的接触面积减小，以减小装夹误差，多用于粗基准面的定位；图 5-6c 所示为网纹顶支承钉，常用在要求较大摩擦力的侧面定位；图 5-6d 所示为带衬套支承钉，由于它便于拆卸和更换，一般用于批量大、磨损快、需要经常修理的场合。支承钉限制一个自由度。

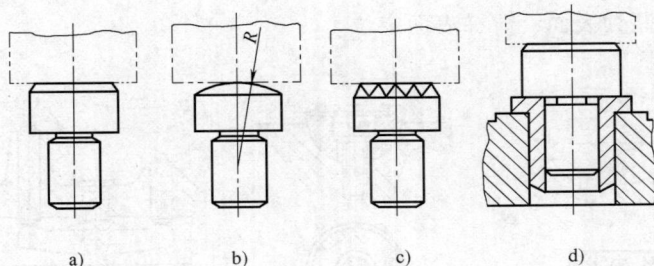

图 5-6　几种常用支承钉

a）平顶支承钉　b）圆顶支承钉　c）网纹顶支承钉　d）带衬套支承钉

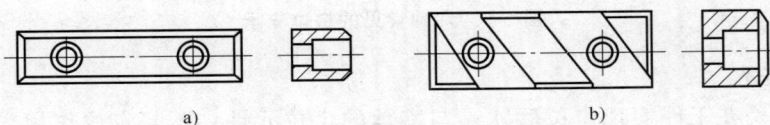

图 5-7　两种常用的支承板

（2）支承板　支承板有较大的接触面积，工件定位稳固。一般较大的精基准平面定位多用支承板作为定位元件。图 5-7 所示为两种常用的支承板。图 5-7a 所示为平板式支承板，结构简单、紧凑，但不易清除落入沉头螺孔中的切屑，一般用于侧面定位。图 5-7b 所示为斜槽式支承板，它在结构上做了改进，即在支承面上开两个斜槽为固定螺钉用，使清屑容易，适用于底面定位。长方形支承板限制两个自由度。

支承钉、支承板的结构、尺寸均已标准化，设计时可查有关标准手册。

2. 可调支承

可调支承的顶端位置可以在一定的范围内调整。图 5-8 所示为几种常用的可调支承。可调支承用于未加工过的平面定位，以调节补偿各批毛坯尺寸误差，一般不是对每个加工工件进行调整，而是一批工件毛坯调整一次。

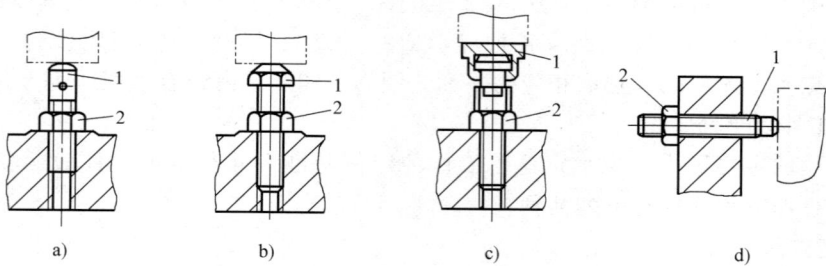

图 5-8　几种常用的可调支承

1—可调支承螺钉　2—螺母

3. 自位支承

自位支承又称浮动支承，在定位过程中，支承本身所处的位置随工件定位基准面的变化而自动调整并与之相适应。图 5-9 所示为几种常见的自位支承，尽管每一个自位支承与工件间可能是两点或三点接触，但实质上仍然只起一个定位支承点的作用，只限制工件的一个自由度，采用自位支承可增加与工件的接触点，提高刚度，又可避免过定位，常用于毛坯表面、断续表面、阶梯表面定位。

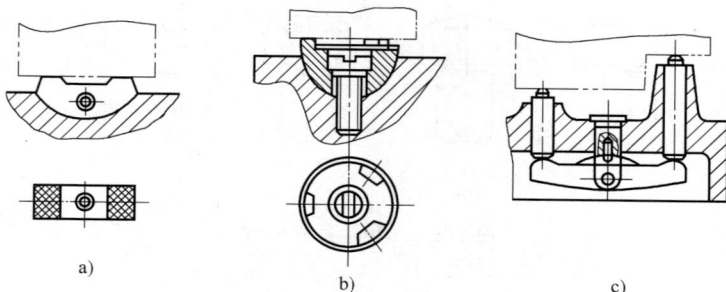

图 5-9　几种常见的自位支承

4. 辅助支承

辅助支承是在工件实现定位后才参与支承的定位元件，不起定位作用，只能提高工件加工时刚度或起辅助定位作用。图 5-10 所示为几种常用的辅助支承。图 5-10a、b 所示为螺旋式辅助支承，用于小批量生产；图 5-10c 所示为推力式辅助支承，用于大批量生产。

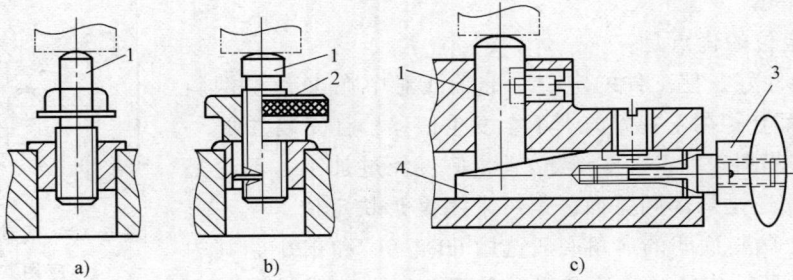

图 5-10　几种常用的辅助支承
1—支承　2—螺母　3—手轮　4—楔块

图 5-11 所示为辅助支承应用实例。图 5-11a 所示的辅助支承用于提高工件稳定性和刚度；图 5-11b 所示的辅助支承起预定位作用。

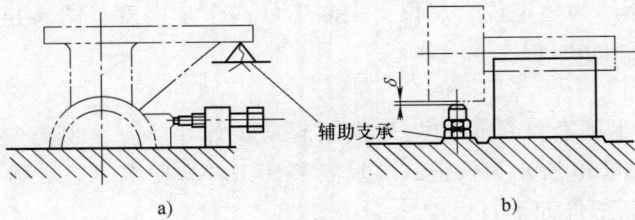

图 5-11　辅助支承应用实例

（三）工件以外圆柱面定位

工件以外圆柱面作为定位基准时，根据外圆柱面的完整程度、加工要求和安装方式，可以在 V 形块、定位套、半圆套及圆锥套中定位，其中最常用的是在 V 形块上定位。

1. V 形块

V 形块有固定式和活动式之分。图 5-12 所示为常用固定式 V 形块。图 5-12a 所示结构用于较短的精基准定位；图 5-12b 所示结构用于较长的粗基准（或阶梯轴）定位；图 5-12c 所示结构用于两段精基准面相距较远的场合；图 5-12d 所示结构是在铸铁底座上镶淬火钢垫块而成的，用于定位基准直径与长度较大的场合。

图 5-13 中的活动式 V 形块限制工件 $\vec{y}$ 移动自由度。它除定位外，还兼有夹紧作用。

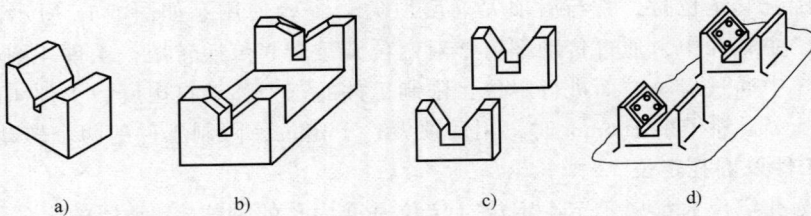

图 5-12　常用固定式 V 形块

根据工件与 V 形块的接触母线长度，固定式 V 形块可以分为短 V 形块和长 V 形块，前者限制工件两个自由度，后者限制工件四个自由度。

V 形块定位的优点是：

1) 对中性好。使工件的定位基准轴线对中在 V 形块两斜面的对称平面上，在左右方向上不会发生偏移，且安装方便。

2) 应用范围较广。不论定位基准是否经过加工，不论是完整的圆柱面还是局部圆弧面，都可采用 V 形块定位。

V 形块上两斜面间的夹角一般选用 60°、90° 和 120°，其中以 90° 应用最多。其典型结构和尺寸均已标准化，设计时可查有关标准手册。V 形块的材料一般用 20 钢，渗碳深度为 0.8~1.2mm，淬火硬度为 60~64HRC。

图 5-13　活动式 V 形块
应用实例

2. 定位套

工件以外圆柱表面为定位基准在定位套内孔中定位，这种定位方法一般适用于精基准定位。图 5-14a 所示为短定位套定位，限制工件两个自由度；图 5-14b 所示为长定位套定位，限制工件四个自由度。

3. 半圆套

图 5-15 所示为半圆套结构简图，下半圆起定位作用，上半圆起夹紧作用。图 5-15a 所示为可卸式，图 5-15b 所示为铰链式，后者装卸工件方便些。短半圆套限制工件两个自由度，长半圆套限制工件四个自由度。

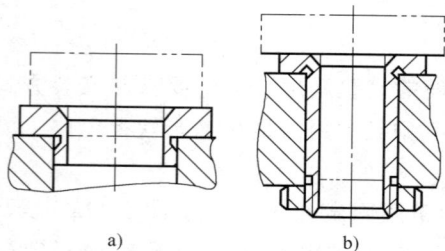

图 5-14　工件在定位套内定位
a) 短定位套定位　b) 长定位套定位

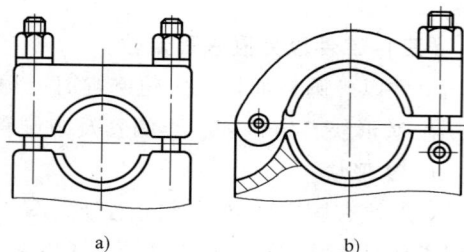

图 5-15　半圆套结构简图
a) 可卸式　b) 铰链式

4. 圆锥套

工件以圆锥套定位时，常与后顶尖（反顶尖）配合使用。如图 5-16 所示，夹具体锥柄 1 插入机床主轴孔中，通过传动螺钉 2 对定位圆锥套 3 传递转矩，工件 4 圆柱左端部在定位圆锥套 3 中通过齿纹锥面进行定位，限制工件的三个移动自由度；工件 4 圆柱右端锥孔在后顶尖 5（当外径小于 6mm 时，用反顶尖）上定位，限制工件的两个转动自由度。

（四）工件以圆孔定位

工件以圆孔定位大都属于定心定位（定位基准为孔的轴线），常用的定位元件有定位销、圆柱心轴、圆锥销、圆锥心轴等。圆孔定位还经常与平面定位联合使用。

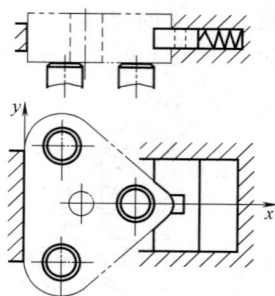

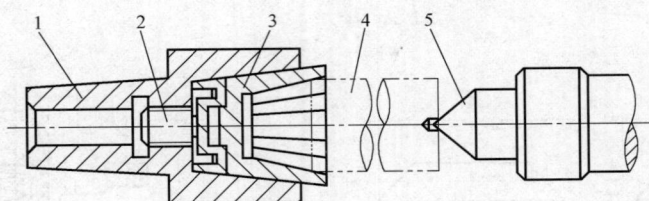

图 5-16　工件在圆锥套中定位

1—夹具体锥柄　2—传动螺钉　3—定位圆锥套　4—工件　5—后顶尖

1. 定位销

图 5-17 所示为几种常用的圆柱定位销，其工作部分直径 d 通常根据加工要求和考虑便于装夹，按 g5、g6、f6 或 f7 制造。图 5-17a、b、c 所示定位销与夹具体的连接采用过盈配合；图 5-17d 所示为带衬套的可换式圆柱销结构，这种定位销与衬套的配合采用间隙配合，故其位置精度较固定式定位销低，一般用于大批大量生产中。

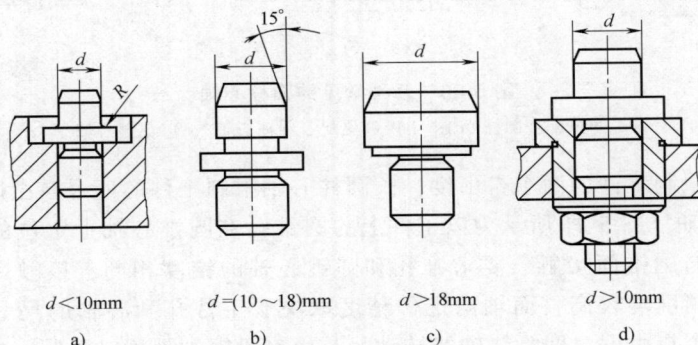

$d<10$mm

a)

$d=(10\sim18)$mm

b)

$d>18$mm

c)

$d>10$mm

d)

图 5-17　几种常用的圆柱定位销

为便于工件顺利装入，定位销的头部应有 15°倒角。

短圆柱销限制工件的两个自由度，长圆柱销限制工件的四个自由度。

2. 圆锥销

在加工套筒、空心轴等类工件时，也经常用到圆锥销。图 5-18a 所示结构用于粗基准，图 5-18b 所示结构用于精基准。圆锥销限制了工件 $\vec{x}$、$\vec{y}$、$\vec{z}$ 三个自由度。

工件在单个圆锥销上定位容易倾斜，因此圆锥销一般与其他定位元件组合定位。如图 5-19 所示，工件以底面作为主要定位基面，采用活动圆锥销，只限制 $\vec{x}$、$\vec{y}$ 两个移动自由度，即使工件的孔径变化较大，也能准确定位。

3. 定位心轴

定位心轴主要用于套筒类和空心盘类工件的车、铣、磨及齿轮加工。常见的有圆柱心轴和圆锥心轴等。

（1）圆柱心轴　图 5-20a 所示为间隙配合圆柱心轴，其定位精度不高，但装卸工件较方便；图 5-20b 所示为过盈配合圆柱心轴，常用于对定心精度要求高的场合；图 5-20c 所示为花键心轴，用于以花键孔为定位基准的场合。当工件孔的长径比 $L/D>1$ 时，工作部分可略带锥度。

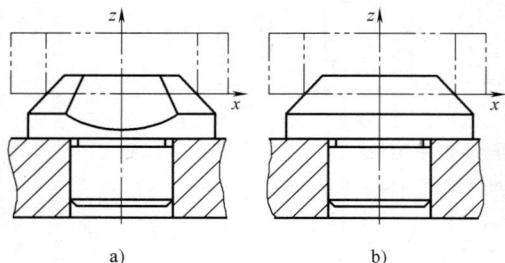

图 5-18 圆锥销

a）用于粗基准 b）用于精基准

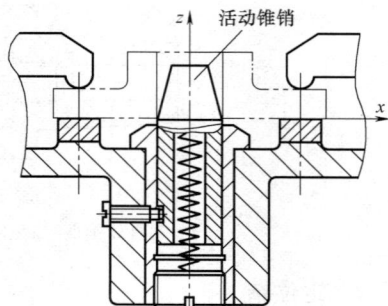

图 5-19 圆锥销组合定位

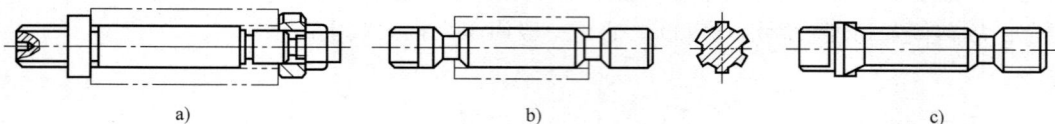

图 5-20 几种常见的圆柱心轴

a）间隙配合圆柱心轴 b）过盈配合圆柱心轴 c）花键心轴

短圆柱心轴限制工件的两个自由度，长圆柱心轴限制工件的四个自由度。

（2）圆锥心轴 图 5-21 所示为以工件上的圆锥孔在圆锥心轴上定位的情形。这类定位方式是圆锥面与圆锥面接触，要求锥孔和圆锥心轴的锥度相同，接触良好，因此定心精度与角向定位精度均较高，而轴向定位精度取决于工件孔和心轴的尺寸精度。圆锥心轴限制工件的五个自由度，即除绕轴线转动的自由度没限制外均已限制。

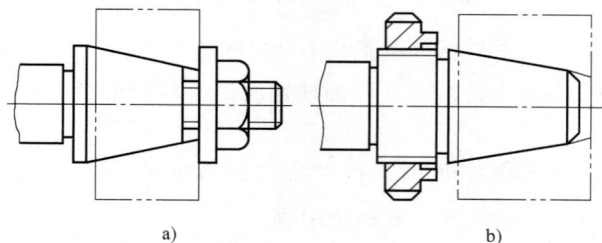

图 5-21 圆锥心轴

（五）工件以组合表面定位

在实际加工过程中，工件往往不是采用单一表面的定位，有些是以两个或者多个表面组合起来作为定位基准使用，称为组合表面定位。常见的有平面与平面组合、平面与孔组合、平面与外圆柱面组合、平面与其他表面组合、锥面与锥面组合等。以多个表面作为定位基准进行组合定位时，夹具中也有相应的定位元件组合来实现工件的定位。由于工件定位基准之间、夹具定位元件之间都存在一定的位置误差，因此，必须注意定位元件的结构、尺寸和布置方式，处理好"过定位"问题。下面举例进行分析：

在加工箱体工件时，往往采用一面两孔组合定位，如图 5-22 所示。定位元件采用一个平面和两个短圆柱销，工件上两孔直径分别为 $D_1^{+\delta_{D1}}_0$、$D_2^{+\delta_{D2}}_0$，两孔中心距为 $L\pm\delta_{LD}$，夹具上两销直径分别为 $d_{1-\delta_{d1}}^{0}$、$d_{2-\delta_{d2}}^{0}$，两销中心距为 $L\pm\delta_{Ld}$。由于平面限制 $\widehat{x}$、$\widehat{y}$、$\vec{z}$ 三个自由度，第一个定位销限制 $\vec{x}$、$\vec{y}$ 两个自由度，第二定位销限制 $\vec{x}$ 和 $\widehat{z}$，因此 $\vec{x}$ 过定位，故有可能使工件两孔无法套在两定位销上，如图 5-22a 所示。

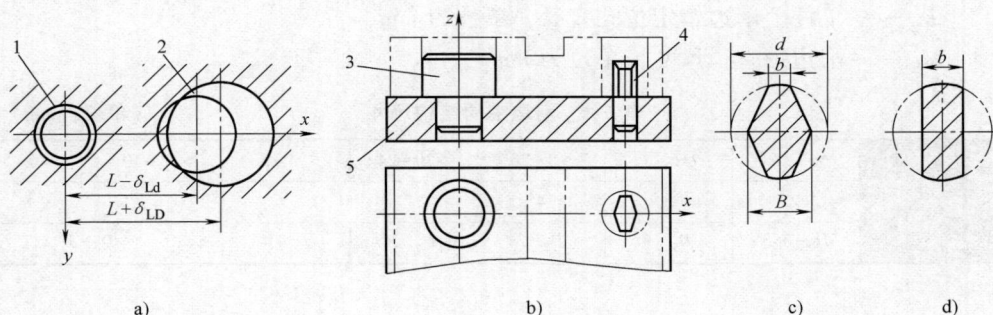

图 5-22 一面两孔组合定位情况
1、2—孔 3—短圆柱销 4—短削边销 5—平面

解决 $\vec{x}$ 过定位的方法有：

1）减小第二个销子的直径。此种方法由于销子直径减小，配合间隙加大，故使工件绕第一个销子的转角误差加大。

2）使第二个销子可沿 x 方向移动，但结构复杂。

3）第二个销子采用削边销结构，即采取在过定位方向上，将第二个圆柱销削边，如图 5-22c、d 所示。平面限制 $\widehat{x}$、$\widehat{y}$、$\vec{z}$ 三个自由度，短圆柱销限制 $\vec{x}$、$\vec{y}$ 两个自由度，短的削边销（菱形销）限制 $\widehat{z}$ 一个自由度。它不需要减小第二个销子直径，因此转角误差较小。

图 5-22c 所示削边销的截面形状为菱形，又称菱形销，用于直径小于 50mm 的孔。图 5-22d 所示削边销的截面形状常用于直径大于 50mm 的孔。

在实际设计中，削边销尺寸设计的方法步骤如下：

（1）确定两销中心距 两销中心距的公称尺寸等于两孔中心距的公称尺寸（两孔中心距应转化为对称标注）。两销中心距的偏差一般取两孔中心距偏差的 1/5～1/3，当孔距公差大时，取小值；反之，取大值，以便于制造。

（2）确定第一个定位销直径尺寸 d_1 取 $d_{1max}=D_{1min}$，定位销的直径公差一般按 g6、f7 配合选取，最后应对销尺寸进行圆整处理。

（3）确定削边销宽度 b 和 B 值 削边销的结构尺寸已经标准化，设计时应尽量按照标准选用。削边销的宽度 b 和 B 值可根据表 5-1 选取。

（4）计算削边销直径尺寸 d_2 先按式（5-1）计算出削边销与孔配合的最小间隙，再按式（5-2）计算削边销直径尺寸 d_2，并将按 g6 或 f7 选取偏差，然后圆整处理。

$$\Delta_{2\min} \approx \frac{2b(\delta_{LD}+\delta_{Ld})}{D_2} \qquad (5\text{-}1)$$

$$d_2 = D_2 - \Delta_{2\min} \qquad (5\text{-}2)$$

式中　$\Delta_{2\min}$——削边销与孔配合的最小间隙，单位为 mm；

　　　　b——削边销的宽度，单位为 mm；

δ_{LD}、δ_{Ld}——工件上两孔中心距公差和夹具上两销中心距公差，单位为 mm；

　　　　D_2——工件上削边销定位孔直径，单位为 mm；

　　　　d_2——削边销直径尺寸，单位为 mm。

表 5-1　削边销的结构尺寸　　　　　　　　（单位：mm）

配合孔 D_2	>3~6	>6~8	>8~20	>20~24	>24~30	>30~40	>40~50
b	2	3	4	5		6	8
B	$D_2-0.5$	D_2-1	D_2-2	D_2-3	D_2-4	D_2-5	

第三节　定位误差的分析与计算

按照六点定位原理，可以设计和检查工件在夹具上的正确位置，但能否满足工件对工序加工精度的要求，则取决于刀具与工件之间正确的相互位置。而影响这个正确的位置关系的因素很多，如夹具在机床上的装夹误差、工件在夹具中的定位误差和夹紧误差、机床的调整误差、工艺系统的弹性变形和热变形误差、机床和刀具的制造误差及磨损误差等。为了保证工件的加工质量，应满足

$$\Delta \le \delta \qquad (5\text{-}3)$$

式中　Δ——各种因素产生的误差总和；

　　　δ——工件被加工尺寸的公差。

本章只研究定位误差对加工精度的影响，所以式（5-3）可写为

$$\Delta_d + \Delta_\Sigma \le \delta \qquad (5\text{-}4)$$

式中　Δ_d——工件在夹具中的定位误差，一般应小于 $\delta/3$；

　　　Δ_Σ——除定位误差外，其他因素引起的误差总和。

一、定位误差及其产生原因

所谓定位误差，是指由于工件定位造成的加工面相对工序基准的位置误差。因为对一批工件来说，刀具经调整后位置是不动的，即被加工表面的位置相对于定位基准是不变的，所以定位误差就是工序基准在加工尺寸方向上的最大变动量。造成定位误差的原因有：

1）由于定位基准与工序基准不一致所引起的定位误差，称基准不重合误差，即工序基准相对定位基准在加工尺寸方向上的最大变动量，以 Δ_b 表示。

2）由于定位副制造误差及其配合间隙所引起的定位误差，称基准位移误差，即定位基准的相对位置在加工尺寸方向上的最大变动量，以 Δ_j 表示。

二、常见定位方式的定位误差分析与计算

分析和计算定位误差的目的，就是为了判断所采用的定位方案能否保证加工要求，以便对不同方案进行分析比较，从而选出最佳定位方案，它是决定定位方案时的一个重要依据。

由定位误差的产生原因可知，基准不重合误差是由于定位基准选择不当产生的，而基准位移误差是由于定位副制造误差及其配合间隙所引起的。在工件定位时，上述两项误差可能同时存在，也可能只有一项存在，但不管如何，定位误差是由两项误差共同作用的结果。故有

$$\Delta_d = \Delta_j \pm \Delta_b \tag{5-5}$$

利用式（5-5）计算定位误差，称为误差合成法，是加工尺寸方向上的代数和。在定位误差的分析与计算中，可以将两项误差分别计算，再按式（5-5）进行合成。如 Δ_b 和 Δ_j 是由同一误差因素导致产生的，这时称 Δ_b 和 Δ_j 关联，此时如果它们方向相同，合成时取 "+" 号；如果它们方向相反，合成时取 "−" 号。当两者不关联时，可直接采用两者的和叠加计算定位误差。

需要注意的是，定位误差是在采用调整法加工一批工件时产生的，若采用逐件试切法加工，则根本不存在定位误差。下面讨论常见定位方法的定位误差分析与计算。

1. 工件以平面定位

图 5-23 所示为铣台阶面的两种定位方案。若按图 5-23a 所示定位方案铣工件上的台阶面 C，要求保证尺寸 20 ± 0.15。下面分析和计算其定位误差。

由工序简图可知，加工尺寸 20 ± 0.15 的工序基准（也是设计基准）是 A 面，而图 5-23a 中定位基准是 B 面，可见定位基准与工序基准不重合，必然存在基准不重合误差。这时的定位尺寸是 40 ± 0.14，与加工尺寸方向一致，因此基准不重合误差的大小就是定位尺寸的

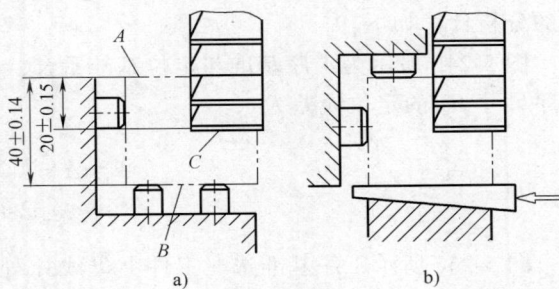

图 5-23 铣台阶面的两种定位方案

公差，即 $\Delta_b = 0.28mm$。若定位基准 B 面制造得比较平整光滑，则同批工件的定位基准位置不变，不会产生基准位移误差，即 $\Delta_j = 0$。因此有

$$\Delta_d = \Delta_b + \Delta_j = \Delta_b = 0.28mm$$

而加工尺寸 20 ± 0.15 的公差 $\delta = 0.30mm$，因此，$\Delta_d = 0.28mm > \delta/3 = 0.30/3mm = 0.10mm$。

由式（5-4）可知，定位误差太大，而留给其他加工误差的允差值就太小了，只有 0.02mm，在实际加工中容易出现废品，因此该方案不宜采用。若改为图 5-23b 所示定位

方案，则由于定位基准与工序基准重合，定位误差为零。但此定位方案工件需从下向上夹紧，夹紧方案不够理想，且使夹具结构复杂。

2. 工件以外圆柱面定位

下面主要分析工件以外圆柱面在 V 形块上定位。如果不考虑 V 形块的制造误差，则工件定位基准在 V 形块的对称面上，因此工件中心线在水平方向上的位移为零。但在垂直方向上，因工件外圆有制造误差，而产生基准位移，如图 5-24a 所示。其值为

$$\Delta_j = \overline{O_2 O_1} = \frac{\overline{O_1 M}}{\sin\frac{\alpha}{2}} - \frac{\overline{O_2 N}}{\sin\frac{\alpha}{2}} = \frac{\frac{1}{2}d}{\sin\frac{\alpha}{2}} - \frac{\frac{1}{2}(d-\delta_d)}{\sin\frac{\alpha}{2}} = \frac{\delta_d}{2\sin\frac{\alpha}{2}} \tag{5-6}$$

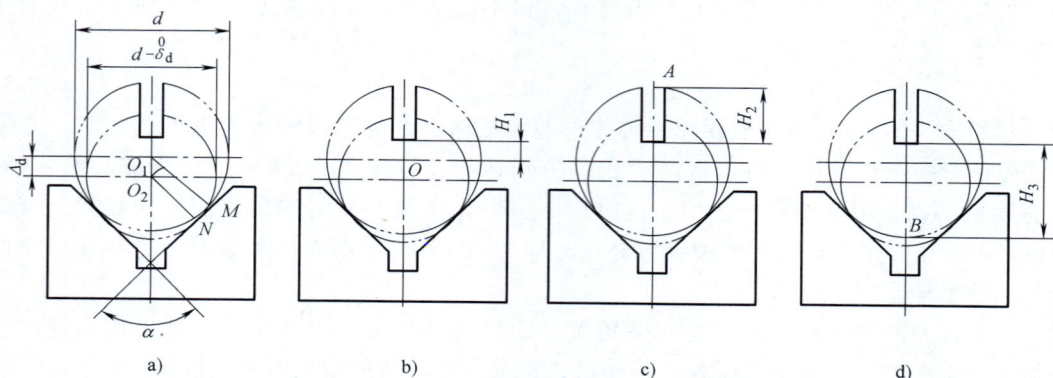

图 5-24　工件在 V 形块上定位时定位误差分析

图 5-24b、c、d 所示为三种不同工序尺寸标注情况，工件直径尺寸为 $d_{-\delta_d}^{\ 0}$，其定位误差的分析计算如下：

图 5-24b 所示为工序基准与定位基准重合，此时 $\Delta_b = 0$，只有基准位移误差，故影响工序尺寸 H_1 的定位误差为

$$\Delta_d = \Delta_j = \frac{\delta_d}{2\sin\frac{\alpha}{2}} \tag{5-7}$$

图 5-24c 所示工序基准选在工件上母线 A 处，工序尺寸为 H_2。此时，工序基准与定位基准不重合，其误差为 $\Delta_b = \delta_d/2$，基准位移误差 Δ_j 同上。由于 Δ_b 和 Δ_j 均是由于工件直径尺寸制造误差引起的，属于关联误差因素，因此采用合成法计算时需判断其正负。其判断方法如下：当工件直径尺寸减小时，工件定位基准将下移；当工件定位基准位置不变时，若工件直径尺寸减小，则工序基准 A 下移，两者变化方向相同，故定位误差计算应采用和合成为

$$\Delta_d = \Delta_j + \Delta_b = \frac{\delta_d}{2\sin\frac{\alpha}{2}} + \frac{\delta_d}{2} \tag{5-8}$$

图 5-24 所示工序基准选在工件下母线 B 处，工序尺寸为 H_3。当工件直径尺寸变小

时，定位基准将下移，但工序基准将上移，因此定位误差计算应采用差合成为

$$\Delta_d = \Delta_j - \Delta_b = \frac{\delta_d}{2\sin\frac{\alpha}{2}} - \frac{\delta_d}{2} \tag{5-9}$$

可以看出，当式（5-7）、式（5-8）和式（5-9）中的 α 角相同时，以工件下母线为工序基准时，定位误差最小，而以工件上母线为工序基准时定位误差最大，因此图 5-24d 所示尺寸标注方法最好。可见，工件在 V 形块上定位时，定位误差随加工尺寸的标注方法不同而异。另外，随 V 形块夹角 α 的增大，定位误差减小，但夹角过大时，将引起工件定位不稳定，故一般多采用 90° 的 V 形块。

3. 工件以圆柱孔定位

工件以单一圆柱孔定位时常用的定位元件是圆柱定位心轴（或定位销），此时定位误差的计算有两种情形：工件孔与定位心轴（或定位销）采用无间隙配合和间隙配合。

（1）工件孔与定位心轴（或定位销）过盈配合的定位误差计算　由于工件孔与心轴（或定位销）为无间隙配合，定位副间无间隙，定位基准的位移量为零，因此 $\Delta_j = 0$。

若工序基准与定位基准重合，如图 5-25a 中的 H_1 尺寸，则定位误差为

$$\Delta_d = \Delta_b + \Delta_j = 0 \tag{5-10}$$

若工序基准在工件定位孔的母线上，如图 5-25b 中的 H_2 尺寸，则定位误差为

$$\Delta_d = \Delta_b + \Delta_j = \Delta_b = \frac{\delta_d}{2} \tag{5-11}$$

若工序基准在工件外圆母线上，如图 5-25c 中的 H_4 尺寸，则定位误差为

$$\Delta_d = \Delta_b + \Delta_j = \Delta_b = \frac{\delta_D}{2} \tag{5-12}$$

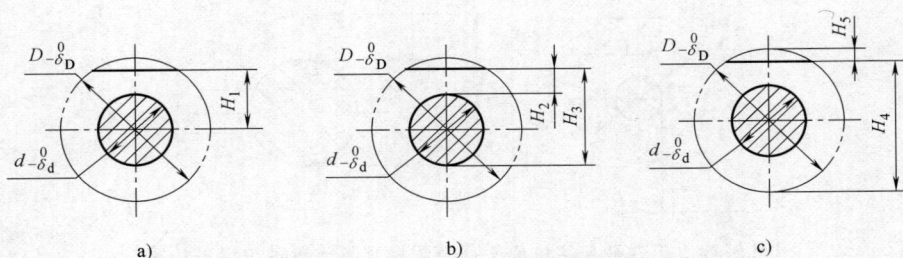

图 5-25　工件以圆柱孔在过盈配合心轴上定位时定位误差分析

（2）工件孔与定位心轴（或定位销）采用间隙配合的定位误差计算

1）工件孔与定位心轴（或定位销）水平放置。如图 5-26 所示，工件孔与定位心轴（或定位销）水平放置。图 5-26a 所示为理想定位状态，工序基准（孔中心线）与定位基准（心轴轴线）重合，$\Delta_b = 0$；但由于工件的自重作用，使工件孔与定位心轴（或定位销）的上母线单边接触，孔中心线相对于定位心轴（或定位销）轴线将总是下移，图 5-26b 所示为可能产生的最小下移状态，图 5-26c 所示为可能产生的最大下移状态。由于定位副的制造误差，将产生定位基准位移误差，孔中心线在铅垂方向上的最大变动量为

$$\Delta_j = \overline{O_1O_2} = \overline{OO_2} - \overline{OO_1} = \frac{D_{max} - d_{min}}{2} - \frac{D_{min} - d_{max}}{2} = \frac{\delta_D + \delta_d}{2} \tag{5-13}$$

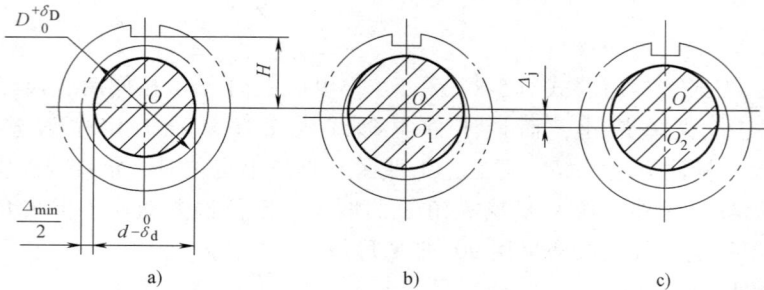

图 5-26　工件孔与定位心轴间隙配合水平放置定位误差计算

需要注意：基准位移误差 Δ_j 是最大位置变化量，而不是最大位移量。Δ_j 计算结果中没有包含 $\Delta_{min}/2$。这是因为，$\Delta_{min}/2$ 是常值系统误差，可以通过调整刀具消除。因此，在确定调整刀具尺寸时应加以注意。

对于基准不重合误差，则应视工序基准的不同而异。

2）工件孔与定位心轴（或定位销）垂直放置。如图 5-27 所示，工件孔与定位心轴（或定位销）垂直放置。定位心轴（或定位销）与工件内孔则可能以任意边接触，应考虑加工尺寸方向的两个极限位置及孔轴的最小配合间隙 Δ_{min} 的影响，此时 Δ_{min} 无法在调整刀具尺寸时预先予以补偿，因此在加工尺寸方向上的最大基准位移误差可按最大孔和最小轴求得孔中心线位置的变动量为

$$\Delta_j = \delta_D + \delta_d + \Delta_{min} = \Delta_{max} \tag{5-14}$$

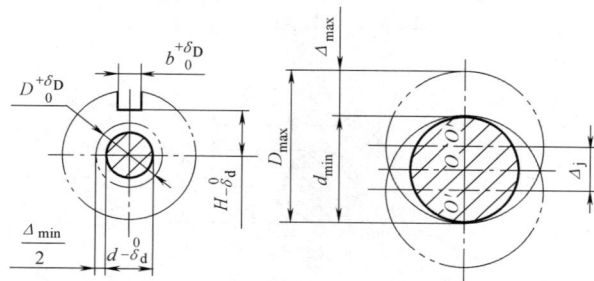

图 5-27　工件孔与定位心轴间隙配合垂直放置定位误差计算

对于基准不重合误差，则应视工序基准的不同而异。

4. 工件以一面两孔定位（见图 5-28）

1）"1"孔中心线在 x、y 方向的最大位移为

$$\Delta_{D(1x)} = \Delta_{D(1y)} = \delta_{D_1} + \delta_{d_1} + \Delta_{1min} = \Delta_{1max} \tag{5-15}$$

2）"2"孔中心线在 x、y 方向的最大位移分别为

$$\Delta_{D(2x)} = \Delta_{D(1x)} + 2\delta_{L_D} \tag{5-16}$$

$$\Delta_{D(2y)} = \delta_{D_2} + \delta_{d_2} + \Delta_{2min} = \Delta_{2max} \tag{5-17}$$

3）两孔中心连线对两销中心连线的最大转角误差为

$$\Delta_{D(\alpha)} = 2\alpha = 2\arctan\frac{\Delta_{1max}+\Delta_{2max}}{2L} \qquad (5\text{-}18)$$

以上定位误差都属于基准位移误差。

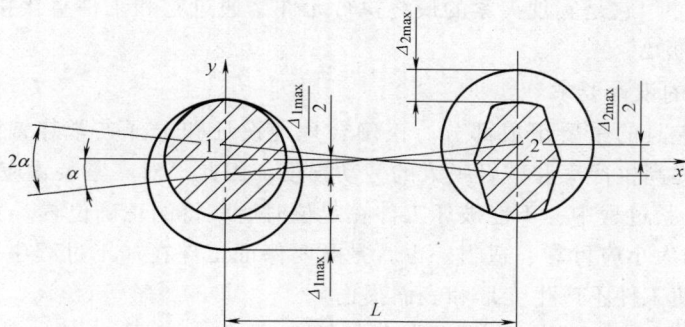

图 5-28　孔中心距的转角误差

第四节　工件的夹紧

工件定位后必须进行夹紧，才能保证工件不会因为切削力、重力、离心力等外力作用而破坏定位。这种对工件进行夹紧的装置，称为夹紧装置。

一、夹紧装置的组成和设计要求

1. 夹紧装置的组成

夹紧装置分为手动夹紧装置和机动夹紧装置两类。根据结构特点和功用，典型夹紧装置一般由三部分组成，如图 5-29 所示。

（1）动力源装置　它用于产生夹紧力，是机动夹紧的必备装置，例如气压装置、液压装置、电动装置、磁力装置、真空装置等。图 5-29 中的活塞杆 4、活塞 5 和气缸 6 组成动力夹紧中的一种气压装置。手动夹紧时的动力源由人力保证，它没有动力源装置。

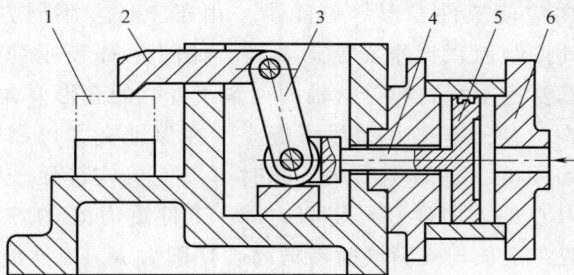

图 5-29　夹紧装置的组成

1—工件　2—压板　3—铰链杆　4—活塞杆　5—活塞　6—气缸

（2）传力机构　它是介于动力源和夹紧元件之间的机构。通过它将动力源产生的夹紧力传给夹紧元件，然后由夹紧元件最终完成对工件的夹紧。一般中间传力机构可以在传递夹紧力的过程中改变夹紧力的方向和大小，并可具有自锁性能。图 5-29 中的铰链杆3，便是中间传力机构。

（3）夹紧元件　它是实现夹紧的最终执行元件。通过它和工件直接接触而夹紧工件，如图 5-29 中的压板 2。

2. 夹紧装置的设计要求

夹紧装置是夹具的重要组成部分。正确合理地设计和选择夹紧装置，有利于保证工件的加工质量、提高生产率和减轻工人的劳动强度。因此，对夹紧装置应提出以下要求：

1）工件在夹紧过程中，不能破坏工件在定位时所获得的正确位置。

2）夹紧力的大小应可靠、适当。也就是既要保证工件在加工过程中不产生移动或振动，同时又必须使工件不产生变形和表面损伤。

3）夹紧动作要准确迅速，以便提高生产率。

4）操作方便、省力、安全，以改善工人的劳动条件，减轻劳动强度。

5）结构简单，易于制造。

二、夹紧力的确定

夹紧力包括夹紧力的方向、作用点和大小三要素，它们是夹紧装置设计和选择的核心问题。一个夹紧机构设计的好坏，在很大程度上取决于夹紧力三要素确定得是否合理。

1. 夹紧力的方向

由于在各种机械加工过程中，夹紧力的方向与切削力的方向各不相同，因此对夹紧力大小的要求也不相同。夹紧力方向的选择原则如下：

（1）夹紧力的方向应不破坏工件定位的准确性和可靠性　夹紧力的方向应指向主要定位基准面，把工件压向定位元件的主要定位表面上。如图 5-30 所示直角支座镗孔，要求孔与 A 面垂直，故应以 A 面为主要定位基准，且夹紧力的方向与之垂直，则较容易保证质量。反之，若压向 B 面，当工件 A、B 两面有垂直度误差时，就会使孔不垂直于 A 面而可能报废。其实质是夹紧力的方向选择不当，改变了工件的主要定位基准面，从而产生了定位误差。

（2）夹紧力的方向应使工件变形尽可能小　由于工件在不同方向上刚度是不等的，不同的受力表面也因其接触面积大小而变形各异。如图 5-31 所示薄壁套筒零件，用自定心卡盘夹紧外圆，显然要比用特制螺母从轴向夹紧工件时的变形要大。

（3）夹紧力的方向应使所需夹紧力尽可能小　在保证夹紧可靠的前提下，减小夹紧力可以减轻工人的劳动强度，提高生产率，同时可以使机构轻便、紧凑以及减小工件变形。为此，应使夹紧力 Q 的方向最好与切削力 F、工件重力 G 的方向重合，这时所需要的夹紧力为最小。一般在定位与夹紧同时考虑时，切削力 F、工件重力 G、夹紧力 Q 三力的方向与大小也要同时考虑。图 5-32 所示为夹紧力、切削力和重力之间关系的几种示意情况，显然，图 5-32a 所示情况最合理，图 5-32f 所示情况最差。

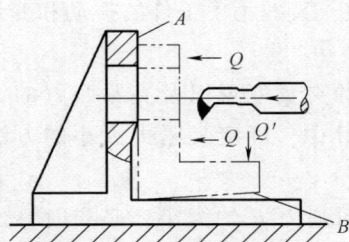

图 5-30 夹紧力方向的选择

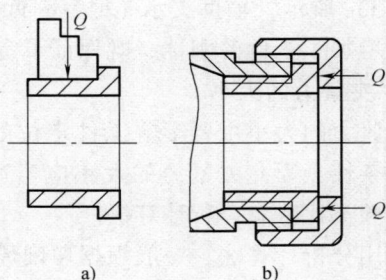

图 5-31 薄壁套筒零件的夹紧方法

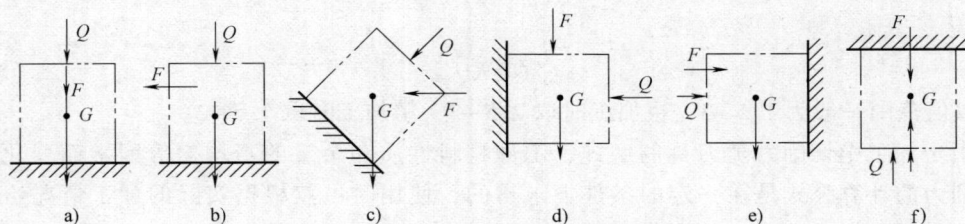

图 5-32 夹紧力、切削力和重力之间关系

2. 夹紧力的作用点

夹紧力作用点的位置和数目将直接影响工件定位后的可靠性和夹紧后的变形，应注意以下几个方面：

1）夹紧力作用点的位置应靠近支承元件的几何中心或几个支承元件所形成的支承面内。如图 5-33a 所示，夹紧力为 Q 时，因它作用在支承面范围之外，会使工件倾斜或移动；而夹紧力改为 Q_1 时，因它作用在支承面范围之内，所以是合理的。

2）夹紧力的作用点应落在工件刚度较好的部位上。这对刚度较差的工件尤其重要，如图 5-33b 所示，将作用点由中间的单点改成两旁的两点夹紧，则工件的变形减小，且夹紧也较可靠。

3）夹紧力的作用点应尽可能靠近被加工表面，以减小切削力对工件造成的翻转力矩，必要时应在工件刚性差的部位增加辅助支承并施加附加夹紧力，以免振动和变形。

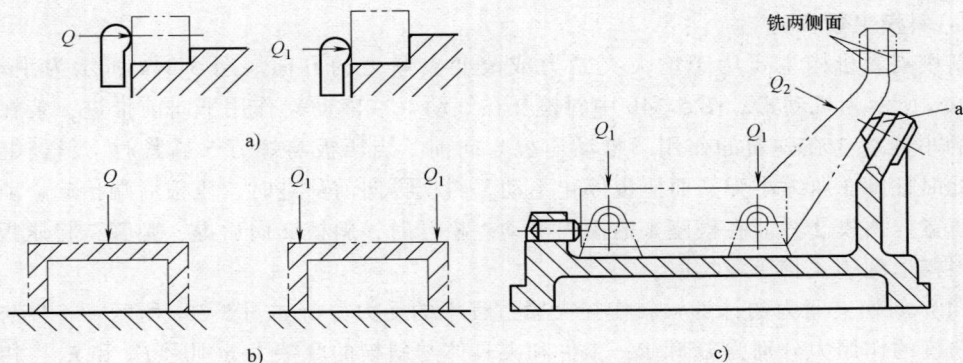

图 5-33 夹紧力作用点的选择

如图 5-33c 所示，辅助支承 a 尽量靠近被加工表面，同时给予附加夹紧力 Q_2。这样翻转力矩小又增加了工件的刚性，既保证了定位夹紧的可靠性，又减小了工件的振动和变形。

3. 夹紧力的大小

夹紧力的大小主要影响工件定位的可靠性、工件的夹紧变形以及夹紧装置的结构尺寸和复杂性，因此夹紧力的大小应当适中。在实际设计中，确定夹紧力大小的方法有两种：经验类比法和分析计算法。

采用分析计算法，一般根据切削原理的公式求出切削力 F 的大小，必要时算出惯性力、离心力的大小，然后与工件重力及待求的夹紧力组成静平衡力系，列出平衡方程式，即可算出理论夹紧力 Q'。为安全可靠起见，还要考虑一个安全系数 K，因此实际的夹紧力应为

$$Q = KQ' \tag{5-19}$$

K 的取值范围一般为 $1.5 \sim 3$，粗加工时取 $2.5 \sim 3$，精加工时取 $1.5 \sim 2$。

由于加工中切削力随刀具的磨钝、工件材料性质和余量的不均匀等因素而变化，而且切削力的计算公式是在一定的条件下求得的，使用时虽然根据实际的加工情况给予修正，但是仍然很难计算准确，因此，在实际生产中一般很少通过计算法求得夹紧力，而是采用类比的方法估算夹紧力的大小。对于关键性的重要夹具，则往往通过试验方法来测定所需要的夹紧力。

夹紧力三要素的确定，实际上是一个综合性问题，必须全面考虑工件的结构特点、工艺方法、定位元件的结构和布置等多种因素，才能最后确定并具体设计出较为理想的夹紧机构。

三、典型夹紧机构

夹紧机构的选择需要满足加工方法、工件所需夹紧力大小、工件结构、生产率等方面的要求，因此，在设计夹紧机构时，首先需要了解各种基本夹紧机构的工作特点（如能产生多大的夹紧力、自锁性能、夹紧行程、扩力比等）。夹具中常用的基本夹紧机构有斜楔夹紧机构、螺旋夹紧机构、偏心夹紧机构等，它们都是根据斜面夹紧原理夹紧工件的。

1. 斜楔夹紧机构

斜楔夹紧机构主要用于增大夹紧力或改变夹紧力的方向。图 5-34a 所示为手动式，图 5-34b 所示为机动式。图 5-34b 中斜楔 2 在气动（或液动）作用下向前推进，装在斜楔上方的小柱塞 3 在弹簧的作用下推动压板 6 向前。当压板与螺钉 5 靠紧时，斜楔继续前进，此时柱塞 3 压缩小弹簧而压板停止不动。斜楔再向前前进时，压板后端抬起，前端将工件压紧。斜楔 2 只能在楔座 1 的槽内滑动。松开时，斜楔 2 向后退，弹簧 7 将压板 6 抬起，斜楔上的销 4 将压板拉回。

（1）斜楔夹紧力的计算 斜楔在夹紧过程中的受力分析如图 5-35a 所示，工件与夹具体给斜楔的作用力分别为 Q 和 R；工件和夹具体与斜楔的摩擦力分别为 F_2 和 F_1，相应的摩擦角分别为 φ_2 和 φ_1。R 与 F_1 的合力为 R_1，Q 与 F_2 的合力为 Q_1。当斜楔处于平衡状

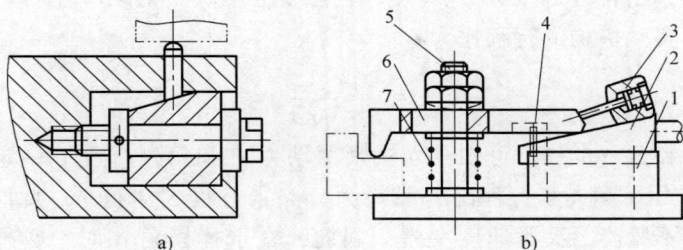

图 5-34 斜楔夹紧机构

1—楔座 2—斜楔 3—柱塞 4—销 5—螺钉 6—压板 7—弹簧

态时，根据静力平衡，可得斜楔对工件所产生的夹紧力 Q 为

$$Q = \frac{P}{\tan\varphi_2 + \tan(\alpha+\varphi_1)} \qquad (5\text{-}20)$$

式中　P——斜楔所受的源动力，单位为 N；

　φ_1 和 φ_2——斜楔与夹具体和工件间的摩擦角，单位为（°）；

　α——斜楔的楔角，单位为（°），通常取 6°~10°。

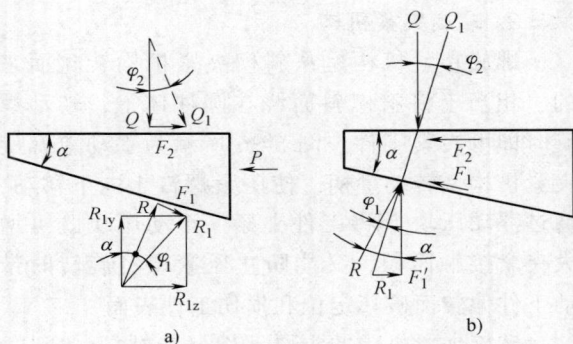

图 5-35 斜楔夹紧受力分析

由于 α、φ_1 和 φ_2 均较小，设 $\varphi_2 = \varphi_1 = \varphi$，式（5-20）可简化为

$$Q = \frac{P}{\tan(\alpha+2\varphi)} \qquad (5\text{-}21)$$

（2）斜楔夹紧的自锁条件　当工件夹紧并撤除源动力 P 后，夹紧机构依靠摩擦力的作用，仍能保持对工件的夹紧状态的现象称为自锁。根据这一要求，当撤除源动力 P 后，此时摩擦力的方向与斜楔松开的趋势相反，斜楔受力分析如图 5-35b 所示。要使斜楔能够保证自锁，必须满足下列条件

$$Q_1\sin\varphi_2 \geqslant R_1\sin(\alpha-\varphi_1) \qquad (5\text{-}22)$$

根据二力平衡原理有 $Q_1 = R_1$，且由于 α、φ_1 和 φ_2 均较小，则斜楔夹紧的自锁条件是

$$\alpha \leqslant \varphi_1 + \varphi_2 \qquad (5\text{-}23)$$

钢铁表面间的摩擦系数一般为 $f = 0.1 \sim 0.15$，可知摩擦角 φ_1 和 φ_2 的值为 5.75°~8.5°。因此，斜楔夹紧机构满足自锁的条件是 $\alpha \leqslant 11.5° \sim 17°$。但为了保证自锁可靠，一般取 $\alpha = 10° \sim 15°$ 或更小些。

（3）斜楔夹紧的扩力比（扩力系数）　扩力比是指在夹紧源动力 P 作用下，夹紧机构所能产生的夹紧力 Q 与 P 的比值，用符号 i_p 表示。斜楔夹紧的扩力比为

$$i_p = \frac{Q}{P} = \frac{1}{\tan\varphi_2 + \tan(\alpha+\varphi_1)} \qquad (5\text{-}24)$$

（4）斜楔夹紧机构的行程比　一般把斜楔的移动行程 L 与工件需要的夹紧行程 S 的

比值，称为行程比，用符号 i_s 表示。i_s 从一定程度上反映了对某一工件夹紧的夹紧机构的尺寸大小。斜楔夹紧机构的行程比为

$$i_s = \frac{L}{S} = \frac{1}{\tan\alpha} \tag{5-25}$$

由式（5-24）和式（5-25）可知：当夹紧源动力 P 和斜楔行程 L 一定时，楔角 α 越小，则产生的夹紧力 Q 和夹紧行程比 i_s 就越大，夹紧行程 S 却越小。此时楔面的工作长度加大，致使结构不紧凑，夹紧速度变慢。因此，在选择楔角 α 时，必须同时兼顾扩力比和夹紧行程，不可顾此失彼。

（5）应用场合 斜楔夹紧机构结构简单，工作可靠，但由于它的机械效率较低，很少直接应用于手动夹紧，而常用在工件尺寸公差较小的机动夹紧机构中。

2. 螺旋夹紧机构

螺旋夹紧机构是从斜楔夹紧机构转化而来的，相当于将斜楔斜面绕在圆柱体上，转动螺旋时即可夹紧工件。图 5-36 所示为手动单螺旋夹紧机构，转动手柄，使压紧螺钉 1 向下移动，通过浮动压块 5 将工件夹紧。浮动压块既可增大夹紧接触面积，又能防止压紧螺钉旋转时带动工件偏转而破坏定位和损伤工件表面。

螺旋夹紧机构的主要元件（如螺杆、压块、手柄等）已经标准化，设计时可参考有关夹具设计手册。

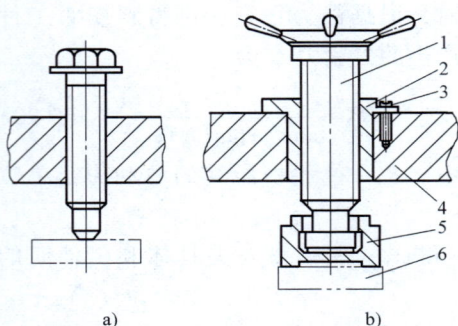

图 5-36 手动单螺旋夹紧机构
1—压紧螺钉 2—螺纹衬套 3—止动螺钉
4—夹具体 5—浮动压块 6—工件

（1）螺旋夹紧机构的夹紧力计算 图 5-37 所示为螺旋夹紧的受力分析。当工件处于夹紧状态时，根据力矩的平衡原理，图 5-37a 所示三个力矩满足

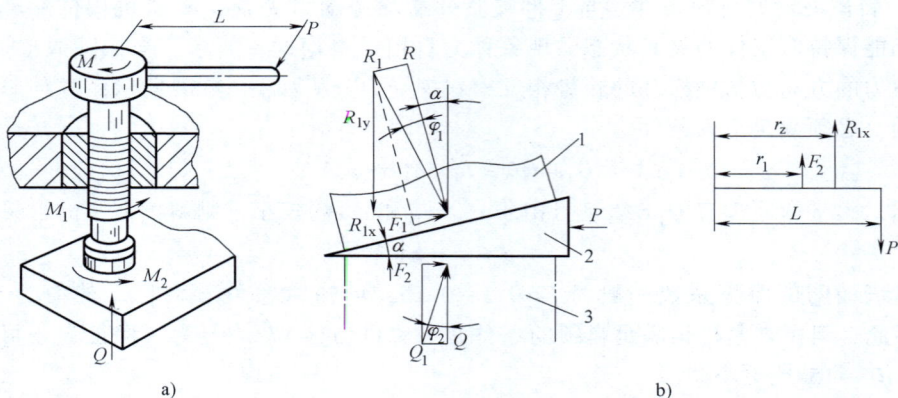

图 5-37 螺旋夹紧的受力分析
1—螺母 2—螺杆 3—工件

$$M = M_1 + M_2 \tag{5-26}$$

式中 M ——作用于螺杆的原始力矩，单位为 N·mm；

M_1 ——螺母给螺杆的反力矩，单位为 N·mm；

M_2 ——工件给螺杆的反力矩，单位为 N·mm。

图 5-37b 所示为螺旋沿中径展开图，螺杆可视为楔块，由图可得

$$\begin{cases} M = PL \\ M_1 = R_{1x}r_z = r_z Q\tan(\alpha+\varphi_1) \\ M_2 = F_2 r_1 = r_1 Q\tan\varphi_2 \end{cases} \tag{5-27}$$

式中　R_{1x} ——螺母对螺杆的反作用力 R_1 的水平分力，单位为 N，而 R_1 为螺母对螺杆的摩擦力 F_1 和正压力 R 的合力；

F_2 ——工件给螺杆的摩擦阻力，单位为 N；

r_z ——螺旋中径的一半，单位为 mm；

r_1 ——压紧螺钉端部的当量摩擦半径，单位为 mm；

φ_1 ——螺母与螺杆间的摩擦角，单位为 （°）；

φ_2 ——工件与螺杆头部（或压块）间的摩擦角，单位为 （°）；

α ——螺旋升角，单位为 （°），一般为 2°~4°。

由式（5-26）和式（5-27）可得螺旋夹紧机构的夹紧力 Q 为

$$Q = \frac{PL}{r_z\tan(\alpha+\varphi_1)+r_1\tan\varphi_2} \tag{5-28}$$

压紧螺钉端部的当量摩擦半径 r_1 的值与螺杆头部（或压块）的结构有关，压紧螺钉端部的当量摩擦半径 r_1 的计算见表 5-2。

（2）螺旋夹紧的自锁条件　螺旋夹紧机构的自锁条件和斜楔夹紧机构相同，即

$$\alpha \leqslant \varphi_1 + \varphi_2 \tag{5-29}$$

表 5-2　压紧螺钉端部的当量摩擦半径 r_1 的计算　　（单位：mm）

接触形式	点接触（见图 a）	平面接触（见图 b）	圆环线接触（见图 c）	圆环面接触（见图 d）
r_1	0	$D/3$	$R\cot\dfrac{\beta}{2}$	$\dfrac{1}{3}\dfrac{D^3-d^3}{D^2-d^2}$
简图	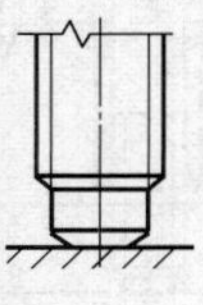 a)	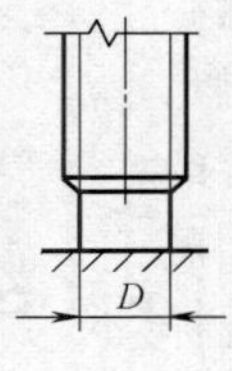 b)	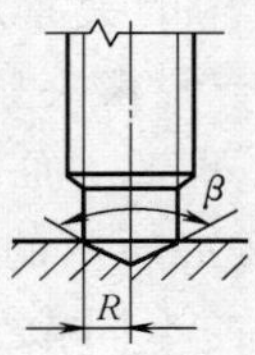 c)	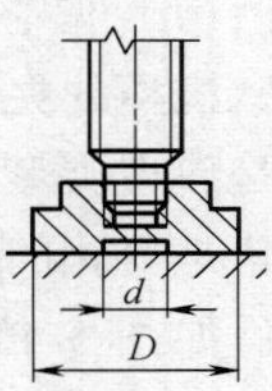 d)

螺旋夹紧机构的螺旋升角 α 很小（一般为 2°~4°），故自锁性能好。

（3）螺旋夹紧的扩力比（扩力系数）　螺旋夹紧的扩力比为

$$i_p = \frac{Q}{P} = \frac{L}{r_z\tan(\alpha+\varphi_1)+r_1\tan\varphi_2} \tag{5-30}$$

因为螺旋升角小于斜楔的楔角，而 L 大于 r_z 和 r_1，可见，螺旋夹紧机构的扩力作用远大于斜楔夹紧机构。

（4）应用场合　由于螺旋夹紧机构结构简单，制造容易，夹紧行程大，扩力比大，自锁性能好，在实际设计中得到广泛应用，尤其适合于手动夹紧机构；但其夹紧动作缓慢，效率低，不宜使用在自动化夹紧装置上。

在实际应用中，单螺旋夹紧机构常与杠杆压板构成螺旋压板组合夹紧机构，如图5-38所示。其中图5-38a的扩力比最小，图5-38b的次之，图5-38c的最大。实际设计时，在满足工件结构需要的前提下，要注意合理布置杠杆比例，寻求最省力、最方便的方案。

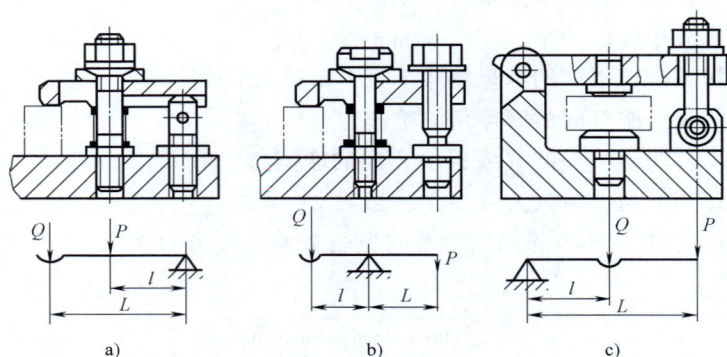

图 5-38　螺旋压板组合夹紧机构

3. 偏心夹紧机构

偏心夹紧机构是靠偏心轮回转时其半径逐渐增大而产生夹紧力来夹紧工件的。偏心夹紧机构常与压板联合使用，如图5-39所示。常用的偏心轮有曲线偏心和圆偏心。曲线偏心为阿基米德曲线或对数曲线，这两种曲线的优点是升角变化均匀或不变，可使工件夹紧稳定可靠，但制造困难，故使用较少；圆偏心外形为圆，制造方便，应用最广。下面介绍圆偏心夹紧机构。

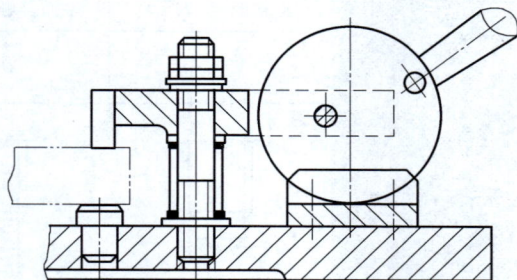

图 5-39　偏心夹紧机构

（1）偏心夹紧机构的夹紧原理　偏心夹紧机构的夹紧原理与斜楔夹紧机构相似，只是斜楔夹紧的楔角不变，而偏心夹紧的楔角是变化的。图5-40a所示的偏心轮，展开后如图5-40b所示，不同位置的楔角计算公式为

$$\alpha = \arctan \frac{e\,\sin\gamma}{R - e\,\cos\gamma} \tag{5-31}$$

式中　α——偏心轮的楔角，单位为（°）；

e——偏心轮的偏心距，单位为 mm；

R——偏心轮的半径，单位为 mm；

γ——偏心轮作用点 X 与起始点 O 间的圆心角,单位为（°）。

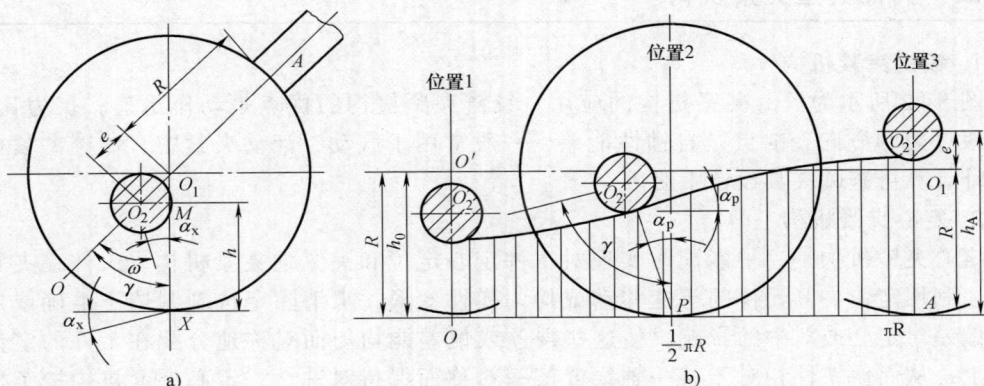

图 5-40　偏心夹紧原理

由式（5-31）可以看出,α 随 γ 而变化,当 $\gamma = 0°$ 时,$\alpha = 0°$;当 $\gamma = 90°$ 时,$\alpha_{max} \approx \arctan(e/R)$,这时接近最大值;当 $\gamma = 180°$ 时,$\alpha = 0°$。

（2）圆偏心夹紧的夹紧力计算　图 5-41 所示为偏心轮在 P 点处夹紧时的受力情况。此时,可以将偏心轮看作是一个楔角为 α 的斜楔,该斜楔处于偏心轮回转轴和工件垫块夹紧面之间。按照斜楔夹紧力计算式（5-20）,可以得到圆偏心夹紧的夹紧力 Q 为

$$Q = \frac{PL}{\rho\left[\tan\varphi_2 + \tan(\alpha + \varphi_1)\right]} \tag{5-32}$$

式中　L——手柄长度,单位为 mm;

　　　ρ——偏心轮回转轴中心到夹紧点 P 的距离,单位为 mm;

　φ_1、φ_2——偏心轮转轴处与作用点处的摩擦角,单位为（°）。

（3）圆偏心夹紧的自锁条件　根据斜楔自锁条件,偏心轮工作点 P 处的楔角 $\alpha_p \leqslant \varphi_1 + \varphi_2$。忽略转轴处的摩擦,并考虑最不利的情况,可得到偏心夹紧的自锁条件为

$$\frac{e}{R} \leqslant \tan\varphi_2 = \mu_2 \tag{5-33}$$

式中　μ_2——偏心轮作用点处的摩擦系数。

若 $\mu_2 = 0.1 \sim 0.15$,则偏心夹紧的自锁条件可写为

$$\frac{R}{e} \geqslant 7 \sim 10 \tag{5-34}$$

（4）圆偏心夹紧的扩力比　圆偏心夹紧的扩力比为

$$i_p = \frac{L}{\rho\left[\tan\varphi_2 + \tan(\alpha + \varphi_1)\right]} \tag{5-35}$$

圆偏心最大升角为 8.13°,而螺旋升角为 2° ~ 4°,在一般情况下 $\rho > r_z$,因此,圆偏心夹紧的扩力比远小于螺旋夹紧的扩力比。

（5）应用场合　偏心夹紧机构的优点是操作方便,夹紧迅速,结构紧凑;缺点是夹紧行程小,夹紧力小,自锁性能差。因此,偏心夹紧机构常用于切削力不大、夹紧行程较小、振动较小的场合。

四、其他典型夹紧机构

1. 铰链夹紧机构

图 5-42 所示为铰链夹紧机构的应用。铰链夹紧机构的优点是动作迅速，扩力比大，易于改变力的方向；缺点是自锁性能差，一般常用于气动、液动夹紧中。铰链夹紧机构的设计计算可查阅夹具设计手册。

2. 定心夹紧机构

定心夹紧机构是一种能同时实现对工件定心定位和夹紧的夹紧机构。工件在夹紧过程中，利用定位夹紧元件的等速移动或均匀弹性变形，来消除定位副制造不准确或定位尺寸偏差对定心或对中的影响，使这些误差或偏差能均匀而对称地分配在工件的定位基准面上，从而使工件相对于某一轴线或某一对称面保持对称性。定心夹紧机构按工作原理可分为两大类：

（1）以等速移动原理工作的定心夹紧机构　按等速移动原理来工作的定心夹紧机构主要有螺旋定心夹紧机构、斜楔定心夹紧机构和定心夹紧机构等。这类定心夹紧机构的特点是制造方便，夹紧力和夹紧行程较大，但由于制造误差和组成元件间的间隙较大，故定心精度不高，因此常用于粗加工和半精加工中。

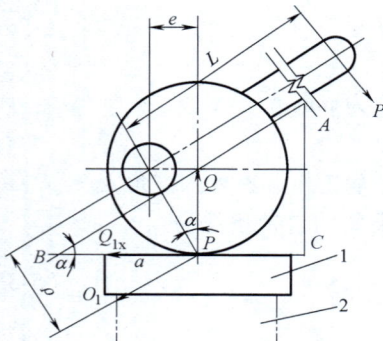

图 5-41　圆偏心夹紧力计算
1—垫块　2—工件

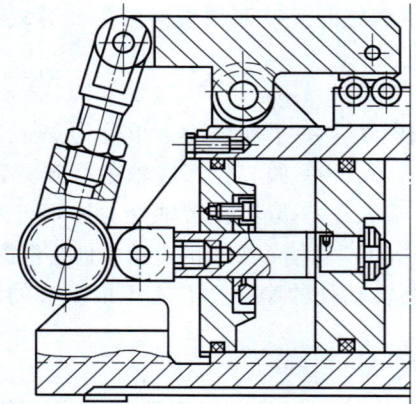

图 5-42　铰链夹紧机构的应用

图 5-43 所示为螺旋定心夹紧机构，螺杆 4 两端的螺纹旋向相反，螺距相同。当其旋转时，通过左右螺旋带动两个 V 形钳口 1 和 2 同时移向中心，从而对工件起定位夹紧作用。

（2）以均匀弹性变形原理工作的定心夹紧机构　当定心精度要求较高时，一般都利用这类定心夹紧机构，主要有弹簧夹头、弹性薄膜卡盘、液性塑料定心夹紧机构、碟形弹簧定心夹紧机构等。

图 5-44 所示为液性塑料定心夹紧机构。工件以内孔为定位基面，装在薄壁套筒 2 上，起直接夹紧作用的薄壁套筒 2 则压配在夹具体 1 上，在所构成的环槽中注满了液性塑料 3。当旋转螺钉 5 通过柱塞 4 向腔内加压时，液性塑料便向各个方向传递压力，在压力作用下薄壁套筒产生径向均匀的弹性变形，从而将工件定心夹紧。

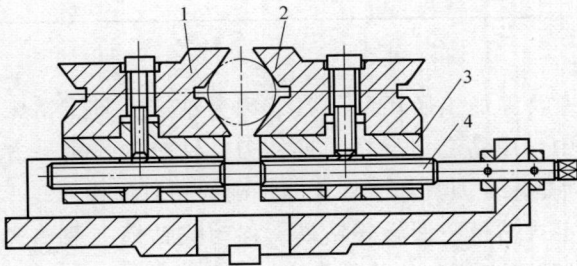

图 5-43 螺旋定心夹紧机构

1、2—V 形钳口 3—滑铁 4—螺杆

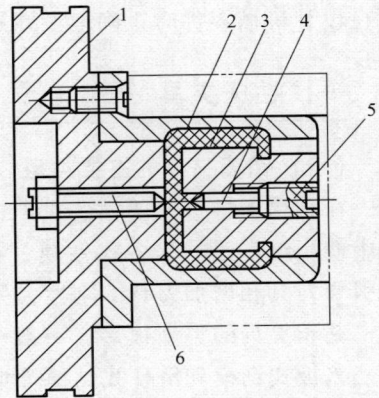

图 5-44 液性塑料定心夹紧机构

1—夹具体 2—薄壁套筒 3—液性塑料
4—柱塞 5—旋转螺钉 6—限位螺钉

3. 联动夹紧机构

在夹紧机构设计中，有时需要对一个工件上的几个点或对多个工件同时进行夹紧。此时，为了减少工件装夹时间，简化结构，常常采用各种联动夹紧机构。这种机构要求从一处施力，可同时在几处（或几个方向上）对一个或几个工件同时进行夹紧，如图 5-45 所示。图 5-45a 所示为多位夹紧，图 5-45b 所示为多件夹紧。为了避免工件因尺寸或形状误差而出现夹紧不牢或破坏夹紧机构的现象，在压块两边各连接摆动压板 1、2，它们可以摆动来补偿各自夹压的两个工件的直径尺寸差。

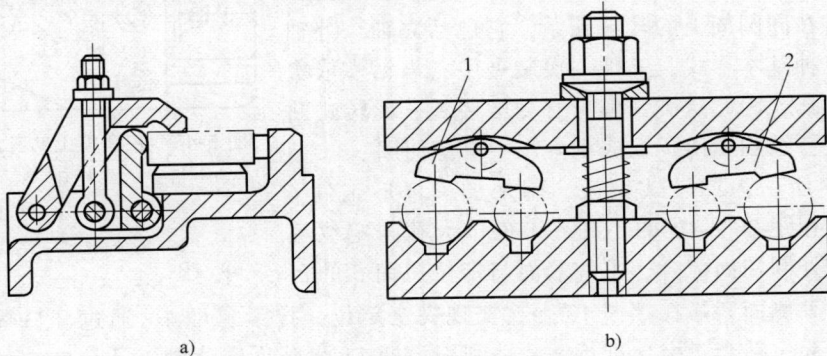

a)   b)

图 5-45 联动夹紧机构

1、2—摆动压板

第五节 典型机床夹具简介

本节将对钻床夹具和铣床夹具做简单的介绍，其目的在于通过对典型夹具的结构和工作原理的介绍，了解夹具的组成部分以及常用的定位元件、夹紧装置和导向装置，以

便在设计机械零件时正确地设计零件的结构，给定位和夹紧提供方便。

一、钻床夹具

（一）钻床夹具的主要类型

在钻床上进行孔的钻、扩、铰、攻螺纹等加工所用的夹具，称为钻床夹具。钻床夹具中使用最广泛的是各式钻模。在钻模中，用钻套引导钻头或铰刀，钻套的作用一方面是引导刀具和增加刀具的刚性，另一方面是保证刀具和工件之间正确的相对位置。

钻床夹具的类型很多，一般分为固定式钻模、回转式钻模、移动式钻模、翻转式钻模、盖板式钻模和滑柱式钻模等类型，这里只对固定式钻模和回转式钻模做简单的介绍。

1. 固定式钻模

图 5-46 所示为在套筒上钻孔用的钻模。它保证孔的中心线和套筒轴线正交，并保证孔到套筒设计基准端面的距离。夹具中工件装在定位销 6 上约束四个自由度，端面限制工件一个自由度。钻头由快换钻套 1 引导，保证要求的孔位置尺寸 L。使用衬套 2 是为了避免频繁地更换钻套而引起钻模板（夹具体）的磨损。旋紧螺母 5 即可将工件夹紧。压板 4 开有缺口，可以很方便地从心轴上取下，以便快速装卸工件。

2. 回转式钻模

回转式钻模可用于加工工件上同一圆周上平行孔系或加工分布在同圆周上的径向孔系，它包括立轴、卧轴和倾斜轴三种基本形式。工件一次装夹中，靠钻模依次回转加工各孔，因此这类钻模带有分度装置。回转式钻模使用方便，结构紧凑，在成批生产中广泛使用。

图 5-47 所示为回转式钻模，用来加工扇形工件 6 上三个彼此相距 $20° \pm 10'$ 的小孔。工件以大孔与定位短销 5 上的短外圆柱面配合，工件端面与定位短销 5 的台阶面紧靠，其侧面紧靠在挡销 13 上，实现完全定位。拧紧螺母 4，通过开口垫圈 3 将工件夹紧，钻头由钻套 7 引导进行钻孔，利用手柄 11 将分度定位销 1 从分度定位套 2 中拔出，由分度盘 8 带动工件一起回转 20° 后，将分度定位销 1 插入分度定位套 2′或 2″中实现分度。转动手柄 10 将分度盘锁紧，便可进行另外两孔的加工，从而保证了孔与孔间位置精度的要求。

（二）钻套和钻模板

钻模除有定位元件、夹紧装置和夹具体以外，还有钻套和钻模板等。

1. 钻套

钻套是钻模上的特有元件，用来引导刀具以保证被加工孔的位置精度和提高工艺系统的刚度，钻套可分为标准钻套和特殊钻套两大类。标准钻套又分为固定钻套、可换钻

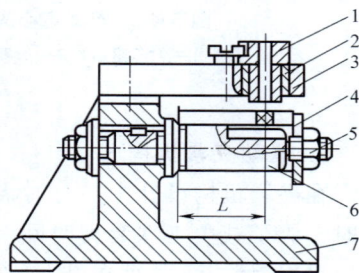

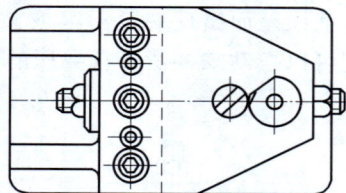

图 5-46 在套筒上钻孔用的钻模

1—钻套　2—衬套　3—钻模板
4—压板　5—螺母
6—定位销　7—夹具体

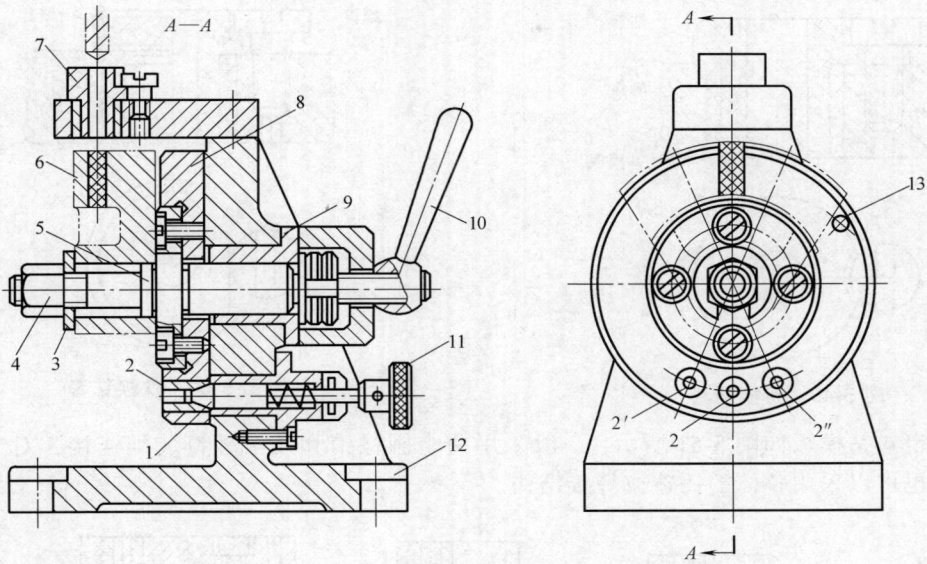

图 5-47 回转式钻模

1—分度定位销 2、2′、2″—分度定位套 3—开口垫圈 4—螺母 5—定位短销 6—扇形工件
7—钻套 8—分度盘 9—衬套 10、11—手柄 12—夹具体 13—挡销

套、快换钻套等类型。

（1）固定钻套 图 5-48 所示为固定钻套。钻套直接压装在钻模板上。固定钻套结构简单，钻孔精度较高，但磨损后不能更换。固定钻套一般适用于单一钻孔工序的小批生产。

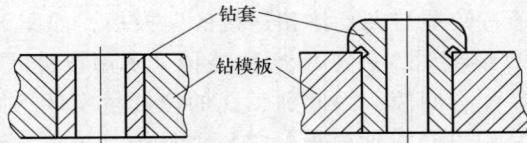

图 5-48 固定钻套

（2）可换钻套 当工件为单一钻孔工序的大批量生产时，为便于更换磨损的钻套，可选用可换钻套。如图 5-49 所示，钻套装在衬套中，衬套压装在钻模板上，由螺钉将钻套压紧，以防止钻套转动或退刀时脱出。钻套磨损后，将螺钉松开可迅速更换。

（3）快换钻套 图 5-50 所示为快换钻套。当一个工序中工件同一孔需经多种方法加工（如孔需经钻、扩、铰或攻螺纹等）时，能快速更换不同孔径的钻套。更换时，将钻套缺口转至螺钉处，即可取出。

以上三类钻套已标准化，其结构参数、材料、热处理方法等可查阅相关手册。

2. 钻模板

钻模板用于安装钻套，并确保钻套在钻模上的正确位置。钻模板多装配在夹具体或支架上。钻模板与夹具体的连接方式有固定式、铰链式、分离式、悬挂式等类型。

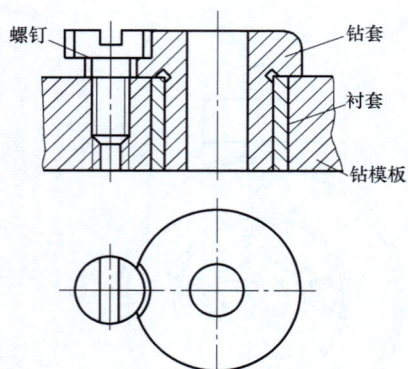

图 5-49　可换钻套

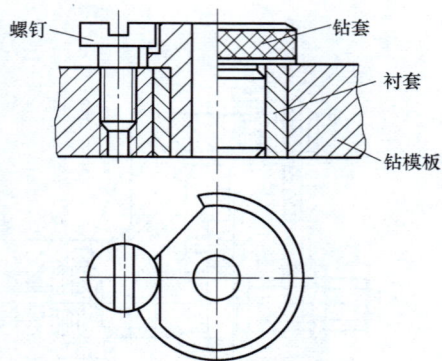

图 5-50　快换钻套

固定式钻模板如图 5-51 所示，一般采用两个圆柱销和几个螺钉装配连接，对于简单的结构也可以采用整体的铸造或焊接结构。

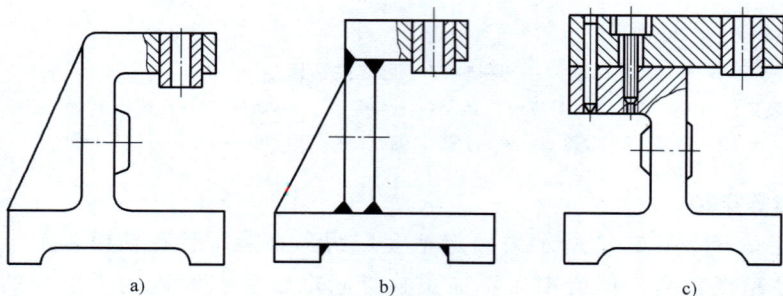

a)　　　　　　　b)　　　　　　　c)

图 5-51　固定式钻模板

铰链式钻模板是指通过铰链与夹具体相连接的钻模板，如图 5-52 所示。当钻模板妨碍工件装卸或钻孔后需攻螺纹时，可采用这种结构。使用铰链式钻模板装卸工件方便，但由于铰链销孔之间存在配合间隙，因此加工孔的位置精度低于固定式钻模板。图 5-53 所示为分离式钻模板，又称可卸式钻模板，它与夹具体可分离，钻模板卸下才能装卸工件，比较费事，且定位精度低，一般多用于不便装卸工件的情况。

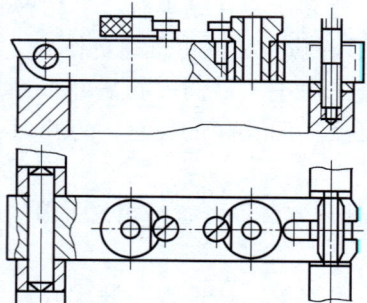

图 5-52　铰链式钻模板

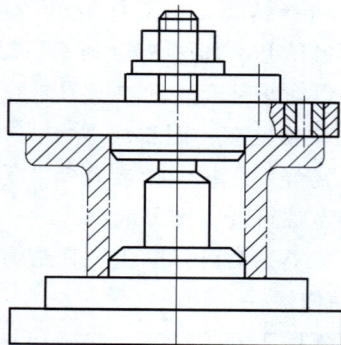

图 5-53　分离式钻模板

二、铣床夹具

铣床夹具是常见的夹具之一,它主要用于加工平面、沟槽、缺口、花键以及成形表面等。在铣床上除了使用机用虎钳、万能分度头之外,还广泛使用各种形式的专用夹具。铣削加工通常是断续切削,粗铣时切削用量大、切削力大,且切削力的大小和方向也是变化的,因而加工时容易引起冲击和振动。因此铣床夹具要有足够的强度和刚度,以保证工件夹紧的可靠性。

1. 铣床夹具的种类

按铣削的进给方式,铣床夹具可分为直线进给式、圆周进给式和靠模进给式几种类型。

直线进给式夹具安装在铣床工作台上,随工作台一起做直线进给运动。圆周进给式铣床夹具一般在有回转工作台的专用铣床上使用,或在通用铣床上增加一个回转工作台。靠模铣床夹具用于加工成形表面。靠模夹具的作用是使主进给运动和由靠模获得的辅助运动合成加工所需要的仿形运动。

2. 铣床夹具的结构特点

图 5-54 所示为加工壳体零件两侧面用的铣床夹具。工件如图中双点画线所示。工件

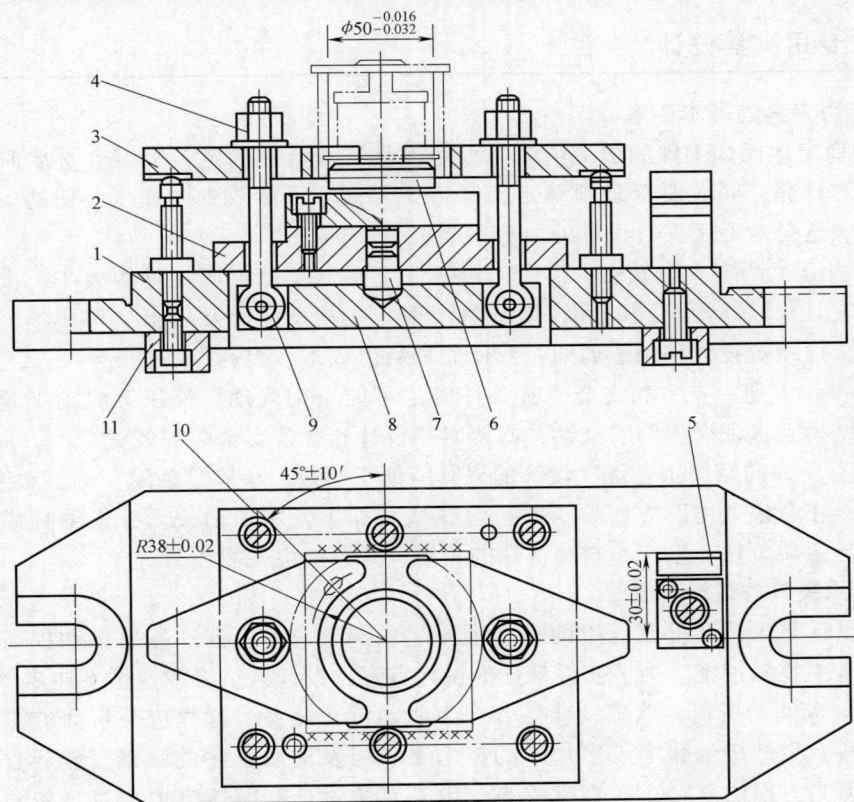

图 5-54 加工壳体零件两侧面用的铣床夹具
1—夹具体 2—底座 3—压板 4—螺母 5—对刀块 6—定位元件
7—支点销 8—回转板 9—螺栓 10—削边销 11—定向键

定位后，旋紧螺母 4，左边的螺栓 9 通过回转板 8 将右边的螺栓下拉，使左、右压板 3 夹紧工件。对刀块 5 用以确定夹具相对于刀具的正确位置。定向键 11 的下半部与铣床工作台的 T 形槽相配，用以确定夹具在铣床工作台上的安装位置，使得夹具的纵长方向与工作台的纵向进给方向一致。在夹具两端的开口 U 形槽位置放置 T 形槽螺钉，通过旋紧其上的螺母即可将夹具紧固在铣床工作台上。

第六节 夹具的选用和设计

一、通用夹具的选用

各类机床都有一些通用夹具，一般已经标准化，由专业工厂生产，作为机床附件或备选件供给用户，例如广泛使用的自定心卡盘、单动卡盘、鸡心夹头、角铁、机用虎钳、分度头、电磁吸盘等。这些夹具通用性强，一般无需调整或稍加调整就可以用于装夹不同的工件。这类夹具的特点是加工精度不很高，生产率低，因此，在单件小批量生产、装夹形状比较简单和加工精度要求不太高的工件时选用。

二、专用夹具设计

1. 专用夹具的基本要求

（1）稳定地保证工件的加工精度 专用夹具要有合理的定位方案，必要时进行定位误差分析和计算，同时要合理地确定夹紧力三要素，尽量减少因加压、切削、振动所产生的变形，这是对专用夹具设计的最基本要求。

（2）提高生产率，降低成本，提高经济性 根据工件生产批量的大小，设计不同结构的高效夹具，以缩短辅助时间，提高生产率。夹具设计时要力求结构简单，尽量采用标准元件，以缩短设计和制造周期，降低夹具制造成本，提高经济性。

（3）操作方便、省力和安全 有条件时尽可能采用气动、液压等机动夹紧机构，同时，要从结构上保证操作的安全性，必要时要设计和配备安全防护装置。

（4）有良好的结构工艺性 设计的夹具应便于制造、检验、装配、调整和维修等。

总之，在考虑上述四方面要求时，应在满足加工要求的前提下，根据具体情况处理好生产率与劳动条件、生产率与经济性的关系，力图解决主要矛盾。

2. 专用夹具的设计步骤

夹具设计是工艺装备设计中的一个重要组成部分，是保证产品质量和提高劳动生产率的一项重要技术措施。为了获得最佳的设计方案，设计人员必须遵循下述步骤进行：

（1）研究原始资料，明确设计任务 为明确设计任务，首先应分析研究工件的结构特点、材料、生产批量和本工序加工的技术要求以及前后工序的联系，然后收集有关机床方面和刀具方面的资料；必要时收集国内外有关设计和制造类似夹具的资料，作为设计的参考。

（2）考虑和确定夹具的结构方案，绘制结构草图 确定工件的定位方案，包括定位原理、方法、元件或装置；确定工件的夹紧方案和设计夹紧机构；确定夹具的其他组成部分，如分度装置、微调机构、对刀块或引导元件等；考虑各种机构、元件的布局，确定夹具体和总体结构。

对夹具的总体结构，最好考虑几个方案，画出草图，经过分析比较，选择一个最合理、最简单的方案。

（3）绘制夹具总图　夹具总图应遵循国家标准绘制，图形大小的比例尽量取 1:1，使所绘的夹具总图有良好的直观性。总图应按夹紧机构处在夹紧工作状态下绘制，视图应尽量少，但必须能够清楚地表示出夹具的工作原理和构造，表示各种机构或元件之间的位置关系等。主视图应取操作者实际工作时的位置，以作为装配夹具时的依据并供使用时参考。最后标注总装图上有关部分的尺寸（如轮廓尺寸，必要的装配、检验尺寸及其公差），制订技术条件及编写零件明细栏。

（4）绘制夹具零件图　夹具中的非标准零件都必须绘制零件图。在确定这些零件的尺寸、公差或技术条件时，应注意使其满足夹具总图的要求。

三、专用夹具设计举例

1. 夹具设计任务

图 5-55a 所示为在轴套上钻铰 $\phi6H7mm$ 孔的工序简图，需满足如下加工要求：$\phi6H7mm$ 孔轴线到端面 B 的距离为 $(37.5\pm0.02)mm$，$\phi6H7mm$ 孔对 $\phi25H7mm$ 孔的对称度为 0.08mm。已知轴套外圆柱面、各端面和孔 $\phi25H7mm$ 均已精加工，工件材料为 Q235钢，批量 N=500 件，年产量 6000 件，需设计钻铰 $\phi6H7mm$ 孔的钻床夹具。

2. 确定夹具结构方案

（1）确定定位方案　由图 5-55a 可知，钻 $\phi6H7mm$ 孔的工序基准为端面 B 及 $\phi25H7mm$ 孔的轴线，按基准重合原则选 B 面及 $\phi25H7mm$ 孔为定位基准。定位方案如图 5-55b 所示，定位心轴 5 限制工件 $\vec{y}$、$\vec{z}$、$\hat{y}$、$\hat{z}$ 四个自由度，台阶面 N 限制工件 $\vec{x}$、$\hat{y}$、$\hat{z}$ 三个自由度，故 $\hat{y}$、$\hat{z}$ 两个自由度被重复限制。但由于工件定位端面 B 与定位孔 $\phi25H7mm$ 均精加工过，其垂直度要求比较高，另外定位心轴与台阶端面垂直度要求更高，一般需要磨削加工。因此一批工件在定位心轴上安装时不会产生干涉现象，这种过定位是可以采用的。定位心轴的右上部铣平，用来让刀和避免钻孔后的毛刺妨碍工件装卸。

（2）导向和夹紧方案以及其他元件的设计　为了确定刀具相对于工件的位置，夹具上应设置导引元件。由于孔加工精度高，需采用钻铰工序，故设计快换钻套。如图 5-55b 所示，快换钻套 1 安装在固定式钻模板 2 上，钻模板与工件要留有排屑空间，以便于排屑。另外，轴套的轴向刚度比径向刚度好，因此夹紧力应指向限位台阶面 N，如图 5-55b 所示，采用带开口垫圈 3 的螺旋夹紧机构，使工件装卸迅速、方便。

（3）夹具体设计　图 5-55b 所示的轴套钻铰孔夹具采用铸造夹具体，定位心轴 5 及钻模板 2 均安装在夹具体 6 上，夹具体 6 上的 N 面作为安装基面。此方案结构紧凑、安装稳定、刚性好，但制造周期较长，成本略高。

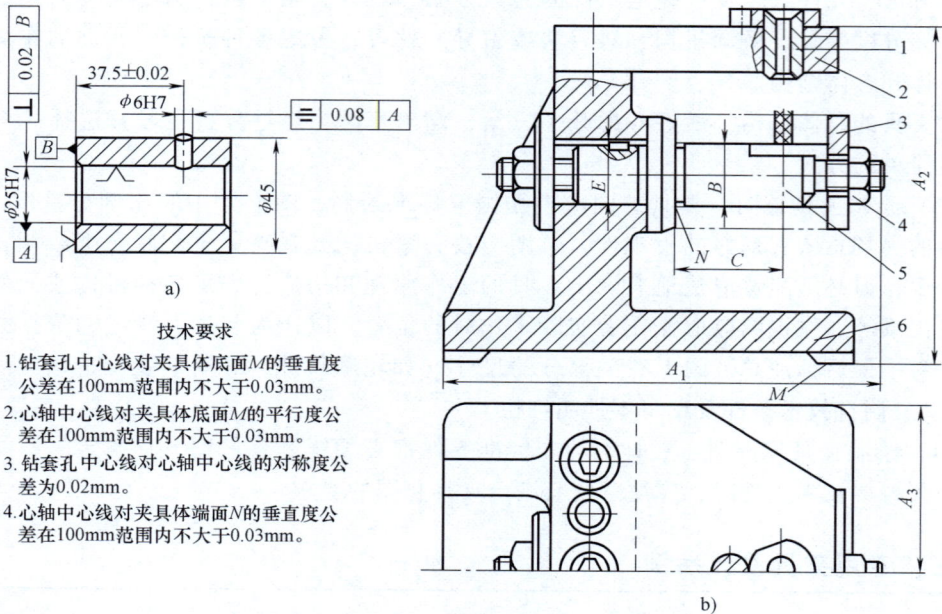

图 5-55 轴套钻孔工序简图及其夹具

1—快换钻套 2—钻模板 3—开口垫圈 4—夹紧螺母 5—定位心轴 6—夹具体

3. 夹具总图绘制

（1）夹具总图的尺寸标注 夹具总图上应标注的尺寸主要有：

1）夹具的外形轮廓尺寸。这类尺寸表示夹具长、宽、高最大外形尺寸。对于活动部分，应表示其在空间的最大尺寸，这样可避免机床、夹具、刀具发生干涉。图 5-55b 中尺寸 A（A_1、A_2、A_3）为夹具最大轮廓尺寸。

2）影响定位精度的尺寸。这类尺寸表示夹具定位元件与工件的配合尺寸和定位元件之间的位置尺寸，其配合精度及位置尺寸公差对定位误差产生很大的影响，一般是依据工件在本道工序的加工技术要求，并经定位误差验算后方可标注。图 5-55b 中尺寸 B 属此类尺寸。

3）影响对刀精度的尺寸。这类尺寸表示对刀元件（或导引元件）与刀具之间的配合尺寸、对刀元件（或导引元件）与定位元件之间的位置尺寸、导引元件之间的位置尺寸，其作用是保证对刀精度。图 5-55b 中尺寸 C 为该类尺寸。

4）夹具与机床的连接尺寸。对于车床来说，是夹具与车床的主轴端的连接尺寸；对铣床来说，它是夹具定位键、U 形槽与机床工作台 T 形槽的连接尺寸，其作用是保证机床的安装精度。

5）其他重要配合尺寸。该类尺寸属于夹具内部各组成连接副的配合、各组成元件之间的位置关系等。图 5-55b 中尺寸 E 就是此类尺寸。

上述联系尺寸和位置尺寸的公差，通常取工件相应公差的 $1/5 \sim 1/2$。

（2）夹具总图的技术要求 夹具总图上标注的技术要求通常有以下几方面：

1）定位元件的定位表面之间的相互位置精度。

2）定位元件的定位表面与夹具安装面之间的相互位置精度。

3）定位表面与引导元件工作表面之间的相互位置精度。

4）各导引元件工作表面之间的相互位置精度。

5）定位表面或引导元件的工作表面对夹具找正基准面的位置精度。

6）与保证夹具装配精度有关的或与检验方法有关的特殊的技术要求。

上述几何公差，通常取工件相应几何公差的 1/5～1/2。不同的机床夹具，对夹具的具体结构和使用要求是不同的。在实际机床夹具设计中，应进行具体分析，在参考机床夹具设计手册以及同类夹具图样资料的基础上，制订出该夹具的具体技术要求。

本 章 小 结

机床夹具由定位元件（定位装置）、夹紧元件（夹紧装置）、对刀与导引元件和夹具体等部分组成。通过本章的学习，学会利用六点定位原理，根据工件的具体结构特点和工序加工精度要求去正确选择定位方式、进行定位误差的分析与计算。工件常见的定位方式有以平面、外圆、圆孔和组合表面定位，要掌握常见定位元件及其限制自由度的情况。定位误差是由于基准不重合误差和基准位移误差共同作用的结果，计算时要根据具体情况进行分析。夹具中常用的基本夹紧机构有斜楔、螺旋、偏心等，它们都是根据斜面夹紧原理来夹紧工件的。专用夹具设计应根据具体设计任务，遵循夹具设计的基本要求和步骤进行。

本章学习要求：能根据加工要求正确选择通用机床夹具并对专用夹具的设计有一定的能力。

复习思考题

5-1 什么是机床夹具？举例说明夹具在机械加工中的作用。

5-2 机床夹具通常由哪几部分组成？各起什么作用？

5-3 什么是六点定位原理？什么是完全定位、不完全定位、欠定位和过定位？

5-4 常见的定位方式、定位元件有哪些？

5-5 辅助支承与自位支承有何不同？

5-6 什么是定位误差？试述产生定位误差的原因。

5-7 工件在夹具中夹紧时对夹紧力有何要求？

5-8 试分析三种基本夹紧机构的优缺点及其应用。

5-9 根据六点定位原理，分析图 5-56 所示各种定位方案中定位元件所限制的自由度。

5-10 图 5-57 所示的零件以平面 3 和两个短 V 形块 1、2 进行定位，试分析该定位方案是否合理。各定位元件应分别限制哪些自由度？如何改进？

5-11 有一批直径为 $\phi50mm$ 的轴类工件，铣工件键槽的定位方案如图 5-58a、b、c 所示。试计算各种定位方案下影响尺寸 A、B 的定位误差各为多少？

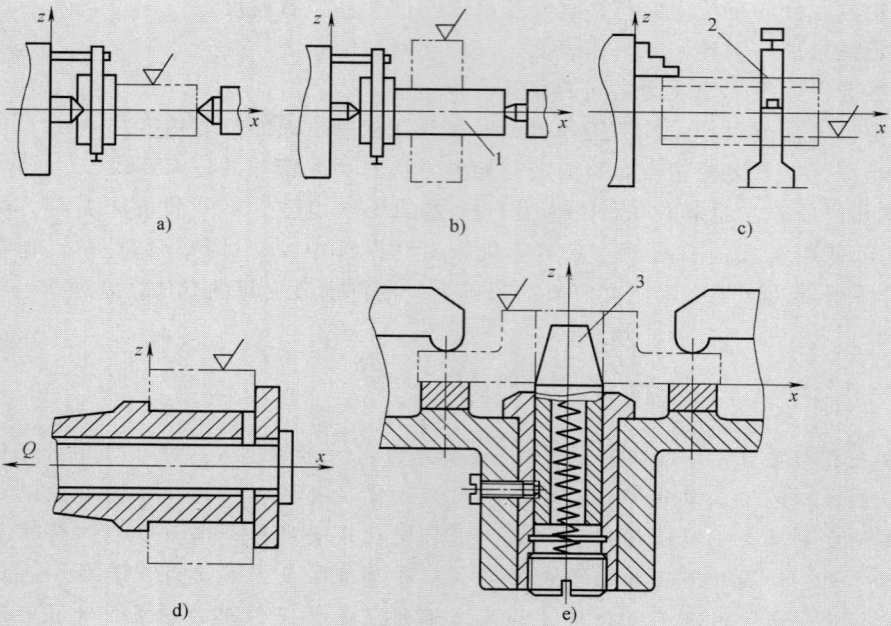

图 5-56 题 5-9 图

1—小锥度心轴 2—中心架 3—活动锥销

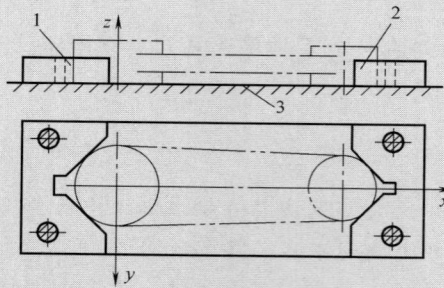

图 5-57 题 5-10 图

1、2—短 V 形块 3—平面

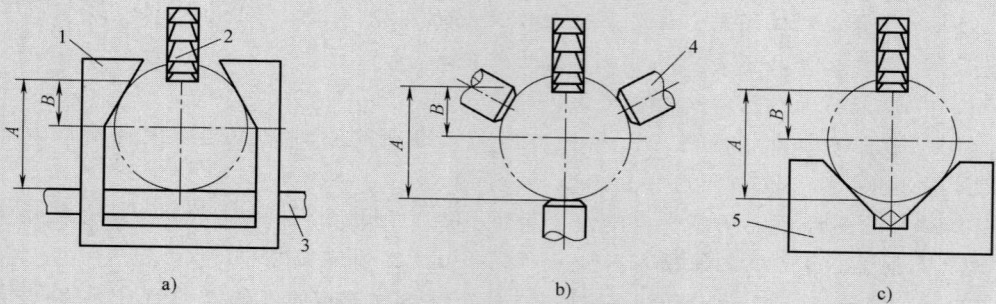

图 5-58 题 5-11 图

1—夹紧件 2—铣刀 3—平面定位元件 4—自定心卡盘 5—V 形块

5-12 有一批工件，如图 5-59a 所示，采用钻模夹具钻削工件上直径分别为 $\phi 5mm$ 和 $\phi 8mm$ 的两孔，除保证图样尺寸要求外，还须保证两孔的连心线通过 $\phi 60^{0}_{-0.1}mm$ 的轴线，其偏移量公差为 0.08mm。现可采用如图 5-59b、c、d 所示三种方案。若定位误差不得大于加工公差的 1/2，试问这三种定位方案是否可行（$\alpha = 90°$）。

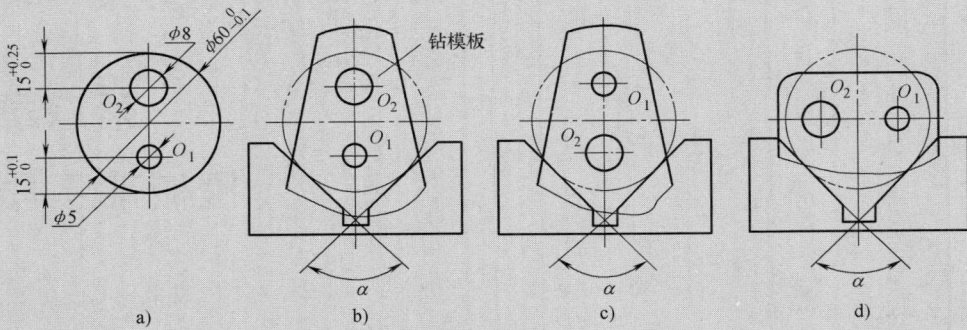

图 5-59 题 5-12 图

第六章

机械加工质量

机械制造过程中如何保证机械产品的质量是首要任务，衡量零件的机械加工质量指标主要包括两方面：一是机械加工精度，二是机械加工表面质量机械加工精度的内容主要讨论工艺系统各环节存在的各种原始误差对加工精度的影响以及保证零件加工精度的措施；机械加工表面质量的内容主要讨论零件表面粗糙度的影响因素和零件表面变形层物理力学性能及其影响因素。

第一节 机械加工精度

机械产品的加工质量对产品的工作性能和使用寿命影响较大，而机械加工精度是机械产品质量的核心。因此，零件的加工精度直接影响产品的工作性能、使用寿命及可靠性等技术指标，它是机械制造技术基础主要研究的问题之一。

一、加工精度与加工误差

1. 加工精度

加工精度是指零件经机械加工后，其几何参数（尺寸、形状和表面间相互位置）的实际值与理想几何参数值的符合程度。其符合程度越高，即越接近理想值，加工精度也就越高。它主要包括以下三个方面：尺寸精度，是指加工后零件的直径、长度和表面间距离等尺寸实际值与理想值的符合程度；形状精度，是指加工后零件实际几何要素（形状）与理想几何要素（形状）相符合程度；位置精度，是指加工后零件有关几何要素之间的实际位置与理想位置符合程度。对零件加工精度的要求，习惯上是以公差值大小或公差等级来表示的。因此，在零件图上对其尺寸、形状和有关表面间的位置都必须以一定形式标注出能满足该零件使用性能要求的公差或偏差。对一个零件来说，公差值或公差等级越小，表示对它的机械加工精度要求越高。

以上有关零件加工精度的三个方面是有联系的，形状公差应限制在位置公差内，位置公差应限制在尺寸公差内，一般当尺寸精度要求高时，相应的位置精度和形状精度也要求高。但是有一些特殊功用的零件，其形状精度要求高时，相应的位置精度和尺寸精度却不一定要求高。例如测量用的检验平板，其工作平面的平面度要求很高，但该平面与底面的尺寸要求和平行度要求却很低。

2. 加工误差

零件的加工误差是指零件加工后的实际几何参数对其理想几何参数的偏离程度，可见其与加工精度相反。生产实践证明，在机械加工中由于各种因素的影响，任何一种加工方法不管多么精密，都不可能把零件的每一个几何参数加工得与其理想几何参数完全相符和绝对准确，总会产生加工误差。实际上，从高速高效的观点出发，也没有必要将零件的尺寸、形状和位置加工得绝对精确。再者，从机器的使用要求来说，只要能保证零件在机器中的使用功能，也不影响机器的使用性能，就允许误差值在一定的范围内波动。因此，在机械加工时允许零件几何参数存在一定加工误差，只要它不超出零件图上所规定的公差，就可保证零件的加工精度要求。

由此可见，"加工精度"和"加工误差"是从两个不同侧面来评定零件几何参数加工状态的，加工精度是一个定性的概念，而加工误差是一个定量的概念。加工精度高、低是通过加工误差大、小来度量的，加工误差越小，加工精度越高。因此，保证和提高加工精度，实际上就是限制和减小加工误差。

研究加工精度的目的，就是要弄清各种因素对加工精度影响的规律，掌握控制加工误差的方法，以获得预期的加工精度，必要时能提出进一步提高加工精度的措施。

二、获得加工精度的方法

1. 获得尺寸精度的方法

（1）试切法 通过试切、测量、调整、再试切，反复进行直到被加工尺寸达到要求为止的加工方法。这种方法的效率低，对操作者的技术水平要求高，主要适用于单件、小批生产。

（2）调整法 先调整好刀具和工件在机床上的相对位置，并在一批零件的加工过程中保持这个位置不变，以保证被加工尺寸的方法。调整法广泛用于各类半自动机床、自动机床和自动化生产线上，适用于成批、大量生产。

（3）定尺寸刀具法 用刀具的相应尺寸来保证工件被加工部位尺寸的方法，如钻孔、铰孔、拉孔和攻螺纹等。这种方法的加工精度主要取决于刀具的制造精度和磨损。其优点是生产率较高，但刀具制造较复杂，常用于孔、螺纹和成形表面的加工。

（4）自动控制法 这种方法是用测量装置、进给机构和控制系统构成加工过程的自动循环，即自动完成加工中的切削、测量、补偿调整等一系列工作。当工件达到要求的尺寸时，机床即自动退刀并停止加工。

2. 获得形状精度的方法

（1）轨迹法　依靠刀具与工件的相对运动轨迹来获得工件形状的方法。轨迹法的加工精度与机床的精度关系密切。例如，车削圆柱类零件时，其圆度、圆柱度等形状精度，主要取决于主轴的回转精度、导轨精度以及主轴回转轴线与导轨之间的相互位置精度。

（2）成形刀具法　采用成形刀具加工工件的成形表面以达到所要求的形状精度的方法。成形刀具法的加工精度主要取决于切削刃的形状精度。该方法可以简化机床结构，提高生产率。

（3）展成法　利用刀具与工件做展成切削运动，其包络线形成工件形状。展成法常用于各种齿形加工，其形状精度与刀具精度以及机床传动精度有关。

3. 获得相互位置精度的方法

要获得零件的相互位置精度，可以采用直接找正法、划线找正法和夹具定位法。其精度主要由机床精度、夹具精度和工件的装夹精度来保证。

三、影响加工精度的因素

在机械制造系统中，机械加工所使用的机床、刀具、夹具和工件构成了一个相对独立的完整系统，即工艺系统。为研究工艺过程中如何保证并改善零件的加工精度，则必须考虑和分析加工误差所产生的原因。零件加工精度的获得取决于工件与刀具在切削运动过程中的相互位置关系，而工件和刀具又安装在夹具和机床上，并受到机床与夹具的约束。

零件加工精度涉及整个工艺系统精度。工艺系统中的各种误差，都会使各组成部分之间的位置或运动关系偏离理想状态，在不同的具体情况下，以不同程度地反映为工件加工误差。因此，工艺系统误差是"因"，零件加工误差是"果"。因此，在机械加工中，把工艺系统中凡是能直接引起加工误差的因素统称为原始误差，它是影响加工精度的主要因素。在加工过程中，由于工艺系统中各种原始误差的存在，使工件和刀具间正确的几何关系遭到破坏而产生加工误差。在原始误差中，一部分与工艺系统本身初始状态有关，是在零件机械加工前，加工方法本身存在着加工原理误差（如采用近似成形方法进行加工而存在的误差）或由机床、夹具、刀具、量具和工件所组成的工艺系统本身就存在某些误差（如制造误差、工件在定位和夹紧时产生的装夹误差等），称为加工前误差或工艺系统静误差。另一部分是在零件加工过程中，由于切削力、切削热和摩擦等因素的影响，引起工艺系统的受力变形、受热变形和磨损，使工件与刀具之间的相对位置发生改变，造成工艺系统原有精度被破坏，从而产生新的附加原始误差，称为工艺系统动误差或加工误差。另外，还有一部分称之为加工后误差，这类原始误差是由于工件内应力重新分布引起的变形以及测量误差等加工后所产生的误差，主要是指测量力引起的变形误差、测量环境误差及读数误差等。

影响加工精度的原始误差总体归纳如下：

$$
原始误差
\begin{cases}
加工前误差 \\
(工艺系统静误差)
\begin{cases}
加工原理误差 \\
机床误差 \\
夹具误差 \\
工件装夹误差 \\
调整误差 \\
刀具制造误差 \\
测量误差(测量方法与测量仪器的误差)
\end{cases} \\[2mm]
加工误差 \\
(工艺系统动误差)
\begin{cases}
工艺系统受力变形误差 \\
工艺系统受热变形误差 \\
刀具磨损
\end{cases} \\[2mm]
加工后误差
\begin{cases}
内应力引起的变形 \\
测量误差(测量力引起的变形误差、测量环境误差和读数误差)
\end{cases}
\end{cases}
$$

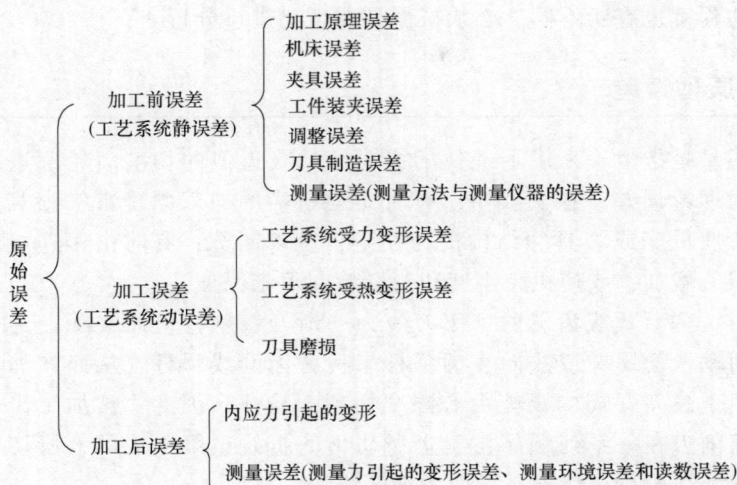

四、误差的敏感方向

切削加工过程中，由于各种原始误差的影响，会使刀具和工件间的正确几何关系遭到破坏，引起加工误差。通常，各种原始误差的大小和方向是各不相同的，当原始误差的方向与工序尺寸方向一致时，其对加工精度的影响就最大。下面以车削外圆为例来进行说明。

例 6-1 如图 6-1 所示，车削时工件的回转轴心是 O，刀尖的正确位置在 A 点，设某瞬时由于各种原始误差的影响，使刀尖位移到 A' 点。$\overline{AA'}$ 即为原始误差 δ，它与 OA 间的夹角为 ϕ，由此引起工件加工后的半径由 $R_0 = \overline{OA}$ 变为 $R = \overline{OA'}$，故半径上（即工序尺寸方向上）的加工误差 ΔR 为

图 6-1 误差的敏感方向

$$
\Delta R = \overline{OA'} - \overline{OA} = \sqrt{R_0^2 + \delta^2 + 2R_0\delta\cos\phi} - R_0 \approx \delta\cos\phi + \frac{\delta^2}{2R_0}
$$

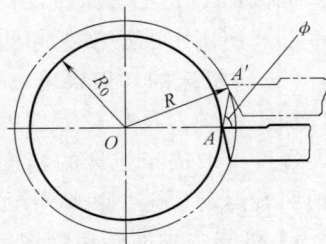

由此可以看出：当原始误差的方向恰为加工表面的法线方向时（$\phi = 0°$），所引起的加工误差 $\Delta R_0 = \delta$ 为最大$\left(忽略\dfrac{\delta^2}{2R_0}项\right)$；当原始误差的方向恰为加工表面的切线方向时（$\phi = 90°$），所引起的加工误差 $\Delta R_{90} = \dfrac{\delta^2}{2R_0}$ 为最小，通常可以忽略。为了便于分析原始误差对加工精度的影响，把对加工精度影响最大的那个方向（即通过切削刃的加工表面的法向）称为误差的敏感方向。

第二节 影响机械加工精度的因素

机械加工中，影响机械加工精度的各种因素不是在任何情况下都同时出现的，不同

情况下其影响的程度也有所不同，必须根据具体情况进行分析。

一、加工原理误差

加工原理误差是指由于采用了近似的成形运动或近似的切削刃轮廓进行加工而产生的误差，也称为理论误差。在实践中，有时完全精确的加工原理常常很难实现，或者加工效率低，或者使机床或刀具的结构极为复杂，难以制造；有时由于连接环节多，使机床传动链中的误差增加，或使机床刚度和制造精度很难保证。

例如用滚刀切削渐开线齿轮时，滚刀应为一渐开线蜗杆，而实际上为了使滚刀制造方便，常采用阿基米德蜗杆或法向直廓蜗杆来代替渐开线蜗杆，从而在加工原理上产生了误差。另外由于滚刀一周内只能由有限个切削刃构成，因此，被加工齿轮的齿形是由刀具上有限条切削刃在一系列顺序位置上所切出的折线包络而成的，所切出的齿形实际上是一条近似渐开线的折线而不是光滑的渐开线。

采用近似的成形运动或近似的切削刃轮廓虽然会带来加工原理误差，但往往可简化机床或刀具的结构，反而能得到较高的加工精度。因此，只要其误差不超过规定的精度要求，就能在生产中得到广泛的应用。

二、工艺系统的几何误差

机械加工工艺系统的几何误差包括机床、夹具、刀具的误差，是由制造误差、安装误差以及使用中的磨损引起的。

（一）机床的几何误差

加工中，刀具相对工件的成形运动，通常都是通过机床完成的。工件的加工精度在很大程度上取决于机床的精度。机床制造误差中对工件加工精度影响较大的误差有机床主轴回转运动误差、机床导轨误差和机床传动链误差。

1. 机床主轴回转运动误差

（1）机床主轴回转运动误差的形式　机床主轴是安装工件或刀具的基准，并传递切削运动和动力给工件或刀具。机床主轴回转运动误差直接影响被加工工件的几何形状精度、位置精度和表面粗糙度。

主轴回转运动误差是指主轴的实际回转轴线对其理想回转轴线（各瞬时回转轴线的平均位置）的变动量。该变动量越大，回转精度越低；变动量越小，回转精度越高。实际上，主轴的理想回转轴线虽然客观存在，但很难确定其位置，因此通常用平均回转轴线（即主轴各瞬时回转轴线的平均位置）来代替它。

主轴回转运动误差表现为轴向圆跳动、径向圆跳动、角度摆动三种基本形式，如图6-2所示。

轴向圆跳动——实际回转轴线沿平均回转轴线的方向做轴向运动，如图 6-2a 所示。它对内、外圆柱面车削或镗孔影响不大。主要是在车端面时，它使工件端面产生垂直度、平面度误差和轴向尺寸精度误差；车螺纹时，使导程产生误差。

径向圆跳动——实际回转轴线相对于平均回转轴线在径向的变动量，如图 6-2b 所示。

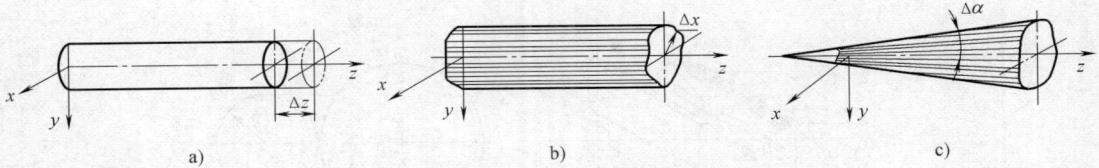

图 6-2 主轴回转运动误差的基本形式

a) 轴向圆跳动 b) 径向圆跳动 c) 角度摆动

车削外圆时它影响被加工工件圆柱面的圆度和圆柱度误差。

角度摆动——实际回转轴线相对于平均回转轴线倾斜一个角度做摆动，如图 6-2c 所示。它影响被加工工件圆柱度与端面的形状误差。

主轴回转运动误差实际上是上述三种运动的合成，因此主轴不同横截面上轴线的运动轨迹既不相同，也不相似，造成主轴的实际回转轴线对其平均回转轴线的"漂移"。

（2）主轴回转运动误差的影响因素 影响主轴回转运动误差的因素主要有主轴支承轴颈的误差、轴承的误差、轴承的间隙、箱体支承孔的误差、与轴承相配合零件的误差以及主轴的刚度和热变形等。对于不同类型的机床，其影响因素是不相同的。对于工件回转类机床（如车床、内圆磨床），因切削力的方向不变，主轴回转时作用在支承上的作用力方向也不变。此时，主轴的支承轴颈的圆度误差影响较大，而轴承孔圆度误差影响较小，如图 6-3a 所示；对于刀具

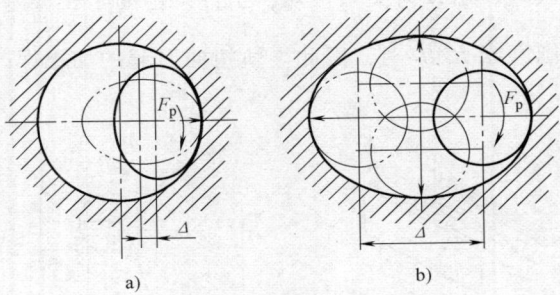

图 6-3 两类主轴回转误差的影响

a) 工件回转类机床 b) 刀具回转类机床

回转类机床（如钻、铣镗床），切削力方向随旋转方向而改变，此时，主轴支承轴颈的圆度误差影响较小，而轴承孔的圆度误差影响较大，如图 6-3b 所示。

提高轴承精度，提高主轴轴颈、箱体支承孔及与轴承相配合零件有关表面的加工精度，对滚动轴承进行预紧，均可提高机床主轴回转精度。

2. 机床导轨误差

机床导轨副是机床中确定各主要部件位置关系的基准，直导轨副是实现直线运动的主要部件，其制造和装配精度是影响直线运动的主要因素，直接影响工件的加工精度。

（1）机床导轨误差对工件加工精度的影响

1）导轨在水平面内的直线度误差产生的影响。如图 6-4 所示，磨床导轨在 x 方向存在直线度误差 Δ，磨削外圆时，工件沿砂轮法线方向产生位移，引起工件在半径方向上的误差 $\Delta = \Delta R$。当磨削长外圆柱表面时，造成工件的圆柱度误差。

2）导轨在竖直面内的直线度误差产生的影响。如图 6-5 所示，磨床导轨在竖直面内存在直线度误差 Δ，磨削外圆时，工件沿砂轮切线方向（误差非敏感方向）产生位移，此时工件半径方向上产生误差 $\Delta R \approx \Delta^2 / (2R)$，其值甚小。但导轨在竖直方向上的误差对平面磨床、龙门刨床、铣床等将引起法线方向（误差敏感方向）的位移，将直接反映到

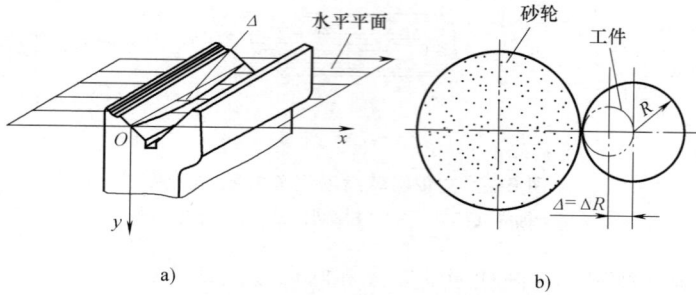

图 6-4　磨床导轨在水平面内的直线度误差

被加工工件的表面，造成工件的形状误差。

3）导轨在水平面和竖直面内的综合误差（扭曲）产生的影响。如图 6-6 所示，若车床前后导轨的平行度误差使大溜板产生横向倾斜扭曲，刀具产生位移，因而引起工件形状误差。由几何关系可知，工件产生的半径误差值为 $\Delta R = \Delta x = \dfrac{H}{B}\Delta$。一般车床 $H/B \approx 2/3$，外圆磨床 $H/B \approx 1$，因此导轨扭曲引起的加工误差不容忽视。

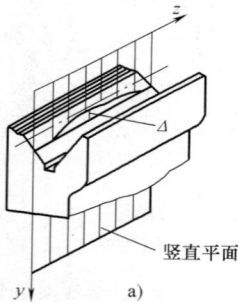

图 6-5　磨床导轨在竖直面内的直线度误差

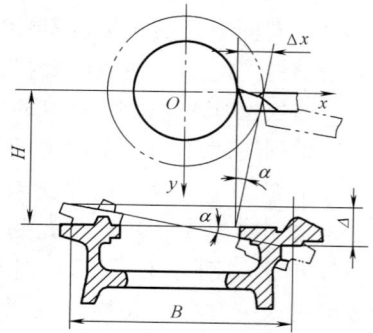

图 6-6　导轨的扭曲

4）导轨对主轴回转轴线的位置误差产生的影响。若导轨与机床主轴回转轴线不平行或不垂直，则会引起工件的几何形状误差，如车床导轨与主轴回转轴线在水平面内不平行，会使工件的外圆柱表面产生锥度；在竖直面内不平行，会使工件的外圆柱表面产生马鞍形误差。

（2）影响机床导轨误差的因素　机床制造误差，包括导轨、溜板的制造误差以及机床的装配误差是影响导轨原有精度的重要因素。机床安装不正确引起的导轨误差，往往远大于制造误差。尤其是刚性较差的长床身，在自重的作用下容易产生变形。因此，若安装不正确或地基不牢固，都将使床身导轨产生变形。导轨磨损是造成导轨误差的另一个重要原因。由于使用程度不同及受力不均匀，导轨沿全长上各段的磨损量不等，就引起导轨在水平面和竖直面内产生位移及倾斜。

提高机床导轨、溜板的制造精度及安装精度，采用耐磨合金铸铁、镶钢导轨、贴塑导轨、滚动导轨、静压导轨和导轨表面淬火等措施可提高导轨的耐磨性；正确安装机床和定期检修等措施均可提高导轨导向精度。

3. 机床传动链误差

（1）传动链误差的概念　传动链的传动误差是指内联系的传动链中首末两端传动元件之间相对运动的误差。它是按展成法原理加工工件（如螺纹、齿轮、蜗轮等）时，影响加工精度的主要因素。例如在滚齿机上用单头滚刀加工直齿轮时，要求滚刀转一圈，工件转过一个齿。上述加工时，必须保证工件与刀具间有严格的传动关系。此运动关系是由刀具与工件间的传动链来保证的。

传动链中的各传动元件，如齿轮、蜗轮、蜗杆等有制造误差（主要是影响运动精度的误差）、装配误差（主要是装配偏心）和磨损时，就会破坏正确的运动关系，使工件产生误差，这些误差的累积，就是传动链的传动误差。传动链传动误差一般用传动链末端元件的转角误差来衡量。传动链的总转角误差 $\Delta\phi_\Sigma$ 是各传动件误差 $\Delta\phi_j$ 所引起末端传动元件转角误差 $\Delta\phi_{jn}$ 的叠加，即 $\Delta\phi_\Sigma = \sum\limits_{j=1}^{n} \Delta\phi_{jn}$，而传动链中某个传动元件的转角误差引起末端传动元件转角误差的大小，取决于该传动元件到末端元件之间的总传动比 i，即 $\Delta\phi_{jn} = i_j \Delta\phi_j$。考虑到各传动件转角误差的随机性，则传动链末端元件的总转角误差可用概率法进行估计：

$$\Delta\phi_\Sigma = \sqrt{\sum_{j=1}^{n} i_j^2 \Delta\phi_j^2}$$

传动比 i_j 反映了第 j 个传动件的转角误差对传动链误差影响的程度，i_j 越小，末端传动件的转角误差就越小，对加工精度的影响也就越小。

（2）减少传动链传动误差的措施

1）减少传动环节，缩短传动链，以减少误差来源。

2）提高传动元件，特别是提高末端传动元件（如车床丝杠螺母副、滚齿机分度蜗杆蜗轮副）的制造精度和装配精度。

3）在传动链中按降速比递增的原则分配各传动副的传动比。传动链末端传动副的降速比越大，则传动链中其余各传动元件误差对传动精度的影响就越小。如齿轮加工机床，分度蜗轮的齿数一般比被加工齿轮的齿数多，其目的就是为了得到很大的降速传动比，一些精密滚齿机的分度蜗轮的齿数在 1000 齿以上。

4）采用误差校正机构，其实质是测出传动误差，在原传动链中人为地加入一个误差，其大小与传动链本身的误差相等且方向相反，从而使之相互抵消。

（二）夹具误差与装夹误差

夹具误差主要是指夹具的定位元件、导向元件及夹具体等的加工误差与装配误差，它将直接影响工件加工表面的位置精度或尺寸精度，对被加工工件的位置误差影响最大。在设计夹具时，凡影响工件精度的尺寸应严格控制其制造误差。夹具的磨损是逐渐而缓慢的过程，它对加工误差的影响不很明显，对它们进行定期的检测和维修，便可提高其几何精度。

装夹误差包括定位误差与夹紧误差，在第五章中已有详述。

（三）刀具误差

刀具误差主要来自刀具的制造、刃磨误差和刀具磨损，包括刀具的尺寸误差、刀具的形状误差和切削刃的几何形状误差，它对加工精度的影响随刀具种类的不同而不同。刀具误差对加工精度的影响见表6-1。

表6-1 刀具误差对加工精度的影响

刀具种类	影响因素	消除途径
一般刀具（如普通车刀、单刃镗刀和平面铣刀等）	无直接影响	及时调整机床或更换刀具
成形刀具（如成形车刀、成形铣刀、成形砂轮等）	刀具的制造、安装、刃磨误差	刀具制造精度应高于加工面的要求精度
定尺寸刀具（如钻头、铰刀、键槽铣刀、圆孔拉刀等）	刀具的制造误差和磨损	控制刀具的磨损量，提高工具耐磨性
展成刀具（如齿轮滚刀、插齿刀等）	刀具的制造误差和安装误差	按一次技术要求选择、重磨、安装刀具

（四）测量误差

工件在加工过程中要用不同的测量方法，采用各种量具、量仪等进行检验测量，再根据测量结果对工件进行试切或调整机床。量具本身的制造误差，测量时的接触力、温度、目测正确程度等，都直接影响测量精度。因此，要正确地选择测量方法和使用量具，以保证测量精度。

（五）调整误差

在机械加工的每一道工序中，为了获得被加工表面的形状、尺寸和位置精度，总是要对工艺系统进行一系列调整。由于调整不可能绝对地准确，因而就会产生调整误差。

工艺系统中的基本调整方式主要包括试切法、调整法和自动控制法，不同的调整方式有不同的误差影响因素，且不同的影响因素及消除途径见表6-2。

表6-2 调整误差对加工精度的影响

调整方式	基本影响因素	消除途径
试切法	1. 试切测量误差 2. 微进给误差 3. 微薄切削层的极限厚度	1. 合理选择量具、量仪、控制测量条件 2. 提高进给机构的制造精度、传动刚度，减小摩擦，采取措施严格控制进刀量，采用新型的微量进给机构 3. 选择切削刃钝圆半径小的刀具材料，精细研磨刀具刃口，以及提高刀具刚度
调整法	除试切法、工件安装、刀具尺寸等影响因素外，还包括： 1. 定程机构的重复定位误差 2. 样件制造误差与磨损，对刀块、导套的位置误差 3. 抽样误差	1. 提高定程机构的刚度及操纵机构的灵敏度 2. 提高样件制造精度及对刀块、导套的安装精度 3. 增加试切件数，提高一批工件尺寸分布中心位置的判断准确性
自动控制法	控制系统的灵敏性与可靠性	1. 提高自动检测精度、进给机构灵敏度及重复定位精度 2. 减小切削刃钝圆半径及提高刀具刚度

三、加工过程误差

(一) 工艺系统受力变形引起的误差

1. 工艺系统的刚度

机械加工中工艺系统在切削力、传动力、惯性力、夹紧力以及重力等的作用下，将产生相应的变形，破坏已调好的刀具和工件之间正确的位置关系，从而产生加工误差。例如，车削细长轴时，工件在切削力作用下产生弯曲变形，加工后会产生腰鼓形的圆柱度误差；在内圆磨床上用横向切入磨孔时，由于磨头主轴受力弯曲变形，磨出的孔会产生带有锥度的圆柱度误差。

工艺系统在外力作用下产生变形的大小，不仅取决于外力的大小，而且和工艺系统抵抗外力使其变形的能力，即工艺系统的刚度有关。工艺系统在各种外力作用下，将在各受力方向产生相应的变形，主要研究误差敏感方向上的变形。因此，工艺系统刚度 k_{xt} 定义为加工表面法向切削力 F_p 与工艺系统的法向变形 δ 的比值，即

$$k_{xt} = \frac{F_p}{\delta} \tag{6-1}$$

2. 工艺系统刚度的计算

(1) 工艺系统总刚度的计算 由于工艺系统各个环节在外力作用下都会产生变形，故工艺系统的总变形量应是

$$\delta = \delta_{jc} + \delta_{dj} + \delta_{jj} + \delta_g \tag{6-2}$$

而根据刚度的概念

$$k_{jc} = \frac{F_p}{\delta_{jc}} \quad k_{dj} = \frac{F_p}{\delta_{dj}} \quad k_{jj} = \frac{F_p}{\delta_{jj}} \quad k_g = \frac{F_p}{\delta_g}$$

式中　δ_{jc}、δ_{dj}、δ_{jj}、δ_g——机床、刀具、夹具、工件的变形量，单位为 mm；

k_{jc}、k_{dj}、k_{jj}、k_g——机床、刀具、夹具、工件的刚度，单位为 N/mm。

因此，工艺系统刚度计算的一般公式为

$$\frac{1}{k_{xt}} = \frac{1}{k_{jc}} + \frac{1}{k_{dj}} + \frac{1}{k_{jj}} + \frac{1}{k_g} \tag{6-3}$$

即工艺系统刚度的倒数等于系统各组成环节刚度的倒数之和。因此，当已知工艺系统各组成部分的刚度，即可求出系统刚度。用刚度一般公式求解系统刚度时，应针对具体情况进行具体分析。例如外圆车削时，车刀本身在切削力作用下沿切向（误差非敏感方向）的变形对加工误差的影响很小，可忽略不计；又如镗孔时，镗杆的受力变形严重地影响着加工精度，而工件（如箱体零件）的刚度一般较大，其受力变形很小，可忽略不计。

(2) 工件、刀具的刚度 当工件、刀具的形状比较简单时，其刚度可用材料力学的有关公式进行近似计算，结果与实际相差无几。例如装夹在卡盘中的棒料以及压紧在车床方刀架上的车刀刚度，可按悬臂梁受力变形的公式计算，即

$$\delta_1 = \frac{F_p L^3}{3EI} \quad k_1 = \frac{F_p}{\delta_1} = \frac{3EI}{L^3}$$

又如支承在两顶尖间加工的棒料，支承在镗模支架上的镗刀杆，可用两支点简支梁受力变形的公式计算，即

$$\delta_2 = \frac{F_p L^3}{48EI} \qquad k_2 = \frac{F_p}{\delta_2} = \frac{48EI}{L^3}$$

式中　L——工件（刀具）的长度，单位为 mm；

　　　E——材料的弹性模量，单位为 N/mm^2，对于钢，$E = 2 \times 10^5 N/mm^2$；

　　　I——工件（刀具）的截面惯性矩，单位为 mm^4；

　　　δ_1——外力作用在梁端点的最大位移，单位为 mm；

　　　δ_2——外力作用在梁中点的最大位移，单位为 mm。

（3）机床部件、夹具部件的刚度　对于由若干个零件组成的机床部件及夹具，其受力变形与各零件间的接触刚度和部件刚度有关，由于其结构复杂，其刚度很难用公式表达，目前主要用试验方法测定。测定方法有单向静载测定法和三向静载测定法。由于夹具一般总是固定在机床上使用，可视为机床的一部分，一般情况下不单独讨论它的刚度。

3. 工艺系统刚度对加工精度的影响

（1）受力点位置变化引起的加工误差　切削过程中，工艺系统的刚度会随切削力作用点位置的变化而变化，引起工件的加工误差。下面以在车床顶尖间加工光轴为例加以说明。

1）机床的变形引起的加工误差。假定工件短而粗，同时车刀悬伸长度很短，即工件和刀具的刚度好，其受力变形相对机床的变形要小得多，可忽略不计。也就是说，工艺系统的变形主要取决于机床，即机床头架、尾座（含顶尖）和刀架的位移，如图 6-7a 所示。又假定工件的加工余量很均匀，并且由于机床变形而造成的背吃刀量（切削深度）变化对切削力的影响也很小，即假定在加工过程中切削力保持不变。

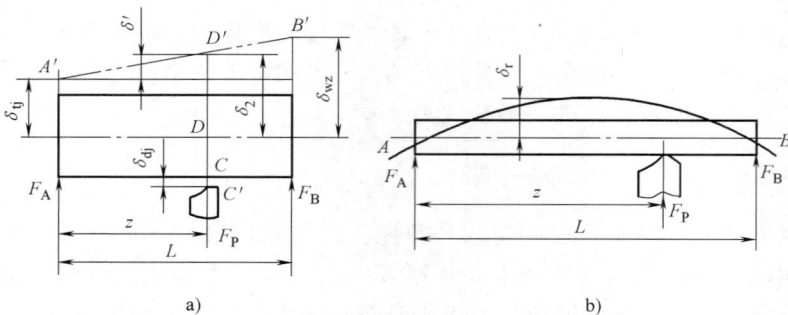

a)　　　　　　　　　　　　　b)

图 6-7　工艺系统变形随切削力作用点变化而变化

当车刀以径向切削力 F_p 进给到图 6-7a 所示的 z 位置时，车床头架所受作用力为 F_A，相应的变形 $\delta_{tj} = \overline{AA'}$；尾座受力为 F_B，相应的变形 $\delta_{wz} = \overline{BB'}$；刀架受力为 F_p，相应的变形 $\delta_{dj} = \overline{CC'}$。这时工件轴线 AB 位移到 $A'B'$，因而刀具切削点处工件轴线的位移 δ_z 为

$$\delta_z = \delta_{tj} + \delta' = \delta_{tj} + (\delta_{wz} - \delta_{tj})\frac{z}{L}$$

式中　L——工件长度；

z——车刀至头架的距离。

考虑到刀架的变形量 δ_{dj} 与工件轴线的变形量 δ_z 的方向相反，因此机床总的变形为

$$\delta_{jc}=\delta_z+\delta_{dj} \tag{6-4}$$

由刚度的定义有

$$\delta_{tj}=\frac{F_A}{k_{tj}}=\frac{F_p}{k_{tj}}\left(\frac{L-z}{L}\right) \quad \delta_{wz}=\frac{F_B}{k_{wz}}=\frac{F_p}{k_{wz}}\frac{z}{L} \quad \delta_{dj}=\frac{F_p}{k_{dj}} \tag{6-5}$$

式中 k_{tj}、k_{wz}、k_{dj}——头架、尾座、刀架的刚度。

把式（6-5）代入式（6-4），最后可得机床的总变形为

$$\delta_{jc}=F_p\left[\frac{1}{k_{tj}}\left(\frac{L-z}{L}\right)^2+\frac{1}{k_{wz}}\left(\frac{z}{L}\right)^2+\frac{1}{k_{dj}}\right] \tag{6-6}$$

这说明，随着切削力作用点位置的变化，工艺系统的变形是变化的。显然这是由于工艺系统的刚度随切削力作用点变化而变化所致。由式（6-6）可求出工艺系统刚度的倒数为

$$\frac{1}{k_{xt}}=\frac{\delta_{jc}}{F_p}=\frac{1}{k_{tj}}\left(\frac{L-z}{L}\right)^2+\frac{1}{k_{wz}}\left(\frac{z}{L}\right)^2+\frac{1}{k_{dj}} \tag{6-7}$$

当 $z=L/2$ 时，工艺系统刚度的倒数为

$$\frac{1}{k_{xt}}=\frac{\delta_{jc}}{F_p}=\frac{1}{4}\left(\frac{1}{k_{tj}}+\frac{1}{k_{wz}}\right)+\frac{1}{k_{dj}} \tag{6-8}$$

一般将式（6-8）表示为机床的柔度公式。

还可用极值的方法求出当 $z=\left(\dfrac{k_{wz}}{k_{tj}+k_{wz}}\right)L$ 时，机床变形最小，即

$$\delta_{jcmin}=F_p\left(\frac{1}{k_{tj}+k_{wz}}+\frac{1}{k_{dj}}\right)$$

由于工艺系统的变形是随着切削力作用点位置的变化而变化的，z 值的变化引起系统变形的变化，进而引起切削深度的变化，其结果使工件产生形状误差。

例 6-2 设车床头架的刚度为 $6\times10^4\text{N/mm}$，尾座的刚度为 $5\times10^4\text{N/mm}$，刀架的刚度为 $4\times10^4\text{N/mm}$，径向切削分力为 300N，工件长为 600mm，则沿工件长度上系统的变形量见表 6-3。

表 6-3 沿工件长度的变形量（一）

z	0(头架处)	$L/6$	$L/3$	$L/2$（工件中点）	$2L/3$	$5L/6$	L(尾座处)
δ_{xt}/mm	0.0125	0.0111	0.0104	0.0103	0.0107	0.0118	0.0135

由于变形大的地方，从工件上切去的金属层薄；变形小的地方，切去的金属层厚，因此因机床受力变形而使加工出来的工件产生两端粗、中间细的马鞍形圆柱度误差，误差值为 $2\times(0.0135-0.0103)\text{mm}=0.0064\text{mm}$。

2）工件的变形引起的加工误差。若在两顶尖间车削细长轴，由于工件细长，刚度小，在切削力作用下，其变形大大超过机床、夹具和刀具所产生的变形。因此机床、夹

具和刀具的受力变形可略去不计，工艺系统刚度主要取决于工件的变形。如图 6-7b 所示，由材料力学中简支梁公式计算工件在切削点的变形量为

$$\delta_{\mathrm{g}} = \frac{F_{\mathrm{p}}}{3EI} = \frac{(L-z)^2 z^2}{L}$$

显然，当 $z=0$ 或 $z=L$ 时，$\delta_{\mathrm{g}}=0$；当 $z=L/2$ 时，工件刚度最小、变形最大：

$$\delta_{\mathrm{gmax}} = \frac{F_{\mathrm{p}} L^3}{48EI}$$

因此加工后的工件产生两端细、中间粗的腰鼓形圆柱度误差。

例 6-3 设工件尺寸为 $\phi30\mathrm{mm} \times 600\mathrm{mm}$，钢的弹性模量 $E=2 \times 10^5 \mathrm{N/mm}^2$，径向切削分力为 300N，则沿工件长度上的变形量见表 6-4。

表 6-4 沿工件长度的变形量（二）

z	0（头架处）	$L/6$	$L/3$	$L/2$ （工件中点）	$2L/3$	$5L/6$	L（尾座处）
$\Delta_{\mathrm{g}}/\mathrm{mm}$	0	0.052	0.132	0.17	0.132	0.052	0

故工件产生的腰鼓形圆柱度误差值为 $2 \times (0.17-0) \mathrm{mm} = 0.34\mathrm{mm}$。

3）工艺系统的总变形引起的加工误差。当同时考虑机床和工件的变形时，工艺系统的总变形为两者的叠加。对于本例，车刀的变形可以忽略，故工艺系统的总变形为

$$\delta = \delta_{\mathrm{jc}} + \delta_{\mathrm{g}} = F_{\mathrm{p}} \left[\frac{1}{k_{\mathrm{tj}}} \left(\frac{L-z}{L} \right)^2 + \frac{1}{k_{\mathrm{wz}}} \left(\frac{z}{L} \right)^2 + \frac{1}{k_{\mathrm{dj}}} \right] + \frac{F_{\mathrm{p}}}{3EI} \frac{(L-z)^2 z^2}{L}$$

不同类型的机床，由于切削力作用点的变化而引起刚度的变化形式各不相同，其造成的加工误差也有差别。例如立式车床、龙门刨床、龙门铣床等的横梁及刀架、铣床滑枕内的主轴等，其刚度均随刀架位置或滑枕伸出长度不同而异，对它们的分析一般也可参照上例方法进行。

（2）切削力大小变化引起的加工误差 在切削加工中，毛坯余量和材料硬度的不均匀，均会引起切削力大小的变化。工艺系统由于受力大小的不同，变形的大小也相应发生变化，从而产生加工误差。

车削一个具有椭圆形状误差的毛坯。刀具调整到一定的背吃刀量（图 6-8 所示双点画线圆的位置）。由于毛坯的形状误差，在工件每转一转中，背吃刀量在最大值 a_{p1} 与最小值 a_{p2} 之间变化。假设毛坯材料的硬度是均匀的，那么 a_{p1} 处的切削力 F_{p1} 最大，相应的变形 δ_1 也最大；a_{p2} 处的切削力 F_{p2} 最小，相应的变形 δ_2 也最小。车削后得到的工件仍然具有圆度误差。由此可见，当车削具有圆度误差 $\Delta_{\mathrm{m}} = a_{\mathrm{p1}} - a_{\mathrm{p2}}$ 的毛

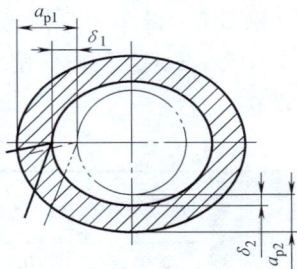

图 6-8 毛坯形状误差的复映

坯时，由于工艺系统受力变形的变化而使工件产生相应的圆度误差 $\Delta_{\mathrm{g}} = \delta_1 - \delta_2$，这种由于工艺系统受力变形的变化而使毛坯的形状误差复映到加工后工件表面的现象，称为误差复映。因误差复映现象而使工件产生的加工误差，称为复映误差。

设工艺系统的刚度为 k_{xt}，则工件的圆度误差

$$\Delta_g = \delta_1 - \delta_2 = \frac{1}{k_{xt}}(F_{p1} - F_{p2}) \tag{6-9}$$

由切削原理可知

$$F_p = \lambda C_{F_c} a_p f^{0.75}$$

式中 λ——$\lambda = F_p / F_c$，一般取 $\lambda = 0.4$；

C_{F_c}——与工件材料、刀具几何参数及切削条件有关的系数；

a_p——背吃刀量；

f——进给量。

因此

$$\delta_1 = \frac{\lambda C_{F_c} a_{p1} f^{0.75}}{k_{xt}} \qquad \delta_2 = \frac{\lambda C_{F_c} a_{p2} f^{0.75}}{k_{xt}}$$

代入式（6-9）得

$$\Delta_g = \delta_1 - \delta_2 = \frac{\lambda C_{F_c} f^{0.75}}{k_{xt}}(a_{p1} - a_{p2}) = \frac{\lambda C_{F_c} f^{0.75}}{k_{xt}}\Delta_m \tag{6-10}$$

令 $\varepsilon = \Delta_g / \Delta_m$，即 $\varepsilon = \dfrac{\lambda C_{F_c} f^{0.75}}{k_{xt}}$，则

$$\Delta_g = \varepsilon \Delta_m \tag{6-11}$$

ε 称为误差复映系数。由于 Δ_g 总是小于 Δ_m，因此 ε 是一个小于 1 的正数。它定量地反映了毛坯误差经加工后所减小的程度，并表明工艺系统刚度越高，则 ε 越小，毛坯复映到工件上的误差也越小。减小径向切削力或增大工艺系统刚度都能使 ε 减小。例如，减小进给量 f，即可减小 ε，又可提高加工精度，但切削时间增长。如果设法增大工艺系统刚度 k_{xt}，如车削细长轴采用跟刀架，不但能减小加工误差 Δ_g，而且可以在保证加工精度前提下相应增大进给量，提高生产率。

增加走刀次数可大大减小工件的复映误差。设 ε_1、ε_2、ε_3、…分别为第一次、第二次、第三次……走刀时的误差复映系数，则

$$\Delta_{g_1} = \varepsilon_1 \Delta_m$$

$$\Delta_{g_2} = \varepsilon_2 \Delta_{g_1} = \varepsilon_1 \varepsilon_2 \Delta_m$$

$$\Delta_{g_3} = \varepsilon_3 \Delta_{g_2} = \varepsilon_1 \varepsilon_2 \varepsilon_3 \Delta_m$$

总的误差复映系数 $\varepsilon_\Sigma = \varepsilon_1 \varepsilon_2 \varepsilon_3 \cdots$，则

$$\Delta_g = \varepsilon_\Sigma \Delta_m$$

由于工艺系统误差复映系数 ε 总是远小于 1，经多次走刀后，ε_Σ 降至一个极小的数值。工件加工误差也逐渐降低到允许的范围内。这说明了为什么工件加工要多次走刀，经过粗、精加工才能达到较高加工精度的原因。

由以上分析可知，当工件毛坯有形状误差（如圆度、圆柱度、直线度误差等）或相互位置误差（如同轴度、平行度、垂直度误差等）时，加工后仍然会有类似的误差出现。在成批大量生产中用调整法加工一批工件时，若毛坯尺寸不一而导致加工余量不均匀，那么误差复映会造成加工后这批工件的尺寸分散。材料硬度不均匀，同样会引起切削力的变化，使工件的尺寸分散范围扩大，甚至超差而产生废品。

（3）工艺系统中其他作用力引起的加工误差　在加工过程中，工艺系统除受到总切削力作用外，还受到夹紧力、重力、惯性力、传动力等的作用，在这些力的作用下，工艺系统也将产生变形，进而影响工件的加工精度。

1）夹紧力的影响。工件在装夹时，由于刚度较低或夹紧力的方向和作用点不当，会使工件产生相应的变形，造成加工误差。如图6-9所示，薄壁套筒装夹在自定心卡盘上镗孔。假定坯件是正圆形，夹紧后坯件呈三棱形（图6-9a），虽然镗出的孔为正圆形（图6-9b），但夹紧松开后，套筒的弹性恢复使孔又变成三角棱圆形（图6-9c）。为了减少薄壁套筒的夹紧变形，可采用开口过渡环（图6-9d），或采用宽卡爪（图6-9e）夹紧，使夹紧力均匀分布，从而减少变形，减少加工误差。

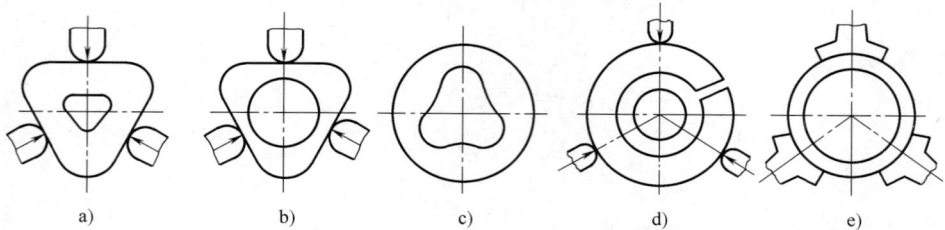

图 6-9　套筒夹紧变形的误差

a）第一次夹紧　b）镗孔　c）松开后工件变形　d）采用开口过渡环　e）采用宽卡爪

2）重力的影响。工艺系统中有关零部件自身重力所引起的相应变形，如龙门铣床、龙门刨床刀架横梁的变形，镗床的镗杆自重下垂变形，摇臂钻床的摇臂在主轴箱自重下的变形等都会造成加工误差。

3）惯性力的影响。在高速切削时，如果工艺系统中有不平衡的高速旋转的构件（包括夹具、工件和刀具等）存在，就会产生离心力 F_Q。离心力在工件的每一转中不断改变方向，当不平衡质量的离心力大于切削力时，车床主轴轴颈和轴套内孔表面的接触点就会不停地变化，轴套孔的圆度误差将传给工件的回转轴心，从而引起加工误差。如图6-10所示，车削一个不平衡的工件，当离心力 F_Q 与切削力 F_p 反向时，将工件推向刀具，使背吃刀量增加（图6-10a）；当离心力 F_Q 与切削力 F_p 同向时，工件被拉离刀具，使背吃刀量减小（图6-10b），结果造成工件的圆度误差。

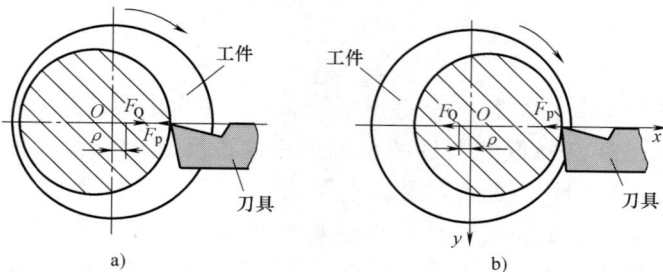

图 6-10　惯性力引起的加工误差

例 6-4　设工件重力 $W = 100N$，主轴转速 $n = 1000r/min$，不平衡质量 m 到旋转中心的距离 $\rho = 5mm$，则离心力为

$$F_Q = m\rho\omega^2 = \frac{W}{g}\rho\left(\frac{2\pi n}{60}\right)^2 = \frac{100}{9800} \times 5 \times \left(\frac{2\times\pi\times1000}{60}\right)^2 \text{N} = 558.93\text{N}$$

设工艺系统的刚度为 $3\times10^4\text{N/mm}$，则工件半径上的加工误差为

$$\Delta R = \delta_{\max} - \delta_{\min} = \frac{F_p + F_Q}{k_{xt}} - \frac{F_p - F_Q}{k_{xt}} = \frac{2F_Q}{k_{xt}} = \frac{2\times558.93}{3\times10^4}\text{mm} = 0.037\text{mm}$$

周期性的惯性力还常常引起工艺系统的强迫振动，影响被加工零件的表面质量。因此机械加工中若遇到这种情况，可采用"对重平衡"的方法来消除。

4）传动力的影响。在车床或磨床上加工轴类零件时，常用单爪拨盘带动工件旋转。如图 6-11 所示，传动力在拨盘的每一转中不断改变方向，有时与切削力同向，有时与切削力反向，造成与惯性力相似的加工误差。因此，精密零件的加工应采用双爪拨盘或柔性连接装置带动工件旋转。

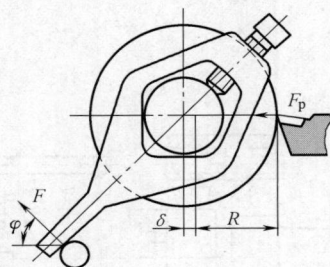

4. 减少工艺系统受力变形的措施

由工艺系统刚度表达式（6-1）可知，减少工艺系统受力变形的途径：一是提高工艺系统刚度；二是减小切削力及其变化。

图 6-11 传动力产生的加工误差

（1）提高工艺系统刚度 提高工艺系统刚度应从提高其各组成部分薄弱环节的刚度入手，这样才能取得事半功倍的效果。提高工艺系统刚度的主要途径是：

1）提高接触刚度。一般部件的刚度都是接触刚度低于实体零件的刚度。因此，提高接触刚度是提高工艺系统刚度的关键。减少组成件数，提高接触面的表面质量，均可减小接触变形，提高接触刚度。常用的方法是改善工艺系统中主要零件接触面的配合质量，如机床导轨副、锥体与锥孔、顶尖与中心孔等配合面采用刮研与研磨，以提高配合表面的形状精度，减小表面粗糙度值，使实际接触面增加，从而有效地提高接触刚度。

对于相配合零件，可以通过在接触面间适当预紧，消除间隙，增大实际接触面积，减少受力后的变形量。该措施常用在各类轴承的调整中。

2）提高工件的刚度。在加工中，由于工件本身的刚度较低，特别是叉架类、细长轴等零件，容易变形。在这种情况下，提高工件的刚度是提高加工精度的关键。其主要措施是缩小切削力的作用点到支承之间的距离，以增大工件在切削时的刚度。图 6-12a 所示是车削较长工件时采用中心架增加支承，图 6-12b 所示是车细长轴时采用跟刀架增加支承，以提高工件的刚度。

3）提高机床部件的刚度。在切削加工中，有时由于机床部件刚度低而产生变形和振动，影响加工精度和生产率的提高，因此加工时常采用增加辅助装置，减少悬伸量，以及增大刀杆直径等措施来提高机床部件的刚度。图 6-13a 所示是在转塔车床上采用固定导向支承套，图 6-13b 所示是采用装在主轴孔内的转动导向支承套，并用加强杆与导向支承套配合来提高机床部件的刚度。

4）合理的装夹方式和加工方法。加工刚度低的工件时，采用合理的装夹方式和加工方法以提高工件的刚度，改变夹紧力的方向、让夹紧力均匀分布等都是减少夹紧变形的

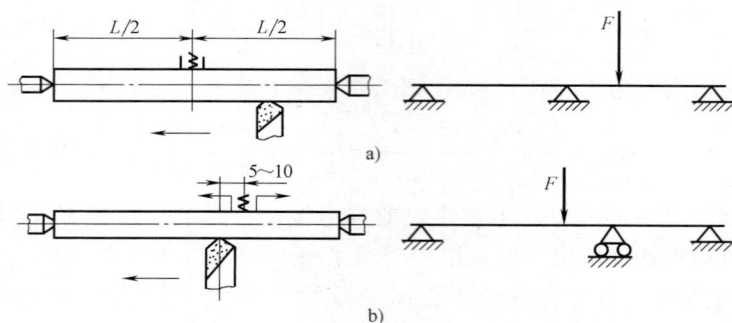

图 6-12 增加支承，提高工件刚度

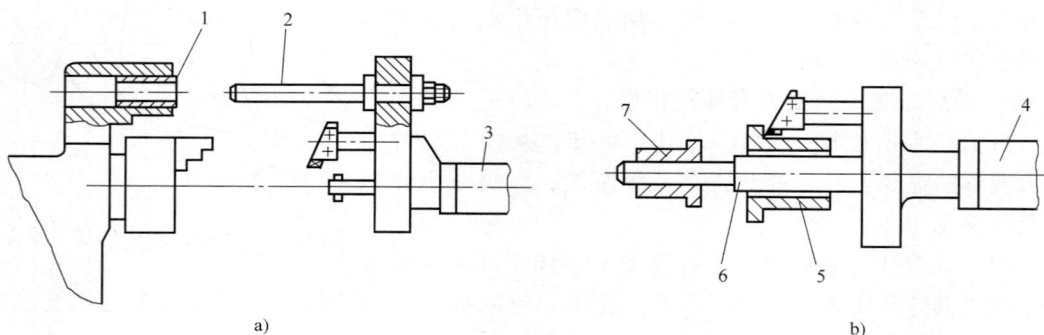

图 6-13 提高机床部件刚度的装置

a）采用固定导向支承套 b）采用转动导向支承套

1—固定导向支承套 2、6—加强杆 3、4—六角刀架 5—工件 7—转动导向支承套

有效措施。图 6-14 所示为在铣床上加工角铁零件，图 6-14b 所示装夹方式的工艺系统刚度显然要比图 6-14a 的高。

（2）减小切削力及其变化 改善毛坯制造工艺，合理选择刀具的几何参数，增大前角和主偏角，合理选择刀具材料，对工件材料进行适当的热处理以改善材料的加工性能，都可使切削力减小。为控制和减小切削力的变化幅度，应尽量使一批工件的材料性能和加工余量保持均匀。

（二）工艺系统受热变形引起的误差

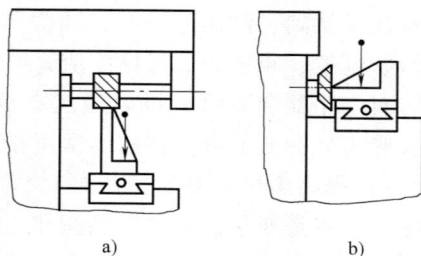

图 6-14 改变装夹与加工方式，提高工艺系统刚度

a）工件立式装夹（滚铣）
b）工件卧式装夹（端铣）

在机械加工过程中，工艺系统会受到各种热的影响而产生变形，破坏了刀具与工件的相对位置关系，造成工件的加工误差。特别是在精密加工和大件加工中，热变形所引起的加工误差通常会占到工件加工总误差的 40%~70%。为减少受热变形对加工精度的影响，通常需要预热机床以获得热平衡，或降低切削用量以减少切削热和摩擦热，或在粗加工后停机以待热量散发后再进行精加工，或增加工序（使粗、精加工分开）等，因此，工艺系统热变形不仅影响加工精度，而且还影响加工效率。随着高精度、高效率及自动

化加工技术的发展，工艺系统热变形问题日益突出。

1. 工艺系统的热源

引起工艺系统变形的热源可分为内部热源和外部热源两大类。内部热源包括切削热（工件、刀具、切屑、切削液）和摩擦热（电动机、轴承、齿轮、液压泵等），外部热源包括环境热（气温与室温变化、热与冷风等）和辐射热（日光、照明、暖气、体温等）。

工艺系统在工作状态下，一方面它经受各种热源的作用使温度逐渐升高；另一方面，它同时也通过各种传热方式向周围介质散发热量。当工件、刀具和机床的温度达到某一数值时，单位时间内传出和传入的热量接近相等，工艺系统就达到了热平衡状态。在热平衡状态下，工艺系统各部分的温度保持在某一相对固定的数值上，工艺系统的热变形将趋于相对稳定。因此，精加工应在热平衡状态下进行。

2. 工件热变形对加工精度的影响

机械加工过程中，工件产生热变形主要是由切削热引起的。对于精密零件，周围环境温度变化和日光、取暖设备等外部热源对工艺系统的局部辐射也不容忽视。不同的材料、不同的形状尺寸、不同的加工方法，工件的受热变形也不相同。如加工铜、铝等有色金属零件时，由于热胀系数大，其热变形尤为显著。

轴类零件在车削或磨削时，一般是均匀受热，温度逐渐升高，可近似看成是均匀受热的情况。工件均匀受热影响工件的尺寸精度，其热变形 ΔL 可以按物理学计算热膨胀的公式求出，即

$$\Delta L = \alpha L \Delta t \qquad (6\text{-}12)$$

式中　L——工件变形方向的长度（或直径），单位为 mm；

　　　α——工件材料的热胀系数，单位为 $℃^{-1}$，钢的热膨胀系数为 $1.17 \times 10^{-5} ℃^{-1}$，铸铁为 $1 \times 10^{-5} ℃^{-1}$，黄铜为 $1.7 \times 10^{-5} ℃^{-1}$；

　　　Δt——工件的平均温升，单位为℃。

精密丝杠磨削时，工件的受热伸长会引起螺距累积误差。若丝杠长度为 2m，每一次走刀磨削温度升高约 3℃，材料为钢材，则丝杠的伸长量 $\Delta L = \alpha L \Delta t = 1.17 \times 10^{-5} \times 2000 \times 3$ mm = 0.07mm。而 6 级丝杠的螺距累积误差在全长上不允许超过 0.02mm，由此可见热变形的严重性。

平面在刨削、铣削、磨削加工时，工件单面受热，上、下平面间产生温差而引起热变形，此为工件不均匀受热情况，导致工件向上凸起，凸起部分被工具切去。当加工完冷却后，加工表面就产生了中凹，造成了几何形状误差。

工件凸起量 f 的大小可按下式估算：

$$f \approx \frac{\alpha L^2 \Delta t}{8H} \qquad (6\text{-}13)$$

式中　L——工件长度，单位为 mm；

　　　H——工件厚度，单位为 mm。

工件的热变形对粗加工加工精度的影响一般不必考虑，但在流水线、自动线以及工序集中的场合下，应给予足够重视，否则粗加工的热变形将影响到精加工。为了避免工件热变形对加工精度的影响，在安排工艺过程时，应尽可能把粗、精加工分开，以使工

件粗加工后有足够的冷却时间。

3. 刀具热变形对加工精度的影响

刀具热变形主要是由切削热引起的。通常传入刀具的热量并不太多，但由于热量集中在切削部分，刀头体积小，热容小，故使刀具温升较快，它对加工精度的影响是不能忽视的。例如高速钢刀具车削时，刃部的温度可达 700~800℃，刀具热伸长量可达 0.03~0.05mm。

加工大型零件时，刀具的热变形往往造成几何形状误差。如车削长轴时，可能由于刀具热伸长而产生锥度（尾座处的直径比主轴箱附近的直径大）。

为了减小刀具的热变形，应合理选择切削用量和刀具几何参数，并给予充分冷却和润滑，以减少切削热，降低切削温度。

4. 机床热变形对加工精度的影响

机床在工作过程中，受到内外热源的影响，各部分的温度将逐渐升高。由于机床结构的复杂性，各部件的热源不同，分布不均匀，因此不仅各部件的温升不同，而且同一部件不同位置的温升也不相同，形成不均匀的温度场，使机床各部件之间的相互位置发生变化，破坏了机床原有的几何精度而造成加工误差。

由于各类机床的结构和工作条件相差很大，不同类型的机床，其主要热源各不相同，热变形对加工精度的影响也不相同，因此引起机床热变形的变形形式也各不相同。图 6-15 所示为几种机床在工作状态下热变形的趋势。车、铣、钻、镗类机床的主要热源是主轴箱的齿轮和轴承摩擦发热及润滑油发热，使主轴箱和床身（或立柱）的温度升高而产生变形和翘曲，从而造成主轴的位移和倾斜；磨床类机床的主要热源为砂轮主轴轴承和液压系统的发热，引起砂轮架位移、工作头架位移和导轨的变形。

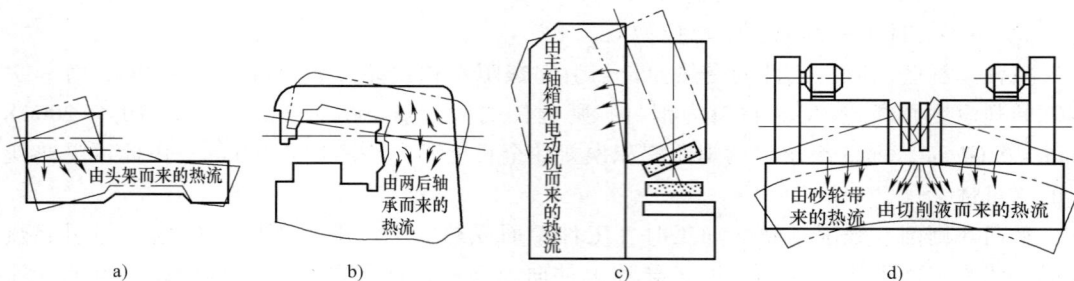

图 6-15 几种机床在工作状态下热变形的趋势
a）车床　b）铣床　c）平面磨床　d）双端面磨床

龙门刨床、导轨磨床等大型机床的长床身部件，导轨面与底面的温差会产生较大的弯曲变形，故床身热变形是影响加工精度的主要因素。

当机床运转一段时间之后，各部件传入的热量和散失的热量基本相等而达到热平衡状态，变形趋于稳定。在机床达到热平衡状态之前，机床几何精度变化不定，对加工精度的影响也变化不定。因此，精密加工应在机床处于热平衡之后进行。一般机床，如车床、磨床等，其空运转的热平衡时间为 4~6h，中小型精密机床为 1~2h，大型精密机床往往要超过 12h。

5. 减少工艺系统热变形对加工精度影响的主要措施

（1）减少发热和隔离热源 凡是可能分离出去的热源，如电动机、变速箱、液压系统、切削液系统等均应移出，使之成为独立单元。对于不能分离的热源，如主轴轴承、丝杠螺母副、高速运动的导轨副等，则可从结构、润滑等方面改善其摩擦特性，减少发热。例如采用静压轴承、静压导轨，改用低黏度润滑油、锂基润滑脂，或使用循环润滑、油雾润滑等措施。

（2）保持工艺系统的热平衡 当工艺系统达到热平衡状态时，热变形趋于稳定，加工精度易于保证。因此，为了尽快使机床进入热平衡状态，可以在加工工件前，使机床做高速空运转，当机床在较短时间内达到热平衡之后，再将机床速度转换成工作速度进行加工。

（3）控制环境温度 精密机床应安装在恒温车间，其恒温精度一般控制在±1℃以内，精密级为±0.5℃。恒温车间平均温度一般为 20℃，冬季可取 17℃，夏季可取 23℃。

（三）工艺系统内应力引起的误差

内应力（或残余应力）是指外部载荷去除后，仍残存在工件内部的应力。内应力是由金属内部相邻组织发生了不均匀的体积变化而产生的，体积变化的因素主要来自热加工或冷加工。零件中的内应力往往处于一种很不稳定的相对平衡状态，其内部组织有恢复到一种新的稳定的没有内应力状态的倾向。在常温下，特别是在外界某种因素的影响下，很容易失去原有状态，使内应力重新分布。在内应力变化过程中，零件产生相应的变形，原有的加工精度受到破坏。用这些零件装配成机器，在机器使用中也会逐渐产生变形，从而影响整台机器的质量。因此，必须采取措施消除内应力对零件加工精度的影响。

1. 毛坯制造中产生的内应力

在铸、锻、焊及热处理等热加工过程中，由于工件各部分热胀冷缩不均匀以及金相组织转变时的体积变化，使毛坯内部产生了相当大的内应力。毛坯的结构越复杂、壁厚越不均匀，散热的条件差别越大，毛坯内部产生的内应力也越大。具有内应力的毛坯，内应力暂时处于相对平衡状态，变形是缓慢的，但当条件变化后，就会打破这种平衡，内应力重新分布，工件就明显地出现变形。

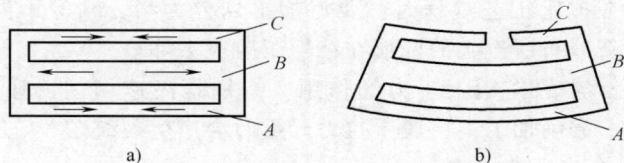

图 6-16 铸件内应力引起的变形

图 6-16a 所示为一个内外截面厚薄不同的铸件在浇注后的冷却过程中产生内应力的情况。当铸件冷却时，由于壁 A 和壁 C 比较薄，散热较容易，因此冷却较快；而壁 B 较厚，冷却较慢。当 A、C 从塑性状态冷却到弹性状态（约 620℃）时，壁 B 尚处于塑性状态，因此 A、C 继续收缩时，B 不起阻止变形的作用，故不会产生内应力。而当 B 也冷却到弹

性状态时，A、C 的温度已经降低很多，收缩速度变得很慢，但这时 B 收缩较快，因而受到了 A、C 的阻碍。这样，B 就受拉应力的作用，而 A、C 就受压应力的作用，形成了相互平衡的状态。

如果在铸件 C 处切开一个缺口，如图 6-16b 所示，则 C 的压应力消失。铸件在 B、A 的内应力作用下，B 收缩，A 伸长，铸件产生了弯曲变形，直至残余应力重新分布，达到新的平衡为止。一般对较复杂的铸件，需进行时效处理，以消除或减小残余应力。

2. 冷校直带来的内应力

一些刚度较差容易变形的轴类零件，常采用冷校直的方法使之变直。冷校直的方法是在室温状态下，将有弯曲变形的轴放在两个 V 形块上，使凸起部位朝上，在弯曲的反方向施加外力 F，如图 6-17a 所示。在外力 F 的作用下，工件内部残余应力的分布如图 6-17b 所示，在轴线以上产生压应力（用负号表示），在轴线以下产生拉应力（用正号表示）。在轴线和两条双点画线之间是弹性变形区域，在双点画线之外是塑性变形区域。当外力 F 去除后，外层的塑性变形区域阻止内部弹性变形的恢复，使残余应力重新分布，如图 6-17c 所示。这时，冷校直虽然减小了弯曲，但工件却处于不稳定状态，若再次加工，工件还会朝原来的弯曲方向变回去，产生新的变形。因此，高精度丝杠的加工，不允许冷校直，而采用加大毛坯余量、经过多次切削和时效处理来消除内应力，或采用热校直。

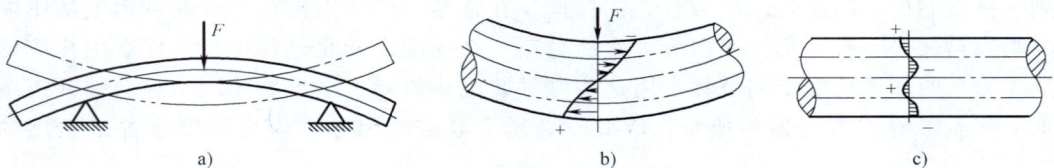

图 6-17 冷校直引起的残余应力

a）冷校直方法　b）加载时残余应力的分布　c）卸载后残余应力的分布

3. 切削加工中产生的内应力

工件在进行切削加工时，在切削力和摩擦力的作用下，使表层金属产生塑性变形，引起体积改变，从而产生残余应力。这种残余应力的分布情况由加工时的工艺因素决定。

内部有残余应力的工件在切去表面的一层金属后，残余应力要重新分布，从而引起工件的变形。为此，在拟定工艺规程时，要将加工划分为粗、精等不同阶段进行，以使粗加工后残余应力重新分布所产生的变形在精加工阶段去除。

在大多数情况下，热的作用大于力的作用。特别是高速切削、强力切削、磨削等，热的作用占主要地位。磨削加工中，表层拉力严重时会产生裂纹。

4. 减少或消除残余应力的措施

（1）合理设计零件结构　在机器零件的结构设计中，应尽量简化结构，使壁厚均匀、结构对称，以减少内应力的产生。

（2）合理安排热处理和时效处理　对铸、锻、焊件进行退火、回火及时效处理，零件淬火后进行回火；对精密零件，如丝杠、精密主轴等，应多次安排时效处理。常用的时效处理方法有自然时效、人工时效及振动时效。

1）自然时效，是把毛坯或经粗加工后的工件置于露天下，利用温度的自然变化，经过多次热胀冷缩，使工件的内应力逐渐消除。这种方法效果好，但所需时间长，影响产品的制造周期，因此除特别精密件外，一般较少采用。

2）人工时效，是将工件放在炉内加热到一定温度，再随炉冷却以消除内应力。人工时效分高温时效和低温时效。前者一般在毛坯制造或粗加工以后进行，后者多在半精加工后进行。低温时效效果好，但时间长。人工时效对大型零件则需要较大的设备，其投资和能源消耗都比较大。

3）振动时效，是让工件受到激振器或振动台的振动，或装入滚筒在滚筒旋转时相互撞击。这种方法节省能源、简便高效，适用于中小零件及有色金属件等。

（3）合理安排工艺过程　粗、精加工宜分阶段进行，使粗加工后有一定时间让内应力重新分布，以减少对精加工的影响。对质量和体积均很大的笨重零件，即使在同一台重型机床上进行粗、精加工，也应该在粗加工后将被夹紧的工件松开，使之有充足时间重新分布残余应力，使其充分变形后，再重新用较小的力夹紧进行精加工。

（四）机械加工过程中的振动

机械加工过程中，工艺系统常常发生振动。产生振动时，工艺系统的正常切削过程便受到干扰和破坏，刀具与工件间的振动位移会使被加工表面产生振痕，影响零件的表面质量和使用性能。工艺系统将持续承受动态交变载荷的作用，刀具易于磨损，有时甚至崩刃，机床连接部位的连接特性会受到破坏。严重时，强烈的振动会使切削过程无法进行。为此，常不得不降低切削用量，降低了生产率。振动不仅影响刀具和机床的寿命，还会发出刺耳的噪声，造成环境污染，影响工人的身心健康。

机械加工过程中振动的基本类型有自由振动、强迫振动和自激振动三类。其中，自由振动是由于切削力的突变或外界传来的冲击力引起，是一种迅速衰减的振动，对加工过程的影响较小。这里主要讨论强迫振动和自激振动。

1. 机械加工中的强迫振动

机械加工过程中的强迫振动是指在周期性干扰力（激振力）的持续作用下，振动系统受迫产生的振动。机械加工过程中的强迫振动与一般机械振动中的强迫振动没有本质上的区别。机械加工过程中的强迫振动的频率与干扰力的频率相同或是其整数倍；当干扰力的频率接近或等于工艺系统某一薄弱环节固有频率时，系统将产生共振。

（1）强迫振动产生的原因　强迫振动的振源包括机床外部的机外振源和机床内部的机内振源。

外部振源：主要是通过地基传给机床的，如其他机床（冲压设备、刨床等）、打桩机、交通运输设备等通过地基传来的振动。可以通过加设隔振地基来隔离外部振源，消除其影响。

内部振源：机床上的带轮、卡盘或砂轮等高速回转零件因旋转不平衡引起的振动；机床传动机构的缺陷（齿轮啮合冲击、滚动轴承滚动体误差、液压脉冲等）引起的振动；由于切削过程的不连续（如铣、拉、滚齿等加工）引起的振动；往复运动部件的惯性力引起的振动等。

（2）强迫振动的主要特点

1) 强迫振动是在外界周期性干扰力作用下产生的，振动本身并不能引起干扰力的变化。当干扰力停止时，则工艺系统的振动也随之停止。

2) 不管工艺系统本身的固有频率如何，强迫振动的频率总是等于干扰力的频率或其整数倍。

3) 强迫振动的振幅大小与干扰力的大小、系统的刚度及阻尼系数有关，干扰力越大、系统刚度及阻尼系数越小，振幅就越大；特别是在很大程度上取决于干扰力与系统固有频率的比值 λ。当 λ 等于或接近于 1 时，振幅最大，称为"共振"。

（3）减少强迫振动的措施和途径

1) 减小激振力即可有效地减小振幅，使振动减弱或消失。对于转速在 600r/min 以上的回转零件，如砂轮、卡盘、电动机转子及刀盘等，必须给予平衡。对于齿轮传动，应提高齿轮的基节和齿形精度，减小安装时的几何偏心，这样即可减小或消除传动过程中的冲击，避免振动。对于带传动，则应采用较完善的带接头，使其连接后的刚度和厚度变化最小。

2) 调节振动频率可通过改变电动机转速或传动比、改变切削刀具的齿数等措施，使激振力的频率远离机床的固有频率，以避免共振。

3) 增强机床或整个工艺系统的刚度和阻尼，提高机床或系统刚度，是增强系统抗振性从而防止振动的积极措施。增加系统的阻尼，将增加系统对激振能量的消耗作用，能够有效地防止和消除振动。

4) 消振和隔振。隔振是指在振动传递的路线上设置隔振材料，使由振源所激起的振动不能传递到刀具和工件上去。例如对于某些动力源，如电动机、液压泵等最好与机床分开，用软管连接，或者用隔振材料（如橡胶、弹簧、软木等）与机床隔开。为了消除系统外振源的影响，常在机床周围挖防振沟。工艺系统本身的干扰振源，如工件本身不平衡、加工余量不均匀以及工件材料的材质不均匀，加工表面不连续以及刀齿的断续切削等引起的周期性切削冲击振动，可采用阻尼器或减振器消振（见图 6-21～图 6-24）。

2. 机械加工中的自激振动

（1）自激振动的概念　机械加工中的自激振动不同于受迫振动，它不是由外加的激振力引起的，而是由系统本身动力特性的变化而引起的振动，并在工件的加工表面留下明显的、有规律的振纹。这种由系统本身产生和维持的振动称为自激振动。

图 6-18 所示的自激振动系统框图揭示了自激振动系统的组成环节。由图 6-18 可以看出，自激振动系统是一个由振动系统和调节系统组成的闭环系统。这个系统维持稳定振动的条件为：在一个振动周期内，从能源机构经调节系统输入振动系统的能量等于系统阻尼所消耗的能量。

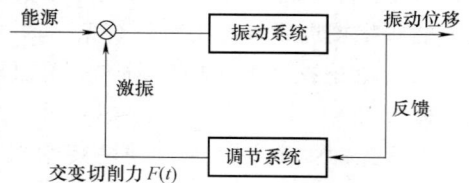

图 6-18　自激振动系统框图

（2）自激振动的主要特点

1) 自激振动所需的交变力是由振动过程本身产生和控制的。外界的干扰力是瞬时性的，仅在最初触发振动时起作用，在很多情况下，振动的触发也是由振动系统本身的、瞬时的、偶然的干扰力产生的。切削运动一停止，交变力随之停止，自激振动也停止了。因此可以通过改变切削过程中有影响的工艺参数来限制自激振动。

2）自激振动的频率等于或接近于系统的固有频率，或者说，自激振动的频率取决于振动系统的固有特性。这一点与强迫振动根本不同，强迫振动的频率取决于外界干扰力的频率。

3）自激振动能否产生以及振幅大小，取决于每一振动周期内系统所获得的能量与所消耗的能量的比值。当获得的能量大于消耗的能量时，振幅加大；相等时，振幅稳定；反之，振幅衰减。此外，振幅的大小还与系统的刚度和阻尼系数有关，系统刚度和阻尼系数越小，振幅就越大。

（3）自激振动的控制

1）合理选择切削用量。当切削速度为中速（$20 \sim 60 \text{m/min}$）时，振幅 A 较大，最易产生振动。因此在生产中常选用高速切削或低速切削来避免自激振动。在加工表面粗糙度允许下，选择较大的进给量以避免自激振动。较小的背吃刀量可以导致切削宽度及振幅的减小，但背吃刀量过小会增加走刀次数，从而影响生产率。因此，在选取较小的背吃刀量的同时可以选择较大的进给量与切削速度，这样既可避免或减小自激振动，又可保持一定的生产率。

2）合理选择刀具的几何参数。前角 γ_o 对振动影响较大，随着 γ_o 增大，振幅 A 随之下降。但在切削速度较高时，前角对振动的影响将减弱，故高速切削时用负前角也不致产生强烈的振动。主偏角 κ_r 增大时，背向力将减小，切削宽度也减小，振幅将逐渐减小。当 $\kappa_\text{r} = 90°$ 时，振幅最小。当后角 α_o 减小到 $2° \sim 3°$ 时，振动有明显的减弱。但后角不能太小，以免后刀面与加工表面之间发生摩擦，反而引起振动。通常在刀具主后刀面上磨出一段负倒棱，能起到很好的消振作用。刀尖圆弧半径 r_ε 增大时，背向力随之增大，因此为减小振动，应选择较小的刀尖圆弧半径。

3）合理调整振型的刚度比和方位角。如采用图 6-19 所示的削扁镗杆进行镗孔试验。适当调整刚度比和选择方位角，就可以有效地提高系统的抗振性，抑制自激振动。镗杆 5 直径为 d，其削扁部分的厚度为 $(0.6 \sim 0.8)d$，圆柱部分直径方向与削扁部分厚度方向互相垂直，具有不同的刚度 k_1 和 k_2，镗刀 2 装在刀头 1 的方孔中并用两个螺钉 3 锁紧，刀头再用螺钉 4 固定在镗杆 5 的任意角度位置上，根据需要可以转位来调整其方位角 α，以消除自激振动，保证镗孔质量。图 6-20 所示为削扁镗杆镗孔示意图，通过试验证明，当 $0° < \alpha < 60°$ 时镗孔，系统最不稳定，产生强烈的自激振动；当 $110° < \alpha < 150°$ 时，系统最稳定，不会出现自激振动。

4）提高工艺系统的抗振性。可用刮研连接表面、增强连接刚度等方法提高机床零部件之间的接触刚度和接触阻尼。使用高弯曲与扭转刚度、高弹性模数、高阻尼系数的刀具，以增加刀具的抗振性。采用中心架、跟刀架，提高顶尖孔的研磨质量等方法，都有助于提高工艺系统的抗振性。

5）采用减振装置。在采用上述各种措施后，若仍得不到满意的减振效果时，可使用减振装置。该装置对强迫振动和自激振动同样有效，现已广泛应用。常用的减振装置如图 6-21 ~ 图 6-24 所示。

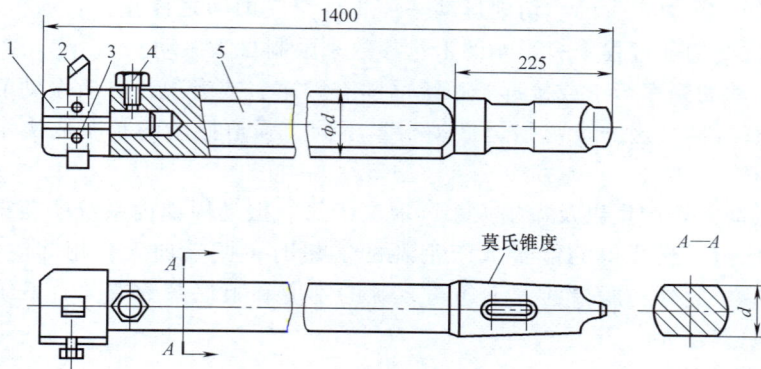

图 6-19 削扁镗杆

1—刀头 2—镗刀 3、4—螺钉 5—镗杆

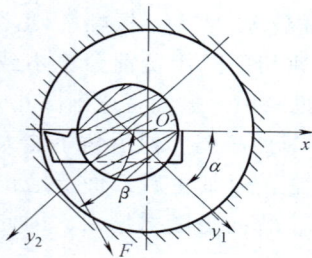

图 6-20 削扁镗杆镗孔示意图

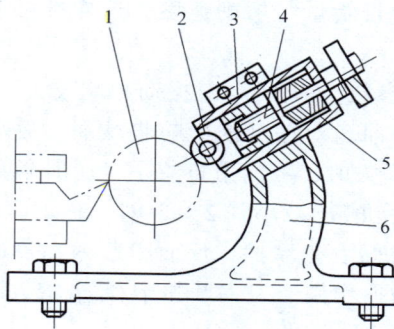

图 6-21 干摩擦阻尼器

1—工件 2—触头 3—壳体
4—调节杆 5—多层弹簧片 6—跟刀架

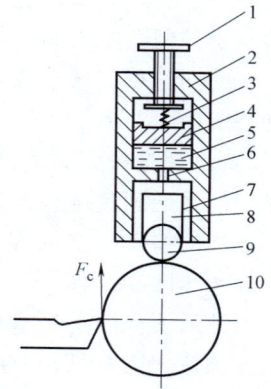

图 6-22 液压阻尼器

1—调节杆 2—壳体 3—弹簧
4—活塞 5—液压缸后腔 6—小孔
7—液压缸前腔 8—柱塞
9—触头 10—工件

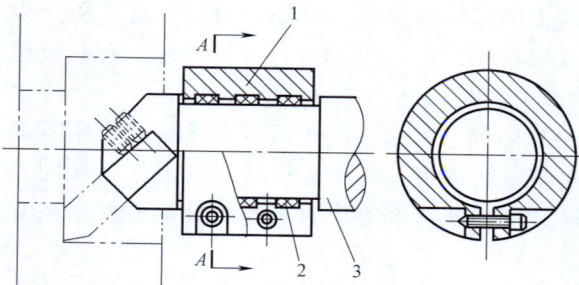

图 6-23 用于镗杆的减振器

1—附加质量 2—微孔橡胶衬垫 3—镗杆

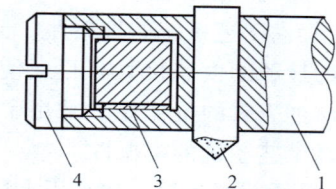

图 6-24 镗杆上用的冲击减振器

1—端盖 2—冲击块 3—镗刀头 4—镗杆

第三节 加工误差的统计分析

实际生产中，影响加工误差的因素错综复杂，加工误差往往是多种因素综合影响的结果，而且其中的不少因素对加工的影响是带有随机性的。因此，在很多情况下单靠单因素分析方法来分析加工误差是不够的，还必须运用数理统计的方法对加工误差的数据进行处理和分析，从中发现误差形成规律，从而找出影响加工误差的主要因素，这就是加工误差的统计分析法。

一、加工误差的性质

根据加工工件时误差出现的规律，加工误差可分为系统性误差和随机性误差两大类。

1. 系统性误差

系统性误差可分为常值系统误差和变值系统误差两种。在顺序加工一批工件中，其大小和方向保持不变的误差，称为常值系统误差。机床、刀具、夹具的制造误差以及工艺系统受力变形引起的加工误差，均与时间无关，其大小和方向在一次调整中也基本不变，因此属于常值系统误差。机床、夹具、量具等磨损引起的加工误差，在一定时间内无明显的差异，也可看作是常值系统误差。常值系统误差可以通过对工艺装备进行相应的维修、调整，或采取针对性的措施（如用一种常值系统性误差去补偿原来的常值系统性误差）来加以消除。

在顺序加工一批工件中，其大小和方向按一定规律变化的误差，称为变值系统误差。机床、刀具、夹具等在热平衡前的热变形误差和刀具的磨损等，属于变值系统误差。变值系统误差，若能掌握其大小和方向随时间变化的规律，就可以通过自动连续、周期性补偿等措施来加以控制。

2. 随机性误差

在顺序加工一批工件中，其加工误差的大小和方向的变化是随机性的，称为随机性误差。毛坯误差（余量不均、硬度不均等）的复映、夹紧误差、残余应力引起的误差、多次调整的误差等，属于随机性误差。

随机性误差是不可避免的，从表面看似乎没有规律，但是应用数理统计的方法可以找出一批工件加工误差的总体规律，查出产生误差的根源，从而可以从工艺上采取措施来控制其影响。如提高工艺系统刚度、提高毛坯加工精度（使余量均匀）、毛坯热处理（使硬度均匀）、时效处理（消除内应力）等。

二、加工误差的统计分析

（一）分布图分析法

1. 实际分布曲线——直方图

采用调整法大批量加工的一批零件中，随机抽取足够数量的工件（称为样本），其件

数 n 称为样本容量。对所有样本进行加工尺寸的测量，由于加工误差的存在，被测零件的加工尺寸或偏差总是在一定范围内变动（称为尺寸分散），亦即为随机变量，用 x 表示。按尺寸大小把零件分成若干组，同一尺寸间隔内的零件数量称为频数（用 m_i 表示）；频数与样本总数之比称为频率（用 f_i 表示）；频率与组距（指尺寸间隔，用 d 表示）之比称为频率密度。以零件尺寸为横坐标，以频率或频率密度为纵坐标，可绘出直方图。

选择的组数 k 和组距要适当。组数过多，分布图会被频数的随机波动所歪曲；组数太少，分布特征将被掩盖。k 值一般应根据样本容量来选择，见表 6-5。

表 6-5　组数的推荐值

样本总数 n	$\leqslant 50$	$>50 \sim 100$	$>100 \sim 250$	>250
组数 k	$6 \sim 7$	$6 \sim 10$	$7 \sim 12$	$10 \sim 20$

（1）直方图的作图　下面通过实例来说明直方图的作法。

例 6-5　磨削一批轴径 $\phi 5^{+0.06}_{+0.01}$ mm 的工件，经实测后的尺寸见表 6-6。

表 6-6　轴径尺寸实测值　　　　　　　　　　（单位：μm）

44	20	46	32	20	40	52	33	40	25	43	38	40	41	30	36	49	51	38	34
22	46	38	30	24	38	27	49	45	45	38	32	45	48	24	36	52	32	42	38
40	42	38	52	38	36	37	43	28	45	36	50	46	38	30	40	44	34	42	47
22	28	34	30	36	32	35	22	40	35	36	42	46	42	50	40	36	20	16	53
32	46	20	28	46	28	54	18	32	33	26	46	47	38	30	40	49	18	38	38

注：表中数据为实测尺寸与公称尺寸之差。

作直方图的步骤如下：

1）收集数据，一般取 100 件左右。找出最大值 $x_{\max} = 54 \mu$m，最小值 $x_{\min} = 16 \mu$m（见表 6-6）。

2）把 100 个样本数据分成若干组，一般用表 6-5 中的经验数值确定。本例取组数 $k = 9$。通常确定的组数要使每组平均至少摊到 4 个或 5 个数据。

3）计算组距 d，即组与组的间距

$$d = \frac{x_{\max} - x_{\min}}{k-1} = \frac{54-16}{9-1} \mu\text{m} = 4.75 \mu\text{m}$$

取计量单位的整数值 $d = 5 \mu$m。

4）计算第一组的上、下界限值 $x_{\min} \pm \dfrac{d}{2}$。第一组的上界限值为 $x_{\min} + \dfrac{d}{2} = \left(16 + \dfrac{5}{2}\right) \mu\text{m} = 18.5 \mu$m；下界限值为 $x_{\min} - \dfrac{d}{2} = \left(16 - \dfrac{5}{2}\right) \mu\text{m} = 13.5 \mu$m。

5）计算其余各组的上、下界限值。第一组的上界限值就是第二组的下界限值。第二组的下界限值加上组距就是第二组的上界限值，其余类推。

6）计算各组的中心值 x_i。中心值是每组中间的数值，其计算公式为

$$x_i = \frac{\text{某组上界限值} + \text{某组下界限值}}{2}$$

则第一组的中心值

$$x_1 = \frac{13.5 + 18.5}{2}\mu m = 16\mu m$$

7）记录各组数据，整理成频数分布表，见表6-7。

表6-7 频数分布表

组号	组界/μm	中心值 x_i/μm	频数统计	频数	频率（%）	频率密度/μm⁻¹
1	13.5~18.5	16	下	3	3	0.6
2	18.5~23.5	21	正丅	7	7	1.4
3	23.5~28.5	26	正下	8	8	1.6
4	28.5~33.5	31	正正正	14	14	2.8
5	33.5~38.5	36	正正正正正	25	25	5.0
6	38.5~43.5	41	正正正一	16	16	3.2
7	43.5~48.5	46	正正正一	16	16	3.2
8	48.5~53.5	51	正正	10	10	2
9	53.5~58.5	56	一	1	1	0.2

8）统计各组的尺寸频数、频率和频率密度，并填入表6-7中。

9）计算 $\bar{x}$ 和 s。

$$\bar{x} = \frac{1}{n}\sum_{i=1}^{n} x_i = 37.29\mu m \qquad s = \sqrt{\frac{1}{n}\sum_{i=1}^{n}(x_i - \bar{x})^2} = 8.93\mu m$$

式中 $\bar{x}$——样本的算术平均值，表示加工尺寸的分布中心；

x_i——各工件的尺寸；

n——样本的含量；

s——样本的标准偏差（均方根偏差），表示加工的尺寸分散程度。

10）按表列数据以频率密度为纵坐标，组距（尺寸间隔）为横坐标，就可画出直方图，如图6-25所示。

（2）直方图的应用 直方图作出后，通过观察图形可以判断生产过程是否稳定，估计生产过程的加工质量及产生废品的可能性。

1）若实际直方图形状与标准直方图基本相符，则加工过程稳定。

2）若尺寸分散范围小于允许公差带宽度 T，且分布中心与公差带中心重合，则两边都有余地，不会产生废品。

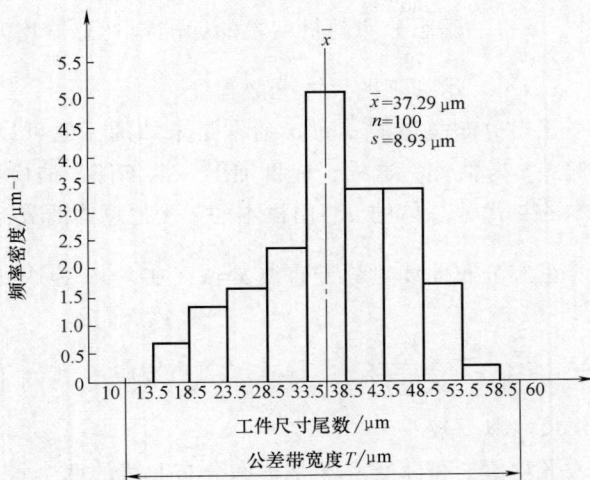

图6-25 直方图

3）若工件尺寸分散范围虽然也小于其尺寸公差带宽度 T，但两中心不重合（分布中心与公差带中心），此时有超差的可能性，应设法调整分布中心，使直方图两侧均有余地，防止废品产生。

4）若工件尺寸分散范围恰好等于其公差带宽度 T，这种情况下稍有不慎就会产生废品，故应采取适当措施减小分散范围。

5）若工件尺寸分散范围大于其公差带宽度 T，则必有废品产生，此时应设法减小加工误差或选择其他加工方法。

2. 理论分布曲线

要进一步分析研究该工序的加工精度问题，必须找出频率密度与加工尺寸间的关系，因此必须研究理论分布曲线。

（1）正态分布曲线　概率论已经证明，相互独立的大量微小随机变量，其总和的分布是服从正态分布的。大量试验表明，在机械加工中，用调整法加工一批零件，当不存在明显的变值系统误差，各随机误差之间是相互独立且无一个是起主导作用的因素时，加工后零件的尺寸近似于正态分布，如图 6-26 所示。正态分布曲线（又称高斯曲线）其概率密度函数表达式为

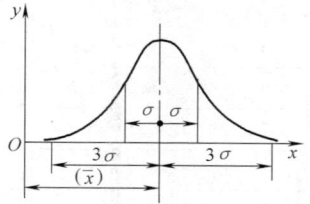

图 6-26　正态分布曲线

$$y = \frac{1}{\sigma\sqrt{2\pi}} e^{-\frac{1}{2}\left(\frac{x-u}{\sigma}\right)^2} \quad (-\infty < x < +\infty, \ \sigma > 0) \tag{6-14}$$

式中　y——正态分布的概率密度；

x——随机变量；

u——正态分布随机变量总体的算术平均值（数学期望），$u = \frac{1}{n}\sum_{i=1}^{n} x_i$，表示加工尺寸的分布中心；

σ——正态分布随机变量的标准差（总体均方根偏差），$\sigma = \sqrt{\frac{1}{n}\sum_{i=1}^{n}(x_i - u)^2}$，表示加工的尺寸分散程度。

正态分布总体的 u 和 σ 通常是未知的，但可以通过它的样本算术平均值 $\bar{x}$ 和样本标准偏差 s 来估计。这样，成批加工一批工件，抽检其中的一部分，当样本足够大时，可用样本的 $\bar{x}$ 代替总体的 u，用样本的 s 代替总体的 σ，即可判断整批工件的加工精度。

正态分布曲线对称于直线 $x = \bar{x}$，在 $x = \bar{x}$ 处达到最大值 $y_{max} = \frac{1}{\sigma\sqrt{2\pi}}$。在 $x = \bar{x} \pm \sigma$ 处有拐点，且 $y_x = \frac{1}{\sigma\sqrt{2\pi}} e^{-\frac{1}{2}} = y_{max} e^{-\frac{1}{2}} \approx 0.6 y_{max}$。靠近 $\bar{x}$ 的工件尺寸出现概率较大，远离 $\bar{x}$ 的工件尺寸概率较小。

平均值 $\bar{x}$ 和标准差 σ 是正态分布曲线的两个特征参数。平均值 $\bar{x}$ 是表征分布曲线位置的参数，即表示了尺寸分散中心的位置。$\bar{x}$ 不同，分布曲线沿 x 轴平移而不改变其形状，

如图 6-27a 所示。标准差 σ 是表征分布曲线形状的参数，不影响曲线位置，它表示了尺寸分散范围的大小。σ 减小，y_{max} 增大，曲线变陡，如图 6-27b 所示。

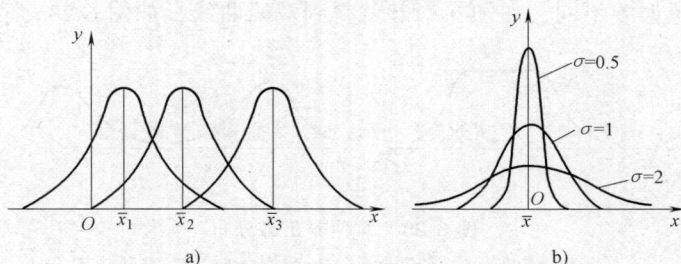

图 6-27 不同特征参数下的正态分布曲线

a）不同 $\bar{x}$ 值的情况 b）不同 σ 值的情况

按照加工误差的性质，常值系统误差决定尺寸分散中心的位置；随机性误差引起尺寸分散，决定分布曲线的形状；而变值系统误差使分散中心位置随时间按一定规律移动。

正态分布曲线下所包含的全部面积 $F(x) = \int_{-\infty}^{+\infty} y dx = 1$，代表了工件（样本）的总体，即 100% 零件的实际尺寸都在这一分布范围内。实际尺寸落在从 $\bar{x}$ 到 x 这部分区域内工件的概率为 $F_x = \int_{\bar{x}}^{x} y dx$。令 $z = \dfrac{x - \bar{x}}{\sigma}$，做积分变换，$dx = \sigma dz$，则

$$F(x) = \phi(z) = \frac{1}{\sqrt{2\pi}} \int_0^z e^{-\frac{z^2}{2}} dz \tag{6-15}$$

对于不同 z 值的 $\phi(z)$，可由表 6-8 查出。

计算结果表明，工件落在 $\bar{x} \pm 3\sigma$ 间的概率为 99.73%，而落在该范围以外的概率仅为 0.27%，可忽略不计。因此可以认为，正态分布的分散范围为 $\bar{x} \pm 3\sigma$，就是工程上经常用到的 $\pm 3\sigma$ 原则，或称 6σ 原则。

6σ 原则是一个很重要的概念，在研究加工误差时应用很广。6σ 的大小代表了某加工方法在一定的条件下所能达到的加工精度。因此，在一般情况下，应使所选择的加工方法的标准差 σ 与公差带宽度 T 之间的关系为 $6\sigma \leqslant T$。

表 6-8 $\phi(z) = \dfrac{1}{\sqrt{2\pi}} \int_0^z e^{-\frac{z^2}{2}} dz$

z	$\phi(z)$	z	$\phi(z)$	z	$\phi(z)$	z	$\phi(z)$
0.1	0.0398	1.0	0.3413	1.9	0.4713	2.8	0.4974
0.2	0.0793	1.1	0.3643	2.0	0.4772	2.9	0.4981
0.3	0.1179	1.2	0.3849	2.1	0.4821	3.0	0.49865
0.4	0.1554	1.3	0.4032	2.2	0.4861	3.2	0.49931
0.5	0.1915	1.4	0.4192	2.3	0.4893	3.4	0.49966
0.6	0.2257	1.5	0.4332	2.4	0.4918	3.6	0.499841
0.7	0.2580	1.6	0.4452	2.5	0.4938	3.8	0.499928
0.8	0.2881	1.7	0.4554	2.6	0.4953	4.0	0.499968
0.9	0.3159	1.8	0.4641	2.7	0.4965	4.5	0.499997

（2）非正态分布　工件尺寸的实际分布，有时并不接近于正态分布。例如将两次调整下加工或两台机床加工的工件混在一起，尽管每次调整加工的工件都接近正态分布，但由于其常值系统误差不同，叠加在一起就得到双峰曲线，如图 6-28a 所示。

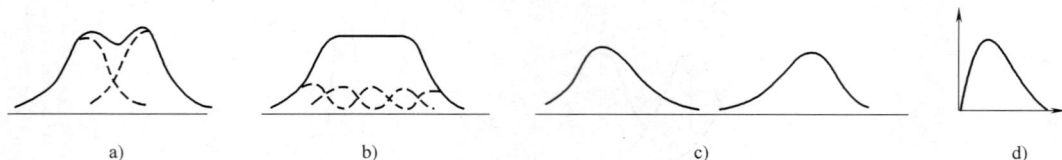

图 6-28　几种非正态分布
a）双峰分布　b）平顶分布　c）偏态分布　d）瑞利分布

当加工中刀具或砂轮的尺寸磨损较快而没有补偿时，变值系统误差占突出地位，工件的实际尺寸分布如图 6-28b 所示。尽管在加工的每一瞬时，工件的尺寸呈正态分布，但随着刀具或砂轮的磨损，其分散中心是逐渐移动的，因此，分布曲线呈平顶状。

再如用试切法加工轴颈或孔时，由于主观上不愿意产生不可修复的废品，加工轴颈时宁大勿小，加工孔时宁小勿大，使分布曲线呈不对称状态（见图 6-28c）。当用调整法加工时，若工艺系统存在明显的热变形，加工结果也常常呈现偏态分布，如刀具热变形严重，加工轴时曲线凸峰偏向右，加工孔时曲线凸峰偏向左。

对于轴向圆跳动和径向圆跳动一类的误差，一般不考虑正负号，因此接近零的误差值较多，远离零的误差值较少，其分布（称为瑞利分布）也是不对称的（见图 6-28d）。

3. 正态分布曲线的应用

（1）判断加工误差的性质　如前所述，若加工过程中没有明显的变值系统误差，那么其尺寸分布就服从正态分布，这是判别加工误差性质的基本方法。若实际分布与正态分布基本相符，加工过程中就没有变值系统误差（或变值系统误差对加工过程的影响很小）。如实际分布与正态分布有较大出入，可根据直方图初步判断变值系统误差的类型。

若分布图的 $\bar{x}$ 值偏离公差带中心，则加工过程中工艺系统存在常值系统误差，其误差值大小等于分布中心与公差带中心的偏离量。而正态分布的 6σ 大小即表明了工艺系统随机性误差的大小。在例 6-5（见图 6-25）中，常值系统误差为 $2.29\mu m$。这很可能是由于调整所造成的误差，可通过重新调整加以修正。

（2）确定各种加工方法所能达到的加工精度　由于各种加工方法在随机因素影响下所得到的加工尺寸的分布规律符合正态分布，因而可在多次统计的基础上，为每一种加工方法求得它的标准差 σ 值。按分散范围等于 6σ 的规律，即可确定各种加工方法所能达到的加工精度。在例 6-5 中，工件直径尺寸为 $\phi50mm$，$6\sigma = 6s = 6 \times 8.93\mu m = 0.0534mm$，加工精度（尺寸公差等级）为 IT9。

（3）确定工序能力及其等级　工序能力是指工序处于稳定、正常状态时，该工序加工误差正常波动的幅值。当加工尺寸服从正态分布时，其尺寸分散范围是 6σ，因此可以用 6σ 来表示工序能力。

工序能力等级是以工序能力系数来表示的，它代表工序能满足加工精度要求的程度。当工序处于稳定状态时，工序能力系数 C_p 的计算如下：

$$C_p = \frac{T}{6\sigma} \tag{6-16}$$

式中 T——工件尺寸公差。

根据工序能力系数 C_p 的大小，将工序能力分为五级，见表 6-9。在一般情况下，工序能力不应低于二级。

表 6-9 工序能力等级

工序能力系数	能力等级	说明
$C_p > 1.67$	特级	工序能力过高,可以允许有异常波动,不经济
$1.67 \geq C_p > 1.33$	一级	工序能力足够,可以允许有一定的波动
$1.33 \geq C_p > 1.00$	二级	工序能力勉强,必须密切注意
$1.00 \geq C_p > 0.67$	三级	工序能力不足,会出现少量不合格品
$0.67 \geq C_p$	四级	工序能力很差,必须加以改进

在例 6-5（见图 6-25）中，尺寸分布范围 $6\sigma = 0.0534\text{mm}$，工件尺寸公差带范围为 0.05mm，工序能力系数 $C_p = 0.936$，工序能力为三级。

（4）估算合格品率或不合格品率 将分布图与工件尺寸公差带进行比较，超出公差带范围的曲线面积代表不合格品的数量。

例 6-6 在无心磨床上磨削销轴外圆，要求外径 $d = \phi 12^{-0.016}_{-0.043}\text{mm}$。抽取一批零件，经实测后计算得到 $\bar{x} = 11.974\text{mm}$，$\sigma = 0.005\text{mm}$，其尺寸分布符合正态分布，试分析该工序的加工质量。

解： 计算工序能力系数：$C_p = 0.027/(6 \times 0.005) = 0.9$，工序能力不足，将产生不合格品。

1）根据计算出的 $\bar{x}$ 及 6σ 作分布图（见图 6-29）。

2）计算不合格品率 Q。工件要求最小尺寸 $d_{min} = 11.957\text{mm}$，最大尺寸 $d_{max} = 11.984\text{mm}$。

工件可能出现的极限尺寸为 $A_{min} = \bar{x} - 3\sigma = (11.974 - 0.015)\text{mm} = 11.959\text{mm} > d_{min}$，故不会产生不合格品。

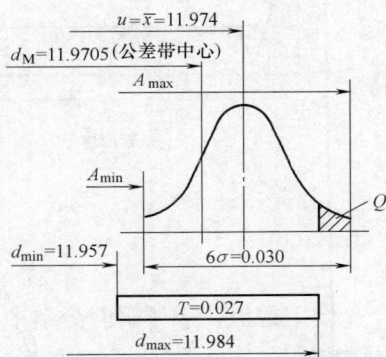

图 6-29 销轴直径尺寸分布图

$A_{max} = \bar{x} + 3\sigma = (11.974 + 0.015)\text{mm} = 11.989\text{mm} > d_{max}$，故将产生可修复的不合格品。

不合格品率 $Q = 0.5 - F(x)$，$z = \dfrac{x - \bar{x}}{\sigma} = \dfrac{11.984 - 11.974}{0.005} = 2$，查表 6-8，计算可得 $F(x) = \phi(z) = 0.4772$，因此不合格品率为 $0.5 - 0.4772 = 2.28\%$。

3）改进措施。选择精度高的机床加工，提高工序能力系数，或重新调整机床，消除系统误差的影响，使分布中心 $\bar{x}$ 与公差带中心 d_M 重合，也可减少不合格品率。调整量 $\Delta = (11.974 - 11.9705)\text{mm} = 0.0035\text{mm}$。具体调整方法就是将砂轮向前进刀 $\Delta/2$ 的磨削深度即可。

在大批量生产时，对一些关键工序的加工经常根据分布曲线判断加工误差的性质，分析产生废品的原因，以便采取措施，提高加工精度。但分布曲线法不考虑零件加工的先后顺序，故不能反映误差变化的趋势，不能区别变值系统误差和随机性误差，且只能在一批零件加工后才能绘制分布图，因此不能在加工过程中及时提供控制精度的信息，以便随时调整机床来保证加工精度。采用点图分析法可弥补上述不足。

（二）点图分析法

用点图来评价工艺过程稳定性采用的是顺序样本，即样本是由工艺系统在一次调整中，按顺序加工的工件组成。这样的样本可以得到在时间上与工艺过程运行同步的有关信息，反映出加工误差随时间变化的趋势。

分析工艺过程的稳定性，通常采用点图分析法。点图有多种形式，这里仅介绍 $\bar{x}$-R 图。

1. $\bar{x}$-R 图基本形式

点图基本形式是由平均值 $\bar{x}$ 控制图和极差 R 控制图组成的 $\bar{x}$-R 图，如图 6-30 所示。$\bar{x}$-R 图以样组序号为横坐标，分别以 $\bar{x}$ 和 R 为纵坐标。$\bar{x}$ 图上有三条控制线，CL 为样组平均值的均值线，UCL、LCL 分别是样组均值 $\bar{x}$ 的上、下控制线；R 图上也有三条控制线，CL 为样组极差 R 的均值线，UCL、LCL 分别是样组极差的上、下控制线。

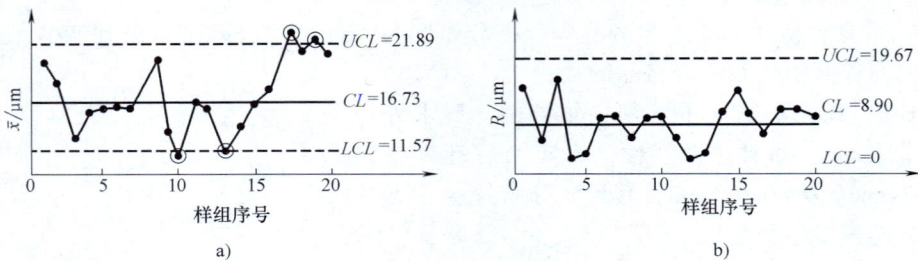

图 6-30　$\bar{x}$-R 图
a）$\bar{x}$ 图　b）R 图

$\bar{x}$ 图上的点代表了瞬时分散中心的位置，因此 $\bar{x}$ 图主要表明加工过程中系统性误差的变化趋势，它控制工艺过程质量指标的分布中心；R 图上的点代表了瞬时分散范围，因此 R 图主要表明加工过程中随机性误差的变化趋势，它控制工艺过程质量指标的分散程度。两种点图结合应用就能全面地反映加工误差的情况。

点图分析法采用的是顺序小样本，即每隔一定时间，连续抽取样本容量 $m = 2 \sim 10$ 个工件为一组，经过若干时间后，就可取得若干组（例如 k 组，通常取 $k = 25$）小样本。求出每一样组的平均值 $\bar{x}$ 和极差 R 值为

$$\bar{x} = \frac{1}{m} \sum_{i=1}^{m} x_i \quad R = x_{max} - x_{min}$$

式中　x_{max}、x_{min}——同一样组中工件的最大尺寸和最小尺寸。

2. $\bar{x}$-R 图上、下控制线的绘制

工件的加工尺寸都有波动性，因此各样组的平均值 $\bar{x}$ 和极差 R 也都有波动性。假如加工误差主要是随机性误差，且系统性误差的影响很小时，那么这种波动属于正常波动，加工工艺是稳定的。假如加工中存在着影响较大的变值系统性误差，或随机性误差的大

小有明显变化时，那么这种波动属于异常波动，这个加工工艺就被认为是不稳定的。为判定某工艺是否稳定地满足产品的加工质量要求，要在 $\bar{x}$-R 图上加平均线和上、下控制线。根据概率论可得

$\bar{x}$ 图的平均线 $\qquad\qquad\qquad \bar{\bar{x}} = \dfrac{1}{k}\sum_{i=1}^{k}\bar{x}_i$

R 图的平均线 $\qquad\qquad\qquad \bar{R} = \dfrac{1}{k}\sum_{i=1}^{k}R_i$

式中　$\bar{x}_i$——第 i 组的平均值；

　　　R_i——第 i 组的极差；

　　　k——组数。

$\bar{x}$ 图的上控制线 $\qquad\qquad\qquad \bar{x}_s = \bar{\bar{x}} + A\bar{R}$

$\bar{x}$ 图的下控制线 $\qquad\qquad\qquad \bar{x}_x = \bar{\bar{x}} - A\bar{R}$

R 图的上控制线 $\qquad\qquad\qquad R_s = D_1\bar{R}$

R 图的下控制线 $\qquad\qquad\qquad R_x = D_2\bar{R}$

以上各式中的系数 A、D_1、D_2 的数值见表 6-10。

表 6-10　系数 A、D_1、D_2 的数值

m	2	3	4	5	6	7	8	9	10
A	1.8806	1.0231	0.7285	0.5768	0.4833	0.4193	0.3726	0.3367	0.3082
D_1	3.2681	2.5742	2.2819	2.1145	2.0039	1.9242	1.8641	1.8162	1.7768
D_2	0	0	0	0	0	0.0758	0.1359	0.1838	0.2232

3. 点图的应用

点图分析法是全面质量管理中用以控制产品质量的主要方法之一，在实际生产中应用很广。它主要用于工艺验证、判断工艺过程稳定性、分析加工误差和进行加工过程的质量控制。工艺验证的目的，是判定某工艺是否稳定地满足产品的加工质量要求。其主要内容是通过抽样调查，确定其工艺能力和工艺能力系数，并判别工艺过程是否稳定。

在点图上作出平均线和控制线后，就可根据图中点的情况来判别工艺过程是否稳定、点的波动状态是否正常。判别正常波动与异常波动的标志见表 6-11。

表 6-11　判别正常波动与异常波动的标志

正　常　波　动	异　常　波　动
1. 没有点超出控制线 2. 大部分点在平均线上、下波动，小部分点在控制线附近 3. 点的波动没有明显的规律性	1. 有点超出控制线 2. 点密集在平均线上、下附近 3. 点密集在控制线附近 4. 连续 7 点以上出现在平均线一侧 5. 连续 11 点中有 10 点出现在平均线一侧 6. 连续 14 点中有 12 点以上出现在平均线一侧 7. 连续 17 点中有 14 点以上出现在平均线一侧 8. 连续 20 点中有 16 点以上出现在平均线一侧 9. 点有上升或下降倾向 10. 点有周期性波动

必须指出，工艺过程的稳定性与加工工件是否会出现废品是两个不同的概念。工艺过程是否稳定是由其本身的误差情况（用 $\bar{x}$-R 图）来判定的，工件是否合格是由工件规定的公差来判定的，两者之间没有必然的联系。

例 6-7 在自动车床上加工销轴，直径要求为 $\phi(12\pm0.013)\text{mm}$。现按时间顺序先后抽检 20 个样组，每组取样 5 件。在千分比较仪上测量，比较仪按 $\phi11.987\text{mm}$ 调整零点，测量数据列于表 6-12 中。试作出 $\bar{x}$-R 图，并判断该工序工艺过程是否稳定。

解： 1）计算各样组的平均值和极差，列于表 6-12 中。

表 6-12　测量与计算数据 （单位：μm）

样组号	样件测量值					$\bar{x}$	R	样组号	样件测量值					$\bar{x}$	R
	x_1	x_2	x_3	x_4	x_5				x_1	x_2	x_3	x_4	x_5		
1	28	20	28	14	14	20.8	14	11	16	21	14	15	16	16.4	7
2	20	15	20	20	15	18	5	12	16	17	14	15	15	15.4	3
3	8	3	15	18	18	12.4	15	13	12	12	10	8	12	10.8	4
4	14	15	15	15	17	15.2	3	14	10	10	7	18	15	13.6	11
5	13	17	17	17	13	15.4	4	15	14	15	14	24	10	16.2	14
6	20	10	14	15	19	15.6	10	16	19	18	13	14	24	17.6	11
7	10	15	20	13	13	15.4	10	17	28	25	20	23	20	23.2	8
8	18	18	20	25	20	20.4	7	18	18	17	25	28	21	21.8	11
9	12	8	12	15	18	13	10	19	20	21	19	21	30	22.2	11
10	10	5	11	15	9	10	10	20	18	28	22	18	20	21.2	10

2）计算 $\bar{x}$-R 图控制线，分别为

$\bar{x}$ 图　中心线
$$CL = \bar{\bar{x}} = 16.73\,\mu\text{m}$$

上控制线
$$UCL = \bar{\bar{x}} + A\bar{R} = 21.89\,\mu\text{m}$$

下控制线
$$LCL = \bar{\bar{x}} - A\bar{R} = 11.57\,\mu\text{m}$$

R 图　中心线
$$CL = \bar{R} = 8.9\,\mu\text{m}$$

上控制线
$$UCL = D_1\bar{R} = 19.67\,\mu\text{m}$$

下控制线
$$LCL = 0$$

3）根据以上结果作出 $\bar{x}$-R 图，如图 6-30 所示。

4）判断工艺过程稳定性。由图 6-30 可以看出，有 4 个点越出控制线，表明工艺过程不稳定，应查找原因，加以解决。

第四节　提高机械加工精度的工艺措施

为了保证和提高机械加工精度，首先要找出产生加工误差的主要因素，然后采取相应的工艺措施以减少或控制这些因素的影响。

一、直接减少或消除误差法

这是生产中应用较广的提高加工精度的一种基本方法，是在查明产生加工误差的主要因素后，设法对其直接进行消除或减少。如细长轴是车削加工中较难加工的一种工件，普遍存在的问题是精度低、效率低。正向进给，一夹一顶装夹高速切削细长轴时，由于其刚性特别差，在切削力、惯性力和切削热作用下易引起弯曲变形。如用中心架，可缩短支承点间的距离，提高工件刚度近八倍；如用跟刀架，可进一步缩短切削力作用点与支承点的距离，使工件刚度进一步得到提高。细长轴多采用反拉法切削，一端用卡盘夹持，另一端采用可伸缩的活顶尖装夹。此时工件受拉不受压，工件不会因偏心压缩而产生弯曲变形。尾部的可伸缩活顶尖可使工件在热伸长下自由伸缩，避免了热弯曲。此外，采用大进给量和大的主偏角车刀，增大了进给力，减小了背向力，使切削更加平稳，提高了细长轴的加工精度。

二、误差转移法

误差转移法就是将工艺系统的几何误差、受力变形和热变形等误差从敏感方向转移到非敏感方向。当机床精度达不到零件加工要求时，常常不是一味提高机床精度，而是在工艺上或夹具上想办法，创造条件，使机床的几何误差转移到不影响加工精度的方面去。如磨削主轴锥孔时，锥孔与轴颈的同轴度，不是靠机床主轴的回转精度来保证，而是靠专用夹具的精度来保证，机床主轴与工件主轴之间用浮动连接，机床主轴的回转误差就转移了，不再影响加工精度。

例如，转塔车床的转位刀架，其分度、转位误差将直接影响工件有关表面的加工精度。如果改变刀具的安装位置，使分度、转位误差处于加工表面的切向，即可大大减小分度转位误差对加工精度的影响。若如图 6-31a 所示安装外圆车刀，则刀架的转位误差方向与加工误差敏感方向一致，刀架转角误差将直接影响加工精度；若如图 6-31b 所示采用"立刀"安装法，即把切削刃的切削基面放在竖直平面内，这样就能把刀架的转位误差转移到误差的非敏感方向上，由刀架转位误差所引起的加工误差就可忽略不计。

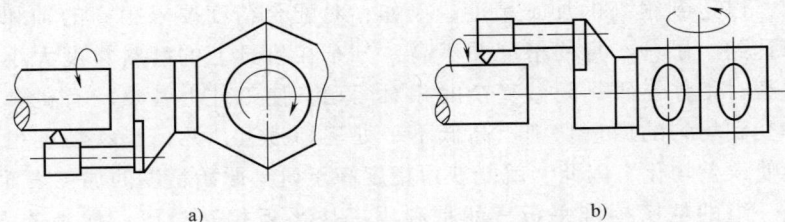

图 6-31　转塔车床刀架转位误差的转移
a）普通安装　b）立刀安装

三、误差分组法

在加工中，对于由毛坯误差、定位误差而引起的工序误差，可采取分组的方法来减少其影响。误差分组法是把毛坯或上道工序加工的工件尺寸经测量按大小分为 n 组，每组工件的尺寸误差范围就缩减为原来的 $1/n$。然后按各组分别调整刀具与工件的相对位置或选用合适的定位元件，使各组工件的尺寸分散范围中心基本一致，以使整批工件的尺寸分散范围大大缩小。这种方法比起一味提高毛坯或定位基准的精度要经济得多。例如，某厂采用心轴装夹工件剃齿，由于配合间隙太大，剃齿后工件齿圈径向圆跳动超差。为不用提高齿坯加工精度而减少配合间隙，采用误差分组法，将工件内孔尺寸按大小分成四组，分别与相应的四根心轴之一相配合，保证了剃齿的加工精度要求。

四、就地加工法

在机械加工和装配中，有些精度问题牵涉到很多零部件的相互关系，如果单纯依靠提高零部件的精度来满足设计要求，有时不仅困难，甚至不可能达到。而采用就地加工法就可以解决这种难题。

例如在转塔车床中，转塔上有六个安装刀具的孔，其轴线必须与机床主轴回转中心线重合，而六个端面又必须与回转中心线垂直。实际生产中采用了就地加工法，转塔上的孔和端面经半精加工后装配到机床上，再在自身机床主轴上安装镗杆和径向小刀架，对这些孔和端面进行精加工，便能方便地达到所需的精度。

这种就地加工方法，在机床生产中应用很多。如为了使牛头刨床的工作台面对滑枕保持平行的位置关系，就在装配后的自身机床上进行"自刨自"的精加工。平面磨床的工作台面也是在装配后做"自磨自"的精加工。在车床上，为了保证自定心卡盘卡爪的装夹面与主轴回转中心同轴，也是在装配后对卡爪装夹面进行就地车削或磨削。加工精密丝杠时，为保证主轴前后顶尖和跟刀架导套孔严格同轴，采用了自磨前顶尖孔、自磨跟刀架导套孔和刮研尾座垫板等措施来实现。

五、误差平均法

误差平均法就是利用有密切联系的表面之间的相互比较和相互修正，或者利用互为基准进行加工，以达到很高的加工精度。例如，对配合精度要求很高的轴和孔，常采用研磨的方法来达到。研具本身的精度并不高，分布在研具上的磨料粒度大小也可能不一样，但由于研磨时工件与研具间做复杂的相对运动，使工件上各点均有机会与研具的各点相互接触并受到均匀的微量切削。高低不平处逐渐接近，几何形状精度也逐步共同提高，并进一步使误差均化，因此，就能获得精度高于研具原始精度的加工表面。

又如三块一组的精密标准平板，就是利用三块平板相互对研、配刮的方法加工的。因为三块平板要能够分别两两密合，只有在都是精确平面的条件下才有可能。此时误差平均法是通过对研、配刮加工使被加工表面原有的平面度误差不断缩小而使误差均化的。

六、误差补偿法

误差补偿法是人为地制造出一种新的误差，去抵消或补偿原来工艺系统中存在的误差，尽量使两者大小相等、方向相反，从而达到减少加工误差和提高加工精度的目的。

例如，高精度丝杠车床常采用的机械式校正机构，其原理如图 6-32 所示。根据测量被加工工件 1 的导程误差，设计出校正尺 5 上的校正误差曲线 7。校正尺 5 固定在机床床身上。加工螺纹时，车床丝杠 3 带动丝杠螺母 2 及与其相联的刀架和杠杆 4 移动。同时，校正尺 5 上的校正误差曲线 7 通过滚柱触头 6、杠杆 4 使丝杠螺母 2 产生一个附加转动，从而使刀架得到一个附加位移，以补偿传动误差。

采用机械式的校正装置只能校正机床静态的传动误差。如果同时要校正机床静态及动态传动误差，则需采用计算机控制的传动误差补偿装置。

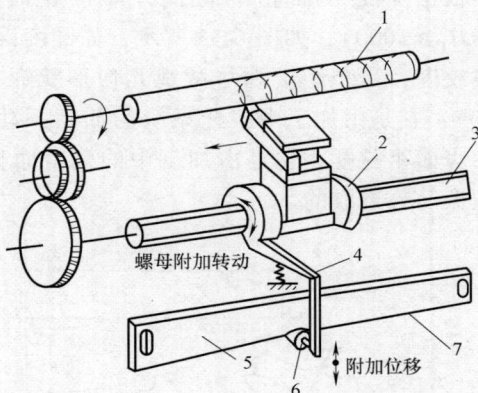

图 6-32 丝杠误差校正机构
1—工件 2—丝杠螺母 3—车床丝杠 4—杠杆
5—校正尺 6—滚柱触头 7—校正误差曲线

七、控制误差法

用误差补偿的方法来消除或减小常值系统误差一般来说是比较容易的，因为用于抵消常值系统误差的补偿量是固定不变的。对于变值系统误差的补偿就不能用一种固定的补偿量来解决了。于是就发展了所谓积极控制的误差补偿方法，称为控制误差法。

控制误差法是在加工循环中，利用测量装置连续地测量出工件的实际尺寸精度，随时给刀具以附加的补偿量，控制刀具和工件间的相对位置，直至实际值与调定值的差不超过预定的公差为止。现代机械加工中的自动测量和自动补偿就属于这种形式。

第五节 机械加工表面质量

零件的机械加工质量不仅指加工精度，还包括表面质量。机器零件的破坏，一般都是从表面层开始的，零件的表面质量对产品质量有很大影响。研究表面质量的目的，就是要掌握机械加工中各种工艺因素对表面质量影响的规律，以便应用这些规律控制加工过程，最终达到提高表面质量、提高产品使用性能的目的。

一、影响表面质量的因素

（一）机械加工表面质量的概念

机械加工表面质量是零件加工后表面层状态完整性的表征，主要包括表面微观几何形貌（表面粗糙度、表面波纹度、纹理方向及表面缺陷）和表面物理力学性能的变化（表面层冷作硬化、表面层残余应力和表面层金相组织的变化）。

1. 表面粗糙度与波纹度

根据加工表面轮廓特征，可将表面轮廓分为以下三种：①宏观几何形状误差（$L_1/H_1 \geqslant 1000$），如图 6-33 所示，如圆度误差、圆柱度误差等，它们属于加工精度范畴；②波纹度，是介于宏观与微观几何形状误差之间的周期性几何形状误差（$50 \leqslant L_2/H_2 < 1000$），它是由加工中工艺系统的低频振动引起的；③微观几何形状误差（$L_3/H_3 < 50$），也称表面粗糙度，它是由加工中的残留面积、塑性变形、积屑瘤、鳞刺以及工艺系统的高频振动等造成的。

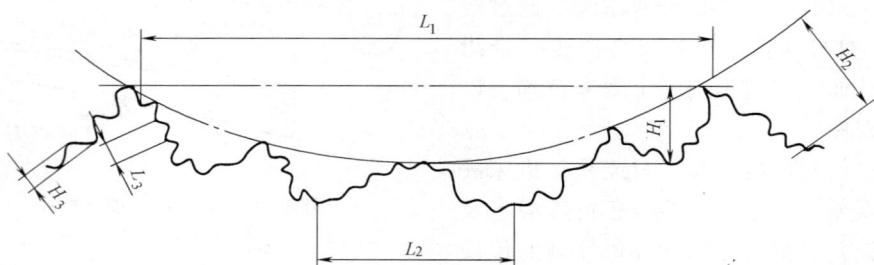

图 6-33　几何形状误差示意图

L_1、L_2、L_3—波长　H_1、H_2、H_3—波高

2. 表面层材料的物理力学性能和化学性能

由于机械加工中力因素和热因素的综合作用，加工表面层金属的力学物理性能和化学性能将发生一定的变化，主要反映在以下几个方面：

（1）表面层金属的冷作硬化　这是指零件在机械加工中表面层金属产生强烈的冷态塑性变形后，引起的强度和硬度都有所提高的现象。表面层金属硬度的变化用硬化程度和深度两个指标来衡量。

（2）表面层金属金相组织的变化　这是指在机械加工过程中，由于切削热的作用，在工件的加工区域，温度会急剧升高，当温度升高到超过工件材料金相组织变化的临界点时，就会发生金相组织变化。例如磨削淬火钢件时，常会出现回火烧伤、退火烧伤等金相组织变化，将严重影响零件的使用性能。

（3）表面层金属的残余应力　这是指由于加工过程中切削力和切削热的综合作用，使表层金属产生的内应力，称为表面层残余应力。

（二）机械加工表面质量对机器零件使用性能的影响

1. 表面质量对耐磨性的影响

（1）表面粗糙度对耐磨性的影响　表面粗糙度与初期磨损量之间的关系如图 6-34 所示，可见关系曲线中存在最佳点，对应零件最耐磨的表面粗糙度值，此时零件的初期磨损量最小。若载荷加重或润滑条件恶化，磨损曲线将向上向右移动，最佳表面粗糙度值也随之右移。在表面粗糙度大于最佳值时，表面越粗糙，有效接触面积就越小，实际压强增大，粗糙不平的凸峰间相互咬合、

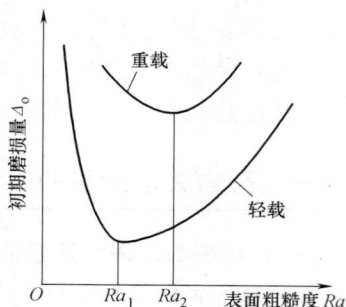

图 6-34　表面粗糙度与初期磨损量之间的关系

挤裂，使磨损加剧，此时，减小表面粗糙度值可减少初期磨损量。但当表面粗糙度值小于最佳值时，表面太光滑，零件实际接触面积就增大，接触面积之间的润滑油被挤出，金属表面将直接接触，由于金属分子间的亲和力容易发生粘结（称为冷焊），随着相对运动的进行，粘结处在剪切力的作用下发生撕裂破坏。有时还由于摩擦产生的高温，使摩擦面局部熔化（称为热焊）等原因，使接触表面遭到破坏，初期磨损量反而增加。

（2）表面冷作硬化对耐磨性的影响　零件加工表面层的冷作硬化使表面金属层的显微硬度提高，减少了摩擦副接触表面的弹性和塑性变形，从而提高了耐磨性。但当表面过度硬化时，将引起表面层金属组织的过度"疏松"，甚至产生微观裂纹和剥落，从而降低了耐磨性。

（3）表面纹理对耐磨性的影响　在轻载运动副中，两相对运动零件表面的刀纹方向均与运动方向相同时，耐磨性好；两者的刀纹方向均与运动方向垂直时，耐磨性差。这是因为两个摩擦面在相互运动中，磨去了妨碍运动的加工痕迹。但在重载时，两相对运动零件表面的刀纹方向均与相对运动方向一致时容易发生咬合，磨损量反而增大；两相对运动零件表面的刀纹方向相互垂直，且运动方向平行于下表面的刀纹方向时，磨损量较小。

2. 表面质量对耐疲劳性的影响

（1）表面粗糙度　表面粗糙度对承受交变载荷零件的疲劳强度影响很大。在交变载荷作用下，表面的凹谷部位、划痕和裂纹容易引起应力集中，产生疲劳裂纹。表面粗糙度值越小，零件的耐疲劳性越好。

（2）表面层物理力学性能　表面层金属存在一定的冷作硬化，能够阻止已有裂纹的扩大和新裂纹的产生，可提高零件的疲劳强度；但冷作硬化强度过高时，可能会产生较大的脆性裂纹，反而会降低疲劳强度。加工表面层的残余应力对疲劳强度的影响很大，残余压应力可部分抵消交变载荷施加的拉应力，阻碍和延缓疲劳裂纹的产生或扩大，从而提高零件的疲劳强度。而残余拉应力容易使零件在交变载荷下产生裂纹，使疲劳强度降低。

3. 表面质量对耐蚀性的影响

（1）表面粗糙度　零件表面粗糙度值越大，加工表面与气体、液体接触面积就越大，潮湿空气和腐蚀介质越容易沉积于表面凹坑中而发生化学腐蚀，耐蚀性就越差。

（2）表面层物理力学性能　当零件表面层有残余压应力时，能够阻止表面裂纹的进一步扩大，有利于提高零件表面抵抗腐蚀的能力。加工表面的冷作硬化使表层材料处于高能位状态，有促进腐蚀的作用。

4. 表面质量对零件配合质量的影响

对于间隙配合，表面粗糙度值越大，磨损就越大，使配合间隙很快增大，从而改变原有的配合性质，降低配合精度；对于过盈配合，表面粗糙度值越大，两表面相配合时表面凸峰越容易被挤掉，使实际过盈量减少，降低了连接强度。因此，配合精度要求较高的表面，应具有较小的表面粗糙度值。

（三）影响表面粗糙度的因素

机械加工中，产生表面粗糙度的主要原因有两方面：一是切削刃和工件相对运动轨迹所形成的表面粗糙度——几何因素；二是与被加工材料性质及切削机理有关的因素——物理因素。不同的加工方法，因切削机理不同，产生的表面粗糙度也不同，一般磨削加工表面的表面粗糙度值小于切削加工表面的表面粗糙度值。

1. 切削加工中影响表面粗糙度的因素

产生表面粗糙度的几何因素是切削残留面积和切削刃刃磨质量。在理想切削条件下，由于切削刃的形状和进给量的影响，在加工表面上遗留下来的切削层残留面积就形成了理论表面粗糙度（见图 6-35）。由图中的几何关系可得：

刀尖圆弧半径为零时，有

$$H = \frac{f}{\cot\kappa_r + \cot\kappa_r'}$$

刀尖圆弧半径为 r_ε 时，有

$$H = \frac{f^2}{8r_\varepsilon}$$

由以上两式可见，进给量 f、刀具主偏角 κ_r、副偏角 κ_r' 越大，刀尖圆弧半径 r_ε 越小，则切削层残留面积越大，表面就越粗糙。此外，刀具刃口本身的刃磨质量对加工表面粗糙度影响也很大。

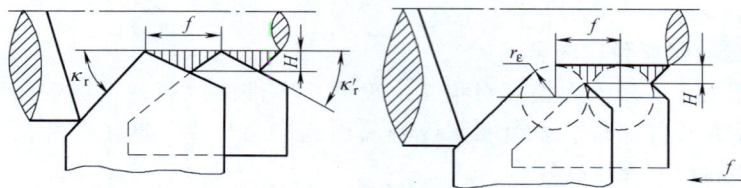

图 6-35 切削层残留面积

产生表面粗糙度的物理因素是切削过程中的塑性变形、摩擦、积屑瘤、鳞刺以及工艺系统中的高频振动等。切削过程中，刀具刃口圆角及后刀面对工件的挤压与摩擦，使工件已加工表面发生弹性、塑性变形，引起已有的残留面积歪扭，促使表面粗糙度值增大。

当低速切削塑性金属时易产生积屑瘤和鳞刺，易使表面粗糙度增大。工艺系统中的高频振动使切削刃与工件相对位置发生微幅变动，加工表面留下振纹，影响表面粗糙度。

影响表面粗糙度的工艺因素：

（1）切削用量　在一定的切削速度（v）范围内容易产生积屑瘤或鳞刺。因此，合理选择 v 是减小表面粗糙度值的重要条件。图 6-36 所示是加工 45 钢时表面粗糙度与切削速度的关系曲线。减小进给量（f），可减小残留面积高度，故可降低表面粗糙度值如图6-37 所示。

（2）刀具材料和几何参数　刀具材料与被加工材料分子间的亲和力大时，容易生成积屑瘤。试验表明，在切削条件相同时，用硬质合金刀具加工的工件表面粗糙度值比用高速钢刀具加工的更小。由于用金刚石车刀加工不易形成积屑瘤，故可获得表面粗糙度值很小的表面。

刀具几何参数：刀具的几何角度对塑性变形、积屑瘤和鳞刺的产生均有很大影响。当前角 γ_o 增大时，塑性变形减小，表面粗糙度值变小。后角 α_o 过小会增加摩擦，刃倾角

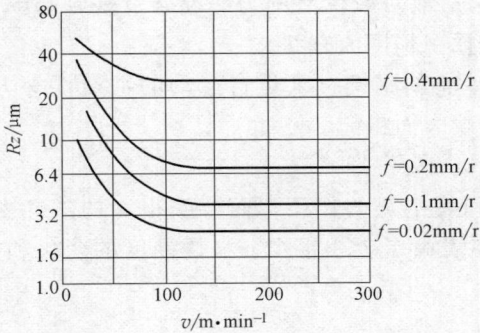

图 6-36 切削速度对表面粗糙度的影响

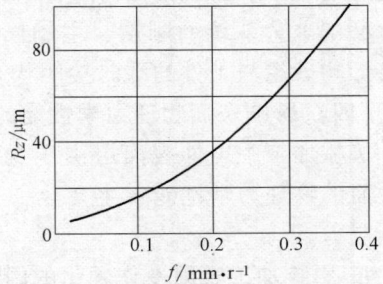

图 6-37 进给量对表面粗糙度的影响

的大小又会影响刀具的实际前角，因此它们都会影响表面粗糙度。

（3）切削液 切削液对加工过程能起到冷却和润滑作用，因此，它能降低切削区的温度，减少切削刃与工件的摩擦，从而减少切削过程中的塑性变形，并抑制积屑瘤和鳞刺的生长，对降低表面粗糙度值有很大作用。

2. 磨削加工中影响表面粗糙度的因素

磨削加工表面是由分布在砂轮表面上的磨粒与被磨工件做相对运动产生的刻痕所组成的表面。若单位面积上的刻痕越多（即通过单位面积的磨粒越多），且刻痕细密均匀，则表面粗糙度值越小。实际上磨削过程不仅有几何因素影响，而且还有塑性变形等物理因素的影响。

影响磨削表面粗糙度的工艺因素如下：

（1）磨削用量 砂轮速度（v_s）大时，参与切削的磨粒数增多，可以增加工件单位面积上的刻痕数，又因高速磨削时塑性变形不充分，因而提高砂轮速度有利于减小表面粗糙度值，如图 6-38 所示。磨削深度与工件速度增大时，将使塑性变形加剧，因而使表面粗糙度值增大。为了提高磨削效率，通常在开始磨削时采用较大的磨削深度，而后采用小的磨削深度或光磨，以减小表面粗糙度值。

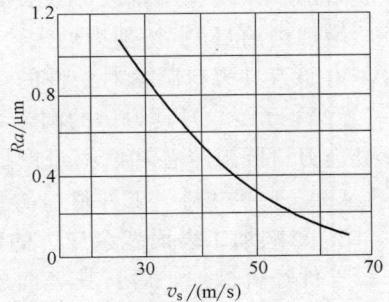

图 6-38 砂轮速度对表面
粗糙度的影响

（2）砂轮 砂轮的粒度越细，单位面积上的磨粒数越多，使加工表面的刻痕细密，则表面粗糙度值越小。但粒度过细，容易堵塞砂轮而使工件表面塑性变形增加，影响表面粗糙度。

砂轮硬度应适宜，使磨粒在磨钝后及时脱落，露出新的磨粒来继续切削，即具有良好的"自砺性"，工件就能获得较好的表面质量。

砂轮应及时修整，以去除已钝化的磨粒，保证砂轮具有等高微刃。通常来讲，砂轮单位面积上的切削微刃越多、等高性越好，磨出的表面其表面粗糙度值越小。

（3）工件材料 工件材料的硬度、塑性、韧性和导热性能等对表面粗糙度有显著影响。工件材料太硬时，磨粒易钝化，太软时砂轮易堵塞，韧性大和导热性差会使磨粒过早崩落，因而破坏了微刃的等高性，因此均使表面粗糙度值增大。

（4）冷却润滑液和其他因素　磨削冷却润滑液对减少磨削力、温升及砂轮磨损等都有良好的效果。正确选用冷却润滑液对减小表面粗糙度值有利。

磨削工艺系统的刚度、主轴回转精度、砂轮的平衡、工作台运动的平衡性等方面，都将影响砂轮与工件的瞬时接触状态，从而影响表面粗糙度。

（四）影响表面物理力学性能的因素

机械加工中工件表面层由于受到切削力和切削热的作用，而产生很大的塑性变形，使表面的物理力学性能发生变化，主要表现在表面层金相组织、显微硬度的变化和出现残余应力。

1. 影响加工表面冷作硬化的因素

切削过程中，工件表面层由于受力的作用而产生塑性变化，使晶格严重扭曲、拉长、纤维化及破碎，引起加工表面层硬度增加，即冷作硬化（或强化）。

硬化程度取决于产生塑性变形的力、变形速度以及切削温度。切削力大，塑性变形大，硬化程度加强；塑性变形速度快，变形不充分，硬化程度就减弱。切削热的作用可使已强化的金属产生回复现象。因此，机械加工时表面层的冷硬，就是强化作用和回复作用的综合结果。

影响冷作硬化的工艺因素如下：

（1）切削用量　切削速度和进给量对冷硬影响较大。随着切削速度的提高，刀具与工件的接触时间减少，塑性变形不充分，故强化作用小，同时因切削速度的提高使切削温度增加，回复作用就大，故表面冷硬程度也随之减少。

增加进给量 f，切削力增大，使塑性变形加大，因而冷硬程度亦随之增加；但 f 太小时，由于刀具刃口圆角对工件的挤压次数增多，硬化程度反而增大。

（2）刀具　刀具刃口的圆弧半径和后刀面的磨损量对工件表面冷硬程度有很大影响。一般当刃口圆弧半径和磨损量增加时，硬化程度也随之增加。

（3）工件材料　工件材料的塑性越大，加工表面层的冷硬程度越严重。

2. 影响加工表面残余应力的因素

工件经机械加工后，其表面层都存在残余应力。残余压应力可提高工件表面的耐磨性和疲劳强度，残余拉应力则可使耐磨性和疲劳强度都降低。若拉应力超过工件材料的疲劳强度极限时，则使工件表面产生裂纹，加速工件的损坏。引起残余应力的原因有下列三方面：

（1）冷态塑性变形　切削加工时，由于切削力的作用使工件表面产生很大的塑性变形，使表面层金属的比体积增大和体积膨胀，但受到与它相连的里层金属的阻碍，这样就在表面层内产生了压缩残余应力，而在里层金属中产生拉伸残余应力。当切削刀具从被加工表面切除金属时，对已加工表面产生挤压，使表面层金属向两边发生伸长塑性变形，但受到里层金属的限制，工件表面产生残余压应力，而里层金属产生拉伸残余应力。

（2）热塑性变形　切削加工时，由于切削热使工件表面局部温度比里层的温度高得多，因此表面层金属产生热膨胀变形也比里层大。当切削过后，表层温度下降也快，故其冷收缩变形也比里层大，但受到里层金属的阻碍，工件表面产生残余拉应力。切削温度越高，则残余拉应力也越大，甚至出现裂纹。

（3）金相组织的影响　不同的金相组织具有不同的密度 γ（$\gamma_{马氏体}=7.75t/m^3$，$\gamma_{奥氏体}=7.96t/m^3$，$\gamma_{铁素体}=7.88t/m^3$，$\gamma_{珠光体}=7.78t/m^3$），也就会具有不同的比体积。切削加工时产生的高温有可能使工件表面层的金相组织发生变化，从而导致表层比体积变化。若表层比体积增大，其体积膨胀，则受到里层金属的阻碍而产生残余压应力；反之，则产生拉应力。例如磨削淬火钢时，若表层出现回火烧伤，工件表层金属组织将由马氏体转变为接近珠光体的托氏体或索氏体，表层金属密度从 $7.75t/m^3$ 增至 $7.78t/m^3$，比体积减小，工件表面体积收缩受里层金属的阻碍，故工件表面产生残余拉应力。若表面层产生二次淬火层（淬火烧伤），即原表层的残留奥氏体转变为马氏体，比体积增大，体积膨胀受阻，工件表面就形成残余压应力。

实际上，加工表面层残余应力是以上三方面综合作用的结果。在一定条件下，可能是某一两种原因起主导作用。如切削加工中，切削热不高时，以冷塑性变形为主，表面将产生残余压应力；而磨削时温度较高，热变形和相变占主导地位，则表面产生残余拉应力。

3. 影响加工表面金相组织变化的因素

机械加工过程中，在工件的加工区及其邻近的区域，温度会急剧升高，当温度升高到超过工件材料金相组织变化的临界点时，就会发生金相组织变化。一般的切削加工，切削热大部分被切屑带走，加工表面温升不高，故不影响工件表面层的金相组织。而磨削时，磨粒在高速（一般是 35m/s）下以很大的负前角切削薄层金属，其切削功率消耗远远大于一般切削加工。而加工所消耗的绝大部分能量都要转化为热，这些热量中的大部分（约 80%）将传给被加工表面，使工件表面具有很高的温度。对于已淬火的钢件，很高的磨削温度往往会使表层金属的金相组织发生变化，使表层金属硬度下降，使工件表面呈现氧化膜颜色，这种现象称为磨削烧伤。

磨削烧伤时工件表面会出现彩色的氧化膜，根据不同的颜色可判断烧伤的程度，但并非无色就等于没有烧伤。有时通过多次光磨，虽然磨掉了表面烧伤的氧化膜，却并未完全去除烧伤层，这会给工件带来隐患。

磨削淬火钢时，在工件表面层形成的瞬时高温将使表层金属产生以下三种金相组织变化：

（1）回火烧伤　如果切削区的温度未超过淬火钢的相变温度（碳素钢的相变温度为 720℃），但已超过马氏体的转变温度（中碳钢为 300℃），工件表层金属的马氏体将转化为硬度较低的回火组织（索氏体或托氏体），这称为回火烧伤。

（2）淬火烧伤　如果磨削区温度超过了相变温度，再加上冷却液的急冷作用，表层金属会出现二次淬火马氏体组织，其硬度比原来的回火马氏体高；在它的下层，因冷却较慢，出现了硬度比原来的回火马氏体低的回火组织（索氏体或托氏休），这称为淬火烧伤。

（3）退火烧伤　如果磨削区温度超过了相变温度，而磨削过程又没有冷却液，表层金属将产生退火组织，其硬度将急剧下降，这称为退火烧伤。

磨削烧伤是由于磨削高温引起的，故凡是能降低磨削温度的措施，都有利于改善和避免烧伤。

二、提高表面质量的途径

（一）减小表面粗糙度值的工艺措施

在切削加工中，表面粗糙度主要取决于残留面积的高度。为此，应采取增大刀尖圆弧半径、减小主偏角、减小副偏角、采用副偏角为零的修光刃刀具等措施。减小进给量也能有效地减小残留面积，但会使生产率降低。

切削加工中产生的积屑瘤、鳞刺等是影响加工表面粗糙度的物理因素。为有效地抑制积屑瘤和鳞刺，应采用较高或较低的切削速度和较小的进给量，增大前角，适当加大后角，改用润滑性能良好的切削液，必要时要对工件进行正火、调质等热处理。

砂轮磨削加工中减小表面粗糙度值的措施有以下四项：

1）当磨削温度不太高时，可以降低工件的线速度 $v_{工件}$ 和纵向进给量 f_a（提高砂轮磨削速度往往受到机床结构和砂轮强度的限制，故一般不采用）。因为降低 f_a 会降低生产率，故优先考虑降低 $v_{工件}$，然后考虑降低 f_a。

2）仔细修整砂轮，保持微刃的等高性和适当增加光磨次数。

3）如果磨削表面出现微熔点，应首先考虑减小磨削深度，必要时适当提高工件速度，同时还应考虑砂轮是否太硬，磨削液是否充分，是否有良好的冷却性和流动性。

4）如果表面拉毛、划伤，则应检查磨削液是否清洁，砂轮是否太软。

5）适当地选择砂轮的粒度、硬度、组织和材料。

（二）减小表面层冷作硬化的工艺措施

1）合理选择刀具的几何参数，采用较大的前角和后角，并在刃磨时尽量减小其切削刃口圆角半径。

2）使用刀具时，应合理限制其后刀面的磨损程度。

3）合理选择切削用量，采用较高的切削速度和较小的进给量。

4）加工时采用有效的切削液。

（三）减小残余拉应力、防止表面烧伤和裂纹的工艺措施

对零件使用性能危害甚大的残余拉应力、表面烧伤和裂纹的产生原因是磨削区的温度过高。为降低磨削热，可以从减少磨削热的产生和加速磨削热的传出两途径入手。

1. 选择合理的磨削用量

根据磨削机理，磨削深度的增大会使表面温度升高，砂轮速度和工件转速的增大也会使表面温度升高，但其影响程度不如磨削深度大。为了直接减少磨削热的产生，降低磨削区的温度，应合理选择磨削参数：减少磨削深度，适当提高进给量和工件转速。但这会使表面粗糙度值增大，一般采用提高砂轮速度和较宽的砂轮来弥补。实践证明，同时提高砂轮转速和工件转速，可以避免烧伤。

2. 选择有效的冷却方法

磨削时由于砂轮高速旋转而产生强大的气流，使切削液很难进入磨削区，故不能有效地降低磨削区的温度。因此应选择适宜的切削液和有效的冷却方法，如采用高压大流

量切削液和内冷却砂轮等。为减轻高速旋转的砂轮表面的高压附着气流的作用，可加装空气挡板（见图 6-39），以使切削液能顺利地喷注到磨削区。

采用开槽砂轮也是改善冷却条件的一种有效方法。在砂轮的四周开一些横槽，能使砂轮将切削液带入磨削区，从而提高冷却效果；砂轮开槽同时形成间断磨削，工件受热时间短；砂轮开槽还有扇风作用，可改善散热条件。因此使用开槽砂轮可有效地防止烧伤现象的发生。

3. 合理选择砂轮并及时修整

若砂轮的粒度越细、硬度越高时自砺性差，则磨削温度也增高，应选软砂轮。砂轮组织太紧密时磨屑堵塞砂轮，易出现烧伤。

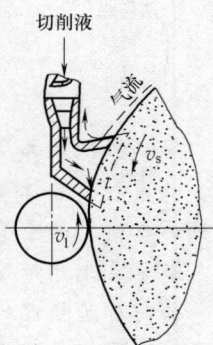
图 6-39 带空气挡板的切削液喷嘴

砂轮钝化时，大多数磨粒只在加工表面受到挤压和摩擦而不起切削作用，使磨削温度增高，故应及时修整砂轮。

（四）表面强化工艺

采用一定的表面加工方法，改变零件表面的物理力学性能和减小表面粗糙度值，使之朝着有利的方向转化，以达到提高零件使用性能的目的，这类加工方法称为表面强化工艺。

表面强化工艺包括化学热处理、电镀和表面冷压强化工艺等几种。其中冷压强化工艺是通过冷压加工方法，使表面层金属发生冷态塑性变形，以减小表面粗糙度值，提高表面硬度，并在表面层产生残余压应力和冷硬层，从而提高疲劳强度和耐蚀性。

1. 喷丸强化

喷丸强化是利用压缩空气或离心力，推动大量直径细小（$\phi 0.4 \sim \phi 2mm$）的珠丸（钢丸、玻璃丸），以较快速度（$35 \sim 50m/s$）来打击零件表面，造成表面的冷硬层和残余压应力（见图 6-40a），使表面粗糙度 Ra 达到 $0.63 \sim 0.32\mu m$，可显著提高零件的疲劳强度和使用寿命，如汽车板簧。

2. 滚压强化

滚压强化是利用经过淬硬和精细研磨过的滚轮或滚珠，在常温下对零件表面进行挤压（见图 6-40b），使表层金属材料产生塑性流动，修正零件表面的微观几何形状，表面粗糙度 Ra 可达 $0.1\mu m$，表面硬化层深度达 $0.2 \sim 1.5mm$，并使金属组织细化，形成残余压应力。

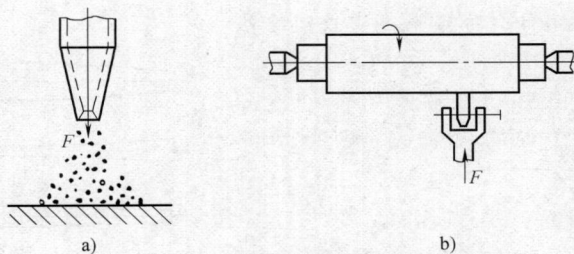
图 6-40 常用的冷压强化工艺方法
a）喷丸 b）滚压

本 章 小 结

　　保证机械产品质量是机械制造者的首要任务。零件质量直接影响着产品的性能、寿命、效率和可靠性等质量指标，是保证产品质量的基础。机械加工质量是机械制造技术基础课程研究的重要问题之一。机械加工质量主要包括加工精度和加工表面质量两个方面。本章首先介绍了机械加工精度的概念，讨论了影响机械加工精度的因素及其提高措施，并对加工精度的统计方法进行说明，最后介绍了加工表面质量概念，并讨论了表面质量对机器零件使用性能的影响和影响表面质量的因素，以及提高表面质量的措施。

　　学习本章内容，应学会综合运用力学、物理学、材料学等基础科学知识分析加工误差产生的原因，从而找出控制加工误差的方法，同时还应学会运用数理方法对加工误差进行统计分析，从加工误差的统计特征，确定出加工误差的变化规律及可能采取的控制方法。

　　在影响机械加工精度的诸多误差因素中，机床的几何误差、工艺系统的受力变形和受热变形占有突出的位置，应了解这些误差因素是如何影响加工误差的。在影响机械加工表面质量的诸多因素中，加工方法、切削用量、刀具几何角度以及工件、刀具材料等起重要作用，应了解这些因素对加工表面质量的影响规律。

复习思考题

　　6-1　试举例说明加工精度、加工误差、公差的概念。它们之间有什么区别？

　　6-2　车床床身导轨在竖直平面内和水平平面内的直线度对车削轴类零件的加工误差有什么影响？影响程度各有何不同？

　　6-3　近似加工运动原理误差与机床传动链误差有何区别？

　　6-4　试说明车削前，工人经常在刀架上安装镗刀修整三爪的工作面或花盘的端面（见图6-41）的目的是什么？试分析能否提高主轴的回转精度。

　　6-5　试分析在车床上加工时产生下述误差的原因。

　　1）在车床上镗孔时，引起被加工孔圆度误差和圆柱度误差。

　　2）在车床自定心卡盘上镗孔时，引起内孔与外圆的同轴度、端面与外圆的垂直度。

　　6-6　在车床上用两顶尖装夹工件，车削细长轴时，出现图6-42所示的误差，这是什么原因？应分别采用什么办法来减少或消除？

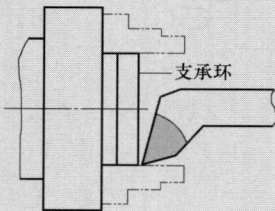

支承环

图 6-41　镗刀修整三爪

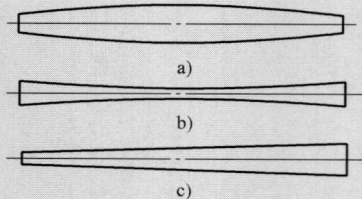

a)

b)

c)

图 6-42　车削轴外圆时的误差

6-7 试分析在转塔车床上将车刀竖直安装加工外圆（见图 6-43）时，影响直径误差的因素中，导轨在竖直面内和水平面内弯曲，哪个影响大？与卧式车床比较有什么不同？为什么？

6-8 在磨削锥孔时，用检验锥度的塞规着色检验，发现只在塞规中部接触或在塞规的两端接触（见图 6-44）。试分析造成误差的各种因素。

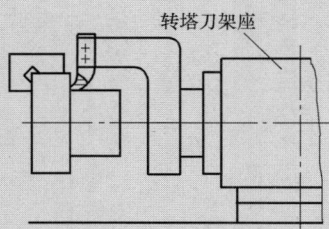

图 6-43 转塔车床导轨误差的影响

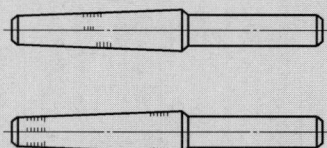

图 6-44 塞规接触情况的原因分析

6-9 如果被加工齿轮分度圆直径 $D = 100\text{mm}$，滚齿机滚切传动链中最后一个交换齿轮的分度圆直径 $d = 200\text{mm}$，分度蜗杆副的降速比为 $1:96$，若此交换齿轮的齿距累积误差 $\Delta F_p = 0.12\text{mm}$，试求由此引起的工件的齿距偏差。

6-10 设已知一工艺系统的误差复映系数为 0.25，工件在本工序前有圆柱度（椭圆度）0.45mm。若本工序形状精度规定公差 0.01mm，问至少要进给几次方能使工件形状精度合格？

6-11 在车床上加工丝杠，工件总长为 2650mm，螺纹部分的长度 $L = 2000\text{mm}$，工件材料和母丝杠材料都是 45 钢，加工时室温为 20℃，加工后工件温升到 45℃，母丝杠温升至 30℃。试求在工件全长上由于热变形而引起的螺距累积误差。

6-12 横磨一刚度很大的工件时（见图 6-45），设横向磨削力 $F_p = 100\text{N}$，头架刚度 $k_{tj} = 50000\text{N/mm}$，尾座刚度 $k_{wz} = 40000\text{N/mm}$，工件尺寸如图 6-45 所示。试分析加工后工件的形状，并计算形状误差。

6-13 试说明磨削外圆时使用固定顶尖的目的是什么？哪些因素会引起外圆的圆度和锥度误差（见图 6-46）？

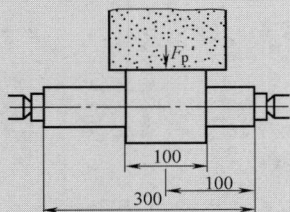

图 6-45 横磨工件

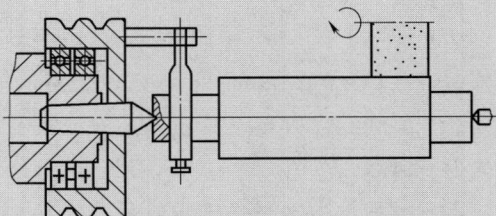

图 6-46 外圆磨削产生误差的原因

6-14 在车床或磨床上加工尺寸相同及精度相同的内、外圆柱表面时，加工内孔表面的进给次数往往多于外圆表面，试分析其原因。

6-15 在车床上加工一长度为 800mm、直径为 φ60mm 的 45 钢光轴。现已知机床各部件的刚度分别为 $k_{tj} = 90000\text{N/mm}$、$k_{wz} = 50000\text{N/mm}$、$k_{dj} = 40000\text{N/mm}$，加工时的切削力 $F_c = 600\text{N}$，$F_p = 0.4F_c$。试分析计算一次进给后工件的轴向形状误差（工件装夹在两顶尖之间）。

6-16 在卧式铣床上铣削键槽（见图 6-47），经测量发现，靠工件两端的深度要大于中间的深度，且都比调整的深度尺寸小。试分析产生这一现象的原因。

6-17 当龙门刨床床身导轨不直时（见图 6-48），加工后的工件会成什么形状？

1）当工件刚度很差时。

2）当工件刚度很大时。

图 6-47 铣键槽的误差

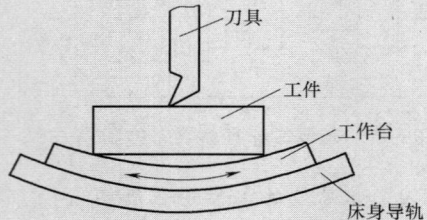

图 6-48 床身导轨不直的误差

6-18 什么是强迫振动和自激振动？它们各有什么特点？机械加工中引起两种振动的主要原因是什么？如何消除和控制机械加工中的振动？

6-19 加工误差按照统计规律可分为哪几类？各有什么特点？采取什么工艺措施可减少或控制其影响？

6-20 什么是正态分布曲线？它的特征参数是什么？特征参数反映了分布曲线的哪些特征？

6-21 分布图分析法和点图分析法在生产中有何应用？

6-22 在无心磨床上磨削一批光轴的外圆，要求保证尺寸为 $\phi 25_{-0.021}^{0}\text{mm}$。加工后测量，尺寸按正态规律分布，$\sigma = 0.003\text{mm}$，$\bar{x} = 24.995\text{mm}$。试绘制分布曲线图，求出废品率，分析误差的性质和产生废品的原因，并提出相应的改进措施。

6-23 在两台相同的自动车床上加工一批小轴的外圆，要求保证直径尺寸为 $(11 \pm 0.02)\text{mm}$。第一台自动车床加工 1000 件，其直径尺寸按正态分布，平均值 $\bar{x}_1 = 11.005\text{mm}$，标准差 $\sigma_1 = 0.004\text{mm}$。第二台自动车床加工 500 件，其直径尺寸也按正态分布，且 $\bar{x}_2 = 11.015\text{mm}$，$\sigma_2 = 0.0025\text{mm}$。试求：

1）在同一张图样上画出两台机床加工的两批工件的尺寸分布图，并指出哪台机床的工序精度更高。

2）计算并比较哪台机床的废品率高，试分析其产生的原因并提出改进的办法。

6-24 提高机械加工精度的主要措施有哪些？试举例说明。

6-25 减小表面粗糙度值的工艺措施有哪些？提高表面层物理力学性能的工艺措施有哪些？

第七章
机械加工工艺规程设计

机械加工工艺规程是生产管理的重要技术文件，它直接影响零件的加工质量、成本及生产率。本章主要介绍机械加工工艺过程的组成、零件结构加工工艺性、毛坯选择、定位基准选择、工艺路线拟定、工序设计（工艺装备和切削用量选择、工序尺寸计算），同时介绍提高生产率的工艺措施、工艺方案技术经济分析、典型零件加工工艺等。工艺规程制订具有很强的实践性，在学习过程中，应结合实际，逐步摸索提高。

第一节　概　　述

一、机械加工工艺过程及其组成

1. 机械加工工艺过程

工艺过程是生产过程的主要部分，是采用某种工艺方法直接或逐步改变生产对象的形状、尺寸、相对位置和性质，使其成为成品或半成品的过程，例如毛坯制造、机械加工、热处理和装配等工艺过程。

机械加工工艺过程是指用机械加工的方法改变生产对象（毛坯）的形状、尺寸和表面质量，使其成为零件的过程。它直接决定零件及产品的质量和性能，对产品的成本、生产周期都有较大的影响，是整个工艺过程的重要组成部分。

2. 机械加工工艺过程的组成

机械加工工艺过程的组成如图 7-1 所示，工艺过程由若干工序组成，工序是最基本的组成单元。每一个工序又可依次细分为安装、工位、工步和走刀。

（1）工序　工序是指一个或一组工人，在一个工作地对同一个或同时对几个工件所连续完成的那一部分工艺过程。工作地、工人、工件、连续作业是构成工序的四个要素，其中任何一个要素的变更即构成新的工序。一个工艺过程需要包括哪些工序，是由被加工零件结构的复杂程度、加工要求及生产类型所决定的。表 7-1 为阶梯轴不同生产类型的

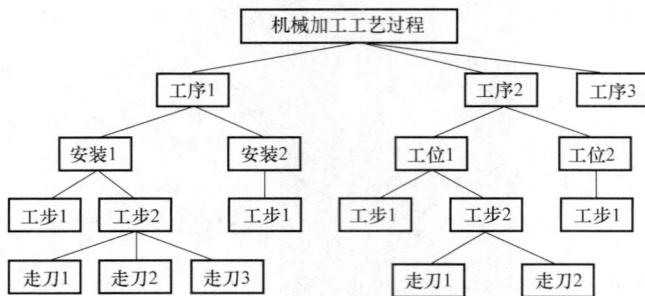

图 7-1 机械加工工艺过程的组成

表 7-1 阶梯轴不同生产类型的工艺过程

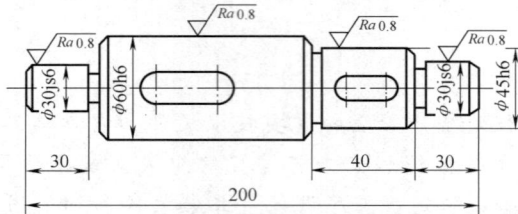

单件、小批量生产工艺过程			大批、大量生产工艺过程		
工序号	工序内容	设备	工序号	工序内容	设备
1	车端面、钻中心孔（两头）	车床	1	两边同时铣端面、钻中心孔	组合机床
2	粗、精车外圆，切槽，倒角	车床	2	粗车外圆	车床
3	铣键槽、去毛刺	铣床	3	精车外圆、倒角、切退刀槽	车床
4	磨外圆	磨床	4	铣键槽	铣床
			5	去毛刺	钳工台
			6	磨外圆	磨床

工艺过程。

（2）安装　安装是工件经一次装夹后所完成的那部分工序。工件在加工前，在机床或夹具中相对刀具应有一个正确的位置并予以固定，这个过程称为装夹。在一个工序中，可以是一次或多次装夹。

（3）工位　在工件的一次安装中，通过分度（或移位）装置，使工件相对于机床经过不同的位置顺次进行加工。此时工件在机床上占据每一个位置所完成的那一部分工序称为工位。采用多工位加工，可以提高生产率和保证被加工表面间的相互位置精度。图7-2所示为立轴式回转工作台多工位加工的例子，共四个工位，依次为装卸、钻孔、扩孔、铰孔。

（4）工步　工步是指加工表面、加工工具、主要切削用量（切削速度、进给量）不变的条件下所连续完成的那一部分工序。有时，为了提高效率，采用多刀同时切削的方法，这样的工步称为复合工步。图7-3所示为立轴转塔车床加工齿轮内孔及外圆的一个复合工步。

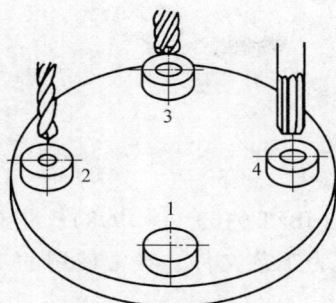

图 7-2　多工位加工

工位 1：装卸工件　工位 2：钻孔

工位 3：扩孔　工位 4：铰孔

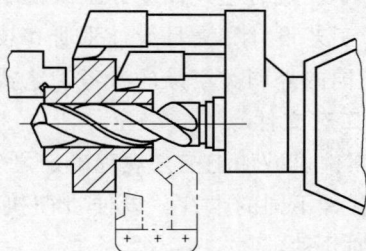

图 7-3　立轴转塔车床复合工步

（5）走刀　走刀是指刀具相对工件加工表面进行一次切削所完成的那部分工作。在同一工步中，由于加工表面加工余量较大或其他原因，在切削用量不变的条件下，同一表面往往要用同一工具加工几次才能完成。每个工步可包括一次走刀或几次走刀。

二、机械加工工艺规程

对于机器中的某一个零件，可以采用多种不同的工艺过程完成。在特定条件下，总存在一种相对而言最为合理的工艺过程，将此工艺过程用工艺文件的形式加以规定，由此得到的工艺文件统称为工艺规程。机械加工工艺规程是规定产品或零部件机械加工工艺过程和操作方法的工艺文件。其内容因生产类型的不同而详略不一，批量越大，越详细具体。机械加工工艺规程是在总结长期的生产实践和科学试验的基础上，依据科学理论和必要的工艺试验而制订的，并在生产过程的实践中不断得到改进和完善。

1. 工艺规程的作用

工艺规程是生产准备、生产组织、计划调度的主要依据，是指导工人操作的主要技术文件，也是工厂和车间进行设计或技术改造的重要原始资料。工艺规程的制订须严格按照规定的程序和格式进行，并随着技术进步和企业发展，定期修改完善。

2. 工艺规程的制订原则

在一定的生产条件下，以最少的劳动消耗和最低的费用，按计划加工出符合图样要求的零件，是制订机械加工工艺规程的基本原则。具体表现为保证产品质量，获得较高的生产率和最好的经济效益，并使工人具有良好而安全的劳动条件。同时应做到技术上先进和经济上合理。

3. 制订工艺规程的原始资料

机械加工工艺规程的编制必须以下列原始资料为依据，另外，要求工艺工程师能深入现场了解情况。

1）产品装配图及零件工作图。

2）有关产品质量验收标准。

3）产品产量计划。

4）产品零件毛坯生产技术水平。

5）本厂现有生产设备和工人技术水平、外协条件。

6）工艺设计和夹具设计手册和技术资料。

7）国内外同类产品的参考工艺资料等。

4. 工艺文件

在零件机械加工工艺规程确定之后，应按相关标准（JB/T 9165.2—1998），将有关内容填入各种不同的卡片，以便贯彻执行。这些卡片总称为工艺文件。经常使用的工艺文件有下列几种：

（1）机械加工工艺过程卡片　这是简要说明零件整个工艺过程的一种卡片，又称过程卡，见表 7-2。其中包括工艺过程的工序名称和工序号、实施车间和工段及各工序时间定额等内容。它反映了加工过程的全貌，是制订其他工艺文件的基础，可以作为生产管理使用。在单件小批量生产中，通常以过程卡直接指导生产，而不再编制更为详细的工艺文件。

表 7-2　机械加工工艺过程卡片

（厂名全称）	机械加工工艺过程卡片			产品型号			零件图号					
				产品名称			零件名称		共　页	第　页		
材料牌号			毛坯种类		毛坯外形尺寸			每坯件数		每台件数	备注	
工序号	工序名称	工序内容					车间	工段	设备	工艺装备	工序时间	
											准终	单件
描图												
描校												
底图号												
装订号												
						设计（日期）	审核（日期）	标准化（日期）	会签（日期）			
标记处数	更改文件号	签字日期	标记处数	更改文件号	签字日期							

（2）机械加工工序卡片　机械加工工序卡片又称工序卡，见表 7-3。它用来具体指导工人的操作。工序卡详细说明该工序的工艺过程并附有工序简图。工序卡用于大批大量生产的各个工序和重要零件的成批生产中的重要工序。

（厂名全称）	机械加工工序卡片		产品型号		零件图号				
			产品名称		零件名称			共 页	第 页
（工序简图）			车间	工序号	工序名称	材料牌号			
			毛坯种类	毛坯外形尺寸	每坯件数	每台件数			
			设备名称	设备型号	设备编号	同时加工件数			
			夹具编号		夹具名称		切削液		
			工位器具编号		工位器具名称		工序时间		
							准终	单件	

工步号	工步内容	工艺装备	主轴转速 /(r/min)	切削速度 /(m/min)	进给量 /(mm/r)	背吃刀量 /mm	走刀次数	工时定额	
								基本	辅助
描图									
描校									
底图号									
装订号									
					设计（日期）	审核（日期）	标准化（日期）	会签（日期）	
标记 处数	更改文件号	签字 日期	标记 处数	更改文件号	签字 日期				

（3）机械加工工艺卡片 机械加工工艺卡片又称工艺卡，见表7-4。它以工序为单位说明工艺过程，详细规定了每一工序及其工位和工步的工作内容。复杂工序绘有工序简图，注明工序尺寸及公差等。工艺卡的详细程度介于过程卡和工序卡之间。工艺卡用来指导生产和管理加工过程，广泛用于成批生产或重要零件的小批生产。

5. 制订工艺规程的步骤及主要内容

1）根据零件的生产纲领确定生产类型：主要是指在成批生产时，确定零件的生产批量；在大量流水生产时，确定生产一个零件的时间（即生产节拍）。

2）分析零件加工的工艺性：包括审查零件的结构工艺性和分析零件的各项技术要求，并提出必要的修改意见。

表 7-4　机械加工工艺卡片

（工厂）	机械中工工艺卡片		产品型号		零(部)件图号			共　页	
			产品名称		零(部)件名称			第　页	
材料牌号		毛坯种类	毛坯外形尺寸		毛坯件数		每台件数	备注	
工序	装夹	工步	工序内容	同时加工工零件数	切削用量				设备名称及编号	工艺装备名称及编号			技术等级	工时定额	
					背吃刀量/mm	切削速度/(m/min)	每分钟转速或往复次数	进给量/(mm/r或mm/双行程)		夹具	刀具	量具		单件	准终
												编制（日期）	审核（日期）	会签（日期）	
标记	处记	更改文件号	签字	日期	标记	处记	更改文件号	签字	日期						

3）选择毛坯的种类和制造方法：应全面考虑毛坯制造成本和机械加工成本，以达到降低零件总成本的目的。

4）拟订工艺过程：包括选择定位基准、选择零件表面加工方法、划分加工阶段、安排加工顺序和组合工序等。

5）工序设计：包括确定加工余量、计算工序尺寸及其公差、确定切削用量、计算工时定额及选择机床和工艺装备等。

6）编制工艺文件。

第二节　零件结构工艺性与毛坯选择

一、零件加工结构工艺性

在制订零件的机械加工工艺规程之前，首先应对该零件的工艺性进行分析。零件的工艺性分析应包括以下两方面的内容。

1. 分析零件的各项技术要求，提出必要的改进意见

分析产品的装配图和零件的工作图，其目的是熟悉该产品的用途、性能及工作条件，明确被加工零件在产品中的位置和作用，进而了解零件上各项技术要求制订的依据，找出主要技术要求和加工关键，以便在拟订工艺规程时采取适当的工艺措施加以保证。在此基础上，还可对图样的完整性、技术要求的合理性以及材料选择是否恰当等方面问题提出必要的改进意见。

一般来说，零件图上的技术要求有如下几类：

1）加工表面本身的要求（尺寸精度、几何精度和表面粗糙度）：据其选择加工方法、加工工序。

2）表面之间的相对位置精度（包括位置尺寸、位置精度）：与基准的选择有关。

3）表面质量及镀层要求：涉及选材及热处理工艺的确定。

4）其他要求：如等重、平衡、检测等。

2. 审查零件结构的工艺性

零件结构的工艺性，是指所设计的零件在能满足使用要求的前提下制造的可行性和经济性。零件的结构对其机械加工工艺过程的影响很大。使用性能完全相同而结构不同的两个零件，它们的加工难易和制造成本可能有很大差别。所谓良好的工艺性，首先指零件结构应方便机械加工，即在同样的生产条件下能够采用简便和经济的方法加工出来；其次零件结构还应适应生产类型和具体生产条件的要求。

零件结构工艺性可以从以下几个方面加以分析（表7-5为一些常见的零件结构工艺性示例）：

1）工件应便于在机床或夹具上装夹，并尽量减少装夹次数。

2）刀具易于接近加工部位，便于进刀、退刀、越程和测量，以及便于观察切削情况等。

3）尽量减少刀具调整和走刀次数。

4）尽量减少加工面积及空行程，提高生产率。

5）便于采用标准刀具，尽可能减少刀具种类。

6）尽量减少工件和刀具的受力变形。

7）改善加工条件，便于加工，必要时应便于采用多刀、多件加工。

8）有适宜的定位基准，且定位基准至加工面的标注尺寸应便于测量。

表 7-5 一些常见的零件结构工艺性示例

结构改进前后对比（左为改进前，右为改进后）		说明
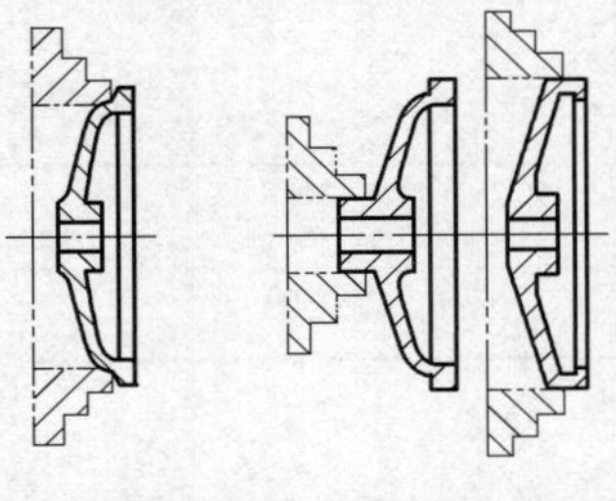	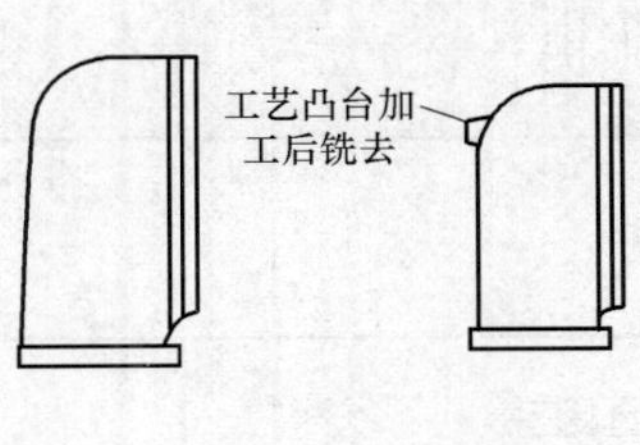 工艺凸台加工后铣去	便于装夹
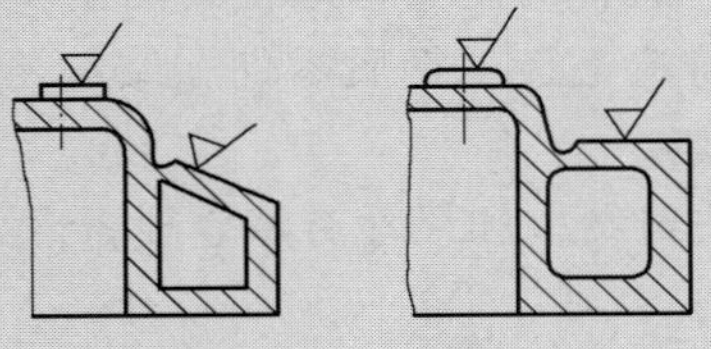	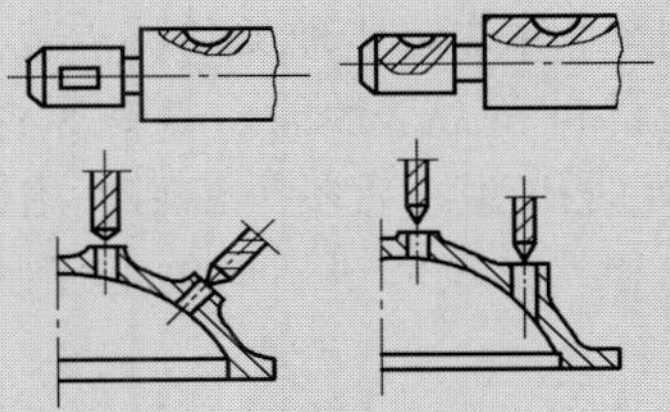	减少刀具调整与走刀次数

（续）

结构改进前后对比（左为改进前，右为改进后）	说明
	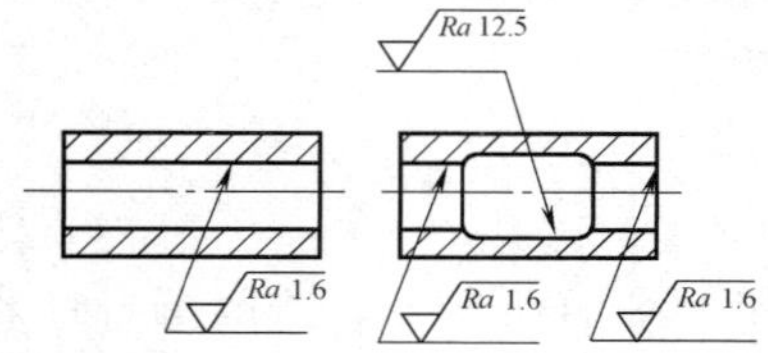 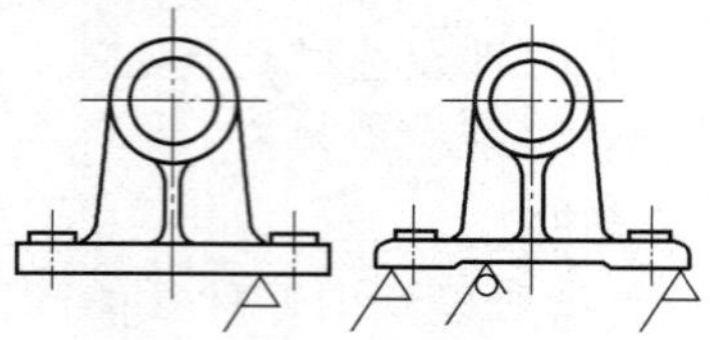 减少加工面积
	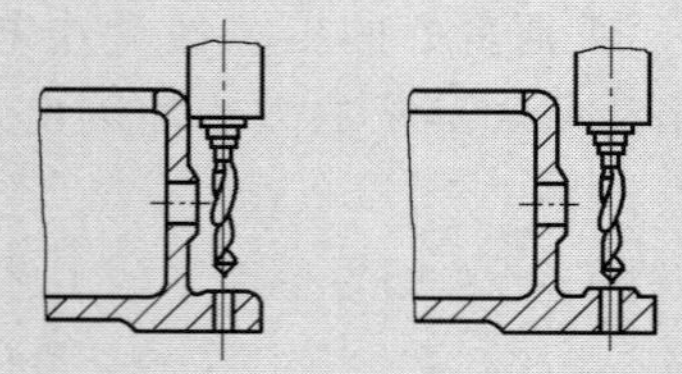 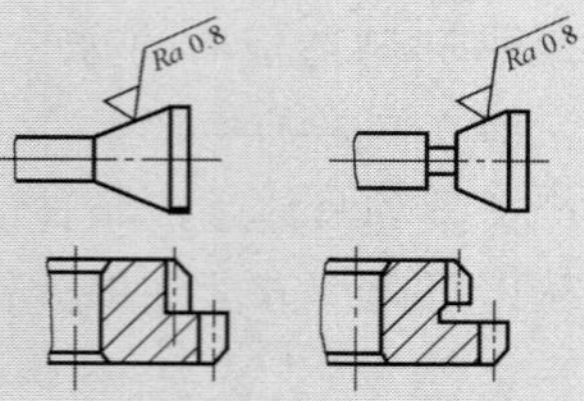 留出刀具加工空间
	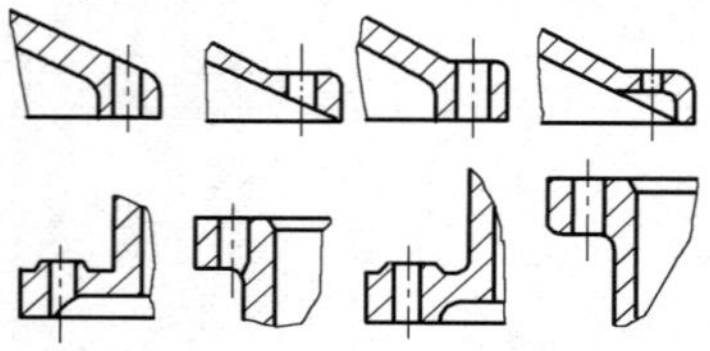 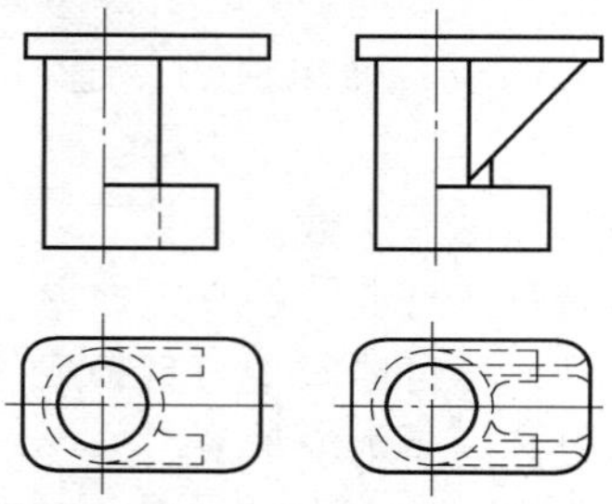 改善加工条件
	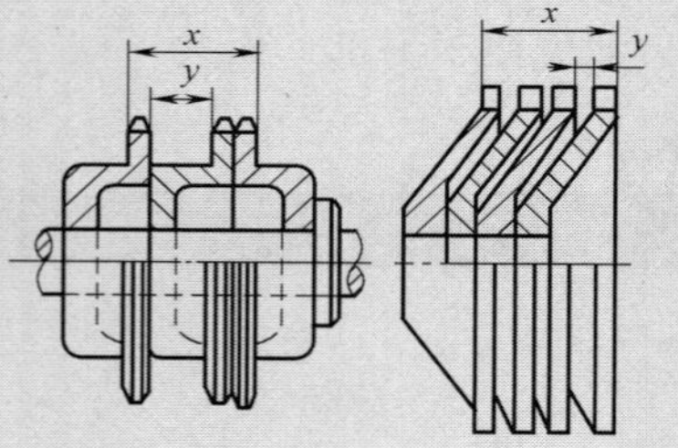 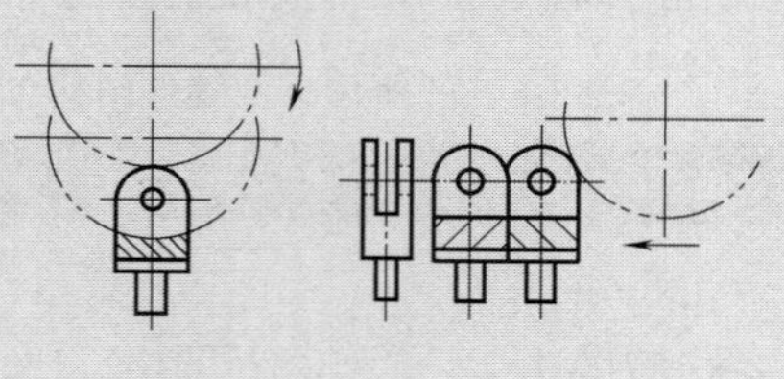 多件装夹，提高加工效率

二、毛坯选择

1. 毛坯选择要考虑的因素

毛坯选择即为由工艺人员依据设计要求确定毛坯种类、形状尺寸及制造精度。

（1）毛坯种类的选择　常见毛坯种类和特点见表 7-6。选择时主要考虑下列因素：

1）设计图样规定的材料和力学性能。铸铁零件要用铸造毛坯。钢质零件在结构不复杂及力学性能要求不太高时用型材毛坯，否则可用锻造毛坯。

2）零件的结构形状和外形尺寸。不同的毛坯制造方法对结构和尺寸有特定要求。

3）企业现有生产条件。

4）新工艺、新技术、新材料的利用。

表 7-6　常见毛坯种类和特点

毛坯种类	特点
铸件（常用材料为灰铸铁、球墨铸铁、合金铸铁、铸钢和非铁金属）	多用于形状复杂、尺寸较大的零件。其吸振性能好，但力学性能低。铸造方法有砂型铸造、离心铸造等，有手工造型和机器造型。模型有木模和金属模。木模手工造型用于单件小批生产或大型零件，生产率低、精度低。金属模用于大批量生产，生产率高、精度高。离心铸造用于空心零件，压力铸造用于形状复杂、精度高、大量生产、尺寸小的有色金属零件
锻件（常用材料为碳素钢和合金钢）	用于制造强度高、形状简单的零件（轴类和齿轮类）。模锻和精密锻造精度高、生产率高，单件小批生产用自由锻
冲压件	用于形状复杂、生产批量较大的板料毛坯，精度较高，但厚度不宜过大
型材（圆形、六角形、方形截面等）	用于形状简单或尺寸不大的零件，热轧钢材尺寸较大、规格多、精度低，冷拉钢材尺寸较小、精度较高，但规格不多、价格较贵
冷挤压件（材料为非铁金属和钢材）	用于形状简单、尺寸小和生产批量大的零件。如各种精度高的仪表件和航空发动机中的小零件
焊接件	用于尺寸较大、形状复杂的零件，多用型钢或锻件焊接而成，其制造简单、周期短、成本低，但抗振性差、容易变形，尺寸误差大
工程塑料	用于形状复杂、尺寸精度高、力学性能要求不高的零件
粉末冶金	尺寸精度高、材料损失少，用于大批量生产，成本高，不适合结构复杂、薄壁、有锐边的零件

（2）毛坯的结构形状与尺寸　毛坯的形状应力求接近零件形状，以减少机械加工劳动量。毛坯尺寸是在原有零件尺寸的基础上，考虑后续加工切除余量确定。毛坯形状也有几种特殊情况。如尺寸小而薄的零件，多个工件连在一起由一个毛坯制出；某些零件，如车床开合螺母外壳，两件合为一个毛坯，加工至一定阶段后再切开；为加工时安装方便，毛坯上应留有工艺凸台。

（3）毛坯制造精度　毛坯制造精度高，材料利用率高，后续机械加工费用低，但相应的设备投入大。因此，在确定毛坯的制造精度时，需综合考虑毛坯的制造成本和后续加工成本。一般而言，生产纲领大，选择毛坯制造精度高。只要有可能，应提倡采用精密铸造、精密锻造、冷轧、冷挤压、粉末冶金等先进的毛坯制造方法。

2. 常见零件的毛坯选择

常用机械零件按其形状和用途不同，可分为杆轴类、盘套类和箱体机架类。以下根据这几类零件的结构特征和工作条件，对其毛坯选择方法给予举例说明。

（1）杆轴类零件毛坯的选择　杆轴类零件一般都是各种机械中的重要受力和传动零件。安装齿轮和轴承的轴，其轴颈处要求有较好的力学性能，常选用中碳调质钢；承受重载或冲击载荷以及要求耐磨性较高的轴多选用合金结构钢，用这些材料制造的轴多数采用锻造毛坯。某些异形断面或弯曲轴，如凸轮轴、曲轴等，也可采用球墨铸铁铸造成形。对于一些直径变化不大的轴可采用圆钢直接切削加工。在有些情况下，毛坯也可选锻-焊、铸-焊结合的办法，如发动机中的排气阀零件，可将合金耐热钢和普通碳素钢焊在一起，以节约贵重材料。

（2）盘套类零件毛坯的选择　盘套类零件常见的有齿轮、飞轮、手轮、法兰、套环、垫圈等。这类零件在机械产品中的功能要求、力学性能要求等差异较大，其材料及毛坯成形方法也多种多样。以齿轮为例，对承受冲击载荷的重要齿轮，一般选综合力学性能好的中碳钢或合金钢，采用型材锻造而成；结构复杂的大型齿轮可采用铸钢件毛坯或球墨铸铁件毛坯；对单件小批量生产的小齿轮可选用圆钢为毛坯；对批量大的中小型齿轮宜采用模锻件；对于低速轻载的齿轮可采用灰铸铁铸造；对高速、轻载、低噪声的普通小齿轮，可选用铜合金、铝合金、工程塑料等材料的棒料为毛坯或采用挤压、冲压或压铸件毛坯。带轮、手轮、飞轮等受力不大的零件可选用灰铸铁或铸钢件毛坯，法兰、套环等零件可采用铸铁件、锻件或圆钢为毛坯。垫圈一般采用低碳钢板冲压件。

（3）箱体机架类零件毛坯的选择　这类零件的结构特点是结构比较复杂，且形状不规则，其工作条件是以承压为主。因此要求有较好的刚度和减振性，有的要求密封或耐磨等。常见的有机身、机架、底座、箱体、箱盖、阀座等。根据这类零件的特点，一般选择铸铁件或铸钢件；单件小批量生产时也可采用焊接件毛坯。航空、军舰发动机中的这类零件通常采用铝合金铸件毛坯，以减轻重量。在特殊情况下，形状复杂的大型零件也可采用铸-焊或锻-焊组合毛坯。

第三节　工艺路线的确定

加工工艺路线是工艺规程设计中的关键性工作，它不仅影响加工质量和加工效率，还影响工人的劳动强度、设备投资、车间面积、生产成本等。拟定工艺路线时主要解决的问题有：表面加工方法选择；加工阶段划分；加工顺序安排；工序的集中和分散。

一、表面加工方法选择

1. 加工经济精度

由于在加工过程中有很多因素影响加工精度，因此同一种加工方法在不同的工作条件下所能达到的精度是不同的。任何一种加工方法，只要精心操作，细心调整，并选用合适的切削参数进行加工，都能使加工精度得到较大的提高，但这样做会降低生产率，增加加工成本。

对于某一种特定的加工方法，都可以作出图7-4所示的加工成本和加工误差之间的关系曲线。由图7-4可知，加工误差 δ 与加工成本 C 成反比关系。这种关系只是在一定范围内才比较明显，如图中的 AB 段。而 A 点左侧曲线表明，成本的增加对精度的提高影响很小，B 点右侧曲线则表示精度降低到一定程度后，加工成本受到限制。因此，

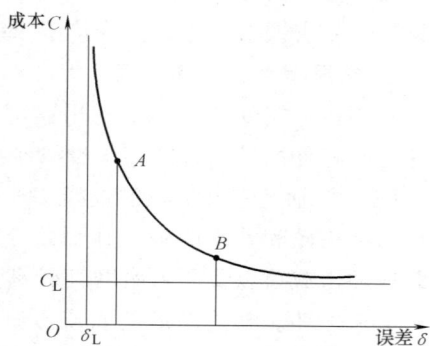

图 7-4　加工成本与加工误差的关系

对于某一特定的加工方法，存在相对合理的成本-精度范围。一般所谓的加工经济精度是指在正常加工条件下（采用符合质量标准的设备、工艺装备和标准技术等级的工人，不

延长加工时间）所能保证的加工精度。

显然，某种加工方法的加工经济精度应为一个范围（如图 7-4 中的 *AB* 范围），而不是某一个确定值，并且随着工艺技术的发展，设备及工艺装备的改进，以及生产中科学管理水平的提高，各种加工方法的加工经济精度等级范围也将随之不断提高。

2. 加工方法选择

机器零件的结构形状虽然多种多样，但它们都是由一些最基本的几何表面（外圆、孔、平面等）组成的，切削加工过程即为获得这些几何表面的过程。同一表面的最终加工可以选用不同的方法，而有一定技术要求的加工表面，往往需要多次加工才能达到加工质量要求。因此，同一表面可以有不同的加工方案，但是不同的加工方法（方案）所能获得的加工质量、生产率、费用及生产准备和设备投入各不相同。表 7-7、表 7-8、表 7-9 分别列出了外圆加工、孔加工和平面加工的各种常见的加工方案及其经济精度，供选择加工方法时参考。各种加工方法的详细资料可参考相关的工艺人员手册。

表 7-7　外圆表面加工方案及其经济精度

加工方案	经济精度公差等级	表面粗糙度/μm	适用范围
粗车 └→半精车 　└→精车 　　└→滚压（或抛光）	IT11~IT13 IT8~IT9 IT7~IT8 IT6~IT7	$Rz50 \sim 100$ $Ra3.2 \sim 6.3$ $Ra0.8 \sim 1.6$ $Rz0.08 \sim 0.20$	适用于除淬火钢以外的金属材料
粗车→半精车→磨削 └→粗磨→精磨 　　└→超精磨	IT6~IT7 IT5~IT7 IT5	$Ra0.40 \sim 0.80$ $Ra0.10 \sim 0.40$ $Ra0.012 \sim 0.10$	除不宜用于有色金属外，主要适用于淬火钢件的加工
粗车→半精车→精车→金刚石车	IT5~IT6	$Ra0.025 \sim 0.40$	主要用于有色金属
粗车→半精车→粗磨→精磨→镜面磨 └→精车→精磨→研磨 　　└→粗研→抛光	IT5 以上 IT5 以上 IT5 以上	$Rz0.025 \sim 0.20$ $Rz0.05 \sim 0.10$ $Rz0.025 \sim 0.40$	主要用于高精度要求的钢件加工

表 7-8　孔表面加工方案及其经济精度

加工方案	经济精度公差等级	表面粗糙度/μm	适用范围
钻 └→扩 　├→铰 　├→粗铰→精铰 　├→铰 　└→粗铰→精铰	IT11~IT13 IT10~IT11 IT8~IT9 IT7~IT8 IT8~IT9 IT7~IT8	$Rz \geqslant 50$ $Rz25 \sim 50$ $Ra1.60 \sim 3.20$ $Ra0.80 \sim 1.60$ $Ra1.60 \sim 3.20$ $Ra0.80 \sim 1.60$	加工未淬火钢及铸铁的实心毛坯，也可用于加工有色金属（所得表面粗糙度值 Ra 稍大）
钻→（扩）→拉	IT7~IT8	$Ra0.80 \sim 1.60$	大批大量生产（精度可由拉刀精度而定），如校正拉削后，表面精糙度 Ra 值可降低到 $0.40 \sim 0.20\mu m$
粗镗（或扩） └→半精镗（或精扩） 　　└→精镗（或铰） 　　　└→浮动镗	IT11~IT13 IT8~IT9 IT7~IT8 IT6~IT7	$Rz25 \sim 50$ $Ra1.60 \sim 3.20$ $Ra0.80 \sim 1.60$ $Ra0.20 \sim 0.40$	除淬火钢外的各种钢材，毛坯上已有铸出的或锻出的孔

（续）

加工方案	经济精度公差等级	表面粗糙度/μm	适用范围
粗镗（扩）→半精镗→磨 　　　　　　　└→粗磨→精磨	IT7~IT8 IT6~IT7	$Ra0.20~0.80$ $Ra0.10~0.20$	主要用于淬火钢，不宜用于有色金属
粗镗→半精镗→精镗→金刚镗	IT6~IT7	$Ra0.50~0.20$	主要用于精度要求高的有色金属
钻→（扩）→粗铰→精铰→珩磨 　　└→拉→珩磨 粗镗→半精镗→精镗→珩磨	IT6~IT7 IT6~IT7 IT6~IT7	$Ra0.025~0.20$ $Ra0.025~0.20$ $Ra0.025~0.20$	精度要求很高的孔，若以研磨代替珩磨，公差等级达IT6以上，表面粗糙度Ra可降低到$0.16~0.01\mu m$

表 7-9　平面加工方案及其经济精度

加工方案	经济精度公差等级	表面粗糙度/μm	适用范围
粗车 　└→半精车 　　　　└→精车 　　　　└→磨	IT11~IT13 IT8~IT9 IT7~IT8 IT7~IT8	$Rz\geqslant 50$ $Ra3.20~6.30$ $Ra0.80~1.60$ $Ra0.20~0.80$	适用于工件的端面加工
粗刨（或粗铣） 　　└→精刨（或精铣） 　　　　　　└→刮研	IT11~IT13 IT7~IT9 IT5~IT6	$Rz\geqslant 50$ $Ra1.60~6.30$ $Ra0.10~0.80$	适用于不淬硬的平面（用面铣加工，可得较小的表面粗糙度值）
粗刨（或粗铣）→精刨（或精铣）→宽刃精刨	IT6~IT7	$Ra0.20~0.80$	批量较大，宽刃精刨效率高
粗刨（或粗铣）→精刨（或精铣）→磨 　　　　　　　　　　　└→粗磨→精磨	IT6~IT7 IT5~IT6	$Ra0.20~0.80$ $Ra0.025~0.40$	适用于精度要求较高的平面加工
粗铣→拉	IT6~IT9	$Ra0.20~0.80$	适用于大量生产中加工较小的不淬火平面
粗铣→精铣→磨→研磨 　　　　　　└→抛光	IT5~IT6 IT5 以上	$Rz0.025~0.20$ $Rz0.025~0.10$	适用于高精度平面的加工

选择加工方法时应遵循下列原则：

1）所选加工方法应保证每种加工方法的加工经济精度范围与加工表面的精度要求和表面粗糙度要求相适应。

2）所选加工方法应能确保加工面的几何尺寸精度、形状精度和表面相互位置精度的要求。

3）所选加工方法要与零件材料的可加工性相适应。例如：淬火钢、耐热钢等，因硬度高，应采用磨削作为精加工；有色金属宜采用高速精细车或精细镗作为精加工。

4）所选加工方法应与零件的结构形状、尺寸及工作情况相适应。例如：箱体上IT7的孔，一般不采用拉或磨，而选择镗（大孔时）或铰（小孔时）；狭长平面不用铣削而更适宜用刨削加工。

5）加工方法还要与生产类型相适应。如在大批量生产时，应采用高效的机床设备和先进的加工方法；而在单件小批量生产中，多采用通用机床和常规加工方法。

6）所选加工方法要与企业现有设备条件和工人技术水平相适应。

在选择加工方法时，一般总是首先根据零件主要表面的技术要求和工厂具体条件，先选定它的最终工序加工方法，然后再逐一选定该表面各有关前道工序的加工方法。例如，加工一个公差等级为 IT6、表面粗糙度 $Ra = 0.2\mu m$ 的钢质外圆表面，其最终工序选用精磨，则其前道工序可分别选为粗车、半精车和粗磨（参见表 7-7）。主要表面的加工方案和加工方法选定之后，再选定次要表面的加工方案和加工方法。

对于那些有特殊要求的加工表面，例如，相对于本厂工艺条件来说，尺寸特别大或特别小，工件材料难加工，技术要求高，则首先应考虑在本厂能否加工的问题，如果本厂加工有困难，就需要考虑是否需要外协加工或者增加投资。通过适当增添设备或设备改造，满足工艺能力需求，也是企业常用的方法。

二、加工阶段划分

当零件的加工质量要求较高时，一般都要经过粗加工、半精加工和精加工三个阶段。如果零件的加工精度要求特别高、表面粗糙度值特别小时，还要经过光整加工阶段。加工阶段按加工质量要求较高的主要表面进行划分，其他加工表面的工艺过程根据先粗后精原则，分别安排到由主要表面所确定的各个加工阶段中，由此组成整个零件的加工工艺过程。各加工阶段的主要任务如下：

（1）粗加工阶段　此阶段是加工的开始阶段，其主要任务是高效切除各加工表面上的大部分余量，使毛坯在形状和尺寸上接近零件成品，并加工出精基准。粗加工所能达到的精度较低（一般在 IT12 以下）、表面粗糙度值较大（$Ra = 50 \sim 12.5\mu m$）。

（2）半精加工阶段　此阶段的主要目的是使主要表面消除粗加工后留下的误差，使其达到一定的精度，为精加工做好准备，并完成一些次要表面的加工（如钻孔、攻螺纹、铣键槽等）。半精加工阶段切去的余量介于粗加工和精加工之间，表面经半精加工后，公差等级可达 IT10 ~ IT12，表面粗糙度值 $Ra = 6.3 \sim 3.2\mu m$。

（3）精加工阶段　此阶段的任务是保证各主要加工表面达到图样所规定的质量要求，切除很少的余量。经过精加工的表面可以达到较高的尺寸精度和较小的表面粗糙度值（IT7 ~ IT10、$Ra = 1.6 \sim 0.4\mu m$）。

（4）光整加工阶段　对于精度要求很高（IT5 以上）、表面粗糙度值要求很小（$Ra \leqslant 0.2\mu m$）的零件，必须要有光整加工阶段。光整加工的典型方法有珩磨、研磨、超精加工以及镜面磨削等。其主要任务是减小表面粗糙度值或进一步提高尺寸精度和形状精度，只从被加工表面上切除极少的余量，但多数不能提高位置精度。

划分加工阶段的主要目的是：

1）保证零件的加工质量。由于粗加工阶段切除的余量大，相应产生的切削力和切削热及所需夹紧力大，受力、受热、残余应力等因素使粗加工后的工件产生较大的变形。如果一开始就对某一要求较高的加工表面进行精加工，那么其他表面粗加工所产生的变形就可能破坏已获得的加工精度。因此，划分加工阶段，通过半精加工和精加工可使粗加工引起的误差得到纠正。将表面精加工安排在最后，还可以避免或减少在夹紧和运输过程中损伤已精加工过的表面。

2）有利于合理地使用机床设备和技术工人。一般将粗、精加工分开，粗加工使用大功率机床，可充分发挥机床的效能；精加工使用精密机床，可以保证零件的精度要求，又有利于长期保持机床的精度，合理地使用机床设备。不同加工阶段对工人的技术要求不同，可以合理地使用技术工人。

3）有利于及早发现毛坯缺陷并得到及时处理。在粗加工阶段，切除余量大，加工过程中能及时发现毛坯的缺陷（气孔、砂眼、裂纹和加工余量不足等），及时修补或报废，避免工时浪费。

应当指出，将工艺过程划分成几个阶段是对整个加工过程而言的，不能简单地以某一工序的性质或某一表面的加工特点来决定。例如工件的定位基准，在半精加工阶段（甚至在粗加工阶段）就需要加工得很准确；而某些钻小孔、攻螺纹之类的粗加工工序，也可安排在精加工阶段进行。同时，加工阶段的划分不是绝对的。对于毛坯精度较高、余量较小或刚性较好、加工精度要求不高的工件就不必划分加工阶段；对重型零件，由于运输、装卸不便，常在一次装夹中完成某些表面的粗、精加工，但在粗加工后要松开工件，再用较小的夹紧力夹紧工件，然后精加工。在组合机床和自动机床上加工零件，也常常不划分加工阶段。

三、加工顺序安排

零件上的全部加工表面应安排在一个合理的加工顺序中加工，这对保证零件质量、提高生产率、降低加工成本都至关重要。

1. 机械加工工序安排原则

（1）基面先行　作为其他表面加工的精基准一般安排在工艺过程一开始就进行加工。例如，箱体零件一般以主要孔为粗基准来加工平面，再以平面为精基准来加工孔系；轴类零件一般是以外圆为粗基准来加工中心孔，再以中心孔为精基准来加工外圆、端面等。

（2）先主后次　零件的主要工作表面（一般是指加工精度和表面质量要求高的表面）、装配基面应先加工，从而及早发现毛坯中可能出现的缺陷。螺孔、键槽、光孔等可穿插进行，但一般应放在主要表面加工到一定精度之后、最终精度加工之前进行。

（3）先粗后精　一个零件的切削加工过程，总是先进行粗加工，再进行半精加工，最后是精加工和光整加工。这有利于加工误差和表面缺陷层的逐步消除，从而逐步提高零件的加工精度与表面质量。

（4）先面后孔　对于箱体、支架类零件，将零件上轮廓尺寸远比其他表面尺寸大的平面作为定位基准面稳定可靠，故一般先加工这些平面以作为精基准，供加工孔和其他表面时使用。此外，在加工过的平面上钻孔比在毛坯面上钻孔不易产生孔轴线的偏斜，较易保证孔距尺寸。

2. 热处理工序安排

热处理的目的在于改变工件材料的性能和消除内应力。热处理的目的不同，热处理工序的内容及其在工艺过程中所安排的位置也不一样。常用热处理如下：

（1）预备热处理　预备热处理安排在机械加工之前进行，其目的是为了改善工件材料的切削性能，消除毛坯制造时的内应力。常用的热处理方法有退火与正火，通常安排在粗加工之前。高碳钢零件用退火降低其硬度，低碳钢零件用正火提高硬度；对锻造毛坯，因其表面软硬不均匀，不利于切削，通常也进行正火处理。

（2）改善力学性能热处理　热处理的目的是提高材料的强度、表面硬度和耐磨性。常用的热处理方法有调质、淬火、渗碳淬火、渗氮等。调质即淬火后高温回火，其目的在于获得良好的综合力学性能，可以作为后续表面淬火和渗氮的预备热处理，也可作为某些要求不高的零件的最终热处理。通常调质一般安排在粗加工以后进行，对淬透性好、截面面积小或切削余量小的毛坯，也可以安排在粗加工之前。渗碳的目的在于提高低碳钢和低合金钢零件表层材料的淬硬性。因渗碳淬火变形较大，淬火后只能进行磨削加工，因此淬火安排在半精加工之后和磨削加工之前。渗氮处理是为了获得更高的表面硬度和耐磨性，以及更高的疲劳强度。由于渗氮处理温度低，变形小，渗氮层较薄，因此渗氮处理后磨削余量不能太大，故一般安排在粗磨之后、精磨之前进行。如果精度要求允许，渗氮也可以安排在最终机加工精磨之后进行。为了消除内应力，减少渗氮变形，改善加工性能，渗氮前应对零件进行调质处理和去内应力处理。

（3）时效处理　时效处理有人工时效和自然时效两种，其目的都是为了消除毛坯制造和机械加工中产生的内应力。精度要求一般的铸件，只需进行一次时效处理。时效处理安排在粗加工之后较好，可同时消除铸造和粗加工所产生的应力。有时为了减少运输工作量，也可放在粗加工之前进行。精度要求较高的铸件，则应在半精加工之后安排第二次时效处理，这样能使精度稳定。精度要求很高的精密丝杠、主轴等零件，则应安排多次时效处理。对于精密丝杠、精密轴承、精密量具及油泵油嘴偶件等，为了消除残留奥氏体，稳定尺寸，还要采用深冷处理（冷却到-70~-80℃，保温1~2h），一般在回火后进行。

（4）表面处理　某些零件，为了进一步提高表面的耐蚀性，增加耐磨性以及使表面美观光泽，常采用表面处理工序，使零件表面覆盖一层金属镀层、非金属涂层和氧化膜等。金属镀层有镀铬、镀锌、镀镍、镀铜及镀金、银等；非金属涂层有涂油漆、磷化等；氧化膜有钢的发蓝、发黑、钝化，铝合金的阳极氧化处理等。零件的表面处理工序一般都安排在工艺过程的最后进行。表面处理对工件表面本身尺寸的改变一般可以不考虑，但精度要求很高的表面应考虑尺寸的增大量。当零件的某些配合表面不要求进行表面处理时，则应进行局部保护或采用机械加工的方法予以切除。

3. 辅助工序的安排

辅助工序包括检查、检验工序，去毛刺、平衡、清洗工序等，也是工艺规程的重要组成部分。

检查、检验工序是保证产品质量合格的关键工序之一。每个操作工人在操作过程中和操作结束以后都必须自检。在工艺规程中，下列情况应安排检查工序：①零件加工完毕之后；②从一个车间转到另一个车间的前后；③工时较长或重要的关键工序的前后。

除了一般性的尺寸检查（包括几何误差的检查）以外，X射线检测、超声波检测等多用于工件（毛坯）内部质量的检查，一般安排在工艺过程的开始。磁力检测、萤光检测主要用于工件表面质量的检验，通常安排在精加工的前后进行。密封性检验、零件的平衡、零件的重量检验一般安排在工艺过程的最后阶段进行。

切削加工之后，应安排去毛刺处理。零件表层或内部的毛刺，影响装配操作、装配质量甚至会影响整机性能，因此应给予充分重视。工件在进入装配之前，一般都应安排清洗。工件的内孔、箱体内腔易存留切屑，清洗时要特别注意。研磨、珩磨等光整加工工序之后，砂粒易附着在工件表面上，要认真清洗，否则会加剧零件在使用中的磨损。采用磁力夹紧工件的工序（如在平面磨床上用电磁吸盘夹紧工件），工件被磁化，应安排去磁处理，并在去磁后进行清洗。

四、工序的集中与分散

在确定加工方法、划分加工阶段、安排加工顺序后，为了便于组织生产，需要将工艺内容组合，形成以工序为基本单元的工艺过程。在不同的生产条件下，工艺人员编制的工艺过程会有所不同。

通常把同一个零件工艺过程中工序多少的状况称为工序的集中和分散。

1. 工序集中

工序集中就是在每个工序中加工内容很多，尽可能在一次安装中加工许多表面，或尽量在同一台设备上连续完成较多的加工要求。这样，零件工艺过程中工序少和工艺路线短。

工序集中的主要特点：

1）减少工件安装次数，有利于保证位置公差要求较高的工件的加工质量。

2）减少工件的装夹、运输等辅助时间，有利于采用高效专用设备和工装，显著提高劳动生产率。

3）减少设备数量、操作人员和生产面积，缩短工艺路线和生产周期，并简化计划管理。

4）采用复杂、专用设备及工装，投资大、调整和维修费事，生产准备工作量大。

2. 工序分散

工序分散是把加工表面分得很细，每个工序加工内容少，表现为工序多和工艺路线长。

工序分散的主要特点：

1）工序多，每个工序内容少；工艺装备简单，容易调整；对工人技术水平要求不高，能较快地适应产品的变换。

2）有利于选择最合理的切削用量，减少机动时间。

3）机床结构简单，但数量多，占地面积大，工艺路线长。

由于工序的集中和分散各有特点，究竟按何种原则确定工序数量，要根据生产纲领、机床设备及零件本身的结构和技术要求等做全面考虑。大批大量生产时，若使用多刀多轴的自动或半自动高效机床、加工中心，可按工序集中原则组织生产；若使用由专用机床和专用工艺装备组成的生产线，则应按工序分散的原则组织生产，这样有利于专用设备和专用工装的结构简化和按节拍组织流水生产。单件小批量生产则在通用机床上按工序集中原则组织生产。成批生产时两种原则均可采用，具体采用何种为佳，则需视其他条件（如零件的技术要求、工厂的生产条件等）而定。重型零件的加工，应采用工序集中的原则。从制造技术的发展方向来看，随着数控机床、加工中心的发展和应用，今后将更多地趋向于工序集中。

第四节 定位基准的选择

在零件加工过程中，不仅要保证加工面自身的精度，而且还要保证零件各表面之间的位置精度。因此，零件在加工时的正确定位十分重要，定位方案的选择直接影响加工精度，影响夹具的复杂性及操作方便性。

一、基准的概念

基准是用来确定生产对象上几何要素间几何关系所依据的那些点、线、面。根据作用的不同，基准可以分为设计基准和工艺基准两大类。

1. 设计基准

零件设计图样上所采用的基准，称为设计基准。通常分为以零件轮廓表面为基准和以对称中心为基准，简称轮廓要素基准和中心要素基准。在同一张机器零件工作图中，可以有一个或多个设计基准。在图7-5a中，A面与B面互为设计基准；在图7-5b中，左端面为尺寸25、70的设计基准，中心线为尺寸$\phi50$和$\phi28$的设计基准；在图7-5c中，右端凸台面为孔3的水平设计基准，零件上表面为竖直方向尺寸设计基准，孔3轴线为孔1、2的水平方向设计基准。

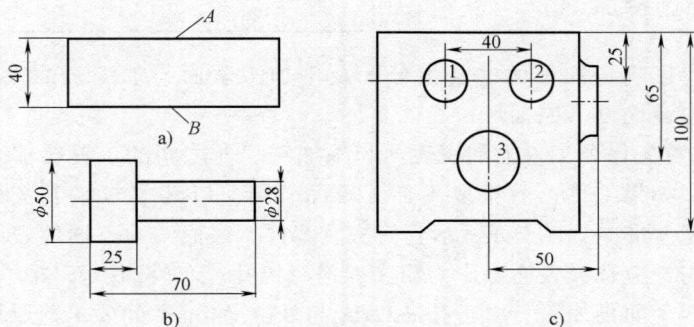

图7-5 设计基准

2. 工艺基准

工艺基准是零件在工艺过程中采用的基准。工艺基准按用途可分为工序基准、测量基准、装配基准和定位基准。

（1）工序基准 在工序图上，用来确定本工序所加工表面加工后的形状、尺寸和位置的基准。如图7-6所示，该工件的加工表面为ϕD孔，要求其中心线与A面垂直，并与

C 面和 B 面保持距离 L_1 和 L_2，则 A、B、C 面均为本工序的工序基准。

（2）测量基准　测量工件已加工表面的尺寸和位置时所采用的基准。如测量孔深度时，孔端面常作为测量基准。

（3）装配基准　装配时用来确定零件或部件在产品中的相对位置所用的基准。如齿轮以轴肩轴向定位装配时，与轴肩对应的齿轮端面及内孔为装配基准。

（4）定位基准　在加工中用作工件定位的基准。如图 7-7 所示，该零件在加工内孔时，其位置是由与夹具上的定位元件 1、2 相接触的底面 A 和侧面 B 确定的，故 A、B 面为该工序的定位基准。定位基准总是由具体表面来体现，这些表面称为基准面。轮廓要素为基准时，基准面即为轮廓要素；而中心要素为定位基准时，则以中心要素对应的轮廓要素为基准面。如以平面定位时，平面即为基准面；而以圆柱面或圆锥面定位时，该圆柱面或圆锥面的轴线为定位基准，圆柱面或圆锥面为定位基准面。

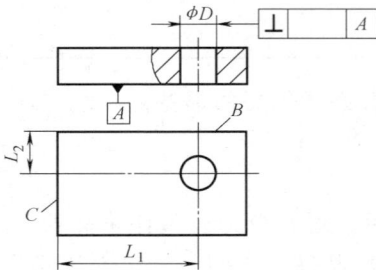

图 7-6　工序基准

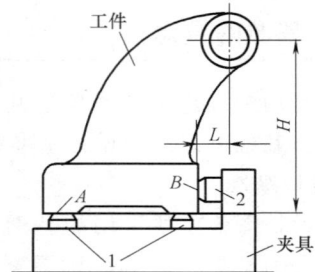

图 7-7　定位基准

定位基准按基准面的加工状况又分粗基准和精基准。最初工序中，只能选择以未加工的毛坯面作为定位基准，称为粗基准，随后以已加工面为定位基准，称为精基准。

二、粗基准选择原则

粗基准的选择影响各加工面的余量分配及不加工表面与加工表面之间的位置精度。选择粗基准一般应遵循以下原则：

1）如果必须首先保证工件上加工表面与不加工表面之间的位置要求，则应以不加工表面作为粗基准。如果工件上有很多不加工表面，则应以其中与加工表面位置精度要求较高的表面作为粗基准。如图 7-8 所示套筒法兰零件，表面 1 为不加工表面，为保证镗孔后零件的壁厚均匀，应选择表面 1 作为粗基准进行镗孔、车外圆、车端面。图 7-9 所示为拨叉加工时，有四个面不加工，由于孔 $\phi22H8$ 与外圆 $\phi40\text{mm}$ 间要求壁厚均匀，故应选择不加工表面 $\phi40\text{mm}$ 的外圆面作为粗基准来加工孔 $\phi22H8$。

2）如果工件必须首先保证某重要表面的加工余量均匀，则应选择该表面作为粗基准。例如，机床导轨面不仅精度要求高，而且要求有均匀的金相组织和较高的耐磨性，因此希望加工时导轨面去除余量要小而且均匀。此时应以导轨面作为粗基准，先加工底面，然后再以底面作为精基准加工导轨面，如图 7-10a 所示。这样就可以保证导轨面的加工余量均匀。否则，将造成导轨余量不均匀，如图 7-10b 所示。

3）零件上有较多加工面时，为使各加工表面都得到足够的加工余量，应选择毛坯上

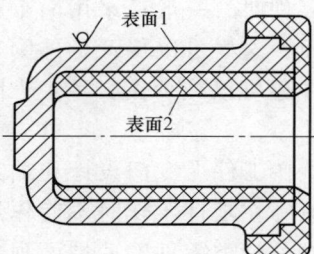

图 7-8 套筒法兰加工

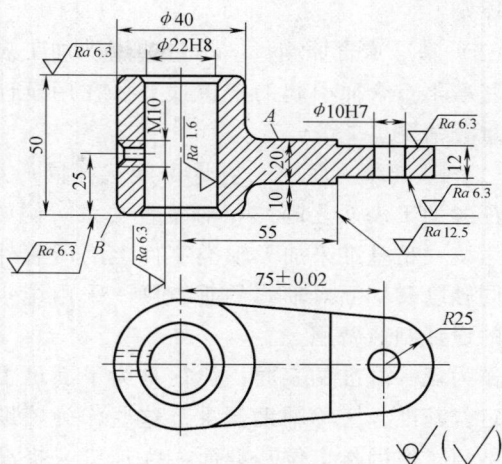

图 7-9 拨叉加工

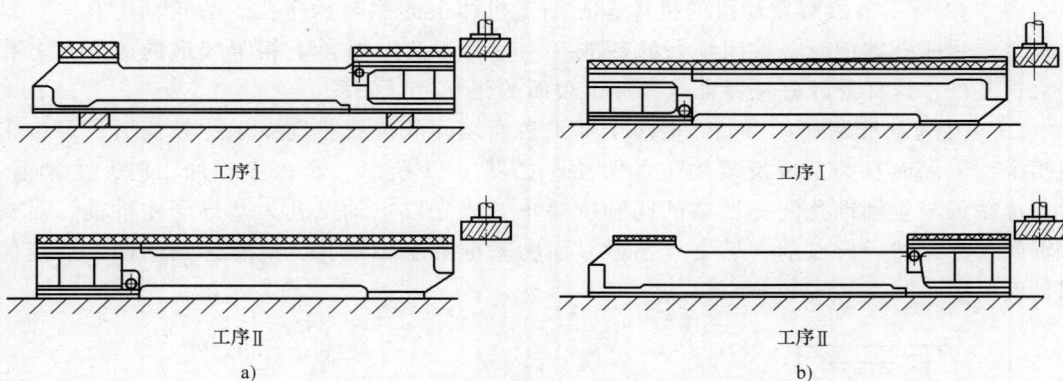

图 7-10 床身加工粗基准选择比较

a) 以导轨面为粗基准　b) 以床身底面为粗基准

加工余量最小的表面作为粗基准。如图 7-11 所示的阶梯轴，因小端余量较小，故应选小端外圆作为粗基准。若选择大端外圆为粗基准，因毛坯偏心，在加工小端外圆时，就会出现余量不足，而使工件报废。

4）选作粗基准的表面，应尽可能平整、光洁，不能有飞边、浇口、冒口及其他缺陷，以便定位准确、可靠。

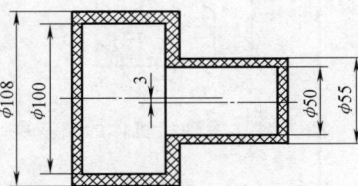

图 7-11 阶梯轴的粗基准选择

5）基准应避免重复使用，在同一尺寸方向通常只允许使用一次，否则会造成较大的定位误差。

三、精基准选择原则

选择精基准时应考虑如何保证加工精度和装夹的准确方便。选择精基准一般应遵循以下原则：

（1）基准重合原则　应尽量选用被加工表面的设计基准作为精基准，这样可以避免由于基准不重合而引起的定位误差。在用设计基准不可能或不方便统一时，允许出现基准不重合情况。

（2）基准统一原则　应尽可能选择同一组精基准加工工件上尽可能多的加工表面，以保证各加工表面之间的相对位置关系。例如，加工轴类零件时，一般都采用两个顶尖孔作为统一精基准来加工轴类零件上的所有外圆表面和端面，这样可以保证各外圆表面间的同轴度和端面对轴线的垂直度。采用统一基准加工工件还可以减少夹具种类，降低夹具的设计制造费用。

作为统一基准的表面，往往是为了满足工艺上的需要，在工件上专门设计和加工出来的定位基准，又称辅助基准。这些作为辅助基准的孔、面等在零件工作时不起作用或要求不高，但因作定位基准而人为加工或提高加工要求。除了轴类零件的两端面顶尖孔外，还有箱体类零件"一面两孔"定位时的两定位孔。

图 7-12 所示为汽车发动机的机体，在加工机体上的主轴承座孔、凸轮轴座孔、气缸孔及主轴承座孔端面时，采用统一的基准——底面 A 及底面 A 上相距较远的两个工艺孔作为精基准，这样能较好地保证这些加工表面的相互位置关系。

（3）互为基准原则　当工件上两个加工表面之间的位置精度要求比较高时，可以采用两个加工表面互为基准反复加工的方法。如图 7-13 所示，车床主轴加工时，主轴前、后支承轴颈与主轴锥孔间有严格的同轴度要求，故先以主轴锥孔为基准磨主轴前、后支承轴颈表面，然后再以前、后支承轴颈表面为基准磨主轴锥孔，最后达到图样上规定的同轴度要求。

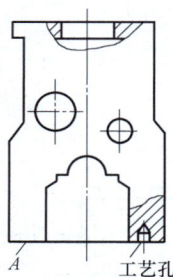

图 7-12　发动机机体的精基准

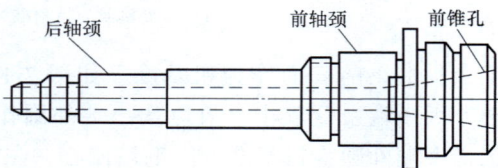

图 7-13　车床主轴互为基准加工

此外，加工精密齿轮时，通常是在齿面淬硬以后再磨齿面及内孔，因齿面淬硬层较薄，磨削余量应力求小而均匀，因此需先以齿面为基准磨内孔，如图 7-14 所示，然后再以内孔为基准磨齿面。这样加工，不但可以做到磨齿余量小而均匀，而且还能保证轮齿基圆对内孔有较高的同轴度。

（4）自为基准原则　一些表面的精加工工序，要求加工余量小而均匀，常以加工表面自身为精基准。浮动铰刀铰孔、圆拉刀拉孔、珩磨头珩孔、无心磨床磨外圆等都是以加工表面作为精基准的例子。

图 7-15 所示为镗连杆小头孔时以本身作为精基准的夹具。工件除以大孔中心和端面

为定位基准外，还以被加工的小头孔中心为定位基准，用削边定位插销定位。定位以后，在小头两侧用浮动平衡夹紧装置在原处夹紧。然后拔出定位插销，伸入镗杆对小头进行加工。

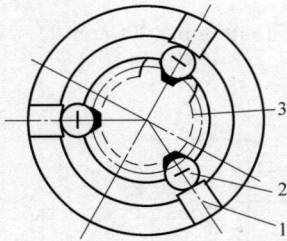

图 7-14　以齿形表面定位加工
1—卡盘　2—滚柱　3—齿轮

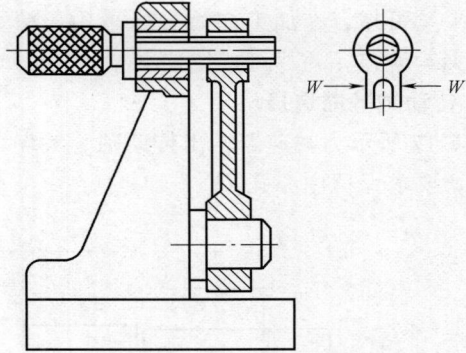

图 7-15　连杆小头孔镗削加工精基准

图 7-16 所示为在导轨磨床上磨床身导轨表面。被加工工件（床身）1 通过楔铁 2 支承在工作台上，纵向移动工作台时，轻压在被加工导轨面上的百分表指针便给出了被加工导轨面相对于机床导轨的平行度读数，根据此读数，操作工人调整工件 1 底部的四个楔铁 2，直至工作台带动工件纵向移动时百分表指针基本不动为止，然后将工件 1 夹紧在工作台上进行磨削。这是一个以被加工表面自身为基准的加工实例。

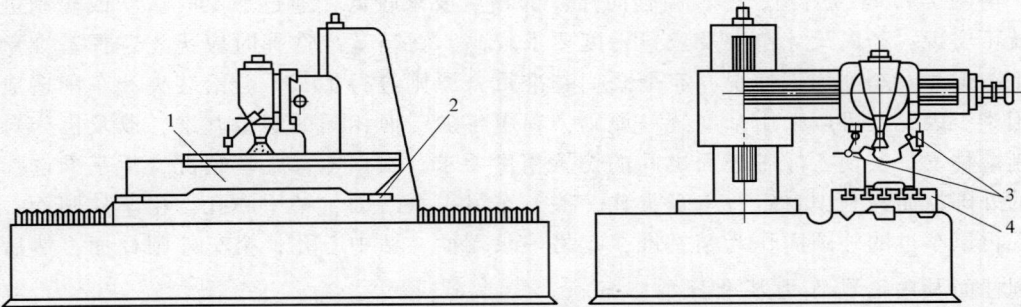

图 7-16　在导轨磨床上磨床身导轨表面
1—工件（床身）　2—楔铁　3—百分表　4—机床工作面

（5）便于装夹原则　所选择的精基准，应能保证定位准确、可靠，夹紧机构简单，操作方便。用作定位的表面除应具有较高的精度和较小的表面粗糙度值外，还应具有较大的面积并尽量靠近加工表面。

当具体使用上述原则时，可能会出现一些矛盾，应根据具体情况灵活运用，既要保证主要方面，又要兼顾次要方面，从整体上尽量使定位基准选择得更加合理。基准选择一般按以下顺序进行：首先选定最终完成零件主要表面加工和保证主要技术要求所需的精基准；接着考虑为了可靠地加工出上述主要精基准，是否需要选择一些表面作为中间精基准，然后再结合选择粗基准所应解决的问题，考虑粗基准的选择。

四、定位基准选择举例

粗基准的选择侧重于获得工件表面之间的正确几何关系，保证各加工面具有足够的余量，夹紧可靠，在加工初始阶段采用。精基准的选择主要考虑保证加工面的精度，减少定位夹紧误差，并尽可能使装夹方便。

1. 传动轴基准选择

图 7-17 所示为减速器输出传动轴。毛坯为 45 钢，尺寸为 $\phi90mm \times 400mm$ 的棒料，调质处理，要求保留中心孔。

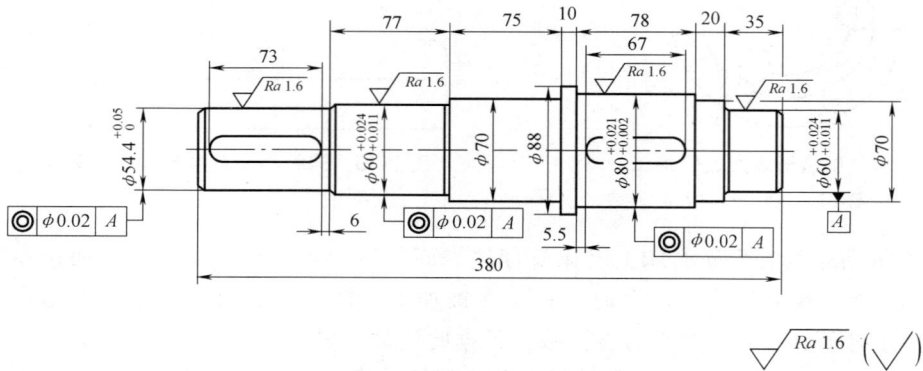

图 7-17　减速器输出传动轴

由图 7-17 可以看出，零件在轴向尺寸的精度要求较低，通过加工时试切或控制进给量就可实现；径向尺寸精度及位置精度要求较高，在精基准选择时应优先选择基准重合原则。但顾及车削加工情况，完全采用基准重合原则进行加工，会给装夹和车削造成极大困难。因此，可以采用基准统一原则，利用各加工面相同的定位基准，以及机床自身的制造精度，实现各加工表面之间的位置精度要求。根据零件毛坯情况，粗基准选择棒料的外圆柱面，利用自定心卡盘夹住一头，车另一头端面，钻中心孔，粗车外圆面；掉头，再以车过的外圆面作为精基准，车另一头端面，钻中心孔，粗车外圆柱面；然后以外圆柱面及中心孔作为基准分别精车外圆柱面；以两中心孔为精基准磨相应高精度和表面粗糙度值小的表面。铣键槽时，以轴两端的圆柱面作为定位基准，符合基准重合原则。

2. 圆柱齿轮基准选择

图 7-18 所示为圆柱齿轮，材料 HT200，精度等级 8-7-7GK，硬度 190～217HBW。零件的毛坯为铸件。外圆柱面较宽，制造质量较好。因此，以外圆柱面为粗基准，用自定心卡盘装夹

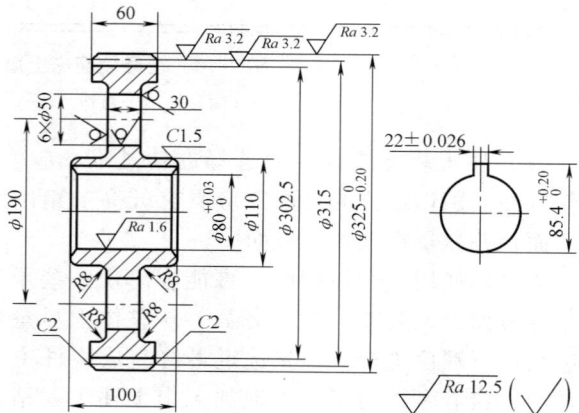

图 7-18　圆柱齿轮

后车端面、内孔及部分外圆面。掉头，车另一端表面。根据齿轮的工作要求，$\phi80^{+0.03}_{0}$ mm 内孔与外圆柱面（齿顶面）之间同轴，因此，可以互为基准进行精车。键槽加工以外圆柱面及一侧端面定位，齿面的加工以 $\phi80^{+0.03}_{0}$ mm 内孔及一侧端面定位。

3. 车床拨叉基准选择

图 7-19 所示为车床拨叉，材料 ZG310-570。根据零件结构特点，毛坯采用两件合铸。孔间位置是保证加工的基础，以 $\phi25$ mm 圆弧面及下端面为粗基准定位，车中间大孔及其端面；再以大孔及其端面定位，铣 $\phi25$ mm 端面；以大孔及其端面，一侧 $\phi25$ mm 圆弧面（限制一个自由度）定位，钻、扩、铰 $\phi14^{+0.11}_{0}$ mm 孔；最后铣开，精铣切口面。

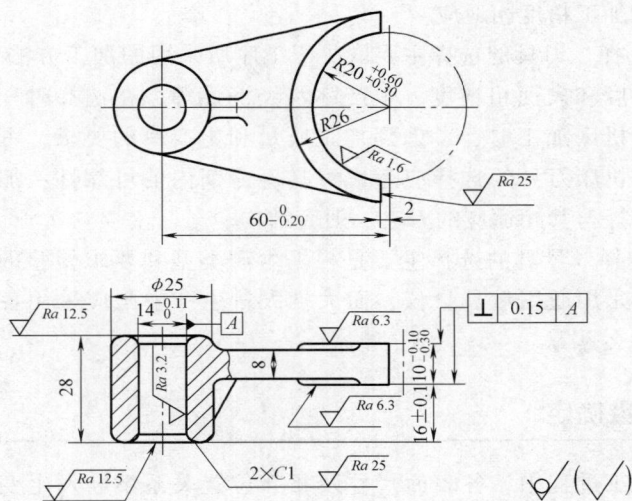

图 7-19　车床拨叉

第五节　工序内容的确定

零件的工艺过程确定以后，就应进行工序设计。工序设计的内容是为每道工序选择机床和工艺装备，确定加工余量、工序尺寸和公差，确定切削用量、工时定额及工人技术等级。

一、机床和工艺装备选择

机床和工艺装备的选择是制订工艺规程的一个重要环节，对零件的加工质量、生产率及加工经济性将产生重要影响。为此，在选择之前，必须对机床和工艺装备的种类、规格等有比较详细的了解。

1. 机床的选择

选择机床应遵循如下原则：

1）机床的加工范围应与零件的外廓尺寸相适应。

2）机床的精度应与工序加工要求的精度相适应。

3）机床的生产率应与零件的生产类型相适应。

2. 工艺装备的选择

工艺装备包括夹具、刀具和量具，其选择原则如下：

（1）夹具的选择　夹具的选择主要考虑生产类型。对于单件小批量生产，应尽量选用通用夹具和机床自带的卡盘和钳台、转台等附件。大批量生产时，应根据工序加工要求采用或设计制造高效率专用夹具，积极推广气、液传动与电控结合的专用夹具。推行计算机辅助制造、成组技术等新工艺，或为提高生产率采用成组夹具、组合夹具。夹具的精度应与零件的加工精度相适应。

（2）刀具的选择　刀具的选择主要取决于工序所采用的加工方法、加工表面的尺寸、工件材料、加工精度和表面粗糙度、生产率及经济性等，在选择时一般应尽可能采用标准刀具。采用组合机床加工时，考虑到加工质量和生产率的要求，可采用专用的复合刀具；自动线和数控机床刀具的选择应考虑刀具寿命期内的可靠性；加工中心机床所使用的刀具还要注意选择与其相适应的刀夹、刀套结构。

（3）量具的选择　量具的选择主要是根据生产类型和要求检验的精度。在单件小批量生产时，应尽量采用通用量具量仪，而大批大量生产中则应采用各种量规和高生产率的检验仪器和检验夹具等。

二、加工余量确定

零件在机械加工过程中，各表面尺寸及相互位置关系不断发生变化，直至达到图样规定的要求。在加工过程中，某工序加工应达到的尺寸，称为工序尺寸。工序尺寸的确定不仅与设计尺寸有关，还与工序余量有关。工序尺寸计算见本章第六节。

1. 加工余量的概念

加工余量是指在加工过程中，从被加工表面上切除的金属层厚度。加工余量分工序余量和加工总余量（毛坯余量）两种。相邻两工序的工序尺寸之差称为工序余量。毛坯尺寸与零件图的设计尺寸之差称为加工总余量（毛坯余量），其值等于各工序的工序余量总和。即

$$Z_\Sigma = \sum_{i=1}^{n} Z_i \qquad (7\text{-}1)$$

式中　Z_Σ——加工总余量；

　　　Z_i——第 i 道工序余量；

　　　n——该表面总的加工工序数。

由于加工表面的形状不同，加工余量又可分为单边余量和双边余量两种，如图 7-20 所示。对于图 7-20a 所示平面等非对称表面，加工余量为单边余量，即实际切除的金属层厚度。对于图 7-20b、c 所示轴、孔等对称表面，加工余量为双边余量，实际切除的金属层厚度为工序余量的一半。单边余量用 Z_b 表示，双边余量用 $2Z_b$ 表示，可按下列公式计算。

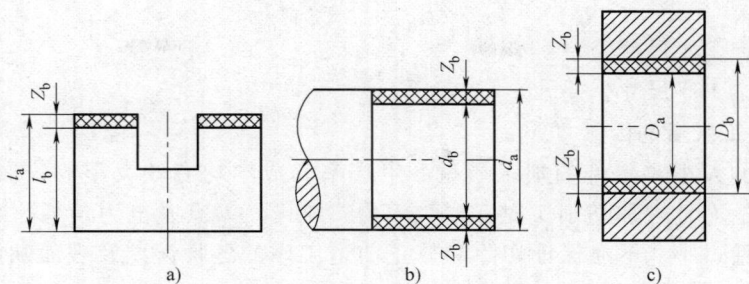

图 7-20 单边余量与双边余量

单边余量

外表面 $\qquad Z_b = l_a - l_b \qquad$ (7-2a)

内表面 $\qquad Z_b = l_b - l_a \qquad$ (7-2b)

双边余量

外表面（轴） $\qquad 2Z_b = d_a - d_b \qquad$ (7-3a)

内表面（孔） $\qquad 2Z_b = D_b - D_a \qquad$ (7-3b)

式中　a、b——表示上工序和本工序。

由于毛坯和各工序尺寸不可避免地存在误差，各工序余量存在一定的变动范围，因此，加工余量又可分为公称余量（Z_b）、最大余量（Z_{max}）和最小余量（Z_{min}），其相互关系如图 7-21 所示。

因工序尺寸按"入体原则"标注（即外表面工序尺寸取上极限偏差为零，内表面工序尺寸下极限偏差取零），按极值法计算，基本加工余量为上工序公称尺寸与本工序公称尺寸之差。对外表面，Z_{min} 为上工序最小尺寸与本工序最大尺寸之差，而 Z_{max} 为上工序最大尺寸与本工序最小尺寸之差。加工余量为双边余量时，余量值为图 7-21 所示值的两倍。对内表面可以照图推导。多工序加工时，各工序加工余量与工序尺寸关系如图 7-22 所示。

显然，工序加工余量变动值（余量公差 T_Z）为

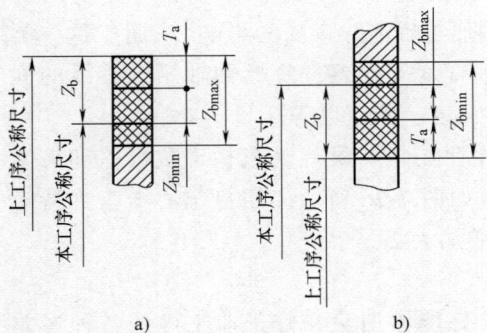

图 7-21 加工余量及公差

a）外表面　b）内表面

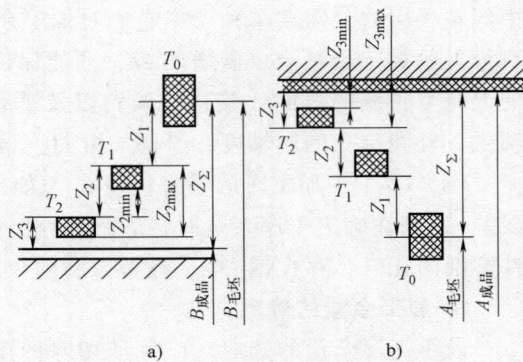

图 7-22 加工余量示意图

a）外表面　b）内表面

$$T_Z = Z_{max} - Z_{min} = T_a + T_b \qquad (7\text{-}4)$$

式中　T_a——上工序尺寸公差；

　　　　T_b——本工序尺寸公差。

2. 影响加工余量的因素

加工余量的大小对零件的加工质量、生产率和成本均有较大影响。加工余量过大，不仅浪费材料，而且增加切削工时，增加人力、机床、刀具及电力消耗，导致加工成本增加；加工余量过小，不能保证切除和修正前道工序的各种误差及表面缺陷，以致产生废品。

为了合理确定加工余量，必须了解如下影响加工余量的主要因素。

(1) 加工表面上的表面粗糙度 H_{1a} 和表面缺陷层的深度 H_{2a}　如图 7-23 所示，为使加工后的表面不留下前道工序的痕迹。加工前表面上的表面粗糙度及缺陷层应在本工序加工时切除。表面缺陷层指的是铸件的冷硬层、气孔夹渣层，锻件和热处理件的氧化皮或其他破坏层，切削加工后在加工表面上造成的塑性变形层等。

(2) 加工前或上工序的尺寸公差 T_a　在加工表面上存在着各种几何形状误差，如平面度、圆度、圆柱度等，如图 7-24 所示，这些误差的总和一般不超过上工序的尺寸公差 T_a。因此，当考虑加工一批零件时，为了纠正这些误差，应将 T_a 计入本工序的加工余量之中。

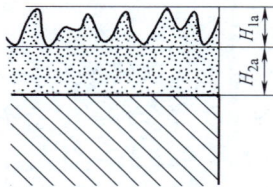

图 7-23　加工表面的表面粗糙度和缺陷层

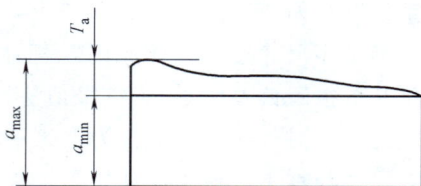

图 7-24　上工序留下的形状误差

(3) 加工前或上工序各表面间相互位置的空间偏差 e_a　工件上有一些形状和位置误差不包括在尺寸公差的范围内（如图 7-25 所示轴的弯曲误差），但这些误差又必须在加工中纠正，因此，需要单独考虑它们对加工余量的影响（对于图 7-25 所示轴，弯曲量为 δ，直径上的加工余量至少需增加 2δ，才能保证该轴在加工后消除弯曲的影响）。属于这一类的误差有轴线的弯曲、偏移、偏斜以及平行度、垂直度等误差，阶梯轴轴颈中心线的同轴度，外圆与孔的同轴度，平面的弯曲、偏斜、平面度、垂直度等。

(4) 本工序加工时的装夹误差 ε_b　如果本工序存在装夹误差（包括定位误差和夹紧误差），则在确定工序余量时，应将 ε_b 计入在内。如图 7-26 所示，用自定心卡盘夹持工件磨削内孔时，存在偏心 e，在考虑磨削余量时，应加大 $2e$。

3. 加工余量的确定方法

最小工序余量的选取，应保证切除的金属层恰好能够切除和修正前工序的各种误差和表面缺陷，以获得一个完整的新的加工表面。从理论上讲，最小余量可以通过对前述加工余量的相关因素的分析计算确定。但这种方法操作不方便，目前很少应用。常见的

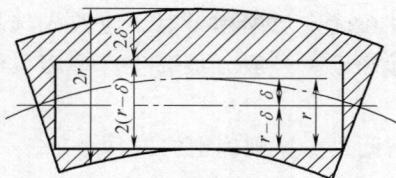

图 7-25 轴的弯曲对加工精度的影响

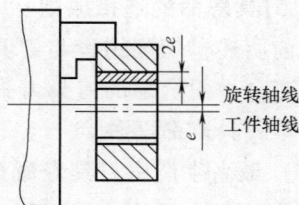

图 7-26 自定心卡盘上的装夹误差

方法是：

（1）经验估计法 经验估计法是根据积累的生产经验来确定加工余量的方法。为避免产生废品，估计的加工余量值一般偏大，常用于单件、小批量生产。

（2）查表修正法 查表修正法是以生产实践和试验研究积累的有关加工余量的资料数据为基础，并按具体生产条件加以修正来确定加工余量的方法。该方法的应用比较广泛。相关数据可在金属机械加工工艺人员手册等资料中找到，考虑到表中所列数据未计入零件热处理变形、机床及夹具在使用中的磨损等，使用时应适当加大余量数值。

三、切削用量的确定

切削用量的确定是工序设计的重要内容，是机床调整的依据，对加工质量、加工效率、生产成本有着非常重要的影响。确定切削用量就是要确定切削工序的背吃刀量 a_p、进给量 f、切削速度 v_c 及刀具寿命 T。

1. 切削用量的选择原则

选择切削用量时要综合考虑切削生产率、加工质量和加工成本。所谓合理的切削用量是指在保证加工质量的前提下，充分利用刀具的切削性能和机床动力性能（功率、转矩），获得高生产率和低加工成本的切削用量。

切削用量三要素对切削生产率、刀具寿命和加工质量都有很大的影响。

（1）切削生产率 切削过程中，金属切除率与切削用量三要素 a_p、v_c、f 均保持线性关系，任一要素的增加对提高生产率具有相同的效果。

（2）刀具寿命 由第二章内容可知，a_p、v_c、f 对刀具寿命的影响程度，从大到小依次为 v_c、f、a_p。因此，从保证合理的刀具寿命出发，选择切削用量的原则是：在机床、刀具、工件的强度和工艺系统的刚度允许的条件下，首先选择尽可能大的背吃刀量，其次选择加工条件和加工要求限制下允许的进给量，最后按刀具寿命的要求确定合适的切削速度。

（3）加工表面粗糙度 在切削用量三要素中，对已加工表面粗糙度影响最大的是进给量，进给量直接影响残留面积的大小。对于半精加工和精加工，进给量是限制切削生产率提高的主要因素。切削速度通过影响切削温度、积屑瘤的形成，对表面粗糙度产生重要影响。另外，当工艺系统刚性较差时，过大的背吃刀量会引发系统振动，直接影响表面粗糙度。因此，精加工、半精加工时应注意控制进给量，避开切削速度的积屑瘤形成区域，防止切削振动。

2. 刀具寿命的选择原则

如前所述，切削用量与刀具寿命有密切关系。在确定切削用量时，应首先选择合理的刀具寿命，而合理的刀具寿命应根据优化的目标确定。一般分最高生产率刀具寿命和最低成本刀具寿命两种。

（1）最高生产率刀具寿命 T_p 即按工序加工时间最少原则确定的刀具寿命。

单件工序的工时 t_w 为

$$t_w = t_m + t_{ct}\frac{t_m}{T} + t_{ot} \tag{7-5}$$

式中 t_m——工序的切削时间（机动时间）；

         t_{ct}——换刀一次所消耗的时间；

         T——刀具寿命；

         t_m/T——换刀次数；

         t_{ot}——除换刀时间外的其他辅助工时。

     因为

$$t_m = \frac{l_w\Delta}{n_w a_p f} = \frac{\pi d_w l_w \Delta}{10^3 v_c a_p f} \tag{7-6}$$

式中 l_w——工件切削部分长度，单位为 mm；

         n_w——主轴转速，单位为 r/min；

         d_w——工件直径，单位为 mm；

         Δ——加工余量，单位为 mm。

且由第二章中式（2-33）切削速度与刀具寿命的关系可知

$$v_c = \frac{A}{T^m}$$

     故

$$t_m = \frac{\pi d_w l_w \Delta}{10^3 A a_p f} T^m \tag{7-7}$$

     令

$$K = \frac{\pi d_w l_w \Delta}{10^3 A a_p f}$$

     则

$$t_m = KT^m \tag{7-8}$$

对于某一工件的特定工序，a_p、f 均已选定，K 为常数。

将式（7-8）代入式（7-5）可得

$$t_w = KT^m + t_{ct}KT^{m-1} + t_{ot} \tag{7-9}$$

要使 t_w 最小，令 $\mathrm{d}t_w/\mathrm{d}T = 0$，即

$$\frac{\mathrm{d}t_\mathrm{w}}{\mathrm{d}T}=mKT^{m-1}+t_\mathrm{ct}(m-1)KT^{m-2}=0$$

故

$$T=\left(\frac{1-m}{m}\right)t_\mathrm{ct}=T_\mathrm{p} \tag{7-10}$$

（2）最低成本刀具寿命（经济寿命）T_C 即按工序加工成本最低原则确定的刀具寿命。

每个工件的工序成本 C 为

$$C=t_\mathrm{m}M+t_\mathrm{ct}\frac{t_\mathrm{m}}{T}M+\frac{t_\mathrm{m}}{T}C_\mathrm{t}+t_\mathrm{ot}M \tag{7-11}$$

式中　M——该工序单位时间内所分担的全厂开支；

　　　C_t——磨刀成本（刀具成本）。

同 T_p 的计算类似处理，并令 $\mathrm{d}C/\mathrm{d}T=0$，即得最低成本刀具寿命为

$$T=\frac{1-m}{m}\left(t_\mathrm{ct}+\frac{C_\mathrm{t}}{M}\right)=T_\mathrm{c} \tag{7-12}$$

（3）刀具寿命的合理选择　比较式（7-10）和式（7-12）可知，刀具的最高生产率寿命 T_p 比最低成本寿命 T_c 低。一般情况下，多采用最低成本寿命，并依此确定切削用量；只有当生产任务紧迫或在生产中出现不平衡的薄弱环节时，才选用最高生产率寿命。

在具体确定刀具寿命时，刀具寿命的计算可采用表 7-10 中的近似公式。在下列情形下，刀具寿命可规定得高一些：刀具材料切削性能差；刀具结构复杂、制造刃磨成本高；刀具装卸、调整复杂；大件精加工刀具。常用刀具寿命推荐值见表 7-11。

表 7-10　刀具寿命近似计算公式

刀具材料	高速钢	硬质合金	陶　瓷
经济寿命	$T_\mathrm{c}=7\left(t_\mathrm{ct}+\dfrac{C_\mathrm{t}}{M}\right)$	$T_\mathrm{c}=4\left(t_\mathrm{ct}+\dfrac{C_\mathrm{t}}{M}\right)$	$T_\mathrm{c}=t_\mathrm{ct}+\dfrac{C_\mathrm{t}}{M}$
最高生产率寿命	$T_\mathrm{p}=7t_\mathrm{ct}$	$T_\mathrm{p}=4t_\mathrm{ct}$	$T_\mathrm{p}=t_\mathrm{ct}$

表 7-11　常用刀具寿命的推荐值　　　　　　（单位：min）

刀具类型	刀具寿命	刀具类型	刀具寿命
可转位车刀	10~15	高速钢钻头	80~120
硬质合金车刀	20~60	齿轮刀具	200~300
高速钢车刀	30~90	自动线上刀具	240~480
高速钢成形车刀	110~130	硬质合金面铣刀	120~180

3. 切削用量的合理制订（以车削为例）

（1）背吃刀量的选择　背吃刀量根据加工余量确定。

切削加工一般分为粗加工、半精加工和精加工。粗加工（表面粗糙度 $Ra=50\sim12.5\mu\mathrm{m}$）时，一次走刀应尽可能切除全部余量。在中等功率机床上，背吃刀量可达 8~

10mm。半精加工（表面粗糙度 $Ra = 6.3 \sim 3.2\mu m$）时，背吃刀量取为 $0.5 \sim 2mm$。精加工（表面粗糙度 $Ra = 1.6 \sim 0.8\mu m$）时，背吃刀量取为 $0.1 \sim 0.4mm$。

在下列情况下，粗车可能要分几次走刀：

1）加工余量太大时，一次走刀会使切削力太大，会造成机床功率不足或刀具强度不够。

2）工艺系统刚性不足，或加工余量极不均匀，以致引起很大振动时，如加工细长轴和薄壁工件。

3）断续切削，刀具会受到很大冲击而造成打刀时。

对于上述情况，若需分两次走刀，也应将第一次走刀的背吃力量尽量取大些，第二次走刀的背吃刀量尽量取小些，以保证精加工刀具有长的刀具寿命、高的加工精度及较小的加工表面粗糙度值。第二次走刀（精走刀）的背吃刀量可取加工余量的 $1/3 \sim 1/4$。

（2）进给量的选择 粗加工时，对工件表面质量没有太高要求，这时切削力往往很大，合理的进给量应是工艺系统所能承受的最大进给量。这一进给量受到一些因素的限制：机床进给机构的强度、车刀刀杆的强度和刚度、硬质合金或陶瓷刀片的强度和工件的装夹刚度等。

半精加工和精加工时，最大进给量主要受加工精度和表面粗糙度的限制。当表面粗糙度要求一定时，增大刀尖圆弧半径、提高切削速度，可以选择较大的进给量。

进给量常常根据经验选取。粗加工时，根据被加工工件材料、车刀刀杆截面尺寸、工件直径及已确定的背吃刀量按表 7-12 来选择进给量。这里已计及切削力的大小，并适当考虑了刀杆的强度和刚度、工件的刚度等因素。例如，当刀杆尺寸增大、工件直径增大时，可以选择较大的进给量。当背吃刀量增大时，由于切削力增大，则应选择较小的进给量。加工铸铁时的切削力较加工钢时为小，故加工铸铁可选择较大的进给量。半精加工和精加工的进给量按表 7-13 选取。

表 7-12 硬质合金车刀粗车外圆及端面的进给量

工件材料	车刀刀杆截面尺寸/mm	工件直径/mm	背吃刀量 a_p/mm				
			≤3	>3~5	>5~8	>8~12	>12
			进给量 f/(mm/r)				
碳素结构钢、合金结构钢及耐热钢	16×25	20	0.3~0.4	—	—	—	—
		40	0.4~0.5	0.3~0.4	—	—	—
		60	0.5~0.7	0.4~0.6	0.3~0.5	—	—
		100	0.6~0.9	0.5~0.7	0.5~0.6	0.4~0.5	—
		140	0.8~1.2	0.7~1.0	0.6~0.8	0.5~0.6	—
	20×30 25×25	20	0.3~0.4	—	—	—	—
		40	0.4~0.5	0.3~0.4	—	—	—
		60	0.6~0.7	0.5~0.7	0.4~0.6	—	—
		100	0.8~1.0	0.7~0.9	0.5~0.7	0.4~0.7	—
		400	1.2~1.4	1.0~1.2	0.8~1.0	0.6~0.9	0.4~0.6

（续）

工件材料	车刀刀杆截面尺寸/mm	工件直径/mm	背吃刀量 a_p/mm				
			≤3	>3~5	>5~8	>8~12	>12
			进给量 f/（mm/r）				
铸铁及铜合金	16×25	40	0.4~0.5	—	—	—	—
		60	0.6~0.8	0.5~0.8	0.4~0.6	—	—
		100	0.8~1.2	0.7~1.0	0.6~0.8	0.5~0.7	—
		400	1.0~1.4	1.0~1.2	0.8~1.0	0.6~0.8	—
	20×30 25×25	40	0.4~0.5	—	—	—	—
		60	0.6~0.9	0.5~0.8	0.4~0.7	—	—
		100	0.9~1.3	0.8~1.2	0.7~1.0	0.5~0.8	—
		400	1.2~1.8	1.2~1.6	1.0~1.3	0.9~1.1	0.7~0.9

注：1. 加工断续表面及有冲击的工件时，表内进给量应乘以系数 $k=0.75~0.85$。

2. 在无外皮加工时，表内进给量应乘以系数 $k=1.1$。

3. 加工耐热钢及其合金时，进给量不大于 1mm/r。

4. 加工淬硬钢时，进给量应减少。当钢的硬度为 44~56HRC 时，乘以系数 0.8；硬度为 57~62HRC 时，乘以系数 0.5。

表 7-13　按表面粗糙度选择进给量的参考值

工件材料	表面粗糙度 Ra/μm	切削速度范围/（m/min）	刀尖圆弧半径 r_ε/mm		
			0.5	1.0	2.0
			进给量 f/（mm/r）		
铸铁、青铜、铝合金	10~5	不限	0.25~0.40	0.40~0.50	0.50~0.60
	5~2.5		0.15~0.20	0.25~0.40	0.40~0.60
	2.5~1.25		0.10~0.15	0.15~0.20	0.20~0.35
碳素钢及合金钢	10~5	<50	0.30~0.50	0.45~0.60	0.55~0.70
		>50	0.40~0.55	0.55~0.65	0.65~0.70
	5~2.5	<50	0.18~0.25	0.25~0.30	0.30~0.40
		>50	0.25~0.30	0.30~0.35	0.35~0.50
	2.5~1.25	<50	0.10	0.11~0.15	0.15~0.22
		50~100	0.11~0.16	0.16~0.25	0.25~0.35
		>100	0.16~0.20	0.20~0.25	0.25~0.35

注： $r_\varepsilon=0.5$mm 用于 12mm×20mm 以下刀杆， $r_\varepsilon=1$mm 用于 30mm×30mm 以下刀杆， $r_\varepsilon=2$mm 用于 30mm×45mm 以下刀杆。

（3）切削速度的确定　根据选定的背吃刀量 a_p、进给量 f 及刀具寿命 T，按表 7-14 中公式及表 7-15 中系数进行计算。生产中，常将表 7-16 作为确定切削速度的依据。

切削速度 v_c 确定以后，机床转速 n（r/mm）为

$$n=\frac{1000v_c}{\pi d_w} \tag{7-13}$$

所选定的转速 n 应按机床说明书最后确定。

表 7-14 外圆车削时切削速度计算公式及相关系数和指数

切削速度计算公式			$v_c = \dfrac{C_v}{T^m a_p^{x_v} f^{y_v}} K_v$			
工件材料	刀具材料	进给量 f /(mm/r)	C_v	x_v	y_v	m
碳素结构钢（抗拉强度 $R_m = 0.65\text{GPa}$）	P10（不用切削液）	≤0.30	291	0.15	0.20	0.20
		>0.30~0.70	242		0.35	
		>0.70	235		0.45	
	W18Cr4V W6Mo5Cr4V2（用切削液）	≤0.25	67.2	0.25	0.33	0.125
		>0.25	43		0.66	
灰铸铁（190HBW）	K20（不用切削液）	≤0.40	189.8	0.15	0.20	0.20
		>0.40	158		0.40	

表 7-15 车削加工切削速度的修正系数 k_v

切削速度的修正系数 k_v		$k_v = k_{Mv} k_{sv} k_{tv} k_{kv} k_{\kappa_r v} k_{\kappa'_r v} k_{r_\varepsilon v} k_{Bv}$				
工件材料 k_{Mv}		加工钢：硬质合金 $k_{Mv} = \dfrac{0.65}{\sigma_b}$ 高速钢 $k_{Mv} = C_M \left(\dfrac{0.65}{R_m}\right)^{n_v}$ $C_M = 1.0, n_v = 1.75$；当 $R_m < 0.45\text{GPa}$ 时，$n_v = -1.0$				
		加工灰铸铁：硬质合金 $k_{Mv} = \left(\dfrac{190}{\text{HBW}}\right)^{1.25}$ 高速钢 $k_{Mv} = \left(\dfrac{190}{\text{HBW}}\right)^{1.7}$				
毛坯状况 k_{sv}	无外皮	棒料	锻件	铸钢、铸铁		Cu-Al 合金
				一般	带砂皮	
	1.0	0.9	0.8	0.8~0.85	0.5~0.6	0.9
刀具材料 k_{tv}	钢	P30	P20	P10	P01	K30
		0.65	0.8	1	1.4	0.4
	灰铸铁	K30		K20		K01
		0.83		1.0		1.15
主偏角 $k_{\kappa_r v}$	κ_r	30°	45°	60°	75°	90°
	钢	1.13	1	0.92	0.86	0.81
	灰铸铁	1.2	1	0.88	0.83	0.73
副偏角 $k_{\kappa'_r v}$	κ'_r	10°	15°	20°	30°	45°
	$k_{\kappa'_r v}$	1	0.97	0.94	0.91	0.87
刀尖半径 $k_{r_\varepsilon v}$	r_ε	1	2		3	4
	$k_{r_\varepsilon v}$	0.94	1.0		1.03	1.13
刀杆尺寸 k_{Bv}	$B \times H$ /mm	12×20 16×16	16×25 20×20	20×30 25×25	25×40 30×30	30×45 40×40	40×60
	k_{Bv}	0.93	0.97	1	1.04	1.08	1.12
车削方式 k_{kv}	外圆纵车	横车 $d:D$			切断	切槽 $d:D$	
		0~0.4	0.5~0.7	0.8~1.0		0.5~0.7	0.8~0.95
	1.0	1.24	1.18	1.04	1.0	0.96	0.84

注：$k_{\kappa'_r v}$、$k_{r_\varepsilon v}$、k_{Bv} 仅用于高速钢车刀。

表 7-16　车削加工的切削速度参考数值

工件材料		硬度 HBW	背吃刀量 a_p /mm	高速钢刀具		硬质合金刀具					
						未涂层				涂层	
				v_c /(m/min)	f /(mm/r)	v_c/(m/min)		f /(mm/r)	材料	v_c /(m/min)	f /(mm/r)
						焊接式	可转位				
易切碳素钢	低碳	100~200	1	55~90	0.18~0.20	185~240	220~275	0.18	P10	320~410	0.18
			4	41~70	0.40	135~185	160~215	0.50	P20	215~275	0.40
			8	34~55	0.50	110~145	130~170	0.75	P30	170~220	0.50
	中碳	175~225	1	52	0.20	165	200	0.18	P10	305	0.18
			4	40	0.40	125	150	0.50	P20	200	0.40
			8	30	0.50	100	120	0.75	P30	160	0.50
碳素钢	低碳	125~225	1	43~46	0.18	140~150	170~195	0.18	P10	260~290	0.18
			4	34~38	0.40	115~125	135~150	0.50	P20	170~190	0.40
			8	27~30	0.50	88~100	105~120	0.75	P30	135~150	0.50
	中碳	175~225	1	34~40	0.18	115~130	150~160	0.18	P10	220~240	0.18
			4	23~30	0.40	90~100	115~125	0.50	P20	145~160	0.40
			8	20~26	0.50	70~78	90~100	0.75	P30	115~125	0.50
	高碳	175~275	1	30~37	0.18	115~130	140~155	0.18	P10	215~230	0.18
			4	24~27	0.40	88~95	105~120	0.50	P20	145~150	0.40
			8	18~21	0.50	69~76	84~95	0.75	P30	115~120	0.50
合金钢	低碳	125~225	1	41~46	0.18	135~150	170~185	0.18	P10	220~235	0.18
			4	32~37	0.40	105~120	135~145	0.50	P20	175~190	0.40
			8	24~27	0.50	84~95	105~115	0.75	P30	135~145	0.50
	中碳	175~225	1	34~41	0.18	105~115	130~150	0.18	P10	175~200	0.18
			4	26~32	0.40	85~90	105~120	0.40~0.50	P20	135~160	0.40
			8	20~24	0.50	67~73	82~95	0.50~0.75	P30	105~120	0.50
	高碳	175~275	1	30~37	0.18	105~115	135~145	0.18	P10	175~190	0.18
			4	24~27	0.40	84~90	105~115	0.50	P20	135~150	0.40
			8	18~21	0.50	66~72	82~90	0.75	P30	105~120	0.50
高强度钢		225~350	1	20~26	0.18	90~105	115~135	0.18	P10	150~185	0.18
			4	15~20	0.40	69~84	90~105	0.40	P20	120~135	0.40
			8	12~15	0.50	53~66	69~84	0.50	P30	90~105	0.50
高速钢		200~275	1	15~24	0.13~0.18	76~105	85~125	0.18	M10,P10	115~160	0.18
			4	12~20	0.25~0.40	60~84	19~100	0.40	M20,P20	90~130	0.40
			8	9~15	0.40~0.50	46~64	53~76	0.50	M30,P30	69~100	0.50
不锈钢	奥氏体	135~275	1	18~34	0.18	58~105	67~120	0.18	K01,M10	84~160	0.18
			4	15~27	0.40	49~100	58~105	0.40	K20,M10	76~135	0.40
			8	12~21	0.50	38~76	46~84	0.50	K20,M10	60~105	0.50

（续）

工件材料		硬度 HBW	背吃刀量 a_p /mm	高速钢刀具		硬质合金刀具						
						未涂层				涂层	
				v_c /(m/min)	f /(mm/r)	v_c /(m/min)		f /(mm/r)	材料	v_c /(m/min)	f /(mm/r)
						焊接式	可转位				
不锈钢	马氏体	175~325	1	20~44	0.18	87~140	95~175	0.18	M10,P10	120~260	0.18
			4	15~35	0.40	69~115	75~135	0.40	M10,P10	100~170	0.40
			8	12~27	0.50	55~90	58~105	0.50~0.75	M20,P20	76~135	0.50
灰铸铁		160~260	1	26~43	0.18	84~135	100~165	0.18~0.25	K30,M20	130~190	0.18
			4	17~27	0.40	69~110	81~125	0.40~0.50		105~160	0.40
			8	14~23	0.50	60~90	66~100	0.50~0.75		84~130	0.50
可锻铸铁		160~240	1	30~40	0.18	120~160	135~185	0.25	P10,M10	185~235	0.25
			4	23~30	0.40	90~120	105~135	0.50	P10,M10	135~185	0.40
			8	18~24	0.50	76~100	85~115	0.75	P20,M20	105~145	0.50
铝合金		30~150	1	245~305	0.18	550~610		0.25	K01,M20	—	
			4	215~275	0.40	425~550	max	0.50	K20,M20		
			8	185~245	0.50	305~365		1.0	K20,M20		
铜合金			1	40~175	0.18	84~345	90~395	0.18	K01,M10	—	
			4	34~145	0.40	69~290	76~335	0.50	K20,M20		
			8	27~120	0.50	64~270	70~305	0.75	K30,M20		
钛合金		300~350	1	12~24	0.13	38~66	49~76	0.13	K01,M10	—	
			4	9~21	0.25	32~56	41~66	0.20	K20,M20		
			8	8~18	0.40	24~43	26~49	0.25	K30,M20		
高温合金		200~475	0.8	3.6~14	0.13	12~49	14~58	0.13	K01,M10	—	
			2.5	3.0~11	0.18	9~41	12~49	0.18	K20,M20		

注：用陶瓷（超硬材料）加工易切碳素钢、碳素钢和合金钢时，常用进给量为 0.13~0.40mm/r，常用切削速度为 200~500m/min。

此外，选择切削速度时应注意以下几点：

1）精加工时应尽量避开积屑瘤和鳞刺产生区域。

2）断续切削时，应适当降低切削速度，避免切削力和切削热的冲击。

3）在易发生振动的情况下，所确定的切削速度应避开自激振动的临界区域。

4）加工大件、细长件和薄壁件时，所确定的切削速度应适当降低。降低切削速度的意义：对于大件是为了延长刀具寿命，避免加工中途换刀；对于细长件和薄壁件是为了减小可能引发的振动，这样可有效地保证加工精度。

5）加工带有铸造或锻造外皮的工件时，切削速度应适当降低。

切削用量选定后，应校核机床的功率和转矩。

4. 切削用量选择举例

例7-1 工件材料45钢（热轧），$R_m = 637MPa$，毛坯尺寸为 $\phi 50mm \times 350mm$ 的棒料，

装夹如图 7-27 所示。要求车外圆至 $\phi44$mm，表面粗糙度 $Ra = 3.2\mu m$，加工长度 $l_m = 300$mm。试确定外圆车削时，拟采用的机床、刀具以及切削用量。

解： 根据工件尺寸及加工要求，选用 CA6140 车床，焊接式硬质合金外圆车刀，材料为 P10，刀杆截面尺寸为 16mm×25mm，刀具几何参数：$\gamma_o = 15°$，$\alpha_o = 8°$，$\kappa_r = 75°$，$\kappa_r' = 10°$，$\lambda_s = 6°$，$r_\varepsilon = 1$mm，$b_{\gamma1} = 0.3$mm，$\gamma_o' = 15°$。

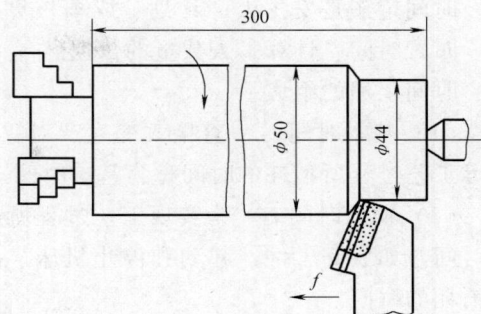

图 7-27 外圆车削装夹

因对表面粗糙度有一定要求，故分粗车和半精车两道工步加工。

（1）粗车工步

1）确定背吃刀量 a_p。单边余量为 3mm，粗车取 $a_{p1} = 2.5$mm，半精车 $a_{p2} = 0.5$mm。

2）确定进给量 f。根据工件材料、刀杆截面尺寸、工件直径及背吃刀量，从表 7-12 中查得 $f = 0.4 \sim 0.5$mm/r。按机床说明书提供选择的进给量，取 $f = 0.51$mm/r。

3）确定切削速度 v_c。切削速度可以由表 7-14 中的公式计算，也可查表得到。现根据已知条件，查表 7-16 得 $v_c = 90$m/min，然后由式（7-13）求出机床主轴转速 n 为

$$n = \frac{1000v_c}{\pi d_w} = \frac{1000 \times 90}{3.14 \times 50} r/min = 573 r/min$$

按机床说明书选取实际机床转速为 560r/min，故实际切削速度 v_c 为

$$v_c = \frac{\pi d_w n}{1000} = \frac{3.14 \times 50 \times 560}{1000} m/min = 87.9 m/min$$

4）校验机床功率（略）。

（2）半精车工步

1）确定背吃刀量 a_p。$a_p = 0.5$mm。

2）确定进给量 f。根据表面粗糙度 $Ra = 3.2\mu m$，$r_\varepsilon = 1$mm，从表 7-13 中查得（估计 $v_c > 50$m/min）$f = 0.3 \sim 0.35$mm/r。按机床说明书的进给量，取 $f = 0.30$mm/r。

3）确定切削速度 v_c。可查表 7-16 得 $v_c = 130$m/min，然后由式（7-13）求出机床主轴转速 n 为

$$n = \frac{1000 \times 130}{3.14 \times (50-5)} r/min = 920 r/min$$

按机床说明书选取实际机床转速为 900r/min，故实际切削速度 v_c 为

$$v_c = \frac{3.14 \times (50-5) \times 900}{1000} m/min = 127.2 m/min$$

4）校验机床功率（略）。

四、时间定额的确定

在一定的生产条件下，规定生产一件产品或完成一道工序所消耗的时间称为时间定

额。时间定额是安排生产计划、成本核算的主要依据，在设计新厂时，又是计算设备数量、布置时间、计算工人数量的依据。

时间定额的组成：

（1）基本时间 t'_m　　直接改变生产对象的尺寸、形状、相对位置、表面状态或材料性质等工艺过程所消耗的时间称为基本时间。它包括刀具切入、切削加工和切出等时间。

（2）辅助时间 t_a　　为实现工艺过程所必须进行的各种辅助动作所消耗的时间称为辅助时间。如装卸工件、起动和停止机床、改变切削用量、测量工件、引进及退出刀具等所消耗的时间。

基本时间和辅助时间的总和称为作业时间 t_o。它是直接用于制造产品或零、部件所消耗的时间。

（3）布置工作地时间 t_s　　为使加工正常进行，工人照管工作地（如更换刀具、润滑机床、清理切屑、收拾工具等）所消耗的时间称为布置工作地时间。该时间很难精确估计，一般按操作时间的 $\alpha\%$（2%~7%）计算。

（4）休息和生理需要时间 t_r　　指工人在工作时间内为恢复体力和满足生理需要所消耗的时间，也按操作时间的 $\beta\%$（约2%）计算。

所有上述时间的总和称为单件时间 t_p，即

$$t_p = t'_m + t_a + t_s + t_r = (t'_m + t_a)\left(1 + \frac{\alpha+\beta}{100}\right) = t_o\left(1 + \frac{\alpha+\beta}{100}\right) \tag{7-14}$$

（5）准备终结时间 t_{be}　　工人为了生产一批产品或零、部件，进行准备和结束工作所消耗的时间，如熟悉工艺文件、领取毛坯、安装刀具和夹具、调整机床以及在加工一批零件终结后所需拆下和归还工艺装备、发送成品等所消耗的时间。准备终结时间对一批零件只消耗一次。零件的批量 N 越大，分摊到每个工件上的准备终结时间（t_{be}/N）就越少。因此，成批生产时单件时间定额 t_{pc} 为

$$t_{pc} = t_p + \frac{t_{be}}{N} \tag{7-15}$$

第六节　工序尺寸计算

在零件的机械加工工艺过程中，各工序的工序尺寸及工序余量在不断地变化，其中一些工序尺寸在零件图上往往不标出，需要在制订工艺过程时予以确定。而这些不断变化的工序尺寸之间又存在着一定的联系，需要用工艺尺寸链原理去分析它们的内在联系，掌握它们的变化规律，正确地计算出各工序的工序尺寸。

一、工艺尺寸链的基本概念

1. 工艺尺寸链的定义、组成及判别

工艺尺寸是根据加工的需要，在工艺附图或工艺规程中所给出的尺寸。尺寸链是互

相联系且按一定顺序排列的封闭尺寸组。由此可知，工艺尺寸链是在零件加工过程中的各有关工艺尺寸所组成的尺寸组。尺寸链中的每一个工艺尺寸称为环，其中在零件加工过程中最终形成或间接得到的环称为封闭环，尺寸链的其余各环称为组成环。组成环分为两类，一类叫增环，另一类叫减环。增环是本身的变化引起封闭环同向变动，即该环增大（其余组成环不变）时，封闭环增大；反之，该环减小，封闭环也减小。减环是本身的变化引起封闭环反向变动，即该环增大时封闭环减小，或该环减小时封闭环增大。

图 7-28 所示为工艺尺寸链示例。尺寸 A_1 已加工。现以底面 M 定位，用调整法加工台阶面 P。由图可知，尺寸 A_1、A_2 分别为上工序和本工序的工序尺寸，直接获得。尺寸 A_1、A_2 确定后，A_0 随之确定。因此，在 A_1、A_2 和 A_0 组成的尺寸链中，A_0 间接获得，为封闭环，A_1、A_2 为组成环。根据与封闭环关系可知，A_1 为增环，A_2 为减环。

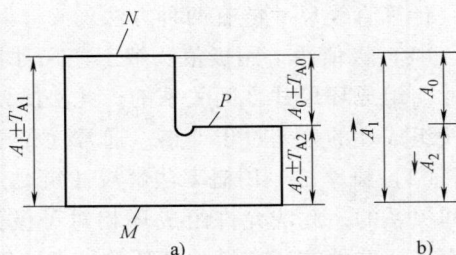

图 7-28　工艺尺寸链示例

尺寸链的建立及各环性质判别十分重要。封闭环是间接获得的尺寸，是尺寸链中最后形成的一个环。尺寸链必须是封闭的，并且对于直线尺寸链，一个尺寸链中有且只有一个封闭环，工序尺寸均为组成环。

有时两个或两个以上的尺寸链通过一个公共环联系在一起，这种尺寸链称为相关尺寸链。这时应注意：其中的公共环在某一尺寸链中作为封闭环，那么在与其相关的另一尺寸链中必为组成环。

增、减环的判别：环数较少时，可以根据定义判别；环数较多时，通常先给封闭环任定一个方向画上箭头，然后沿此方向环绕尺寸链依此给每一个组成环画出箭头，凡是组成环箭头方向与封闭环箭头相同的，为减环，相反的为增环。如图 7-29 所示，A_5、A_1、A_3 为减环，其余为增环。

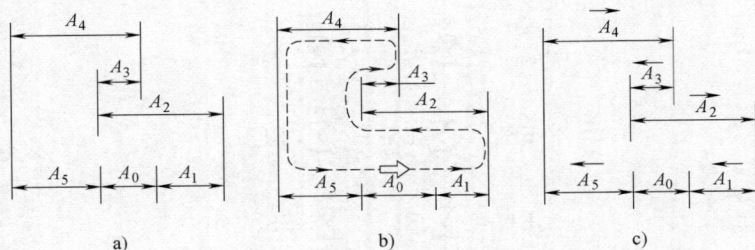

图 7-29　尺寸链增、减环判别示例

2. 尺寸链分类

尺寸链按链中各环所处的空间位置及几何特征分成以下四类：

（1）直线尺寸链　尺寸链全部尺寸位于同一平面，且相互平行，如图 7-28 和图 7-29 所示。

（2）平面尺寸链　尺寸链全部尺寸位于同一平面内，但其中有一个或几个尺寸不平行。

（3）空间尺寸链 尺寸链的全部尺寸不在同一平面内，并且相互不平行。

（4）角度尺寸链 尺寸链的各环均为角度量。

尺寸链中最基本的形式是简单的直线尺寸链。平面尺寸链和空间尺寸链可以用投影的方法分解为直线尺寸链来进行计算。角度尺寸链和直线尺寸链的计算方法及公式相同，有时也可以转换为直线尺寸链进行计算。因此，此处主要介绍直线尺寸链的计算方法。

3. 直线尺寸链的计算方法

计算直线尺寸链有两种方法：

（1）极值法 用极值法解工艺尺寸链是从尺寸链各环均处于极值条件来求解封闭环尺寸与组成环尺寸之间关系的。此法简便、可靠，但当封闭环公差小、组成环数较多时，会使组成环的公差过于严格。通常优先选用这种方法。

（2）概率法 用概率法解尺寸链是运用概率论理论来求解封闭环尺寸与组成环尺寸之间关系的。此法允许组成环相对于极值法时的公差大一些，易于加工，但会出现极少量废品。这种方法在尺寸链环数较多，以及大批大量自动化生产中采用。

在具体使用尺寸链计算时，常遇到正计算、反计算和中间计算三种类型。已知组成环求封闭环的计算方式称为正计算，主要用于设计图样的审核及工序尺寸验算；已知封闭环求组成环称为反计算，主要用于将封闭环的公差合理地分配给各组成环；已知封闭环及部分组成环，求其余的一个或几个组成环，称为中间计算，主要用于工序尺寸计算。

4. 尺寸链计算公式

（1）极值法计算公式

$$A_0 = \sum_{i=1}^{m} \xi_i A_i = \sum_{p=1}^{k} A_p - \sum_{q=k+1}^{m} A_q \tag{7-16}$$

$$A_{0max} = \sum_{p=1}^{k} A_{pmax} - \sum_{q=k+1}^{m} A_{qmin} \tag{7-17}$$

$$A_{0min} = \sum_{p=1}^{k} A_{pmin} - \sum_{q=k+1}^{m} A_{qmax} \tag{7-18}$$

$$ES_0 = \sum_{p=1}^{k} ES_p - \sum_{q=k+1}^{m} EI_q \tag{7-19}$$

$$EI_0 = \sum_{p=1}^{k} EI_p - \sum_{q=k+1}^{m} ES_q \tag{7-20}$$

$$T_0 = \sum_{i=1}^{m} T_i \tag{7-21}$$

式中 A_0、A_{0max} 和 A_{0min}——封闭环的公称尺寸、上极限尺寸、下极限尺寸；

A_p、A_{pmax} 和 A_{pmin}——组成环中增环的公称尺寸、上极限尺寸、下极限尺寸；

A_q、A_{qmax} 和 A_{qmin}——组成环中减环的公称尺寸、上极限尺寸、下极限尺寸；

ES_0、ES_p 和 ES_q——封闭环、增环和减环的上极限偏差；

EI_0、EI_p 和 EI_q——封闭环、增环和减环的下极限偏差；

T_0、T_i——封闭环、组成环的公差；

k——增环数；

m——尺寸链中组成环数；

ξ_i——传递系数，对直线尺寸链中的增环 $\xi_i = +1$，减环 $\xi_i = -1$。

（2）概率法计算公式　机械制造中尺寸分布大多为正态分布。对于正态分布，可用下述方法求解（非正态分布可参考相关手册计算）。

将工艺尺寸链中各环的公称尺寸改用平均尺寸标注，且公差变为对称分布的形式。这时组成环的平均尺寸为

$$A_{iM} = \frac{A_{imax} + A_{imin}}{2} = A_i + \frac{ES_i + EI_i}{2} \tag{7-22}$$

封闭环的平均尺寸为

$$A_{0M} = \frac{A_{0max} + A_{0min}}{2} = A_0 + \frac{ES_0 + EI_0}{2} = \sum_{p=1}^{k} A_{pM} - \sum_{q=k+1}^{m} A_{qM} \tag{7-23}$$

式中　A_{pM}、A_{qM}——增环、减环的平均尺寸。

封闭环的公差为

$$T_0 = \sqrt{\sum_{i=1}^{m} T_i^2} \tag{7-24}$$

采用概率法，各环尺寸及偏差可标注如下形式：

$$A_0 = A_{0M} \pm \frac{T_0}{2} \tag{7-25}$$

$$A_i = A_{iM} \pm \frac{T_i}{2} \tag{7-26}$$

二、基准重合时工序尺寸的计算

例 7-2　在某一钢制零件上加工一内孔。其设计尺寸为 $\phi 72.5_{0}^{+0.03}$ mm，表面粗糙度 $Ra = 0.4\mu$m。毛坯为锻件，孔预制。工艺路线定为：粗镗→半精镗→精镗→粗磨→精磨。试确定各工序的工序尺寸及偏差。

这种情况工序尺寸计算比较简单，不必列出尺寸链。按以下步骤和方法即可。

1）按工艺方法查表确定加工余量，即工序加工余量，见表 7-17（表中所列为双边余量）。

2）计算各工序公称尺寸。从设计尺寸开始，到第一道加工工序，逐次减去（轴加工时为加上）下一工序加工余量，可分别得到各工序公称尺寸（见表 7-17）。

3）除最终加工工序的偏差、表面粗糙度取设计要求值外，其余加工工序的偏差及表面粗糙度按所采用加工方法的加工经济精度选取。

各工序加工余量、尺寸及其偏差分布关系如图 7-30 所示。

表 7-17 工序尺寸、偏差、表面粗糙度及毛坯尺寸确定

工序名称	工序加工余量/mm	工序尺寸/mm	尺寸偏差/mm	表面粗糙度 Ra/μm
精磨	0.2	$\phi72.5$(设计尺寸)	$^{+0.03}_{0}$	0.4
粗磨	0.3	$72.5-0.2=\phi72.3$	$H8(^{+0.045}_{0})$	1.6
精镗	1.5	$72.3-0.3=\phi72$	$H9(^{+0.074}_{0})$	3.2
半精镗	2.0	$72-1.5=\phi70.5$	$H10(^{+0.12}_{0})$	6.3
粗镗	4.0	$70.5-2=\phi68.5$	$H12(^{+0.3}_{0})$	12.5
毛坯		$68.5-4=\phi64.5$	±1	

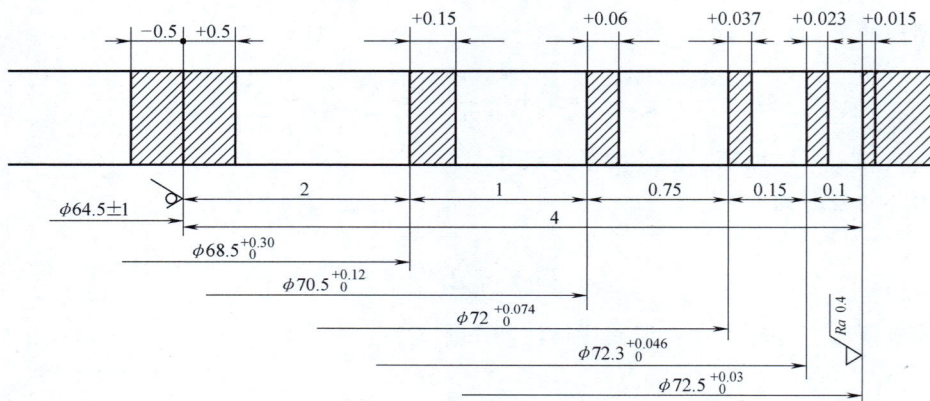

图 7-30 各工序加工余量、工序尺寸及其偏差分布图

三、基准不重合时工序尺寸的计算

1. 定位基准与设计基准不重合时的工序尺寸计算

例 7-3 如图 7-31a 所示零件，A、B 及 C 面已加工。现进行镗孔作业，由于装夹原因，选 A 面为工序定位基准。但原该孔设计基准为 C 面，出现基准不重合，故需对该工序尺寸 A_3 进行计算。

解：根据尺寸之间相互关系建立尺寸链，如图 7-31b 所示。尺寸 A_1、A_2 和 A_3 均为前面及本工序直接得到的尺寸，属于组成环，A_0 为最后间接获得的尺寸，属于封闭环。从尺寸链简图可判断，A_2 和 A_3 是增环，A_1 是减环。

为方便计算，本题采用平均尺寸计算。由前述计算公式可得

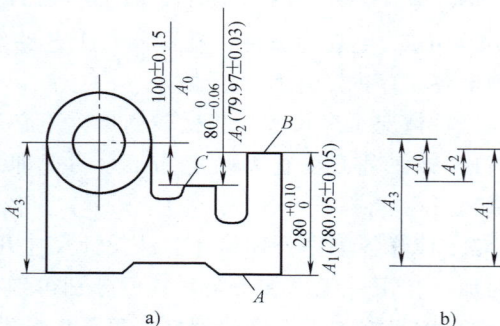

图 7-31 定位基准与设计基准不重合时的工序尺寸计算

$$A_{0M} = A_{2M} + A_{3M} - A_{1M}$$

$$A_{3M} = A_{0M} + A_{1M} - A_{2M} = (100 + 280.05 - 79.97)\,\text{mm} = 300.08\,\text{mm}$$

$$T_0 = T_1 + T_2 + T_3$$

$$T_3 = T_0 - T_1 - T_2 = (0.3 - 0.1 - 0.06)\,\text{mm} = 0.14\,\text{mm}$$

$$A_3 = (300.08 \pm 0.07)\,\text{mm} = 300^{+0.15}_{+0.01}\,\text{mm}$$

如果基准变动导致组成环公差之和等于或大于封闭环公差时，必须缩减组成环公差，即提高组成环加工精度，以满足封闭环公差。本题中，若将 A_0 的偏差改为 ± 0.08，则 T_0 已等于 T_1 与 T_2 之和，导致 T_3 等于零。因此，必须修改 A_1、A_2 的偏差，即重新将 T_0 在 T_1、T_2、T_3 之间进行分配。

2. 测量基准与设计基准不重合时的工序尺寸计算

例 7-4 图 7-32a 所示为套筒零件，如果按设计要求建立设计尺寸链（见图 7-32b），大孔深度尺寸未知，为封闭环，以 A_0 表示，尺寸 $10_{-0.36}^{\ 0}$ 和 $50_{-0.17}^{\ 0}$ 为组成环，不难求得 A_0 等于 $40_{-0.17}^{+0.36}$。这说明从设计角度看，大孔深度在此范围内都是合理的。而在实际加工中，尺寸 $10_{-0.36}^{\ 0}$ 不便测量，用大孔深度测量来代替，大孔深度 A_1 作为工序尺寸可直接获得。因此，在工艺尺寸链（见图 7-32c）中，尺寸 $10_{-0.36}^{\ 0}$ 间接保证，为封闭环。可以求得 A_1 等于 $40_{\ \ 0}^{+0.19}$。

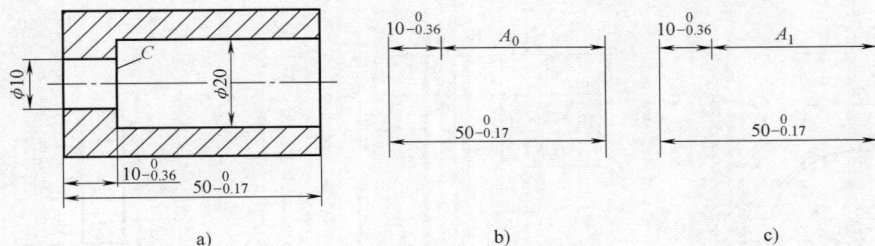

图 7-32 测量基准与设计基准不重合时的工序尺寸计算

a) 零件图　b) 设计尺寸链　c) 工艺尺寸链

比较上述情况可以看出：

1) 按设计尺寸进行加工时，工序尺寸为 $10_{-0.36}^{\ 0}$，而改用大孔深度进行测量时，工序尺寸为 $40_{\ \ 0}^{+0.19}$，尺寸公差减少 0.17mm，正好等于基准不重合误差。

2) 当工序尺寸不满足 $40_{\ \ 0}^{+0.19}$，但仍满足设计要求值 $40_{-0.17}^{+0.36}$ 时，会出现假废品问题。如大孔深度为 40.36mm，此时套筒尺寸也为最大，达 50mm，则小孔长度为 9.64mm，仍满足要求。

推而广之，可以得到结论：对于任何一种基准不重合情况，都会出现提高零件加工精度及假废品问题。因此，除非不得已，不要出现基准不重合现象。

3. 一次加工满足多个设计尺寸时工序尺寸的计算

例 7-5 图 7-33a 所示为带键槽的内孔需淬火及磨削。内孔及键槽的加工顺序是：

1) 镗内孔至 $\phi 39.6_{\ \ 0}^{+0.10}$ mm。

2) 插键槽至尺寸 A。

3）热处理：淬火。

4）磨内孔至 $\phi 40^{+0.05}_{0}$ mm，间接保证键槽深度 $43.6^{+0.34}_{0}$ mm。

试确定工序尺寸 A 及其偏差（为简化计算，不考虑热处理引起的内孔变形误差）。

解：根据尺寸关系，可以建立整体尺寸链（见图 7-33b），其中 $43.6^{+0.34}_{0}$ mm 是封闭环。A 和 $20^{+0.025}_{0}$ mm（内孔半径）为增环，$19.8^{+0.05}_{0}$ mm（镗孔 $\phi 39.6^{+0.10}_{0}$ mm 的半径）为减环。则

$$A = (43.6 + 19.8 - 20)\,\text{mm} = 43.4\,\text{mm}$$

$$\text{ES}(A) = (0.34 - 0.025)\,\text{mm} = 0.315\,\text{mm}$$

$$\text{EI}(A) = (0 + 0.05)\,\text{mm} = 0.05\,\text{mm}$$

所以 $A = 43.4^{+0.315}_{+0.050}$ mm $= 43.45^{+0.265}_{0}$ mm。

为便于分析加工余量与工序尺寸间的关系，图 7-33b 所示的尺寸链可拆成两个尺寸链，如图 7-33c 所示，半径磨削余量 $Z/2$ 为公共环，该环在图 7-33c 的上尺寸链中，间接形成，为封闭环，而在图 7-33c 的下尺寸链中则为组成环。

4. 零件进行表面处理时的工序尺寸换算

（1）零件表面进行镀层处理时的工序尺寸换算

例 7-6 如图 7-34a 所示圆环，表面镀铬，镀层双边厚度为 $0.05 \sim 0.08$ mm（即 $0.08^{0}_{-0.03}$ mm），镀前进行磨削加工。试确定磨削时的工序尺寸 ϕA 及其偏差。

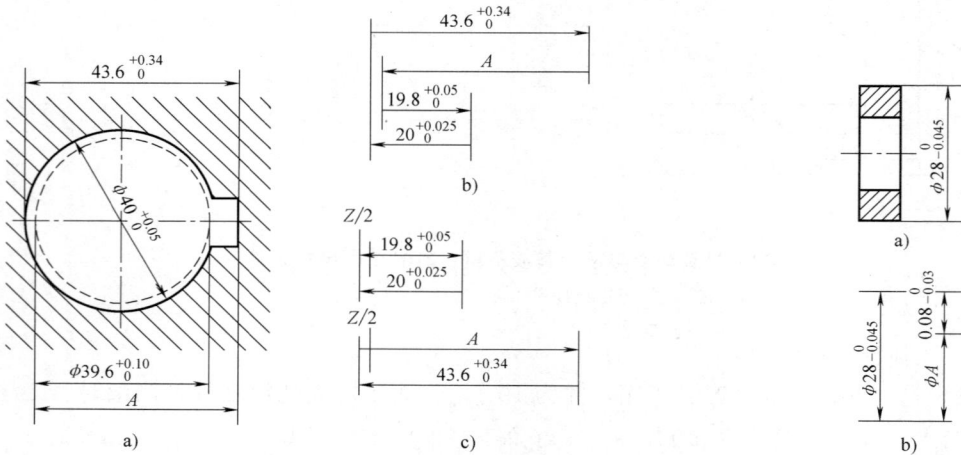

图 7-33　零件上内孔及键槽加工的工艺尺寸链

图 7-34　镀层零件工序尺寸换算

解：根据题意建立尺寸链，如图 7-34b 所示。零件尺寸 $\phi 28^{0}_{-0.045}$ mm 镀后间接保证，为封闭环。解尺寸链得

$$A = (28 - 0.08)\,\text{mm} = 27.92\,\text{mm}$$

$$\text{ES}(A) = (0 - 0)\,\text{mm} = 0\,\text{mm}$$

$$\text{EI}(A) = [-0.045 - (-0.03)]\,\text{mm} = -0.015\,\text{mm}$$

所以镀前磨削工序尺寸为

$$\phi A = \phi 27.92^{0}_{-0.015}\,\text{mm}$$

需要注意的是，某些零件进行镀层处理，只是为了装饰或防锈，而无尺寸精度要求，故不存在工序尺寸换算问题。

（2）零件表面进行渗碳、渗氮处理时的工序尺寸换算

例 7-7 如图 7-35a 所示轴颈衬套，内孔 $\phi 145^{+0.04}_{0}$ mm 的表面要求渗氮，渗层厚度为 $0.3 \sim 0.5$ mm。渗氮前内孔直径为 $\phi 144.76^{+0.04}_{0}$ mm，渗氮后磨内孔至 $\phi 145^{+0.04}_{0}$ mm，并保证剩余渗氮层厚度达到规定要求。试确定渗氮工序的渗氮层厚度 δ（不计渗氮变形）。

解： 建立尺寸链如图 7-35b 所示，图中内孔尺寸以半径的平均值表示，所有尺寸改写成对称偏差形式，渗层厚度（0.4 ± 0.1）mm 是封闭环，经计算可得

$$\delta = (72.51 + 0.4 - 72.39) \text{mm} = 0.52 \text{mm}$$

$$T(\delta) = (0.2 - 0.02 - 0.02) \text{mm} = 0.16 \text{mm}$$

所以渗氮工序的渗层厚度为

$$\delta = (0.52 \pm 0.08) \text{mm} = 0.44 \sim 0.60 \text{mm}$$

5. 精加工余量校核

例 7-8 图 7-36a 所示小轴的加工过程为：①车端面 1；②车肩面 2，保证与 1 的距离 $A_2 = 49.5^{+0.3}_{0}$ mm；③车端面 3，保证总长 $A_3 = 80^{0}_{-0.2}$ mm；④以端面 3 定位，磨肩面 2，工序尺寸 $A_1 = 30^{0}_{-0.14}$ mm。试校核端面 2 的磨削余量。

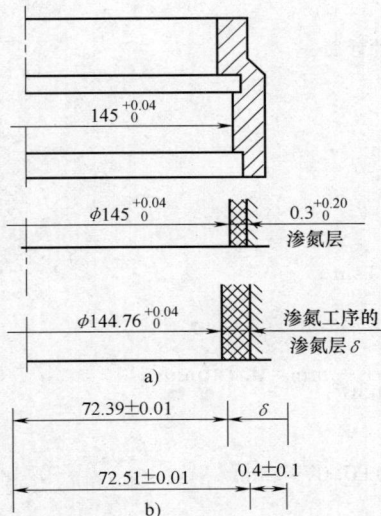

图 7-35 渗氮层工序尺寸换算

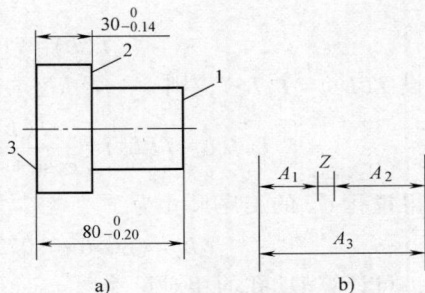

图 7-36 精加工余量校核

解： 在图 7-36b 所示的尺寸链中，磨削余量 Z 是在加工中间接获得的，因此是封闭环。按尺寸链计算公式得

$$Z = A_3 - (A_1 + A_2) = [80 - (30 + 49.5)] \text{mm} = 0.5 \text{mm}$$

$$\text{ES}(Z) = [0 - (-0.14 + 0)] \text{mm} = 0.14 \text{mm}$$

$$\text{EI}(Z) = [-0.2 - (0.3 + 0)] \text{mm} = -0.5 \text{mm}$$

所以 $Z = 0.5^{+0.14}_{-0.5}$ mm $= 0 \sim 0.64$ mm，可以看出 $Z_{\min} = 0$ mm。这样势必导致有些零件因磨削余

量不足而难以达到加工要求。因此，必须加大 Z_{min}。因 A_1 和 A_3 为设计尺寸，所以减少 A_2。若 $Z_{min} = 0.1mm$，则 $A_2 = 49.5^{+0.2}_{0}mm$。

6. 平面尺寸链的工序尺寸换算

例 7-9 图 7-37a 所示为箱体零件孔系加工的工序简图。O_1 孔的坐标位置为 x_1、y_2，试确定 O_2 孔及 O_3 孔相对于 O_1 孔的坐标位置。

解： 先求 O_2 孔相对于 O_1 孔的位置坐标。由图可知：O_1、O_2 孔中心距 $L = (100 \pm 0.1)mm$，水平夹角 $\alpha = 30°$。O_2 孔位置可以用相对坐标尺寸 L_x 和 L_y 表示。

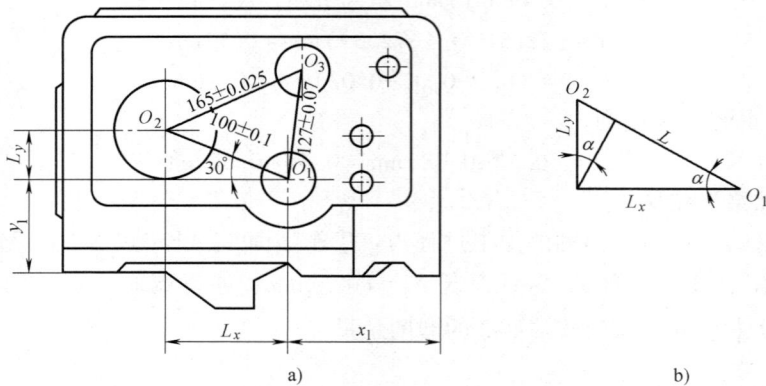

图 7-37 箱体镗孔工序尺寸计算

由几何关系可知：

$$L_x = L\cos 30° = 86.6mm$$

$$L_y = L\sin 30° = 50mm$$

因

$$L = L_x \cos\alpha + L_y \sin\alpha$$

故

$$T(L) = T(L_x)\cos\alpha + T(L_y)\sin\alpha$$

设 $T(L_x) = T(L_y)$，则

$$T(L_x) = T(L_y) = \frac{T(L)}{\cos\alpha + \sin\alpha} = \frac{0.2}{\cos 30° + \sin 30°}mm = 0.146mm$$

因此得镗孔 O_2 的工序尺寸为

$$L_x = (86.6 \pm 0.073)mm, \ L_y = (50 \pm 0.073)mm$$

同理，可计算 O_3 孔的相对尺寸。

7. 工艺尺寸跟踪图表法确定工序尺寸

在前面遇到的工序尺寸计算中，大多只需一个工艺尺寸链简图就可以计算，这种单链计算法仅适用于工序较少的零件。而对于工序多、基准不重合或基准多次变换的零件，若也用单链计算法计算工序尺寸，就很烦琐，且容易出错。由于前后工序尺寸相互联系，一旦出错，返工计算量很大。对于复杂零件的工序尺寸计算宜采用整体联系计算的方法。

工艺尺寸跟踪图表法就是整体联系计算的方法。它把全部工序尺寸和工序余量画在一张图表上，根据加工经济精度确定工序加工精度和工序余量，建立全部工序尺寸间的联系，并依此计算工序尺寸和工序余量的方法。现以图 7-38 所示套筒零件为例，介绍尺寸跟踪图表法。

例 7-10 套筒零件有关轴向尺寸加工工序如下：

工序 1：轴向以 D 面定位，粗车 A 面，然后以 A 面为基准粗车 C 面，保证工序尺寸 A_1 和 A_2。

工序 2：轴向以 A 面定位，粗车、精车 B 面，以保证工序尺寸 A_3；粗车 D 面，以保证工序尺寸 A_4。

工序 3：轴向以 B 面定位，精车 A 面，以保证工序尺寸 A_5；精车 C 面，以保证工序尺寸 A_6。

工序 4：热处理。

工序 5：用靠火花磨削法磨 B 面，控制磨削余量 Z_7。

图 7-38 套筒零件简图

解：具体方法及步骤如下：

(1) 绘制尺寸跟踪图表 按题意，绘制尺寸跟踪图表，如图 7-39 所示。

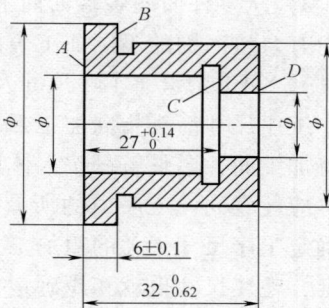

工序号	工序内容	(零件简图)	工序尺寸公差 $\pm\frac{T(A_i)}{2}$	余量公差 $\pm\frac{T(Z_i)}{2}$	最小余量 $Z_{i\min}$	平均余量 Z_{iM}	平均尺寸 A_{iM}
1	粗车A面，保证A_1	Z_1, A_1	±0.3	毛坯	1.2		33.8
	粗车C面，保证A_2	A_2, Z_2	±0.2	毛坯	1.2		26.8
2	粗精车B面，保证A_3	A_3, Z_3	±0.1	毛坯	1.2		6.58
	粗车D面，保证A_4	A_4, Z_4	±0.23	±0.63	1	1.63	25.59
3	精车A面，保证A_5	Z_5, A_5	±0.08	±0.18	0.3	0.48	6.1
	精车C面，保证A_6	Z_6, A_6	±0.07	±0.45	0.3	0.75	27.07
5	靠磨B面，控制余量Z	Z_7	±0.02	±0.02	±0.08	0.1	
设计尺寸	6 ± 0.1 27.07 ± 0.07 31.69 ± 0.31	A_7, A_8, A_9	按工序尺寸链或按经济加工精度确定	按余量尺寸链确定	按经验选取	前二栏相加	按线选加

注：图中 "——→" 表示工序尺寸； "⌐" 表示定位基准； "●——●" 表示封闭环； "↓" 表示测量基准；

"▨" 表示工序余量； "——→" 表示加工表面。

图 7-39 尺寸跟踪图表

1) 在图表上方画出零件简图（当零件为对称形状时，可以只画出它的一半），并标出与工艺尺寸链计算有关的轴向设计尺寸。

2）按加工顺序自上而下地填入工序号和工序名称。

3）从零件简图各端面向下引出引线至加工区域（这些引线分别代表了在不同加工阶段中有余量区别的不同加工表面），并按图所规定的符号标出工序基准（定位基准或测量基准）、加工余量、工序尺寸及结果尺寸（即设计尺寸）。

工序尺寸箭头指向加工后的已加工表面，用余量符号隔开的上方竖线为该次加工前的待加工面，余量符号按入体原则标注。

应注意同一工序内的所有工序尺寸，都要按加工或尺寸调整的先后顺序依次列出；与确定工序尺寸无关的粗加工余量（如 Z_1）一般不必标出（这是因为总余量通常由查表确定，毛坯尺寸也就相应确定了）。

4）为便于计算，应将有关设计尺寸换算成平均尺寸和双向对称偏差的形式标于结果尺寸栏内。

（2）工序尺寸偏差 $\pm T(A_i)/2$ 的填写　工序尺寸偏差的计算和确定是整个图表法计算过程的基础。确定工序尺寸偏差必须符合两个原则：

第一，所确定的工序尺寸偏差不应超过图样上要求的偏差，应能保证最后加工尺寸的偏差符合设计要求。

第二，各工序尺寸偏差应符合该工序加工的经济性，有利于降低加工成本。

根据这两个原则，首先逐项初步确定各工序尺寸的偏差（可参阅工艺人员手册中有关"尺寸偏差的经济精度"来确定），按对称标注形式自下而上填入"$\pm T(A_i)/2$"栏内。

1）对间接保证的设计尺寸，以它作为封闭环，按图解跟踪法找出有关组成环。尺寸跟踪规则：由被计算的间接保证的设计尺寸两端开始一起向上找箭头，找到箭头就拐弯到该工序尺寸起点，然后继续向上找箭头，一直找到两端的跟踪路线在某一个工序尺寸起点相遇为止。各组成环的公差可按等公差或等精度法将设计尺寸的公差按极值法分配给各组成环。当设计尺寸精度较高（封闭环公差很小）、组成环又较多时，为了使每个工序尺寸公差尽可能大一些，也可以用概率法分配设计尺寸的公差。

如 $A_7 = (6 \pm 0.1)$ mm 的尺寸链为 $A_7 - Z_7 - A_5$，若靠磨量 $Z_7 \pm \dfrac{T(Z_7)}{2} = (0.1 \pm 0.02)$ mm，则 $T(A_5) = T(A_7) - T(Z_7) = (0.2 - 0.04)$ mm $= 0.16$ mm，填入表中。又如设计尺寸 $A_9 = (31.69 \pm 0.31)$ mm，其尺寸链为 $A_9 - A_5 - A_4$，则 $T(A_4) = T(A_9) - T(A_5) = (0.62 - 0.16)$ mm $= 0.46$ mm。

2）不进入尺寸链计算的工序尺寸公差，可按经济加工精度或工厂经验值确定。如粗车：$0.3 \sim 0.6$ mm，精车：$0.1 \sim 0.3$ mm，磨削：$0.02 \sim 0.1$ mm。

（3）余量（偏差）$\pm T(Z_i)/2$ 的填写　通常分两种情况：

1）待定公差的余量作为封闭环。由封闭环公差与组成环公差的关系可知，该余量的公差等于各组成环公差之和。

如 Z_6 的尺寸链为 $Z_6 - A_8 - A_5 - A_3 - A_2$，$T(Z_6) = T(A_8) + T(A_5) + T(A_3) + T(A_2) = (0.14 + 0.16 + 0.2 + 0.4)$ mm $= 0.9$ mm；又如 Z_4 的尺寸链为 $Z_4 - A_4 - A_3 - A_1$，则

$$\pm \frac{T(Z_4)}{2} = \pm \left(\frac{T(A_4)}{2} + \frac{T(A_3)}{2} + \frac{T(A_1)}{2} \right) = \pm (0.23 + 0.1 + 0.3) \text{ mm} = \pm 0.63 \text{ mm}$$

2）没有进入尺寸链关系的余量多由毛坯切除得到，余量公差较大，可不必填写。

（4）最小余量 Z_{imin} 的填写　可以按照工厂的实际加工经验取值。如粗车：0.8 ~ 1.56mm，精车：0.1 ~ 0.3mm，磨削：0.08 ~ 0.12mm。

（5）平均余量 Z_M 的填写　取

$$Z_{iM} = Z_{imin} + \frac{T(Z_i)}{2}$$

（6）计算各工序的平均尺寸　从待求尺寸两端沿竖线上、下寻找，看它由哪些已知的工序尺寸、设计尺寸、加工余量叠加而成。如 $A_{4M} = A_{9M} - A_{5M} = (31.69 - 6.1)mm = 25.59mm$。

最后将工序尺寸改写成入体分布形式 A_i。如 $A_1 = 34.1_{-0.6}^{\ 0}mm$。

第七节　提高机械加工生产率的工艺措施

劳动生产率是指工人在单位时间内制造合格产品的数量，或指用于制造单件产品所消耗的劳动时间。提高生产率与保证产品质量、降低成本同等重要。显然，采取合适的工艺措施，缩减各工序的单件时间，是提高劳动生产率的有效途径。根据单件时间的组成公式（7-14），可以从以下几个方面提高劳动生产率。

1. 缩减基本时间

（1）提高切削用量　采用新型刀具材料；适当改善工件材料的切削加工性，改善冷却润滑条件；改进刀具结构，提高刀具制造质量都可以提高切削用量，缩短基本时间。

（2）合并工步　用几把刀具或是用一把复合刀具对一个零件的几个表面同时加工，可将原来需要的几个工步集中合并为一个工步，从而使需要的基本时间全部或部分地重合，缩短了工序基本时间。龙门铣床上多轴组合铣削床身零件各个表面如图 7-40 所示。

（3）减少工件加工长度　采用多刀加工，使每把刀具的加工长度缩短；采用宽砂轮磨削，变纵磨为切入法磨削等均是减少工件加工长度而提高生产率的例子。

（4）多件加工　将多个工件置于一个夹

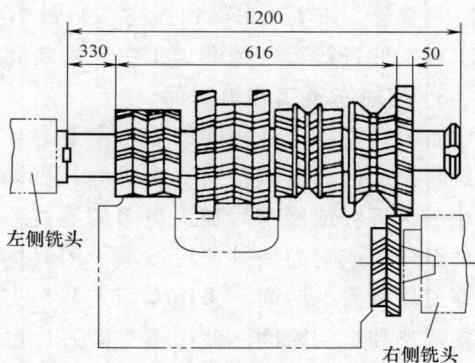

图 7-40　用组合铣刀铣削床身零件

具上同时进行加工，可以减少刀具的切入切出时间。将多个工件置于机床上，使用多把刀具或多个主轴头进行同时加工，可以使各零件加工的基本时间重合而大大减少分摊到每一个零件上的基本时间。例如，图 7-41a 所示为顺序多件加工，即在一次刀具行程中顺序切削多个工件；图 7-41b 所示为平行多件加工，即在一次行程中同时加工多个并行排列的工件；图 7-41c 所示为平行顺序加工，这种加工为上述两种方法的综合应用，适用于工件较小、批量较大的情况。

（5）采用新工艺、新技术，改变加工方法　在大批量生产中用拉削、滚压代替铣、铰、磨削，在成批生产中用精刨、精磨或精镗代替刮研，难加工材料或复杂型面采用特

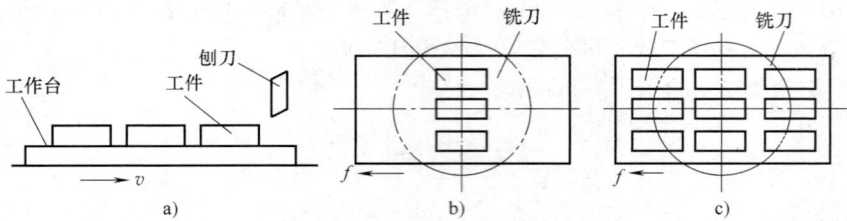

图 7-41 顺序多件、平行多件和平行顺序多件加工

种加工技术，都可以明显提高生产率。毛坯制造时，采用冷挤压、粉末冶金、精密铸造、压力铸造、精密锻造等先进工艺，提高毛坯制造精度，减少机械加工余量，以缩短基本时间，有时甚至无需再进行机械加工，可以大幅度提高生产率。

2. 缩短辅助时间

（1）直接缩短辅助时间　采用先进的高效夹具，如气动、液压及电动夹具或成组夹具等，不仅可减轻工人的劳动强度，而且能缩减装卸时间；采用主动测量法或在机床上配备数显装置等，可以减少加工中的停机测量时间；采用具有转位刀架（如转塔车床）、多位多刀架（如多刀半自动车床）的机床进行加工，可以缩短刀具更换和调整时间；采用快换刀夹及快换夹头是缩短更换刀具时间的重要方法。

（2）间接缩短辅助时间　使辅助时间和基本时间全部或部分地重合，可间接缩短辅助时间。采用多工位回转工作台机床或转位夹具加工，在大量生产中采用自动线等，均可使装卸工件时间与基本时间重合，使生产率得到提高。如图 7-42 所示，采用双轴端面磨床对工件进行粗、精磨加工，工件装卸时间与加工时间重合。

3. 缩短布置工作地时间

缩短布置工作地时间的方法主要是：缩减每批零件加工前或刀具磨损后的刀具调整或更换时间，提高刀具或砂轮的寿命，以便在一次刃磨或修整后加工更多的零件。采用刀具微调装置、专用对刀样板或对刀块等，可以减少刀具的调整、装卸、连接和夹

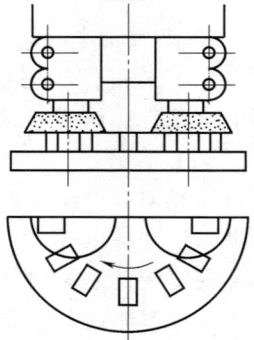

图 7-42 连续磨削加工

紧等工作所需的时间。采用专职人员在刀具预调仪上事先精确调整好刀具和刀杆，减少刀具调整和试切时间。使用不重磨刀片也可大大缩短换刀时间。

4. 缩短准备与终结时间

缩短准备与终结时间的途径有两条：一是通过零件标准化、通用化或采用成组技术，扩大产品生产批量，以相对减少分摊到每个零件上的准备与终结时间；二是直接减少准备与终结时间。单件小批量生产复杂零件时，其准备、终结时间以及样板、夹具等的制备时间都很长。而数控机床、加工中心机床或柔性制造系统则很适合这种单件小批量复杂零件的生产。这时程序编制可以在机外由专职人员进行，加工中自动控制刀具与工件间的相对位置和加工尺寸，自动换刀，使工序高度集中，从而获得高的生产率和稳定的加工质量。

5. 进行高效及自动化加工

大批大量生产，可采用专用的组合机床和自动线；对于机械加工中常见的中小批量

的加工，主要零件用加工中心；中型零件用数控机床、流水线或非强制节拍的自动线；小型零件则视情况不同，可用电-液控制自动机及简易程控机床。

第八节 工艺方案的技术经济性分析

制订某一零件的机械加工工艺规程时，在同样满足生产要求的情况下，可以提出多种不同的工艺方案。由于采用的加工方法、设备、加工顺序等不同，导致不同方案在生产准备周期、设备投入、生产率等方面产生差异，因而得到不同的经济效果。为了选取在给定生产条件下最为经济合理的方案，必须对各种不同的工艺方案进行技术经济性分析。

一、工艺成本的组成

零件成本的组成如图 7-43 所示。其中与工艺过程直接相关的费用称为工艺成本。工艺成本占生产成本的 70% ~ 75%。全年工艺成本按性质不同可分成可变费用和不变费用。可变费用即直接消耗在单个零件加工上的费用，如材料费、工人工资、通用机床刀具损耗等，这部分费用与年产量同步增长；不变费用是为整批零件的加工而产生的费用，与年生产量没有直接关系，是相对固定的费用。

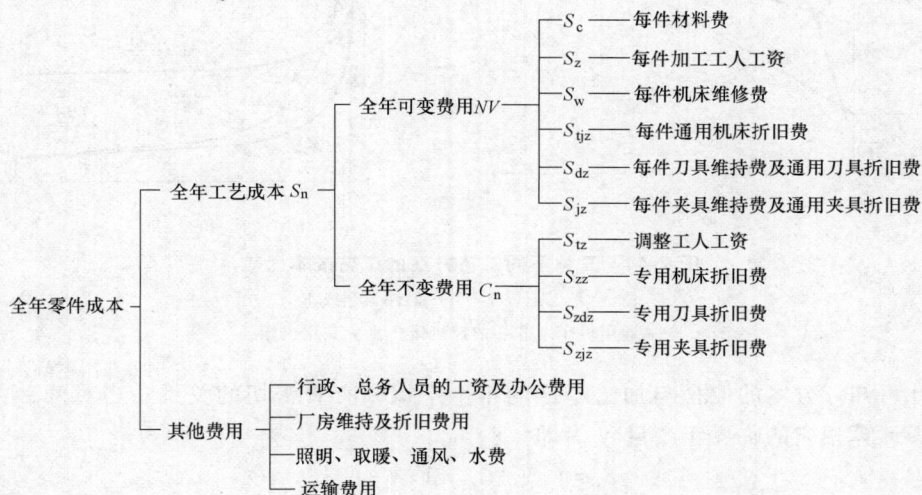

图 7-43 零件成本的组成

零件的全年工艺成本 S_n 与单件工艺成本 S_d，可用下列公式表示：

$$S_n = VN + C_n \tag{7-27}$$

$$S_d = V + C_n / N \tag{7-28}$$

式中　V——每个零件的可变费用，单位为元/件；

　　　N——零件年生产纲领；

C_n——全年的不变费用，单位为元。

二、工艺方案的经济评价

1. 工艺成本评价

当需评价的工艺方案均采用现有设备或其基本投资相近时，可用工艺成本作为衡量各种工艺方案的依据。特别是只有少数工序不同的方案比较时，只需比较这些不同工序即可。

图 7-44 所示为三种不同工艺方案的工艺成本比较。方案 I 采用通用机床加工；方案 II 采用数控机床加工；方案 III 采用专用机床加工。由图 7-44a 可以清楚看到，对于方案 I，由于使用通用设备，准备时间短，调整方便，但加工生产率低，对工人技术要求高，因此不变费用低，单件加工成本高，适合零件数量少的情况；方案 III 采用专用机床，虽然生产率高，单件加工费低（图 7-44a 中直线斜率较小），但由于固定成本高，只有在产量很大时，单件工艺成本才比较合适。而对于方案 II，由于数控机床的特点，使之在很大的产量范围内，单件工艺成本都比较低，如图 7-44b 所示。

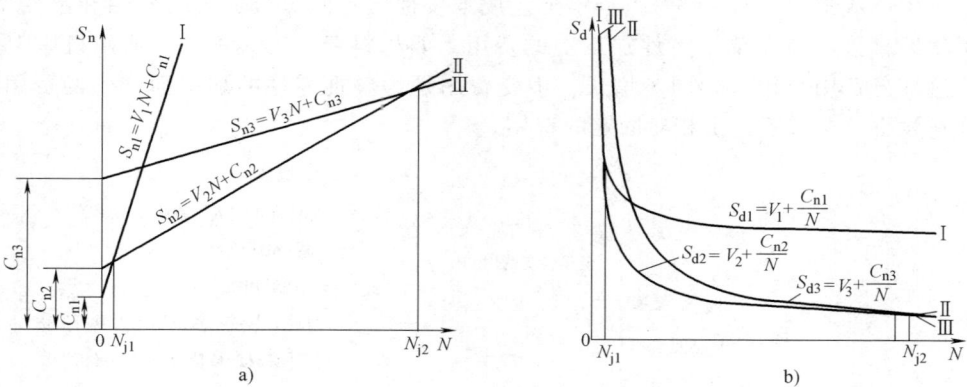

图 7-44　三种不同工艺方案的工艺成本比较

a）全年工艺成本　b）单件工艺成本

I—通用机床　II—数控机床　III—专用机床

由此可知：方案的取舍与加工零件的年生产纲领有着密切的关系。当对两种方案比较时，需计算相应的临界年产量 N_j，即

$$S_n = V_1 N_j + C_{n1} = V_2 N_j + C_{n2}$$

$$N_j = \frac{C_{n2} - C_{n1}}{V_1 - V_2} \tag{7-29}$$

在图 7-44 中，当 $N < N_{j1}$ 时，宜采用通用机床；当 $N > N_{j1}$ 时，宜采用专用机床；介于两者之间用数控机床。

2. 投资差额回收期限评价

两种工艺方案的基本投资差额较大时，则在考虑工艺成本的同时，还要考虑基本投资差额的回收期限。

若第一方案采用了价格较贵的先进专用设备，基本投资 K_1 大，全年工艺成本 S_{n1} 较低，但生产准备周期短，产品上市快；第二方案采用了价格较低的一般设备，基本投资 K_2 少，工艺成本 S_{n2} 较高，但生产准备周期长，产品上市慢。这时若单纯比较其工艺成本是难以全面评定其经济性的，必须同时考虑不同加工方案的基本投资差额的回收期限。投资回收期 T 可用下式求得：

$$T = \frac{K_1 - K_2}{(S_{n2} - S_{n1}) + \Delta Q} = \frac{\Delta K}{\Delta S_n + \Delta Q} \qquad (7\text{-}30)$$

式中　ΔK——基本投资差额；

ΔS_n——全年工艺成本节约额；

ΔQ——工厂从产品销售中取得的全年增收总额，ΔQ 值随市场情况变化较大，如果上市效应时间较短，可以将其放在上式分子中，用以抵消部分投资差额。

投资回收期必须满足以下要求：

1）回收期限应小于专用设备或工艺装备的使用年限。

2）回收期限应小于该产品由于结构性或市场需求因素决定的生产年限。

3）回收期限应小于国家所规定的标准回收期，采用专用工艺装备的标准回收期为 2~3 年，采用专用机床的标准回收期为 4~6 年。

在对工艺方案做经济分析时，不能简单地比较投资额和单件工艺成本，有时这两个值均相对较高。但这样可使产品上市快，工厂可从中取得较大的经济收益，从整体经济效益来看，该工艺方案仍然是可行的。

三、工艺方案的实例分析

某车间生产五种规格的车床溜板箱，其结构基本相同，只是零件的形状、尺寸有所不同。因此，可根据成组技术的原理，将组成该部件的零件进行分类，进行成组加工。如可将零件分为短轴、长轴、箱体和板件等几组。

除了采用通常的单件生产方式（方案 I）外，尚可考虑采用技术水平不同的成组生产单元（方案 II ~ IV）。现对表 7-18 所列的四种方案进行分析对比。设备布置如图 7-45 ~ 图 7-48 所示。

表 7-18　四种方案的设备与工人比较表

		方案 I			方案 II			方案 III			方案 IV	
	组	设备种类	数量	组	设备种类	数量	组	设备种类	数量	组	设备种类	数量
设备	1	车床	7	1	数控车床 铣床 钻床	2 1 1	1	数控车床 铣床 钻床	2 1 1	1	数控车床	3
	2	铣床	8	2	数控车床 铣床	1 1	2	数控车床 铣床	1 1		数控铣床	4
	3	钻床	5	3	龙门铣床 铣床 车床 钻床	3 1 1 3	3	加工中心	4	2	加工中心	5

（续）

方案 I			方案 II			方案 III			方案 IV		
组	设备种类	数量	组	设备种类	数量	组	设备种类	数量	组	设备种类	数量
4	龙门铣床	3	4	铣床	2	4	数控铣床	3	3	平面磨床	1
				数控铣床	2		车床	1		外圆磨床	1
				车床	1		钻床	1		内圆磨床	1
				钻床	1		平面磨床	1		拉床	1
				平面磨床	1						
5	平面磨床	1	5	外圆磨床	1	5	外圆磨床	1	其他	自动运输系统	
	外圆磨床	1		内圆磨床	1		内圆磨床	1		工业机器人	
	内圆磨床	1		拉床	1		拉床	1			
	拉床	1									
	合计	27		合计	24		合计	19		合计	18
工人	直接人员	26		直接人员	22		直接人员	14		直接人员	4
	间接人员	14		间接人员	16		间接人员	12		间接人员	10
	合计	40		合计	38		合计	25		合计	14

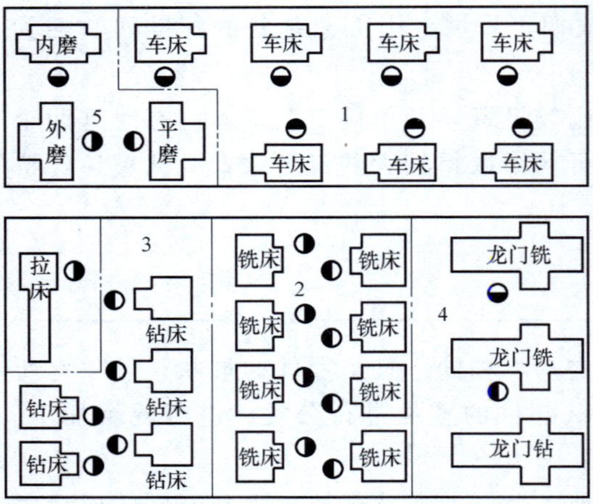

（设备 列在 龙门铣床 行与 平面磨床 行分别标有"设备"）

图 7-45 方案 I 的设备布置

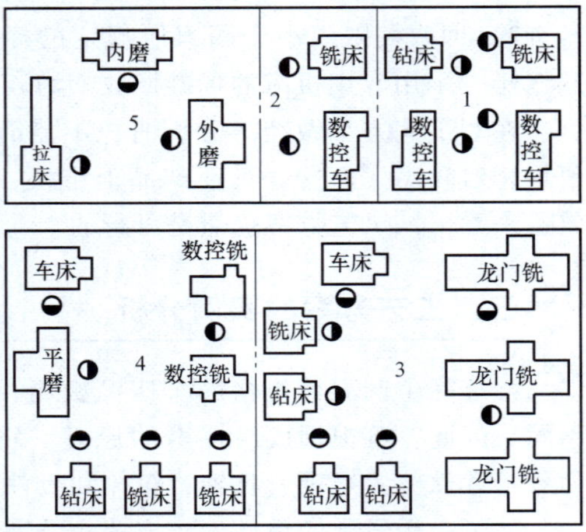

图 7-46 方案 II 的设备布置

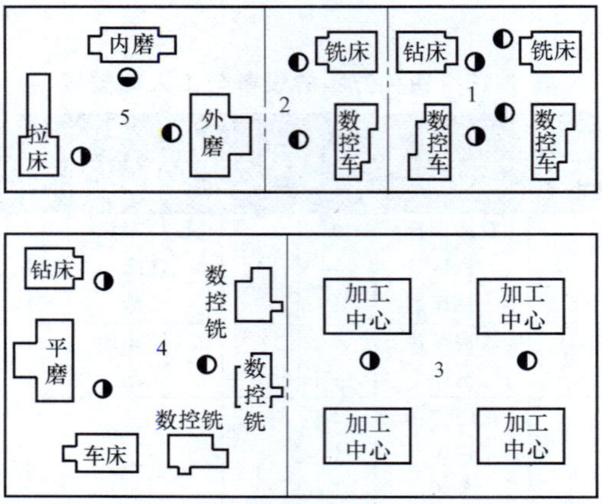

图 7-47 方案 III 的设备布置

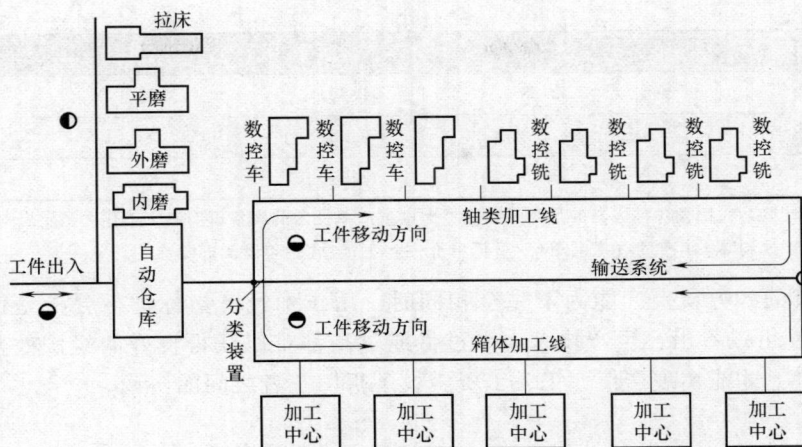

图 7-48 方案Ⅳ的设备布置

　　方案Ⅰ均采用通用设备，采用机群式布置。方案Ⅱ按轴、箱体、板件组成四个成组单元，除通用设备外，还包括三台数控车床和两台数控铣床。磨床和拉床为各单元共用。方案Ⅲ采用数控设备替代方案Ⅱ的部分通用设备，增加了一台数控铣床和四台加工中心。方案Ⅳ为柔性制造系统。该方案大量采用数控机床和加工中心，还采用自动仓库、输送带系统和工业机器人，实现工件的装卸、搬运和储存自动化。该系统由中央计算机进行控制。

　　工件由左侧输入，在分类装置处被分成轴和箱体两大类，其中轴类被送到上半部加工线，箱体输送到下半部加工线。加工完的工件被输送到中间传送带上，从右侧向左侧输出，并暂时存放在自动仓库中，其中若有需要继续加工的工件，则按调度程序再进行有关加工。

　　四种方案的部分技术经济指标见表 7-19。每套部件的产值为 4500 元，人均月工资（包括奖金）为 1000 元。

表 7-19　四种方案的部分技术经济指标

指标	方案Ⅰ	方案Ⅱ	方案Ⅲ	方案Ⅳ
生产设备总数（台）	27	24	19	18
设备构成比 = $\dfrac{\text{高效机床}}{\text{通用机床}}$	0	0.26	1.11	3.5
设备折旧费（万元/年）	28	64	168	470
工作人员总数（人）	40	38	25	14
工资总额（万元/年）	48	45.6	30	16.8
产量（套/年）	300	484	880	1560
材料费（万元/年）	36	58.08	105.6	187.2
产值（万元/年）	135	217.8	396	702
盈利[①]（万元/年）	23	50.12	92.4	28
人均产值（万元/年）	3.38	5.73	15.84	50.14

（续）

指标	方案 I	方案 II	方案 III	方案 IV
人均盈利（万元/年）	0.58	1.32	3.70	2.0
台均产值（万元/年）	5	9.08	20.84	39
台均盈利（万元/年）	0.85	2.09	4.86	1.56

① 为了简化计算，在比较各种方案的盈利时，只考虑本生产单位内的设备折旧费、工作人员工资与材料费三项费用。即：年盈利额＝年产量×（产品单价−材料单价）−年工资总额−年设备折旧费。

当所比较的各方案生产能力不完全相同时，用技术经济指标进行分析是比较好的办法。由表 7-19 可以看出，生产技术水平过低或过高都难以获得良好的经济效益。选择合适的技术水平，才能实现产值、工人工资、设备折旧三者之间的协调。

第九节　典型零件的加工工艺

一、轴类零件的加工工艺

（一）概述

1. 轴类零件及其技术要求

轴类零件是机械加工中经常遇到的典型零件之一。在机器中，它主要用来支承传动零件、传递运动和转矩。轴类零件是回转体零件，其长度大于直径，加工表面通常有内外圆柱面、圆锥面以及螺纹、花键、键槽、横向孔、沟槽等。根据结构形状特点，可将轴分为光滑轴、阶梯轴、空心轴和异形轴（包括曲轴、凸轮轴、偏心轴和十字轴等）。轴类零件的主要技术要求有：

（1）尺寸精度和几何形状精度　轴颈是轴类零件的主要表面。轴颈尺寸精度按照配合关系确定，轴上非配合表面及长度方向的尺寸要求不高，通常只规定其公称尺寸。轴颈的几何形状精度是指圆度、圆柱度。这些误差将影响其与配合件的接触质量。一般轴颈的几何形状精度应限制在直径公差范围之内，对几何形状精度要求较高时，要在零件图上规定形状公差。

（2）相互位置精度　保证配合轴颈（装配传动件的轴颈）对于支承轴颈（装配轴承的轴颈）的同轴度，是轴类零件相互位置精度的普遍要求；另外，对于定位端面与轴线的垂直度也有一定要求。这些要求都是根据轴的工作性能制订的，在零件图上注有位置公差。普通精度的轴，配合轴颈对支承轴颈的径向圆跳动一般为 $0.01 \sim 0.03$mm，高精度轴为 $0.001 \sim 0.005$mm。

（3）表面粗糙度　支承轴颈表面粗糙度比其他轴颈要求严格，取 $Ra = 0.63 \sim 0.16\mu m$，其他轴颈 $Ra = 2.5 \sim 0.63\mu m$。

2. 轴类零件的材料、毛坯及热处理

（1）轴类材料　一般选用 45 钢，并根据不同的工作条件采用不同的热处理工艺，以获得一定的强度、韧性和耐磨性；对中等精度、转速较高的轴类零件，可选用 40Cr 等合

金结构钢，经调质和表面淬火处理后，具有较高的综合力学性能；精度较高的轴可选用轴承钢 GCr15 和弹簧钢 65Mn 以及低变形的 15CrMn 或 CrWMn 等材料，通过调质和表面淬火及其他冷热处理，具有更高的耐磨、耐疲劳或结构稳定性能；对于高速、重载荷等条件下工作的轴，可选用 20CrMnTi、20Cr 等低合金钢或 38CrMoAl 渗氮钢。低合金钢经渗碳淬火处理后，具有很高的表面硬度、耐冲击韧度及心部强度，但热处理变形大。渗氮钢经调质和表面渗氮后，具有很高的心部强度、优良的耐磨性能及耐疲劳强度，热处理变形却很小。

（2）轴类零件的毛坯　轴类零件最常用的毛坯是轧制圆棒料和锻件。只有某些大型的、结构复杂的轴，才采用铸件。因为毛坯经过加热锻造后，能使金属内部纤维组织沿表面均匀分布，从而获得较高的抗拉、抗弯及扭转强度，所以除光轴、直径相差不大的阶梯轴可使用热轧圆棒料和冷拉圆棒料外，一般比较重要的轴大都采用锻件毛坯。其中，自由锻造毛坯多用于轴的中小批量生产，模锻毛坯则只适用于轴的大批量生产。

（3）轴类零件的热处理　轴的锻造毛坯在机械加工前需进行正火或退火处理，以使晶粒细化、消除锻造内应力、降低硬度和改善切削加工性能。要求局部表面淬火的轴要在淬火前安排调质处理或正火。毛坯余量较大时，调质放在粗车之后、半精车之前进行；毛坯余量较小时，调质可安排在粗车之前进行。表面淬火一般放在精加工之前，可使淬火变形得到纠正。对于精度高的轴，在局部淬火或粗磨后需进行低温时效处理，以消除磨削内应力、淬火内应力和继续产生内应力的残留奥氏体，保持加工后尺寸的稳定。对于渗氮钢，需在渗氮前进行调质和低温时效处理，不仅要求调质后获得均匀细致的索氏体组织，而且要求离表面 8~10mm 层内铁素体含量不超过 5%，否则会造成渗氮脆性，导致轴的质量低劣。由此可见，轴的精度越高，对其材料及热处理要求越高，热处理次数也越多。

3. 轴类零件的一般加工工艺路线

轴类零件的加工主要是轴颈表面的加工，其常见工艺路线有：

渗碳钢轴类零件：备料→锻造→正火→钻中心孔→粗车→半精车、精车→渗碳（或碳氮共渗）→淬火、低温回火→粗磨→次要表面加工→精磨。

一般精度调质钢轴类零件：备料→锻造→正火（退火）→钻中心孔→粗车→调质→半精车、精车→表面淬火、回火→粗磨→次要表面加工→精磨。

精密渗氮钢轴类零件：备料→锻造→正火（退火）→钻中心孔→粗车→调质→半精车、精车→低温时效→粗磨→渗氮处理→次要表面加工→精磨→光磨。

整体淬火轴类零件：备料→锻造→正火（退火）→钻中心孔→粗车→调质→半精车、精车→次要表面加工→整体淬火→粗磨→低温时效→精磨。

（二）轴类零件加工工艺过程及分析

轴类零件加工工艺因其用途、结构形状、技术要求、材料、产量等因素而有所差异，现以车床主轴为例加以说明。

1. 主轴的技术要求

在图 7-49 所示的车床主轴中，支承轴颈 A、B 为装配基准，圆度和同轴度要求很高；主轴莫氏 6 号锥孔为顶尖、工具锥柄的安装面，必须与支承轴颈的中心线严格同轴；主轴前端圆锥面 C 和端面 D 是安装卡盘的定位表面,该圆锥表面必须与支承轴颈同轴,端面应与支承轴颈垂直。此外,配合轴颈及螺纹也应与支承轴颈同轴。卧式车床主轴大批量生产的加工工艺过程见表 7-20。

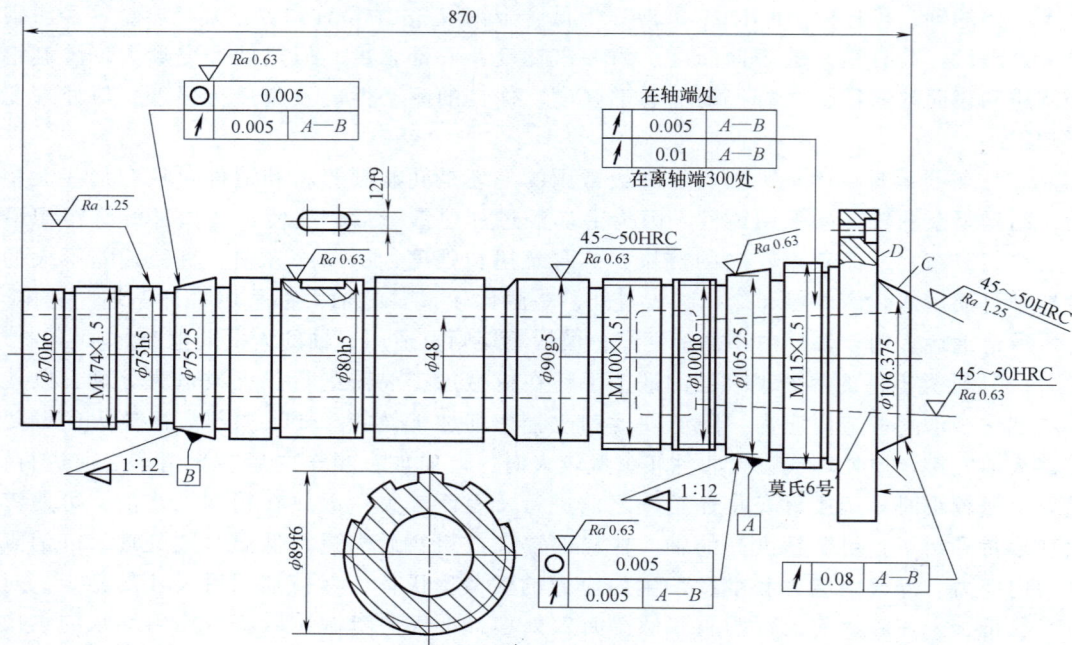

图 7-49 车床主轴

表 7-20 卧式车床主轴大批量生产的加工工艺过程

序号	工序名称	工序内容	加工设备	序号	工序名称	工序内容	加工设备
1	备料			14	热处理	高频淬火 φ90g5,莫氏 6 号锥孔及短锥	
2	精锻		立式精锻机				
3	热处理	正火		15	精车	精车外圆各段并切槽	数控车床
4	锯头						
5	铣端面钻中心孔		专用机床	16	粗磨	粗磨 A、B 外圆	外圆磨床
				17	粗磨	粗磨莫氏锥孔	内圆磨床
				18	铣	粗、精铣花键	花键铣床
6	荒车	车各外圆面	卧式车床	19	铣	铣键槽	铣床
7	热处理	调质 220~240HBW		20	车	车大端内侧面及三段螺纹	卧式车床
8	车	车大端各部	卧式车床				
9	车	仿形车小端各部	仿形车床	21	磨	粗、精磨各外圆及两定位端面	外圆磨床
10	钻	钻中心通孔深孔	深孔钻床				
11	车	车小端内锥孔	卧式车床	22	磨	组合磨三圆锥面及短锥端面	组合磨床
12	车	车大端内锥孔、外短锥及端面	卧式车床				
				23	精磨	精磨莫氏锥孔	主轴锥孔磨床
13	钻	钻、锪大端端面各孔	立式钻床	24	检查	按图样要求检查	

2．主轴加工工艺过程分析

（1）加工阶段划分 以主要表面为主线，粗、精加工分开，以调质处理为分界点，次要表面加工及热处理工序适当穿插其中，支承轴颈和锥孔精加工最后进行。

（2）定位基准选择与转换 轴的加工通常按照基准统一的原则，以两顶尖孔为定位基准进行加工，主轴钻通孔后，以锥堵或锥套心轴代替，如图7-50所示。内锥面加工则以支承轴颈为定位基准。

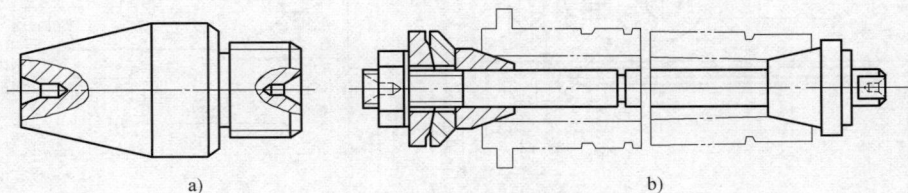

图 7-50 锥堵与锥套心轴

（3）加工顺序安排 按照粗精加工分开、先粗后精的原则，主要表面精加工安排在最后，在各阶段先加工基准，后加工其他面，热处理根据零件技术要求和自身特点合理安排。淬硬表面上孔、槽加工应在淬火之前完成；非淬硬表面上的孔、槽尽可能往后安排，一般在外圆精车（或粗磨）之后、精磨加工之前进行。

二、箱体类零件的加工工艺

（一）概述

1．箱体类零件的功用及结构特点

箱体类零件是机器及其部件的基础件。通过它将机器部件中的轴、轴承、套和齿轮等零件按照一定的位置关系装配在一起，并按规定的传动关系协调地运动。它的加工质量对机器精度、性能和寿命都有直接的关系。箱体类零件的结构一般比较复杂，整体结构呈封闭或半封闭状，壁厚不均匀。它以平面和孔为主，轴承支承孔和基准面精度要求高，其他支承面及紧固用孔等要求较低。

2．箱体类零件的技术要求

以图7-51所示某车床主轴箱为例。

（1）支承孔的尺寸精度、几何形状精度及表面粗糙度 主轴支承孔的尺寸公差等级为IT6，表面粗糙度 $Ra=0.4\sim0.8\mu m$，其他各支承孔的尺寸公差等级为IT6～IT7，表面粗糙度 $Ra=1.6\mu m$；孔的几何形状精度（如圆度、圆柱度）一般不超过孔径公差的一半。

（2）支承孔的相互位置精度 各支承孔的孔距公差为 $0.05\sim0.10mm$，中心线的平行度公差取 $0.012\sim0.021mm$，同中心线上的支承孔的同轴度公差为其中最小孔径公差值的一半。

（3）主要平面的形状精度、相互位置精度和表面粗糙度 主要平面（箱体底面、顶面及侧面）的平面度公差为 $0.04mm$，表面粗糙度 $Ra\leqslant1.6\mu m$；主要平面间的垂直度公差为 $0.1mm/300mm$。

（4）孔与平面间的相互位置精度 主轴孔对装配基面 M、N 的平行度允差为 $0.1mm/600mm$。

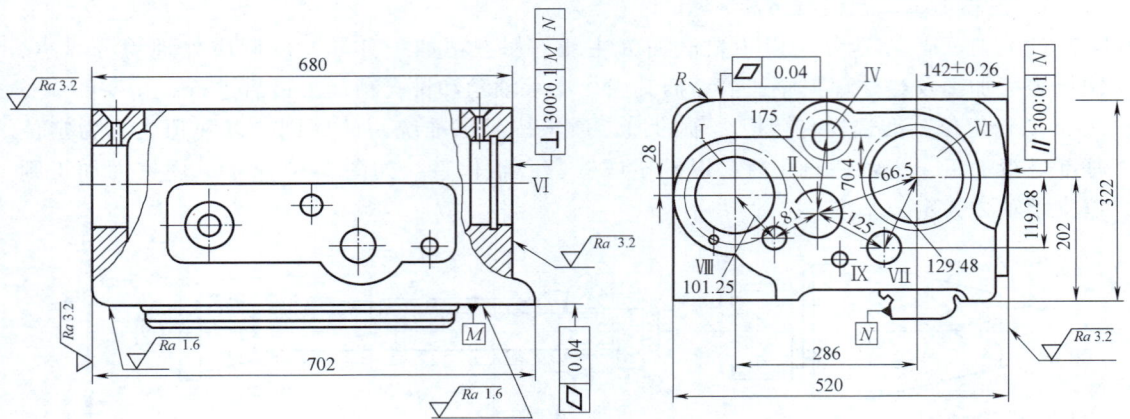

图 7-51　某车床主轴箱简图

3. 箱体类零件的材料、毛坯及热处理

铸铁的铸造工艺性好，易切削，价格低，且抗振性和耐磨性好，多数箱体采用铸铁制造。一般用 HT200 或 HT250 灰铸铁；当载荷较大时可采用 HT300、HT350 高强度灰铸铁；对于受冲击载荷的箱体，一般选用 ZG230-450、ZG270-500 铸钢件。对于批量小、尺寸大、形状复杂的箱体，采用木模砂型地坑铸造毛坯；尺寸中等以下，采用砂箱造型；批量较大，选用金属模造型；对受力大，或受冲击载荷的箱体，应尽量采用整体铸件作为毛坯。对于单件小批量情况，为了缩短生产周期，箱体也可采用铸-焊、铸-锻-焊、锻-焊、型材焊接等结构。

根据生产批量、精度要求及材料性能，箱体零件的热处理有不同的方法。通常在毛坯未进行机械加工之前，为了消除毛坯内应力，对铸铁件、铸钢件、焊接结构件需进行人工时效处理。对批量不大的生产，人工时效处理可安排在粗加工之后进行。对大型毛坯和易变形、精度要求高的箱体，在机械加工后可安排第二次时效处理。

4. 箱体类零件的一般加工工艺路线

中小批量生产：铸造毛坯→时效→涂底漆→划线→粗、精加工基准面→粗、精加工各平面→粗、半精加工各主要孔→精加工各主要孔→粗、精加工各次要孔→加工各螺孔、紧固孔、油孔等→去毛刺→清洗→检验。

大批量生产：毛坯铸造→时效→涂底漆→粗、半精加工精基准面→粗、半精加工各平面→精加工精基准面→粗、半精加工各主要孔→精加工各主要孔→粗、半精加工各次要孔（螺孔、紧固孔、油孔等）→精加工各平面→去毛刺→清洗→检验。

（二）箱体零件的加工工艺分析

箱体零件的加工主要是平面和孔的加工。平面加工相对容易，故支承孔本身加工及孔与孔之间、孔与面之间位置精度保证是加工的重点。现以图 7-51 所示车床主轴箱体为例，进行箱体零件加工工艺过程研究分析。

1. 车床箱体工艺过程

按照生产类型的不同，可以分成两种不同的工艺方案，分别见表 7-21 和表 7-22。

表 7-21　中小批量生产某车床主轴箱的工艺过程

序号	工序内容	定位基准	序号	工序内容	定位基准
1	铸造		8	精加工顶面 R	底面 M
2	时效		9	精加工底面 M	顶面 R
3	涂底漆		10	粗、半精加工各纵向孔	底面 M
4	划线		11	精加工各纵向孔	底面 M
5	粗、半精加工顶面 R	按划线找正，支承底面 M	12	粗、半精加工各横向孔	底面 M
6	粗、半精加工底面 M 及侧面	支承顶面 R 并找正主轴孔的中心线	13	精加工主轴孔	底面 M
			14	加工螺孔及紧固孔	
7	粗、半精加工两端面	底面 M	15	清洗	
			16	检验	

表 7-22　大批大量生产某车床主轴箱的工艺过程

序号	工序内容	定位基准	序号	工序内容	定位基准
1	铸造		10	半精、精镗主轴三孔	顶面 R 及两工艺孔
2	时效		11	加工各横向孔	顶面 R 及两工艺孔
3	涂底漆		12	钻、锪、攻螺纹各平面上的孔	
4	铣顶面 R	VI轴和 I 轴铸孔			
5	钻、扩、铰顶面两定位工艺孔，加工固定螺孔	顶面 R、VI轴孔及内壁一端	13	滚压主轴支承孔	顶面 R 及两工艺孔
6	铣底面 M 及各平面	顶面 R 及两工艺孔	14	磨底面、侧面及端面	
7	磨顶面 R	底面及侧面	15	钳工去毛刺	
8	粗镗各纵向孔	顶面 R 及两工艺孔	16	清洗	
9	精镗各纵向孔	顶面 R 及两工艺孔	17	检验	

2. 车床箱体工艺过程分析

（1）精基准选择　常见的方案有两种，如图 7-52 和图 7-53 所示。图 7-52 所示方案以箱体底面作为统一基准。这种方案保证了基准重合，同时在加工各支承孔时，观察和测量，以及安装和调整刀具也较方便。但为了增加箱体中间壁孔加工时的镗杆刚度而设立的中间安置导向支承装置，刚度差，安装误差大，且装卸不便。这种定位方案只适用于中小批量的生产。

图 7-53 所示方案采用主轴箱顶面及两定位销孔作为统一基准。这种方案在加工时箱体口朝下，中间导向支承架可以紧固在夹具座体上。但由于基准不重合，需进行工艺尺寸换算，且箱体开口朝下，观察、测量及调整刀具较困难，需采用定径尺寸镗刀加工。这种方案适合大批大量生产。

（2）粗基准的选择　加工精基准时定位用的粗基准，应能保证重要加工表面（主轴支承孔）的加工余量均匀；应保证装入箱体中的轴、齿轮等零件与箱体内壁各表面间有足够的间隙，应保证加工后的外平面与不加工的内壁之间的壁厚均匀以及定位、夹紧牢固可靠。

为此，通常选择主轴孔和与主轴孔相距较远的一个轴孔（ I 轴孔）作为粗基准。生产批量小时采用划线工序，生产批量较大时采用夹具，生产率高。

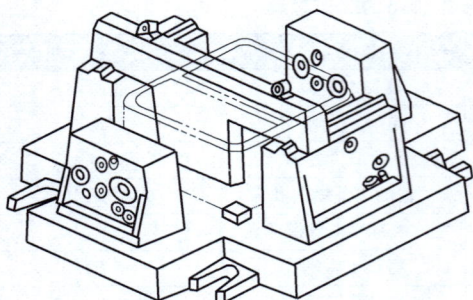

图 7-52 悬挂式中间导向支承架

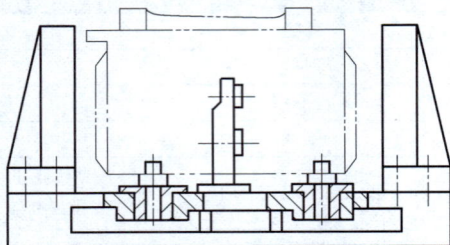

图 7-53 箱体"一面两销"定位

（3）粗精分开、先粗后精　因箱体结构复杂，刚度低，主要表面的加工要求高，为减少或消除粗加工时产生的切削力、夹紧力和切削热对加工精度的影响，一般应尽可能把粗、精加工分开，并分别在不同的机床上进行。对于要求不高的平面和孔，则可以在同一工序完成粗、精加工，以提高工效。

（4）先面后孔　由表 7-21 和表 7-22 可以看出，平面加工总是先于平面上孔的加工。除了作为精基准的平面必须最先加工外，其他平面的加工则可以改善孔的加工条件，减少钻孔时钻头偏斜，扩、铰、镗时刀具崩刃等。

（5）箱体的时效处理　箱体毛坯比较复杂，壁厚不均，铸造应力较大。为了消除内应力，减少变形，保证箱体的尺寸稳定性，对于普通精度的箱体，毛坯铸造完后要安排一次人工时效。对于高精度的箱体或结构特别复杂的箱体，在粗加工后再安排一次人工时效处理，以消除粗加工中产生的残余应力。对于特别精密的箱体零件，在机械加工阶段尚需安排较长时间的自然时效处理。

（6）加工方法的选择　箱体加工主要是平面和孔的加工。平面加工时，粗、半精加工采用刨削或铣削，批量大多采用铣削；精加工，批量小时采用精刨（少量手工刮研），批量大时采用磨削。孔加工时，常以精铰和精镗分别作为直径较小孔和直径较大孔的精加工方法。

三、齿轮加工工艺

（一）概述

1. 齿轮的功用与结构特点

齿轮是各类机械中广泛应用的重要零件，其功用是按规定的速比传递运动和动力。

齿轮结构由于使用要求不同而具有不同的形状，但从工艺角度可将其看成是由齿圈和轮体两部分组成。按照齿圈上轮齿的分布形式，齿轮可分为直齿、斜齿和人字齿轮等；按照轮体的结构形式特点，齿轮可大致分为盘形齿轮、套筒齿轮、轴齿轮、内齿轮、扇形齿轮和齿条等。其中以盘形齿轮的应用最为广泛。

2. 圆柱齿轮的技术要求

国家标准 GB/T 10095.1—2008、GB/T 10095.2—2008 将齿轮同侧齿面偏差规定了 0，1~12 共 13 个精度等级，其中 0 级最高，12 级最低；将齿轮径向综合偏差规定了 4~12 共

9 个精度等级，其中 4 级最高，12 级最低；对于齿轮径向跳动，推荐了 0，1~12 共 13 个精度等级，其中 0 级最高，12 级最低。齿轮传动精度包括四个方面，即传递运动的准确性（运动精度）、传动的平稳性、载荷分布的均匀性（接触精度）以及适当的侧隙。齿坯加工要求按照齿轮的精度等级确定。

3. 齿轮的材料与毛坯

（1）齿轮材料　齿轮材料根据齿轮的工作条件和失效形式确定。中碳结构钢（如 45 钢）进行调质或表面淬火，常用于低速、轻载或中载的普通精度齿轮。中碳合金结构钢（如 40Cr）进行调质或表面淬火，适用于制造速度较高、载荷较大、精度较高的齿轮。渗碳钢（如 20Cr、20CrMnTi 等）经渗碳后淬火，齿面硬度可达 58~63HRC，而芯部又有较好的韧性，既耐磨又能承受冲击载荷。这种材料适于制作高速、中载或具有冲击载荷的齿轮。渗氮钢（如 38CrMoAl）经渗氮处理后，比渗碳淬火齿轮具有更好的耐磨性与耐蚀性。由于变形小，可以不磨齿，常用于制作高速传动的齿轮。铸铁及其他非金属材料（如胶木与尼龙等），这些材料强度低，容易加工，适于制造轻载荷的传动齿轮。

（2）齿轮毛坯　齿轮毛坯的制造形式取决于齿轮的材料、结构形状、尺寸大小、使用条件及生产类型等因素。齿轮毛坯形式有轧钢件、锻件和铸件。一般尺寸较小、结构简单而且对强度要求不高的钢制齿轮可采用轧制棒料作为毛坯。强度、耐磨性和耐冲击性要求较高的齿轮多采用锻钢件，生产批量小或尺寸大的齿轮采用自由锻造，批量较大的中、小齿轮采用模锻。尺寸较大且结构复杂的齿轮常采用铸造毛坯，小尺寸且结构复杂的齿轮常采用精密铸造或压铸方法制造毛坯。

4. 齿轮加工工艺路线

根据齿轮的结构、精度等级及生产批量的不同，其工艺路线有所不同，但基本工艺路线大致相同，即：备料→毛坯制造→毛坯热处理→齿坯加工→齿形加工→齿部淬火→精基准修正→齿形精加工→终检。渗碳钢齿轮淬火前做渗碳处理。

（二）齿轮零件加工工艺分析

1. 齿轮加工工艺过程

图 7-54 所示为某高精度齿轮的零件图。材料为 40Cr，齿部高频淬火 52HRC，小批量生产。该齿轮的加工工艺过程见表 7-23。

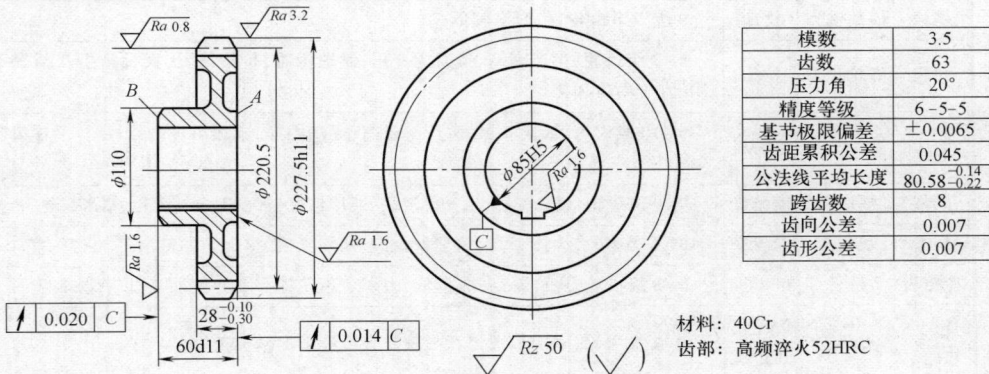

模数	3.5
齿数	63
压力角	20°
精度等级	6-5-5
基节极限偏差	±0.0065
齿距累积公差	0.045
公法线平均长度	$80.58^{-0.14}_{-0.22}$
跨齿数	8
齿向公差	0.007
齿形公差	0.007

材料：40Cr
齿部：高频淬火52HRC

图 7-54　高精度齿轮

表 7-23　高精度齿轮加工工艺过程

序号	工序内容	定位基准
1	毛坯锻造	
2	正火	
3	粗车各部分,留加工余量 1.5~2mm	外圆及端面
4	精车各部分,内孔至 ϕ84.8H7,总长留加工余量 0.2mm,其余至尺寸	外圆及端面
5	检验	
6	滚齿(齿厚留磨削余量 0.10~0.15mm)	内孔及 A 面
7	倒角	内孔及 A 面
8	钳工去毛刺	
9	齿部高频淬火,硬度 52HRC	
10	插键槽	内孔(找正用)及 A 面
11	磨内孔至 ϕ85H5	分度圆和 A 面
12	靠磨大端 A 面	内孔
13	平面磨 B 面至总长尺寸	A 面
14	磨齿	内孔及 A 面
15	总检入库	

2. 齿轮加工工艺过程分析

(1) 定位基准选择　齿形加工时,定位基准的选择主要遵循基准重合和自为基准原则。为了保证齿形的加工质量,应选择齿轮的装配基准和测量基准作为定位基准,而且尽可能在整个加工过程中保持基准的统一。对于带孔齿轮,一般选择内孔和一个端面定位,基准端面相对内孔的轴向圆跳动应符合规定要求。

(2) 齿形加工方法选择　齿形的加工是整个齿轮加工的核心和关键。齿形加工按原理分为成形法和展成法两大类。常见齿形加工方法和使用范围见表 7-24。

表 7-24　常见齿形加工方法和使用范围

齿形加工方法		刀具	机床	加工精度和适用范围
成形法	铣齿	模数铣刀	铣床	9 级以下齿轮,生产率较低
	拉齿	齿轮拉刀	拉床	5~7 级齿轮,生产率高,拉刀为专用,制造困难,价格昂贵,大批量生产情况下使用,宜于内齿加工
展成法	滚齿	齿轮滚刀	滚齿机	6~10 级齿轮,最高 4 级,生产率较高,通用性好,常加工直齿、斜齿外圆柱齿轮及蜗轮
	插齿	插齿刀	插齿机	7~9 级齿轮,最高 6 级,生产率较高,通用性好,常加工内外齿轮、扇形齿轮、齿条
	剃齿	剃齿刀	剃齿机	5~7 级齿轮,生产率高,用于齿轮滚、插加工后,淬火前的精加工
	冷挤齿	挤齿	挤齿机	6~8 级齿轮,生产率高,成本低,多用于齿轮淬火前的精加工,以代替剃齿
	珩齿	珩磨轮	珩齿机 剃齿机	6~7 级齿轮,多用于剃齿和高频淬火后齿形的精加工
	磨齿	砂轮	磨齿机	3~7 级齿轮,生产率较低,成本较高,多用于齿形淬硬后的精密加工

本 章 小 结

　　机械加工工艺过程由工序、安装、工位、工步及走刀等组成，不同生产类型对工艺规程的要求是不同的，工艺过程卡和工序卡是其中最常见的工艺文件。制订工艺规程时，应审核零件的技术要求和结构工艺性，合理选择毛坯，正确拟定工艺路线及进行工序设计。不同工艺方案可以从技术经济方面进行分析比较，择优选用。可以采取一定的工艺措施提高生产率，也可以采用成组技术，发挥规模优势，降低成本。在计算机普及和产品复杂化的情况下，应更多地考虑借助计算机及相关软件进行工艺规程的设计。

复习思考题

　　7-1　试述机械加工工艺规程的作用及制订工艺规程的内容、步骤。

　　7-2　零件毛坯的常见形式有哪些？各应用于什么场合？

　　7-3　试指出图 7-55 所示零件结构工艺性方面存在的问题，并提出改进意见。

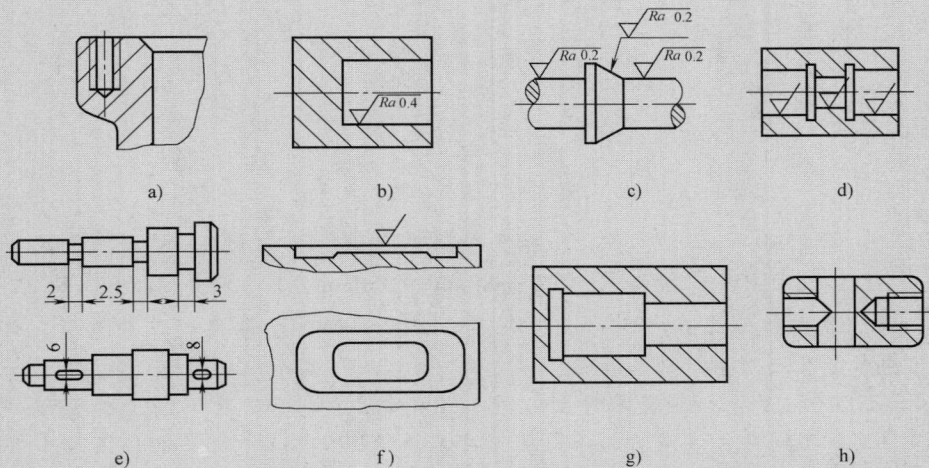

图 7-55　题 7-3 图

　　7-4　什么是粗基准？什么是精基准？选择粗、精基准应遵循什么原则？

　　7-5　试选择图 7-56 所示零件加工时的粗、精基准（标有 ✓ 符号的为加工面，其余为非加工面），并简要说明理由。

　　7-6　什么是加工经济精度？如何选择零件表面的加工方法？

　　7-7　工序顺序安排应遵循哪些原则？如何安排热处理工序？

　　7-8　加工阶段划分的意义及各阶段的主要作用是什么？

　　7-9　在图 7-57 所示尺寸链中（图中 A_0、B_0、C_0、D_0 是封闭环），试判别各组成环的性质（是增环还是减环）。

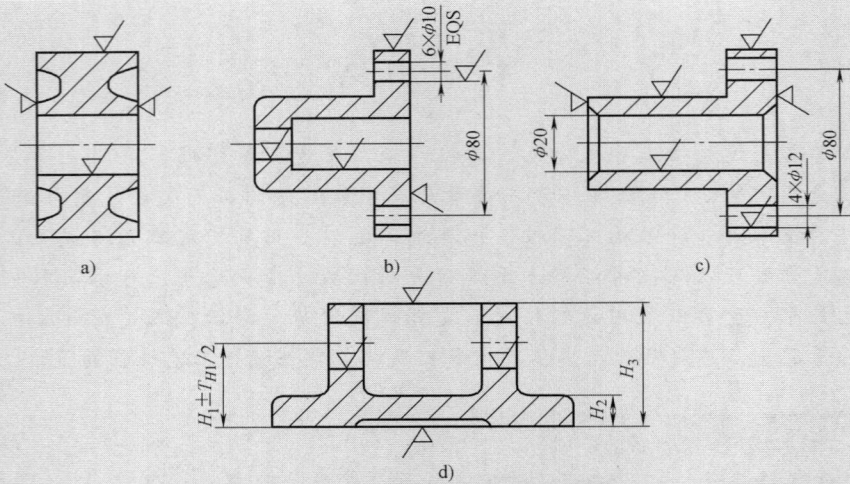

图 7-56 题 7-5 图

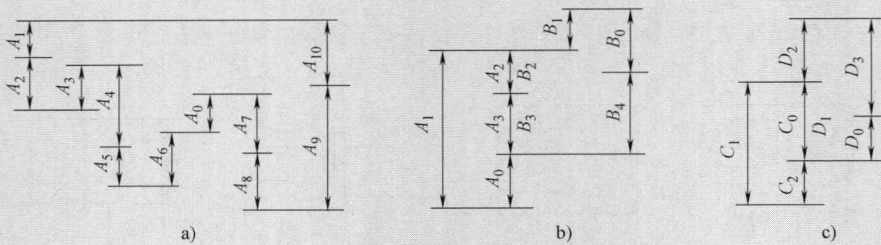

图 7-57 题 7-9 图

7-10 在 CA6140 车床上粗车、半精车套筒的外圆,材料为 45 钢(调质),$R_m = 681\text{MPa}$,$200 \sim 230\text{HBW}$,毛坯尺寸为 $\phi80\text{mm} \times 350\text{mm}$ 的棒料。车削后尺寸 $d = \phi75_{-0.046}^{0}\text{mm}$,表面粗糙度 $Ra = 3.2\text{mm}$,加工长度为 300mm。试确定刀具类型、材料、结构、几何参数及切削用量。

7-11 图 7-58a 所示为轴套零件图,图 7-58b 所示为车削工序简图,图 7-58c 所示为钻孔工序三种不同定位方案的工序简图,均需保证图 7-58a 所规定的位置尺寸(10 ± 0.1)mm 要求,试分别计算工序尺寸 A_1、A_2、A_3 有关的轴向尺寸(为表达方便,图中省去其他尺寸)。

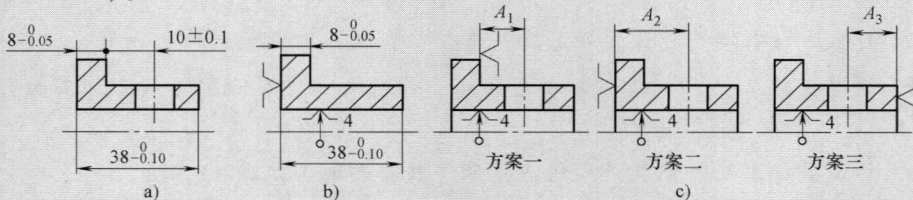

图 7-58 题 7-11 图

7-12 如图 7-59 所示工件,成批生产时以端面 B 定位加工 A 面,保证尺寸 $10_{0}^{+0.20}$mm,试标注铣此缺口时的工序尺寸及公差。

7-13 图 7-60 所示零件的部分工艺过程为:以端面 B 及外圆定位粗车端面 A,留精车余量 0.4mm，镗内孔至 C 面。然后以尺寸 $60_{-0.05}^{0}$ mm 定距装刀精车 A 面。孔的深度要求为（22±0.10）mm。试标出粗车端面 A 及镗内孔深度的工序尺寸 L_1、L_2 及其偏差。

7-14 加工图 7-61a 所示零件的轴向尺寸 $50_{-0.10}^{0}$ mm、$25_{-0.30}^{0}$ mm 及 $5_{0}^{+0.4}$ mm，其有关工序如图 7-61b、c 所示，试求工序尺寸 A_1、A_2、A_3 及其偏差。

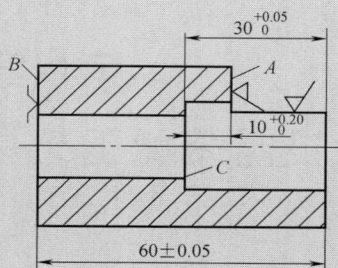

图 7-59 题 7-12 图

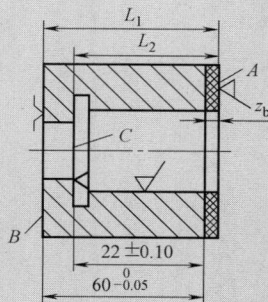

图 7-60 题 7-13 图

7-15 如图 7-62 所示零件，成批生产，试拟定其工艺路线，并指出各工序的定位基准。

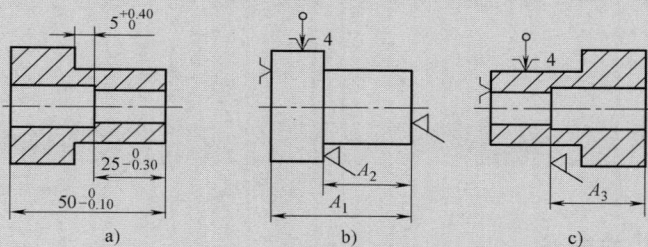

图 7-61 题 7-14 图

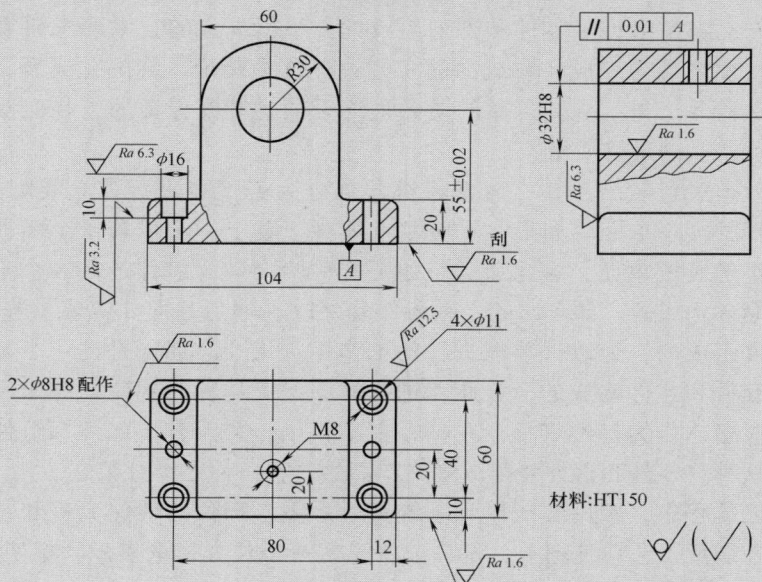

材料:HT150

图 7-62 题 7-15 图

第八章
机器装配工艺基础

装配是机械制造的最后环节，直接影响机械产品的总体性能。本章主要介绍装配的基本概念、装配组织形式、产品结构装配工艺性、保证装配精度的工艺方法及装配工艺规程制订等。

第一节　概　　述

一、装配的基本概念

任何机械产品都是由许多零件和部件组成的。根据规定的技术要求将零件或部件进行配合和连接，使之成为半成品或成品的工艺过程称为装配。装配完成后，还需要进行调整、检验、试验等工作。机械产品的质量最终是通过装配保证的，装配质量在很大程度上决定了机械产品的最终质量。

为保证有效地进行装配工作，通常将机器划分为若干能进行独立装配的装配单元。零件是组成机器的最小单元，如果在一个基准零件上装上一个或若干个零件，则构成套件，套件是最小的装配单元，为此而进行的装配称为套装。组件是在一个基准件上，装上若干零件和套件构成的。如车床的主轴组件就是以主轴为基准件，装上若干齿轮、套、垫、轴承等零件组成的，为组件装配进行的工作称为组装。部件是在一个基准件上，装上若干组件、套件和零件构成的，为此而进行的装配工作称为部装。车床主轴箱装配属于部装，部装时箱体作为基准零件。在一个基准件上，装上若干部件、组件、套件和零件构成机器，这种将零件和部件装配成最终产品的过程，称之为总装。

在装配工艺规程中，常用装配单元系统图表示零、部件的装配流程和零、部件间相互装配关系。在装配工艺系统图上，每一个单元用一个长方形框表示，标明零件、套件、组件和部件的名称、编号及数量，图8-1、图8-2、图8-3分别给出了组装、部装和总装的装配单元系统图。在装配单元系统图上，装配工作由基准件开始沿水平线自左向右进行，一般将零件画在上方，套件、组件、部件画在下方，其排列次序就是装配工作的先后次序。

在装配单元系统图上加注所需的工艺说明，如焊接、配钻、配刮、冷压、热压和检验等，就形成装配工艺系统图。装配工艺系统图比较清楚而全面地反映了装配单元的划分、装配顺序和装配工艺方法。它是装配工艺规程制订的主要文件，也是划分装配工序的依据。

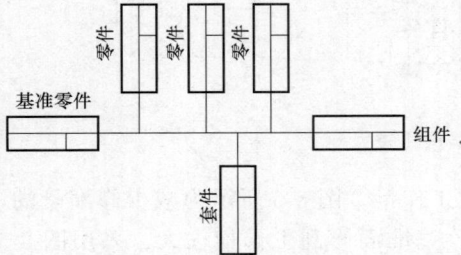

图 8-1 组装的单元系统图

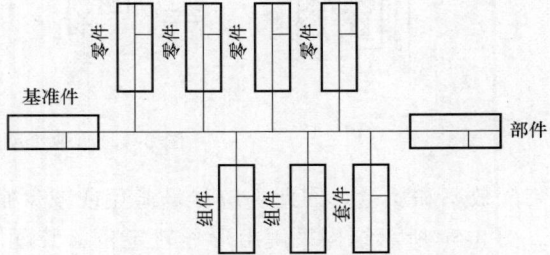

图 8-2 部装的单元系统图

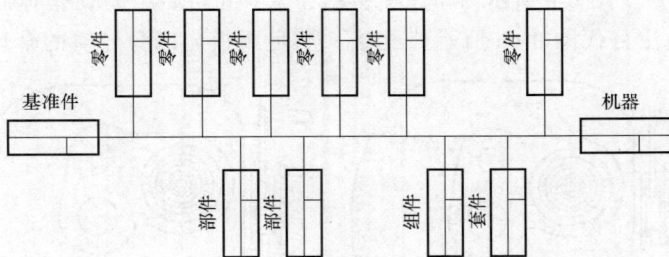

图 8-3 总装的单元系统图

二、机器结构的装配工艺性

机器结构的装配工艺性指机器结构能保证在装配过程中使相互连接的零部件不用或少用修配和机械加工，用较少的劳动量，花费较少的时间，按产品的设计要求顺利装配起来。机器结构的装配工艺性对机器的装配过程有较大的影响，在一定程度上决定了装配过程周期的长短、耗费劳动量的大小、成本的高低，以及机器使用质量的优劣。机器结构的装配工艺性可以从以下几个方面进行评价：

1. 机器结构应能划分成几个独立的装配单元

机器结构划分成独立的装配单元，可以实现：①组织平行的装配作业，缩短装配周期，或组织厂际协作生产；②相关部件预先调整和试车，保证总装质量；③利于产品的改进和更新；④利于机器的维护修理和运输。以图 8-4 所示两种传动轴结构为例。图 8-4a 所示结构齿轮顶圆直径大于箱体轴承孔直径，轴上零件须依此逐一装到箱体中去；图 8-4b 所示结构齿轮齿顶圆直径小于轴承孔直径，轴上零件可以先组装成组件后，一次装入箱体，这样简化了装配过程，缩短了装配周期。

2. 尽量减少装配时的修配和机械加工

机器装配过程中的修配或加工，大多由手工操作，不仅对工人技术要求高，而且影

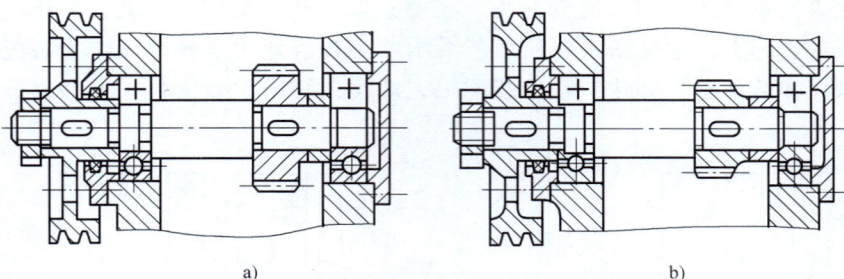

a)   b)

图 8-4   两种传动轴结构比较

响装配效率和质量。因此，应尽量避免或减少修配工作量。图 8-5 所示为减少修配量的示例。图 8-5a 所示结构采用山形导轨定位，装配时，基准面修刮工作量很大，采用图 8-5b 所示平导轨定位结构后，修刮量明显减少。在设计时，采用调整法代替修配法可以从根本上减少修配工作量。图 8-6 所示为车床溜板箱和床身导轨后压板改进前后的结构，图 8-6b 所示结构采用调整法替代图 8-6a 所示修配法，满足压板与床身导轨的合理间隙。

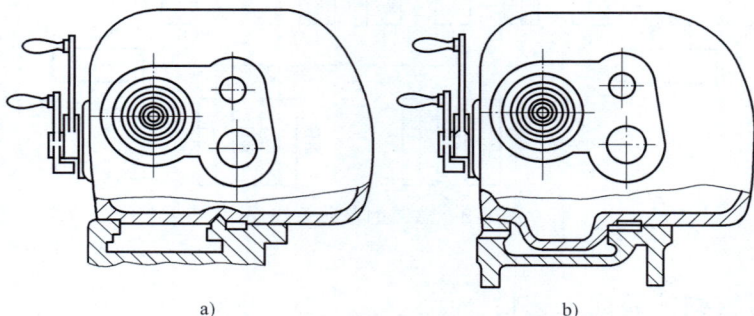

a)   b)

图 8-5   车床主轴箱与床身的不同装配结构形式

机器装配时要尽量减少机械加工，否则不仅影响装配工作的连续性，延长装配周期，而且在装配车间增加了机械加工设备。这些设备既占面积，又易引起装配工作的杂乱。此外，机械加工所产生的切屑如果清除不净，残留在装配的机器中，极易增加机器的磨损，甚至产生严重的事故而损坏整个机器。

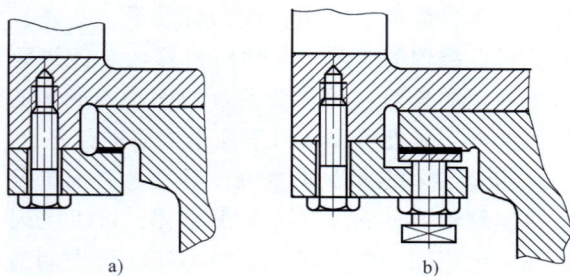

a)   b)

图 8-6   车床溜板箱后压板的两种结构

如图 8-7 所示的两种不同的轴润滑结构，图 8-7a 所示结构需要在轴套装配后，在箱体上配钻油孔，使装配产生机械加工工作量。图 8-7b 所示结构改在轴套上预先加工好油孔，便可消除装配时的机械加工工作量。又如图 8-8 所示，将图 8-8a 活塞上配钻销孔的销钉连接改为图 8-8b 所示的螺纹连接，从根本上取消了装配中的机械加工。

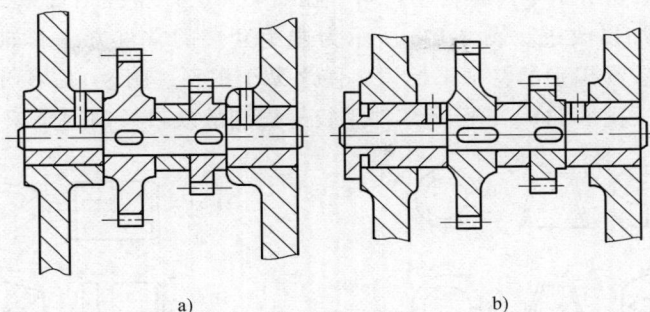

图 8-7 两种不同的轴上油孔结构

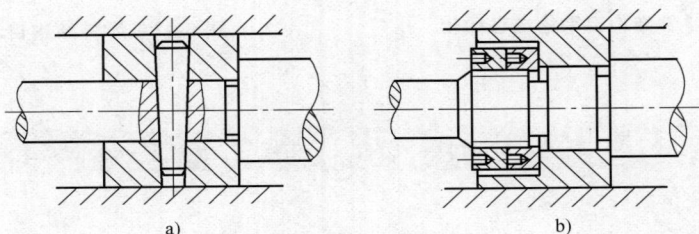

图 8-8 两种活塞连接结构

3. 机器结构应便于装配和拆卸

机器的结构设计应使装配工作简单、方便。其重要的一点是组件的几个表面不应该同时装入基准零件（如箱体零件）的配合孔中，而应该先后依次进入装配。

如图 8-9a 所示，轴上的两个轴承同时装入箱体零件的配合孔中，既不好观察，导向性又不好，使装配工作十分困难。如果改成图 8-9b 所示的结构形式，轴上右轴承先行装入，当轴承装入孔中 3~5mm 后，左轴承才开始装入孔中。同时，齿轮外径、右端轴承外径要比箱体左端孔径小一些，才能保证整个组件从箱体一端顺利装入。

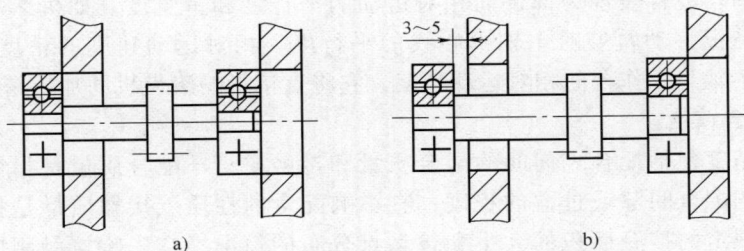

图 8-9 轴依次装配的结构

此外，机器设计时，还应注意一些零件的局部结构问题，如必须留出足够的装、拆空间（扳手空间等），装配时零件安装的稳定性、拆卸的方便性等。

4. 自动化装配的机器结构要求

自动化装配可以节省大量的人力，保证产品的装配质量，但同时对零件结构提出了严格的要求，主要集中在零件自动供料、自动传送和自动装配三个方面。

如图 8-10a、b、d 所示零件在自动供料、输送时，会产生缠结现象，难以分离。可以设计成封闭的结构加以改进。图 8-10c 所示为避免套接的常见方法。如图 8-11 所示，将难以识别的特征用较易识别的特征来标识，使之易于识别。图 8-11a 所示零件将内部特征用外部特征来标识，图 8-11b、c 所示零件用较易识别的缺口及削边来识别。

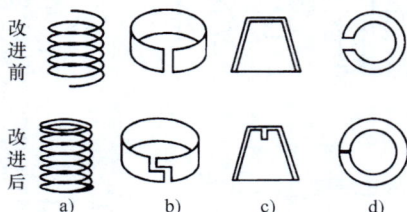

图 8-10　零件结构自动输送性比较

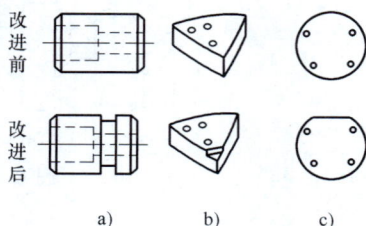

图 8-11　零件结构自动识别性比较

第二节　装配精度与保证装配精度的方法

一、装配精度

装配精度是产品设计时根据使用性能要求规定的、装配时必须保证的质量指标。产品的装配精度所包括的内容可根据机械的工作性能来确定，一般包括：

1. 相互位置精度

相互位置精度是指产品中相关零部件间的同轴度、平行度、垂直度、对称度及各种跳动等。

2. 相对运动精度

相对运动精度是产品中有相对运动的零部件之间在运动方向和相对运动速度上的精度。运动方向的精度常表现为部件间相对运动的平行度和垂直度。如机床溜板在导轨上的移动精度；溜板移动轨迹对主轴中心线的平行度。相对运动速度的精度即传动精度，如滚齿机滚刀主轴与工作台的相对运动精度，它将直接影响滚齿机的加工精度。

3. 相互配合精度

相互配合精度包括配合表面间的配合质量和接触质量。配合质量是指零件配合表面之间达到规定的配合间隙或过盈的程度，它影响配合的性质。接触质量是指两配合或连接表面间达到规定的接触面积的大小和接触点分布的情况，它影响接触刚度，也影响配合质量。

不难看出，各装配精度间有密切的关系，相互位置精度是相对运动精度的基础，相互配合精度对相对位置精度和相对运动精度的实现有较大的影响。

二、装配精度与零件精度的关系

机械产品由众多零部件组成的，显然装配精度首先取决于相关零部件的精度，尤其是关键零部件的精度。例如图 8-12 所示的车床主轴中心线与尾座套筒中心线的等高度 A_0，主要取决于主轴箱、尾座及底板对应的 A_1、A_2 及 A_3 的尺寸精度。

其次，装配精度的保证还取决于装配方法。如图 8-12 所示的等高度 A_0 的精度要求是很高的，如果靠控制尺寸 A_1、A_2 及 A_3 的精度来达到 A_0 的精度是很不经济的。实际生产中常按经济精度来制造相关零部件尺寸 A_1、A_2 及 A_3，装配时则采用修配底板 3 的工艺措施保证等高度 A_0 的精度。装配中采用不同的工艺措施，会形成各种不同的装配方法。不同的装配方法，装配精度与零件精度具有不同的关系，装配尺寸链是定量分析这一关系的有效手段。

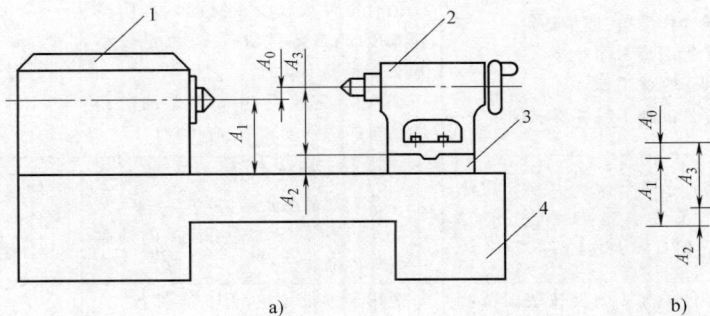

图 8-12　卧式车床主轴中心线与尾座套筒中心线等高示意图

a）车床结构示意图　b）装配尺寸链图

1—主轴箱　2—尾座　3—底板　4—床身

三、保证装配精度的工艺方法

从保证机械产品精度的角度出发，常用的机械装配方法有互换装配法、分组装配法、修配装配法和调整装配法。

1. 互换装配法

互换装配法可分为完全互换装配法和大数互换装配法。完全互换装配法指在全部产品中，所有零件无须挑选或改变其大小或位置，装配后即能达到装配精度要求的装配方法。如果绝大多数产品装配后即能达到装配精度要求，少数产品存在出现不合格品的可能性，这种装配方法称为大数互换装配法。

2. 分组装配法

分组装配法是先将组成环的公差相对于互换装配法所要求的值放大若干倍，使其能经济地加工出来，然后各组成环按其实际尺寸大小分成若干组，并按对应组进行互换装配，从而满足装配精度要求。

3. 修配装配法

修配装配法是将各组成环的公差相对于互换装配法所要求的值增大，使其能按该生产条件下较经济的公差加工，装配时将尺寸链中某一预先选定的环去除部分材料，以满足装配精度要求。

4. 调整装配法

调整装配法是在除调整环外均以加工经济精度制造的基础上，通过调节调整环的尺寸及相对位置的方法达到装配精度要求。常用的装配方法及其适用范围见表 8-1。

装配方法的具体选择应根据机器的使用性能、结构特点和装配精度要求，以及生产批量、现有生产技术条件等因素综合考虑。装配尺寸链各环尺寸及公差需通过尺寸链的分析计算确定（见下一节）。

表 8-1　常用的装配方法及其适用范围

装配方法	工艺特点	适用范围	注意事项
完全互换装配法	1. 装配操作简单,质量稳定 2. 便于组织流水作业 3. 有利于维修工作 4. 对零件的加工精度要求较高	适合零件数较少、批量大、可用经济精度时;或零件数较多、批量较小而装配精度不高时 如汽车、拖拉机、中小型柴油机和缝纫机的部件的装配,应用较广	一般情况下优先考虑
大数互换装配法	零件加工公差较完全互换装配法放宽,仍具有完全互换装配法 1~3 项的特点,但有极少数超差产品	适用于零件数多、批量大、装配精度要求较高的机器结构 完全互换装配法适用产品的其他一些部件的装配	注意检查,对不合格的零件须退修或更换为能补偿偏差的零件
分组装配法	1. 各零件的加工公差按装配精度要求的允差放大数倍;或零件加工公差不变,而以选配来提高配合精度 2. 增加了对零件的测量、分组以及储存、运输工作	适用于大批量生产中,零件数少、装配精度很高,又不便采用调整装置时 如中小型柴油机的活塞和活塞销、滚动轴承的内外圈与滚动体	一般以分成 2~4 组为宜 对零件的组织管理工作要求严格
修配装配法	1. 依靠工人的技术水平,可获得很高的精度,但增加了装配过程中的手工修配或机械加工 2. 在复杂、精密的部装或总装后作为整体配对进行一次精加工,消除其累积误差	一般用于单件小批生产、装配精度高、不便于组织流水作业的场合,如主轴箱底用加工或刮研除去一层金属,更换加大尺寸的新键,平面磨床工作台进行"自磨" 特殊情况下也可用于大批生产,如喷油泵精密偶件的自动配磨或配研	一般应选用易于拆装且修配面较小的零件为修配件 应尽可能利用精密加工方法代替手工操作
调整装配法	1. 零件可按经济加工精度加工,仍有高的装配精度,但在一定程度上依赖工人的技术水平 2. 采用定尺寸调整件时,操作较方便,可在流水作业中应用 3. 增加调整件或机构,易影响配合副的刚性	适用于零件较多、装配精度高而又不宜用分组装配时;易于保持或恢复调整精度 可用于多种装配场合,如滚动轴承调整间隙的隔圈、锥齿轮调整啮合间隙的垫片、机床导轨的镶条等	选用定尺寸调整件(如不同规格的垫片、套筒)或可调件,利用其斜面、锥面、螺纹等,可改变零件之间的相互位置 采用可调件应考虑有防松措施

第三节　装配尺寸链及其应用

一、装配尺寸链

装配尺寸链是以某项装配精度指标（或装配要求）作为封闭环，查找所有与该项精度指标（或装配要求）有关零件的尺寸（或位置要求）作为组成环而形成的尺寸链。

装配尺寸链与工艺尺寸链有所不同。工艺尺寸链中所有尺寸都分布在同一个零件上，主要解决零件加工精度问题；而装配尺寸链中每一个尺寸都分布在不同零件上，每个零件的尺寸是一个组成环，有时两个零件之间的间隙等也构成组成环，装配尺寸链主要解决装配精度问题。装配尺寸链和工艺尺寸链都是尺寸链，有共同的形式和计算方法。

装配尺寸链可以按各环的几何特征和所处空间位置分为直线尺寸链（见图8-13）、角度尺寸链（见图8-14）、平面尺寸链（见图8-15）及空间尺寸链。平面尺寸链可分解成直线尺寸链求解。

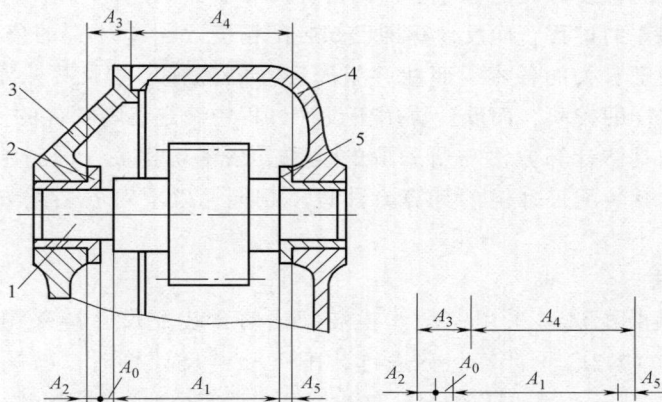

图 8-13 齿轮箱部件装配示意图及其尺寸链
1—齿轮轴 2、5—滑动轴承 3—左箱体 4—右箱体

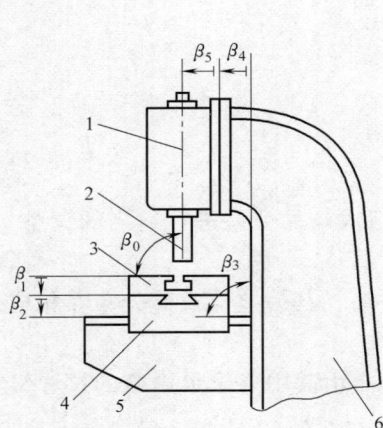

图 8-14 立式铣床主轴对工作台垂直度的尺寸链
1—立铣头 2—主轴 3—工作台
4—床鞍 5—升降台 6—床身

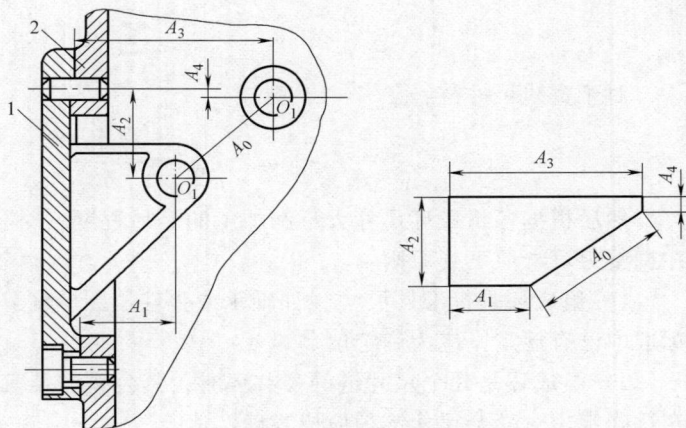

图 8-15 齿轮传动支架尺寸链
1—盖板 2—支架

正确建立装配尺寸链，是进行尺寸链分析、计算的前提。首先应在装配图上找出封闭环，封闭环代表装配后的精度或技术要求，然后以封闭环两端的零件为起点，沿装配

精度要求的位置方向，以装配基准面为联系线索，分别查明装配关系中影响装配精度的那些有关零件，直到找到同一基准零件或同一基准表面为止。所有零件上连接两个装配基准面间的尺寸和位置关系，构成组成环。建立尺寸链时，应遵循封闭及环数最少原则。

二、装配尺寸链计算方法及应用

在确定了装配尺寸链后，就可以进行具体的分析计算工作。装配尺寸链的计算方法与工艺尺寸链相同，分极值法和概率法两种。装配尺寸链的计算同样分正计算和反计算。正计算指已知与装配精度有关的各零部件的公称尺寸及其偏差，求解装配精度（封闭环）的公称尺寸及其偏差的过程。而反计算即已知装配精度（封闭环）的公称尺寸及其偏差，求解与该项装配精度有关的各零、部件（组成环）的公称尺寸及其偏差。因此，正计算用于对已设计的图样的校验，而反计算用于设计过程中确定各零部件的尺寸及加工精度。

装配尺寸链的具体计算方法与所采取的装配方法密切相关，同一项装配精度，采用不同的装配方法，其装配尺寸链的计算方法也不相同。以下对各装配方法的具体解法进行说明。

1. 互换装配法

（1）完全互换装配法　采用完全互换装配法时，装配尺寸链采用极值法计算公式［见式（7-16）~式（7-21）］计算。在进行装配尺寸链反计算时，已知封闭环（装配精度）的公差 $T(A_0)$，则 m 个组成环的公差 $T(A_i)$ 可按"等公差"原则 $[T(A_1)=T(A_2)=\cdots=T(A_m)]$ 先确定它们的平均极值公差 T_{avA}

$$T_{avA} = \frac{T(A_0)}{\sum\limits_{i=1}^{m} |\xi_i|} \tag{8-1}$$

对于直线尺寸链，$|\xi_i|=1$，则

$$T_{avA} = \frac{T(A_0)}{m} \tag{8-2}$$

然后根据各组成环尺寸大小和加工的难易程度，对各组成环的公差进行适当的调整。在调整时可参照下列原则：

1）组成环是标准件尺寸（如轴承或弹性挡圈厚度等）时，其公差值及其分布在相应标准中已有规定，应为确定值。

2）组成环是几个尺寸链的公共环时，其公差值及其分布由其中要求最严格的尺寸链先行确定，对其余尺寸链则应成为确定值。

3）尺寸相近、加工方法相同的组成环，其公差值相等。

4）难加工或难测量的组成环，其公差可取较大数值；容易加工或测量的组成环，其公差取较小数值。

在确定各组成环极限偏差时，一般按"入体原则"标注，入体方向不明的长度尺寸，其极限偏差按"对称偏差"标注。

显然，组成环按上述原则确定公差并取标准值时，必须选择其中一环作为协调环，

按极值法相关公式确定其公差和分布，以保证装配精度要求。标准件或公共环自然不能作为协调环，协调环的制造难度应与其他组成环加工的难度基本相当。

（2）大数互换装配法（概率法）　大数互换装配法相对于完全互换装配法，可以增加组成环公差，降低加工成本，但可能会出现少量不合格品。大数互换装配法采用概率法计算公式［见式（7-22）~式（7-26）］，反计算方法与完全互换装配法相同。

对于正态分布的直线尺寸链，各组成环平均统计公差为

$$T_{\text{avqA}} = \frac{T(A_0)}{\sqrt{m}} \tag{8-3}$$

互换装配法的应用现举例说明如下：

例 8-1　如图 8-16a 所示的齿轮与轴组件装配，齿轮空套在轴上，要求齿轮与挡圈的轴向间隙为 0.1~0.35mm。已知各相关零件的公称尺寸为：$A_1 = 30$mm，$A_2 = 5$mm，$A_3 = 43$mm，$A_4 = 3_{-0.05}^{\ 0}$mm（标准件），$A_5 = 5$mm。试用完全互换装配法确定各组成环的偏差。

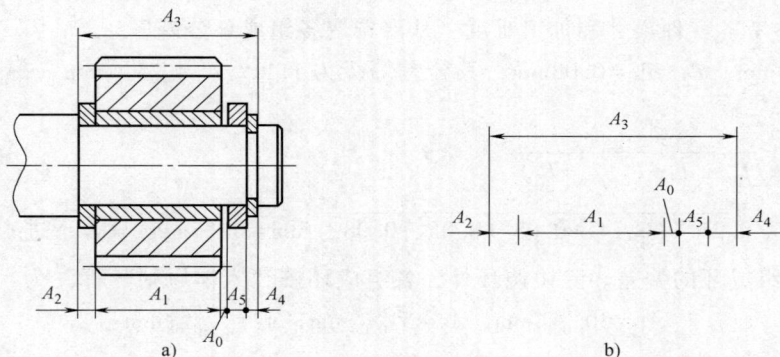

图 8-16　齿轮与轴组件装配

解：1）画装配尺寸链图如图 8-16b 所示，校验各环公称尺寸。依题意，轴向间隙为 0.1~0.35mm，则封闭环 $A_0 = 0_{+0.10}^{+0.35}$mm，封闭环公差 $T(A_0) = 0.25$mm。A_3 为增环，A_1、A_2、A_4、A_5 为减环，$\xi_3 = +1$，$\xi_1 = \xi_2 = \xi_4 = \xi_5 = -1$，装配尺寸链如图 8-16b 所示，则

$$A_0 = \sum_i^m \xi_i A_i = A_3 - (A_1 + A_2 + A_4 + A_5) = [43 - (30 + 5 + 3 + 5)]\text{mm} = 0\text{mm}$$

由计算可知，各组成环公称尺寸无误。

2）确定各组成环公差。计算各组成环的平均极值公差 T_{avA}，即

$$T_{\text{avA}} = T_0/m = 0.25/5\text{mm} = 0.05\text{mm}$$

以平均公差为基础，根据各组成环的尺寸、零件加工难易程度，确定各组成环公差。A_4 为标准件，$A_4 = 3_{-0.05}^{\ 0}$mm，$T_4 = 0.05$mm，A_5 为一垫片，易于加工测量，故选 A_5 为协调环。其余组成环公差为：$T_1 = 0.06$mm，$T_2 = 0.04$mm，$T_3 = 0.07$mm，公差等级约为 IT9。则

$$T_5 = T_0 - (T_1 + T_2 + T_3 + T_4) = [0.25 - (0.06 + 0.04 + 0.07 + 0.05)]\text{mm} = 0.03\text{mm}$$

3）确定各组成环的极限偏差。除协调环外各组成环按"入体原则"标注为

$$A_1 = 30_{-0.06}^{\ 0}\text{mm} \quad A_2 = 5_{-0.04}^{\ 0}\text{mm} \quad A_3 = 43_{\ 0}^{+0.07}\text{mm}$$

由式（7-20）和式（7-19）计算协调环的偏差

$$EI_5 = ES_3 - ES_0 - (EI_1 + EI_2 + EI_4)$$
$$= [0.07 - 0.35 - (-0.06 - 0.04 - 0.05)] mm = -0.13mm$$
$$ES_5 = EI_5 + T_5 = (-0.13 + 0.03) mm = -0.10mm$$

所以，协调环 $A_5 = 5^{-0.10}_{-0.13}mm$。

例 8-2 如果上例改用大数互换装配法，其他条件不变，试确定各组成环的偏差。

解： 1）画装配尺寸链图，校验各环公称尺寸与上例相同。

2）确定各组成环公差。假定该产品大批量生产，工艺稳定，则各组成环尺寸正态分布，各组成环平均统计公差为

$$T_{avqA} = \frac{T_0}{\sqrt{m}} = \frac{0.25}{\sqrt{5}} mm \approx 0.11mm$$

A_3 为包容（孔槽）尺寸，较其他零件难加工。现选 A_3 为协调环，则应以平均统计公差为基础，参考各零件尺寸和加工难度，从严选取各组成环公差。

$T_1 = 0.14mm$，$T_2 = T_5 = 0.08mm$，其公差等级为 IT11。$A_4 = 3^{0}_{-0.05}mm$（标准件），$T_4 = 0.05mm$，则

$$T_3 = \sqrt{T_0^2 - (T_1^2 + T_2^2 + T_4^2 + T_5^2)}$$
$$= \sqrt{0.25^2 - (0.14^2 + 0.08^2 + 0.05^2 + 0.08^2)} mm = 0.16mm（只舍不进）$$

3）确定组成环的偏差。除协调环外，各组成环按"入体原则"标注为

$$A_1 = 30^{0}_{-0.14}mm，\quad A_2 = 5^{0}_{-0.08}mm，\quad A_5 = 5^{0}_{-0.08}mm$$

由式（7-23）得

$$A_{3M} = A_{0M} + (A_{1M} + A_{2M} + A_{4M} + A_{5M})$$
$$= [0.225 + (30 - 0.07) + (5 - 0.04) + (3 - 0.025) + (5 - 0.04)] mm$$
$$= 43.05mm$$

所以，$A_3 = (43.05 \pm 0.08) mm = 43^{+0.13}_{-0.03}mm$。

2. 分组装配法

当封闭环精度要求很高时，如果采用互换装配法，则组成环公差非常小，使加工十分困难且不经济。分组装配法是通过放大组成环公差，及对应零件组分别进行装配，来满足零件加工及装配精度要求。运用这一方法的关键在于保证分组后各对应组的配合性质和配合精度仍能满足原装配精度的要求，因此，必须满足如下条件：

1）为保证装配后的配合性质和配合精度不变，配合件的公差范围应相等；公差应同方向增加；增大的倍数应等于以后的分组数。满足这些条件后，可以把同一零件的各组看成是公差相等、偏差相同、公称尺寸等差（相差一个原有公差）的零件组。因此，分组后相配零件相对于原配合零件只是公称尺寸同步增加或减少，配合性质及精度保持不变。

2）为保证零件分组后对应零件组数量匹配，应使配合件的尺寸分布为相同的对称分

布（如正态分布）。如果分布曲线不相同或为不对称分布曲线，将产生各组相配零件数量不等，造成一些零件的积压浪费。为反映零件的尺寸分布，零件批量应足够大。

3）配合件的表面粗糙度、相互位置精度和形状精度保持不变；否则，分组装配后的配合性质和精度将受到影响。

4）分组数不宜过多，零件的公差只要放大到经济精度即可；否则，会增加零件测量、分类、保管工作量。

现以汽车发动机活塞销与活塞销孔的装配为例说明如下：

例 8-3 如图 8-17a 所示为某一汽车发动机活塞销 1 与活塞上销孔的装配关系，销子和孔的公称尺寸为 $\phi 28mm$，在冷态装配时要求有 $0.0025 \sim 0.0075mm$ 的过盈量。试用分组装配法确定活塞销及销孔的公差及偏差。

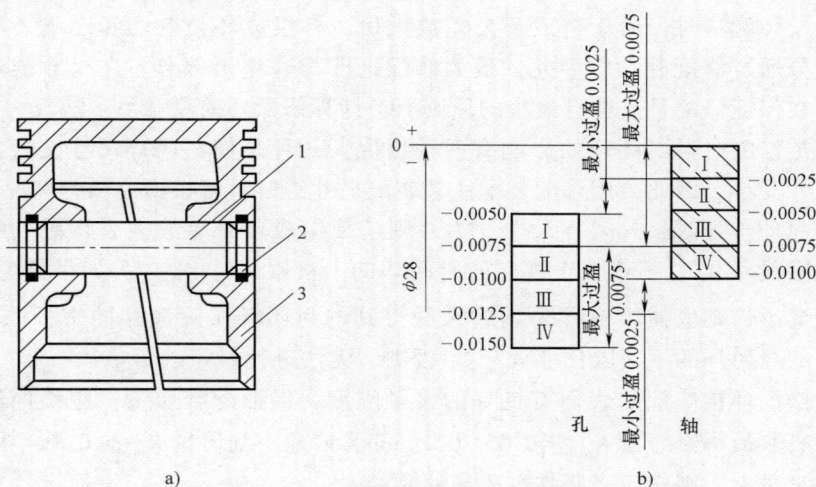

图 8-17 活塞销与活塞的装配关系

解： 1）根据题意，装配精度（过盈量）的公差 $T_0 = (0.0075 - 0.0025)mm = 0.0050mm$。若按完全互换装配法，将 T_0 均等分配给活塞销及销孔，则尺寸分别为活塞销 $d = \phi 28_{-0.0025}^{0}mm$ 和销孔 $D = \phi 28_{-0.0075}^{-0.0050}mm$，精度等级相当于 IT2，显然，制造很困难，也不经济。

2）采用分组装配法，将原公差同方向放大 4 倍，则销、孔尺寸分别为 $d = \phi 28_{-0.010}^{0}mm$，$D = \phi 28_{-0.015}^{-0.005}mm$，精度等级相当于 IT5 ~ IT6，制造较容易，也比较经济；按实际加工尺寸分成 4 组，分别用不同的颜色标记。装配时相同颜色标记的活塞销和销孔相配。具体分组情况见表 8-2。

表 8-2 活塞销与活塞销孔直径分组 （单位：mm）

组别	标志颜色	活塞销直径 $d = \phi 28_{-0.010}^{0}$	活塞销孔直径 $D = \phi 28_{-0.015}^{-0.005}$	配合情况	
				最小过盈	最大过盈
I	红	$\phi 28_{-0.0025}^{0}$	$\phi 28_{-0.0075}^{-0.0050}$	0.0025	0.0075
II	白	$\phi 28_{-0.0050}^{-0.0025}$	$\varphi 28_{-0.0100}^{-0.0075}$		

（续）

组别	标志颜色	活塞销直径 $d=\phi28^{\ 0}_{-0.010}$	活塞销孔直径 $D=\phi28^{-0.005}_{-0.015}$	配合情况	
				最小过盈	最大过盈
Ⅲ	黄	$\phi28^{-0.0050}_{-0.0075}$	$\phi28^{-0.0100}_{-0.0125}$	0.0025	0.0075
Ⅳ	绿	$\phi28^{-0.0075}_{-0.0010}$	$\phi28^{-0.0125}_{-0.0150}$		

3. 修配装配法

采用修配装配法装配时，各组成环公差按经济精度确定，通过修配预先选取的某一组成环（修配环），来补偿其他组成环的累积误差以保证装配精度。修配环应选取拆卸方便、易于修配的零件，显然不能取作为公共环的零件。

采用修配装配法时，由于组成环公差放大后，各组成环公差之和超出了装配精度要求，超出部分通过修配补偿，因此，最大修配量即为这超出部分。在尺寸链解算时的主要问题是：在保证修配量足够且最小的原则下，计算修配环的尺寸。

修配环被修配时对封闭环的影响有两种情况：一种是使封闭环尺寸变大；另一种是使封闭环尺寸变小。因此，用修配装配法解装配尺寸链时，可根据这两种情况进行计算。

如果修配环修配时，封闭环尺寸变大，则应使组成环公差放大后得到的封闭环实际尺寸的上极限尺寸 A^*_{0max}，不大于规定的封闭环的上极限尺寸 A_{0max}；如果修配环修配时，封闭环尺寸变小，则应使组成环公差放大后得到的封闭环实际尺寸的下极限尺寸 A^*_{0min}，不大于规定的封闭环的下极限尺寸 A_{0min}。否则，无法进行修配。

为保证修配环被修配的表面有良好的接触刚度，保证配合质量，应确保最小的修配量 K_{min}。一般取最小修磨量 $K_{min}=0.05\sim0.10$mm，取最小刮研量 $K_{min}=0.10\sim0.20$mm。如果最大修配量过大，则应适当调整组成环的公差。

下面以修配环修配时，封闭环尺寸变大情形为例说明采用修配装配法装配时尺寸链的计算步骤和方法。

例 8-4 图 8-16 所示的齿轮与轴组件装配，已知：$A_1=30$mm，$A_2=5$mm，$A_3=43$mm，$A_4=3^{\ 0}_{-0.05}$mm（标准件），$A_5=5$mm。装配后齿轮与挡圈的轴向间隙为 $0.1\sim0.35$mm。现采用修配装配法，试确定修配环尺寸并验算修配量。

解： 1）选择修配环 组成环 A_5 为一垫片，修配方便，故选 A_5 为修配环。

2）确定组成环公差及偏差。按加工经济精度确定各组成环公差，并按"入体原则"标注确定极限偏差，得：$A_1=30^{\ 0}_{-0.20}$mm，$A_2=5^{\ 0}_{-0.10}$mm，$A_3=43^{+0.20}_{0}$mm，$A_4=3^{\ 0}_{-0.05}$mm（根据题意），并设 $A_5=5^{\ 0}_{-0.10}$mm，各零件公差等级约为 IT11，可以经济加工。

3）计算组成环放大后封闭环尺寸 A^*_0：

$$A^*_{0max}=A_{3max}-(A_{1min}+A_{2min}+A_{4min}+A_{5min})$$

$$=[(43+0.20)-(30-0.20)-(5-0.10)-(3-0.05)-(5-0.10)]\text{mm}=0.65\text{mm}$$

$$A^*_{0mix}=A_{3min}-(A_{1max}+A_{2max}+A_{4max}+A_{5max})=[43-(30+5+3+5)]\text{mm}=0\text{mm}$$

由题可知:$A_0 = 0_{+0.10}^{+0.35}$mm,$T_0 = 0.25$mm,显然 A_0^* 与 A_0 不符,需要通过修配修配环 A_5 来达到规定的装配精度。

4) 确定修配环尺寸 A_5。如图 8-18 所示,由 A_0 与 A_0^* 比较可知,若装配后轴向间隙超出 +0.35mm,则无法通过修配 A_5 达到装配精度要求。由尺寸链关系可知,适当增加 A_5 的公称尺寸,可以使 A_0^* 公差带位置下移,即增加 A_5 的修配量。但增大 A_5 的公称尺寸,装配过程中的修配量相应增大。为使最大修配量不致过大,如果取最小修配量 $K_{min} = 0$mm,则修配环 A_5 的公称尺寸增加量 ΔA_5 为

$$\Delta A_5 = (0.65 - 0.35)\text{mm} = 0.30\text{mm}$$

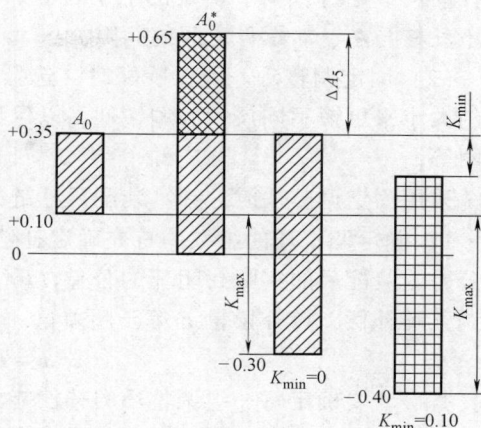

图 8-18 修配法装配与修配环尺寸的确定

故修配环 A_5 的尺寸为 $A_5 = (5 + 0.30)_{-0.10}^{0}$mm $= 5_{-0.10}^{+0.30}$mm。

5) 验算修配量。图 8-18 所示右侧公差带为修配环按 $A_5 = 5_{+0.20}^{+0.30}$mm 制造时,轴向间隙变化范围。由图可知,最大修配量 $K_{max} = (0.10 + 0.30)\text{mm} = 0.40$mm,最小修配量 $K_{min} = 0$mm。修配量合理。

如果考虑最小修配量 $K_{min} = 0.10$mm,则由尺寸关系可知,修配环公称尺寸及最大修配量各增加 0.10mm。即 $A_5 = 5.1_{+0.20}^{+0.30}$mm $= 5_{+0.30}^{+0.40}$mm,$K_{max} = 0.50$mm。

4. 调整装配法

采用调整装配法装配时,各组成环零件公差按经济精度的原则来确定,通过改变调整环零件(调整件)的相对位置或选用合适的调整件,补偿由于各组成环公差扩大后所产生的累积误差,以达到装配精度要求的目的。

最常见的调整方法有固定调整法、可动调整法、误差抵消调整法三种。

(1) 可动调整法 如图 8-19a 所示结构是靠拧螺钉来调整轴承外环相对于内环的位置,从而使滚动体与内环、外环间具有适当间隙的,螺钉调到位后,用螺母固定。图 8-19b 所示结构为车床刀架横向进给机构中丝杠螺母副间隙调整机构,丝杠螺母间隙过大时,

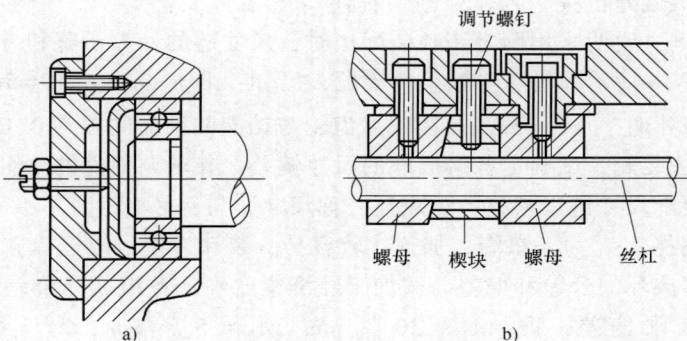

图 8-19 可动调整法装配示例

可拧动调节螺钉，调节楔块的上下位置，使左、右螺母分别靠紧丝杠的两个螺旋面，以减小丝杠与左、右螺母之间的间隙。

（2）固定调整法　即在装配时，选择某一零件为调整件，根据各组成环形成累积误差的大小来更换不同尺寸的调整件，以保证装配精度要求。常用的调整件有轴套、垫片、垫圈等。

采用固定调整法时，计算装配尺寸链的关键是确定调整环的组数和各组的尺寸。

1）确定调整环的组数。首先确定补偿量 F。采用固定调整装配法时，由于放大组成环公差，装配后的实际封闭环的公差 $T(A_0^*)$ 必然超出设计要求的公差 T_0，其超差量需用调整环补偿，该补偿量 F 等于超差量。即

$$F = T(A_0^*) - T_0 \tag{8-4}$$

其次，要确定每一组调整环的补偿能力 S。若忽略调整环的制造公差 $T(A_k)$，则调整环的补偿能力 S 就等于封闭环公差要求值 T_0；若考虑补偿环的公差 $T(A_k)$，则调整环的补偿能力为

$$S = T_0 - T(A_k) \tag{8-5}$$

当第一组调整环无法满足补偿要求时，就需用相邻一组的调整环来补偿。因此，相邻组别调整环公称尺寸之差也应等于补偿能力 S，以保证补偿作用的连续进行。因此，分组数 Z 可表示为

$$Z = \frac{F}{S} + 1 \tag{8-6}$$

计算所得分组数 Z 后，要圆整至邻近的较大整数。

2）计算各组调整环的尺寸　由于各组调整环的公称尺寸之差等于补偿能力 S，因此，只要先求出某一组调整环的尺寸，就可推算出其它各组调整环的尺寸。比较方便的办法是先求出调整环的中间尺寸，再求其他各组的尺寸。

调整环的中间尺寸可先由各环中间偏差的关系式，求出调整环的中间偏差后再求得。

当调整环的组数 Z 为奇数时，求出的中间尺寸就是调整环中间一组尺寸的平均值。其余各组尺寸的平均值相应增加或减小各组之间的尺寸差 S 即可。

当调整环的组数 Z 为偶数时，求出的中间尺寸是调整环的对称中心，再根据各组之间的尺寸差 S 安排各组尺寸。

调整环的极限偏差也按"入体原则"标注。

下面通过实例，说明采用固定调整装配法时，尺寸链的计算步骤和方法。

例 8-5　图 8-16 所示的齿轮与轴组件装配，已知：$A_1 = 30\text{mm}$，$A_2 = 5\text{mm}$，$A_3 = 43\text{mm}$，$A_4 = 3_{-0.05}^{0}\text{mm}$（标准件），$A_5 = 5\text{mm}$。装配后齿轮与挡圈的轴向间隙为 $0.1 \sim 0.35\text{mm}$。现采用固定调整装配法装配，试确定各组成环的尺寸偏差，并求调整件的分组数及尺寸系列。

解：1）画装配尺寸链、校核各组成环公称尺寸，与例 8-1 相同。

2）选择调整件。A_5 为一垫圈，加工比较容易、装卸方便，故选择 A_5 为调整件。

3）确定各组成环的公差和偏差。按加工经济精度确定各组成环公差，并按"入体原则"标注确定极限偏差，得：$A_1 = 30_{-0.20}^{0}\text{mm}$，$A_2 = 5_{-0.10}^{0}\text{mm}$，$A_3 = 43_{0}^{+0.20}\text{mm}$，$A_4 = 3_{-0.05}^{0}\text{mm}$（根据题意），并取 $T_5 = 0.10\text{mm}$，各零件公差等级约为 IT11，可以经济加工。

计算各环的中间偏差：

$$\Delta A_0 = +0.225\text{mm} \quad \Delta A_1 = -0.10\text{mm} \quad \Delta A_2 = -0.05\text{mm},$$

$$\Delta A_3 = +0.10\text{mm} \quad \Delta A_4 = -0.025\text{mm}$$

4）计算补偿量 F 和调整环的补偿能力 S：

$$F = T(A_0^*) - T_0 = (T_1 + T_2 + T_3 + T_4 + T_5) - T_0$$

$$= [(0.20 + 0.10 + 0.20 + 0.05 + 0.10) - 0.25]\text{mm} = 0.40\text{mm}$$

$$S = T_0 - T(A_k) = T_0 - T_5 = (0.25 - 0.10)\text{mm} = 0.15\text{mm}$$

5）确定调整环组数 Z：

$$Z = F/S + 1 = 0.40/0.15 + 1 = 3.66 \approx 4$$

6）计算调整环的中间偏差和中间尺寸：

$$\Delta A_5 = \Delta A_3 - \Delta A_0 - (\Delta A_1 + \Delta A_2 + \Delta A_4)$$

$$= [0.10 - 0.225 - (-0.10 - 0.05 - 0.025)]\text{mm} = 0.05\text{mm}$$

$$A_{5M} = (5 + 0.05)\text{mm} = 5.05\text{mm}$$

7）确定各组调整环的尺寸。因调整环的组数为偶数，故求得的 A_{5M} 就是调整环的对称中心，各组尺寸差 $S = 0.15\text{mm}$。各组尺寸的平均值分别为 $(5.05 + 0.15 + 0.15/2)\text{mm}$，$(5.05 + 0.15/2)\text{mm}$，$(5.05 - 0.15/2)\text{mm}$ 及 $(5.05 - 0.15 - 0.15/2)\text{mm}$，各组偏差为 $\pm 0.05\text{mm}$。因此，$A_5 = 5^{-0.125}_{-0.225}\text{mm}$，$5^{+0.025}_{+0.075}\text{mm}$，$5^{+0.175}_{+0.075}\text{mm}$，$5^{+0.325}_{+0.225}\text{mm}$。

（3）误差抵消调整法 在机器装配中，通过调整被装零件的相对位置，使加工误差相互抵消，可以提高装配精度，这种装配方法称为误差抵消调整法。这一方法在机床装配中应用较多。例如，在车床主轴装配中通过调整前后轴承的径向跳动方向来控制主轴的径向圆跳动；在滚齿机工作台分度蜗轮装配中，采用调整蜗轮和轴承的偏心方向来抵消误差，以提高分度蜗轮的工作精度。

第四节 装配工艺规程的制订

装配工艺规程是指导装配生产的主要技术文件，制订装配工艺规程是生产技术准备工作的主要内容之一。装配工艺规程对保证装配质量、提高装配效率、缩短装配周期、减轻工人劳动强度、缩小装配占地面积、降低生产成本等都有重要的影响。当前，大批大量生产的企业大多有装配工艺规程，而单件小批生产的企业制订的装配工艺规程比较简单，甚至没有装配工艺规程。

一、装配工艺规程制订的原则

1）保证产品装配质量，力求提高质量，以延长产品的使用寿命。

2）合理安排装配顺序和工序，尽量减少钳工手工劳动量，缩短装配周期，提高装配效率。

3）尽量减少装配占地面积，提高单位面积的生产率。

4）尽量减少装配工作所占的成本。

二、装配工艺规程制订的原始资料

在制订装配工艺规程前，应收集准备相关的原始资料，以便开展这一工作。主要原始资料有以下几个方面：

1. 产品装配图及验收技术条件

产品的装配图应包括总装配图和部件装配图，并能清晰地表示出：①零、部件的相互连接情况及其联系尺寸；②装配精度和其他技术要求；③零件明细表等。为了在装配时对某些零件补充机械加工和核算装配尺寸链，有时还需要某些零件图。

验收的技术条件应包括验收的内容和方法。

2. 产品的生产纲领

生产纲领决定了产品的生产类型。生产类型不同，致使装配的组织形式、装配方法、工艺过程的划分、设备及工艺装备专业化或通用化水平、手工操作量的比例、对工人技术水平的要求和工艺文件格式等均有很大不同。

大批大量生产应尽量选择专用的装配设备和工具，采用流水线作业方式。现代装配生产中大量使用机器人，组成自动装配线。成批、单件小批生产，则大多采用固定装配方式，通用设备多，手工操作比例大。

3. 生产条件

在制订装配工艺规程时，要考虑工厂现有的生产和技术条件，如装配车间的生产面积、装配工具和装配设备、装配工人的技术水平等，使所制订的装配工艺能够切合实际，符合生产要求，这是十分重要的。对于新建厂，要注意调查研究，设计出符合生产实际的装配工艺。

三、装配工艺规程制订的步骤

根据上述原则和原始资料，可按下列步骤制订装配工艺规程。

1. 熟悉和审查产品的装配图

审核产品图样的完整性、正确性；分析产品的结构工艺性；审核产品装配的技术要求和验收标准，分析与计算产品装配尺寸链。

2. 确定装配方法与组织形式

装配方法和组织形式的选择主要取决于产品的结构特点（包括重量、尺寸和复杂程度）、生产纲领和现有生产条件。装配方法通常在设计阶段即应确定，并优先采用完全互换法。

装配的组织形式按产品在装配过程中是否移动分为移动式和固定式两种，而移动式按节拍是否变化又有强迫节奏和自由节奏之分，如图 8-20 所示。

（1）移动式装配　即装配基准件沿装配路线移动，在各装配地点完成其中一部分装

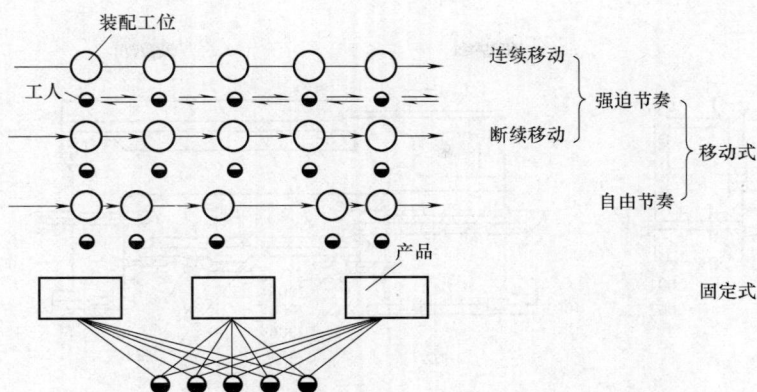

图 8-20 装配的组织形式

配工作。强迫节奏的节拍是固定的，各工位的装配工作必须在规定的时间内完成。装配中如果出现装配不上或不能在节奏时间内完成装配工作等问题，则立即将装配对象调至线外处理，以保证流水线的流畅，避免产生堵塞。连续移动装配时，坟配线做连续缓慢的移动，工人在装配时随装配线走动，一个工位的装配工作完毕后工人立即返回原地。断续移动装配时，装配线在工人进行装配时不动，以规定时间，装配线带着被装配的对象移动到下一工位，工人在原地不走动。自由节奏的节拍是不固定的，移动比较灵活，具有柔性，适合多品种装配。移动式装配流水线多用于大批大量生产，产品可大可小，较多地用于仪器仪表等设备装配，汽车拖拉机等大产品也可采用。

（2）固定式装配　即产品固定在一个工作地点进行装配，多用于单件小批生产或重型产品的成批生产。固定式装配也可以组织流水生产作业，由若干工人按装配顺序分工装配，多用于成批生产结构比较复杂、工序数多的产品，如机床、汽轮机的装配。

3. 划分装配单元，确定装配顺序

将产品划分为套件、组件及部件等装配单元是制订装配工艺规程中最重要的一个步骤，这对大批大量生产结构复杂的产品尤为重要。无论哪一级装配单元，都要选定某一零件或比它低一级的装配单元作为装配基准件。装配基准件通常应是产品的基体或主干零、部件。基准件应有较大的体积和重量，有足够的支承面，以满足陆续装入零、部件时的作业要求和稳定要求。例如：床身零件是床身组件的装配基准零件；床身组件是床身部件的装配基准组件；床身部件是机床产品的装配基准部件。

划分装配单元，确定装配基准零件以后，即可安排装配顺序，并以装配系统图的形式表示出来。安排装配顺序的原则一般是"先难后易，先内后外，先下后上，先重大后轻小，预处理工序在前"。

图 8-21 所示为卧式车床床身装配简图。图 8-22 所示为床身部件装配工艺系统图。

4. 划分装配工序

装配顺序确定后，就可将装配工艺过程划分为若干工序，其主要工作如下：

1）确定工序集中与分散的程度。

2）划分装配工序，确定工序内容。

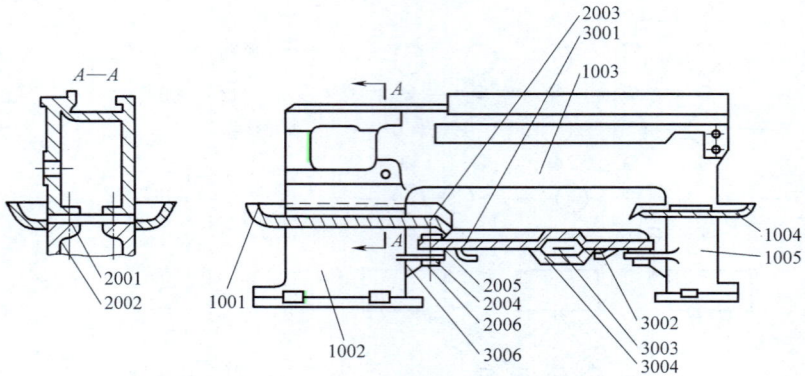

图 8-21　卧式车床床身装配简图

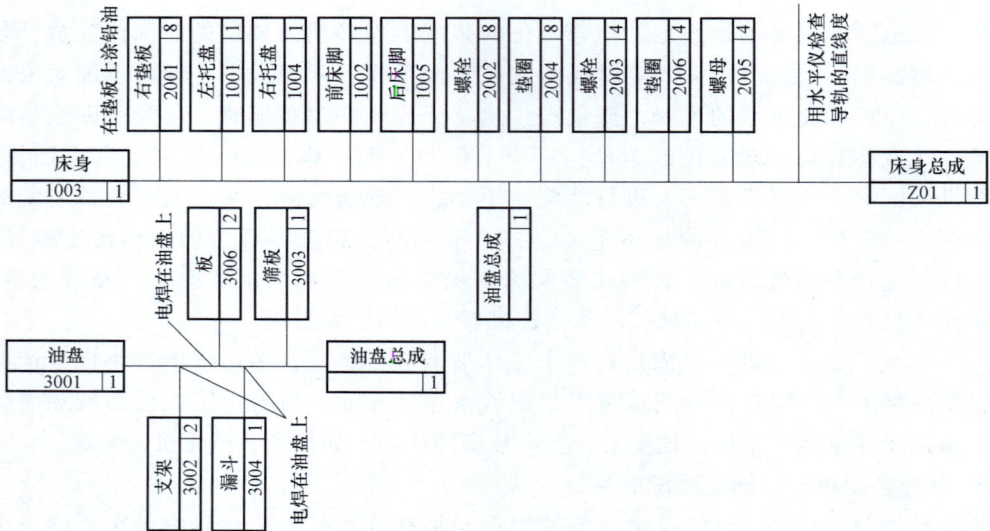

图 8-22　床身部件装配工艺系统图

3）确定各工序所需的设备和工具，若需专用夹具与设备，则应拟定设计任务书。

4）制订各工序装配操作规范，如过盈配合的压入力、变温装配的装配温度以及紧固件的力矩等。

5）制订各工序装配质量要求与检测方法。

6）确定工序时间定额，平衡各工序节拍。

5. 编制装配工艺文件

单件小批生产时，通常只绘制装配系统图，装配时，按产品装配图及装配系统图工作。成批生产时，通常还制订部件、总装的装配工艺卡（见表 8-3），写明工序次序，简要工序内容，设备名称，工夹具名称与编号，工人技术等级和时间定额等项。

在大批大量生产中，不仅要制订装配工艺卡，而且要制订装配工序卡（见表 8-4），以直接指导工人进行产品装配。

此外，还应按产品图样要求，制订装配检验及试验卡片（见表 8-5）。

表 8-3　装配工艺过程卡片

（厂名全称）	装配工艺过程卡片		产品型号		零件图号				
			产品名称		零件名称			共　页	第　页
工序号	工序名称	工序内容			装配部门	设备及工艺装备	辅助材料		工时定额/min
描图									
描校									
底图号									
装订号									
					设计（日期）	审核（日期）	标准化（日期）	会签（日期）	
	标记	处数	更改文件号	签字	日期	标记	处数	更改文件号	签字	日期

表 8-4　装配工序卡片

（厂名全称）	装配工序卡片		产品型号		零件图号				
			产品名称		零件名称			共　页	第　页
工序号		工序名称		车间		工段		设备	工序工时
工序号	工步内容			工艺装备		辅助材料		工时定额/min	
描图									
描校									
底图号									
装订号									
					设计（日期）	审核（日期）	标准化（日期）	会签（日期）	
标记	处数	更改文件号	签字	日期	标记	处数	更改文件号	签字	日期

表 8-5　检验卡片

(厂名全称)	检验卡片		产品型号		零件图号			
			产品名称		零件名称		共　页	第　页
工序号	工序名称	车间	检验项目	技术要求	检验手段	检验方案	检验操作要求	
简图								
描图								
描校								
底图号								
装订号								
				设计（日期）	审核（日期）	标准化（日期）	会签（日期）	
标记处数	更改文件号	签字 日期	标记处数	更改文件号	签字 日期			

本 章 小 结

装配是按规定的技术要求将零、部件进行配合连接的工艺过程，合理的产品结构有助于装配的连接和组织实施。互换装配法、分组装配法、修配装配法和调整装配法是保证装配精度的常用工艺方法，应根据不同情况合理选择及完成相应尺寸链计算。大批量生产情况下，应制订严格的装配工艺规程，规程的制订按相应的原则和步骤进行。

复习思考题

8-1　何谓装配？如何区分装配过程中的套装、组装、部装和总装？

8-2　机械结构的装配工艺性包括哪些主要内容？试举例说明。

8-3　装配精度一般包括哪些内容？装配精度与零件的加工精度有何区别？它们之间又有何关系？试举例说明。

8-4　试述装配工艺规程制订的主要内容及其步骤。

8-5　如何建立装配尺寸链？装配尺寸链封闭环与工艺尺寸链的封闭环有何区别？

8-6　保证装配精度的方法有哪几种？各适用于什么装配场合？

※以下各计算题若无特殊说明，各参与装配的零件加工尺寸均为正态分布，且分布中心与公差带中心重合。

8-7 现有一轴、孔配合，配合间隙要求为 0.04~0.26mm，已知轴的尺寸为 $\phi50_{-0.10}^{0}$mm，孔的尺寸为 $\phi50_{0}^{+0.20}$mm。若用完全互换装配法进行装配，能否保证装配精度要求？用大数互换装配法装配能否保证装配精度要求？

8-8 图 8-13 所示的齿轮箱部件，根据使用要求，齿轮轴肩与轴承端面间的轴向间隙应在 1~1.75mm 范围内。若已知各零件的公称尺寸为 $A_1=140$mm，$A_2=5$mm，$A_3=50$mm，$A_4=101$mm，$A_5=5$mm，试用完全互换装配法和大数互换装配法分别确定这些尺寸的公差及偏差。

8-9 减速器中某轴上零件的尺寸为 $A_1=40$mm，$A_2=36$mm，$A_3=4$mm。要求装配后的轴向间隙为 0.10~0.15mm，结构如图 8-23 所示。试用完全互换装配法和大数互换装配法分别确定这些尺寸的公差及偏差。

8-10 某轴与孔的设计配合为 $\phi10H6/h6$，为降低加工成本，两零件按 IT9 制造。现采用分组装配法时，试计算：

1) 分组数和每一组的极限偏差。

2) 若加工 1000 套，每一组孔与轴的零件数各为多少？

8-11 图 8-24 所示为车床溜板与床身导轨装配图，为保证溜板在床身导轨上准确移动，要求装配后配合间隙为 0.1~0.3mm。试用修配装配法确定有关零件尺寸的公差及偏差。

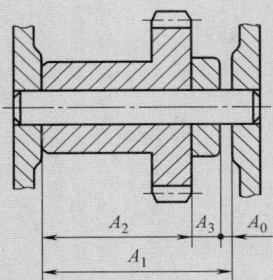

图 8-23 题 8-9 图

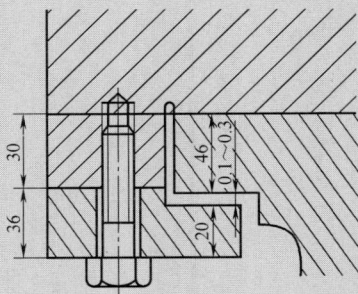

图 8-24 题 8-11 图

8-12 图 8-25 所示为双联转子泵（摆线齿轮）的轴向装配关系简图。装配时要求在冷态下的装配间隙 $A_0=0.05~0.15$mm。各组成环公称尺寸为 $A_1=41$mm，$A_2=A_4=17$mm，$A_3=7$mm。

1) 采用完全互换装配法和大数互换装配法装配时，试分别确定各组成环尺寸公差及偏差。

2) 采用修配装配法装配时，A_2、A_4 按 IT9 制造，A_1 按 IT10 制造，选 A_3 为修配环。试确定修配环的尺寸及偏差，并计算可能出现的最大修配量。

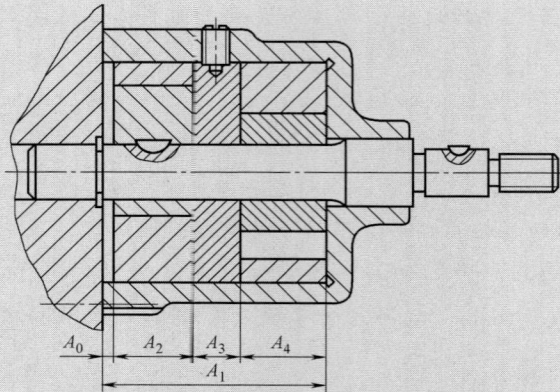

图 8-25　题 8-12 图

3) 采用调整法装配时，A_1、A_2、A_4 均按上述公差等级制造，选 A_3 为固定调整环，取 $T(A_3) = 0.02$mm，试计算垫片的尺寸系列。

第九章
现代制造技术

为适应现代机械产品"高、精、尖、细"的需要，适应世界经济市场多变的特点，以提高机械产品生产率和加工质量为主要目标，机械制造技术的发展出现了许多新技术，如现代成形和改进技术、现代加工技术、现代制造系统和管理技术等。根据当代机械制造技术的发展趋势，本章主要介绍精密加工与细微加工、高速加工、特种加工、数字化制造、绿色制造和智能制造。

第一节　精密加工与细微加工

一、精密与超精密加工

（一）精密与超精密加工的概念

精密加工是指在一定的发展时期，加工精度和表面质量达到较高程度的加工工艺。现阶段精密加工的误差范围达到 $0.1 \sim 1\mu m$，表面粗糙度 $Ra < 0.1\mu m$，称为亚微米加工。超精密加工则是指在一定的发展时期，加工精度和表面质量达到最高程度的加工工艺，现阶段超精密加工的误差可以控制到小于 $0.1\mu m$，表面粗糙度 $Ra < 0.01\mu m$，已发展到纳米加工的水平。

1983 年，日本的田口教授在考察了许多精密与超精密加工实例的基础上，对精密与超精密加工的现状进行了总结，并对其发展趋势进行了预测，如图 9-1 所示。30 多年后的今天重新审视这张图，仍然较准确地把握了精密与超精密加工的过去、现状和未来。

精密与超精密加工属于机械制造中的尖端技术，是发展其他高新技术的基础和关键。例如，为了提高导弹的命中精度，导航陀螺仪球的圆度误差要求控制在 $0.1\mu m$ 之内，表面粗糙度要求 $Ra < 0.01\mu m$；喷气发动机转子的加工误差从 $60\mu m$ 降到 $12\mu m$，可使发动机的压缩效率从 89% 提高到 94%；磁盘记录的密度也在很大程度上取决于磁盘基片加工的平面度水平。因而精密与超精密加工技术的高低是衡量一个国家制造业水平的重要标志。

精密与超精密加工技术涉及许多基础学科（如物理学、化学、力学、电磁学、光学等）和多种新兴技术（如材料科学、计算机技术、自动控制技术、精密测量技术、现代管理科学等）。精密与超精密加工技术的发展，既有赖于这些学科和技术的发展，又会带动和促进相关科学技术的发展，精密与超精密加工技术已经构成高新技术的一个重要生长点。

（二）精密与超精密加工的特点

与一般加工方法相比，精密与超精密加工具有如下特点：

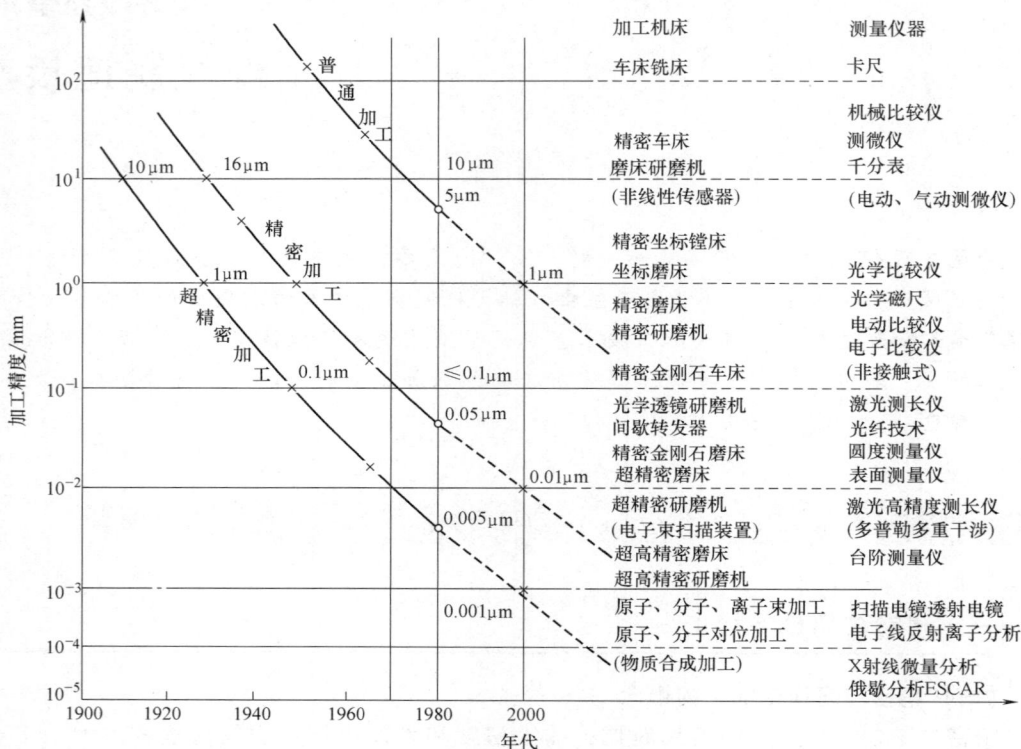

图 9-1 加工精度和年代的关系

（1）"进化"加工原理 一般加工时机床的精度总是高于被加工零件的精度，这一规律称为"蜕化"原理。对于精密与超精密加工，可利用低于零件精度的设备、工具，通过工艺手段和特殊的工艺装备，加工出精度高于"母机"的零件，这种方法称为直接式进化加工，常用于单件、小批量生产。间接式进化加工是借助于直接式进化加工原理，生产出第二代更高精度的工作母机，再以此工作母机加工零件。间接式进化加工适用于批量生产。

（2）微量切削机理 与传统切削机理不同，精密与超精密加工中，背吃刀量一般小于晶粒大小，切削在晶粒内进行，必须克服分子与原子之间的结合力，才能形成微量或超微量切屑。

（3）综合制造工艺 精密与超精密加工中，要达到加工要求，需要综合考虑加工方法、加工设备与工具、检测手段、工作环境等多种因素。

（4）自动化　在精密与超精密加工中，广泛采用计算机控制、自适应控制、在线自动检测与误差补偿技术，以减少人为影响因素，保证加工质量。

（5）精密测量　精密测量是精密与超精密加工的必要条件，常成为精密与超精密加工的关键。

（6）特种加工与复合加工　传统切削与磨削方法，加工精度有限，精密与超精密加工常采用特种加工与复合加工等新的加工方法。

（三）精密与超精密加工方法

根据加工过程中加工对象材料重量的增减，精密与超精密加工方法可分为去除加工（加工过程中工件重量减少）、结合加工（加工过程中工件重量增加）和变形加工（加工过程中工件重量基本不变）。精密与超精密加工方法根据其机理和能量性质可分为力学加工（利用机械能去除材料）、物理加工（利用热能去除材料或使材料结合、变形）、化学和电化学加工（利用化学和电化学能去除材料或使材料结合、变形）和复合加工（上述加工方法的复合）。各种精密与超精密加工的分类、加工机理和加工方法示例见表 9-1。

表 9-1　各种精密与超精密加工的分类、加工机理和加工方法示例

分类	加工机理		加工方法示例
去除加工	电物理加工		电火花加工（成形、线切割）
	电化学加工		电解加工、蚀刻、化学机械抛光
	力学加工		切削、磨削、研磨、抛光、超声波加工
	热蒸发（扩散、溶解）		电子束加工、激光加工
结合加工	附着加工	化学	化学镀覆、化学气相沉积
		电化学	电镀、电铸
		热熔化	真空蒸镀、熔化镀
	注入加工	化学	氧化、渗氮、化学气相沉积
		电化学	阳极氧化
		热熔化	掺杂、渗碳、烧结、晶体生长
		物理	离子注入、离子束外延
	接合加工	热物理	激光焊接、快速成形
		化学	化学粘接
连接加工	热流动		精密锻造、电子束流动加工、激光流动加工
	黏滞流动		精密铸造、压铸、注塑
	分子定向		液晶定向

由表 9-1 可知，精密与超精密加工方法有些是传统加工方法的精化和提高，有些是特种加工方法的精化和提高，也有些是传统加工方法和特种加工方法的复合。由于精密与超精密加工方法很多，下面择其主要几种方法进行介绍。

1. 金刚石刀具超精密切削

金刚石刀具超精密切削是微量切削，故其机理与一般切削有较大的差别。金刚石刀

具超精密切削时，其背吃刀量可能小于晶粒的大小，切削在晶粒内进行，切削力一定要超过晶体内部原子、分子结合力，切削刃上所承受的应力就急剧增加。切削低碳钢时，其应力值接近抗剪强度。因此切削刃会受到很大的应力，同时产生很大的热量，切削刃切削处的温度极高，要求刀具材料应具有很高的高温强度和热硬性。金刚石刀具不仅具有很高的高温强度和热硬性，而且由于金刚石材料质地细密，经精细研磨，切削刃钝圆半径可达 $0.02 \sim 0.005\,\mu m$，表面粗糙度值可以很小，因此能够进行 $Ra = 0.05 \sim 0.008\,\mu m$ 的镜面切削。

一般精密与超精密切削通常都是在低速、低压、低温下进行的，切削力小，切削温度低，工件被加工表面塑性变形小，加工精度高，表面粗糙度值小，尺寸稳定性好。金刚石刀具超精密切削是在高速、小背吃刀量、小进给量下进行的，是高应力、高温切削，由于切屑极薄，切削速度高，不会波及工件内层，因此塑性变形小，可以获得高精度、小表面粗糙度值的加工表面。

2. 精密磨削

精密磨削主要靠砂轮的精细修整，使磨粒具有微刃性和等高性，磨削后，加工表面留下大量微细的磨削痕迹，残留高度极小，加上无火花磨削阶段的作用，可获得高精度、小表面粗糙度值的加工表面。精密磨削的机理可以归纳为：

1）微刃的微切削作用。

2）微刃的等高切削作用。

3）微刃的滑挤、摩擦、抛光作用。

精密磨削时，磨粒上大量等高微刃是用金刚石修整工具以极低而均匀的进给精细修整而得的，砂轮修整是精密磨削的关键之一。精密磨削所用砂轮的选择以易产生和保持微刃为原则。砂轮的粒度可选择粗、细两种，粗粒度砂轮经过精细修整，微刃切削作用是主要的；细粒度砂轮经过精细修整，摩擦、抛光作用比较显著，其加工表面粗糙度值比粗粒度砂轮所加工的要小。

影响精密磨削质量的因素很多，除砂轮的选择与修整以外，磨床的精度及结构、磨削工艺参数、工作环境等诸多因素都有影响。

3. 超硬磨料砂轮精密与超精密磨削

超硬磨料砂轮主要指金刚石砂轮和立方氮化硼砂轮，主要用来加工难加工材料，如各种高硬度、高脆性材料，如硬质合金、陶瓷、玻璃、半导体材料等。超硬磨料砂轮磨削的共同特点是：①可加工各种高硬度、高脆性的难加工材料；②磨削能力强，耐磨性好、寿命长，易于控制加工尺寸；③磨削力小，磨削温度低，加工表面质量好；④磨削效率高；⑤加工综合成本低。

超硬磨料砂轮磨削时，也有砂轮选择、机床结构、磨削工艺、砂轮修整和平衡、磨削液等问题，其中比较突出的是砂轮修整问题。

分析砂轮的修整过程，可分为整形和修锐两个阶段。整形是使砂轮达到一定几何形状要求；修锐是去除磨粒间的结合剂，使磨粒凸出结合剂一定高度，形成足够的切削刃和容屑空间。超硬磨料砂轮因修整困难，常分整形和修锐两步进行。整形要求效率高，几何形状精度高；修锐要求磨削性能好。方法是去除金刚石颗粒之间的结合剂，而不是将金刚石颗粒修锐出切削刃。超硬磨料砂轮修整的方法很多，视不同的结合剂材料而不同，具体有：

（1）车削法 用单点、聚晶金刚石笔修整，修整精度和效率较高，但砂轮切削能力较低。

（2）磨削法 用碳化硅砂轮修整，修整质量好，效率较高，是目前最广泛采用的方法。

（3）电解加工法 电解加工法有电解修锐法、电火花修整法，用于金属结合剂砂轮的修整，效果较好。其中电解修锐法的效果比较突出，已广泛地用于金刚石微粉砂轮的修锐，并易于实现在线修锐，如图9-2所示。

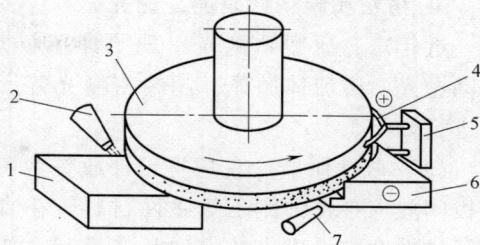

图9-2 电解修锐法
1—工件 2—切削液喷嘴 3—超硬磨料砂轮
4—电刷 5—支架 6—负电极 7—电解液喷嘴

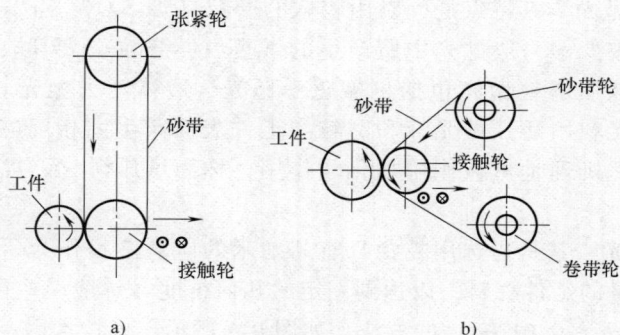

图9-3 砂带磨削方式
a）闭式砂带磨削 b）开式砂带磨削

4. 精密和超精密砂带磨削

砂带磨削是一种新型的高效磨削方法，能得到很高的加工精度和表面质量，具有广泛的应用范围。

砂带磨削方式可分为闭式和开式两种，如图9-3所示。闭式砂带磨削采用环形砂带，通过张紧轮张紧，由电动机通过接触轮带动砂带高速运动（线速度达30m/s），工件回转或移动（加工平面），砂带头架做纵向及横向进给，从而对工件进行磨削。砂带磨钝后，更换一条新砂带即可。这种磨削方式效率高，但噪声大，易发热，可用于粗加工和精加工。

开式砂带磨削采用成卷砂带，由电动机经减速机构驱动卷带轮，带动砂带做缓慢移动，砂带绕过接触轮外圆，以一定的工作压力与工件被加工表面接触，工件回转或移动（加工平面时），砂带头架或工作台做纵向及横向进给，从而对工件进行磨削。由于砂带在磨削过程中的连续缓慢移动，切削区域不断出现新磨粒，因此磨削工作状态稳定，磨削质量好，常用于精密和超精密磨削。

砂带磨削按砂带与工件的接触形式可分为接触轮式、支承板式、自由浮动接触式等；按照加工表面类型来可分为外圆、内圆、平面、成形表面等磨削方式。

5. 精密和超精密研磨、抛光

近年来，研磨和抛光出现了许多新方法，如磁性研磨、电解研磨、软质磨粒抛光、浮动抛光、磁流体抛光、超精密抛光等。下面仅就磁性研磨、软质磨粒抛光和超精密抛光进行介绍。

（1）磁性研磨　它是将工件放在两磁极之间，工件和极间放入含铁的刚玉等磁性材料，在直流磁场的作用下，磁性磨粒沿磁力线方向整齐排列，如同刷子一般对被加工表面施加压力。研磨压力的大小，随磁场中磁通密度及磁性磨料填充量的增大而增大。研磨时，工件一边旋转，一边沿轴线方向振动，使磁性磨料与被加工表面产生相对运动，对工件进行研磨。这种方法可研磨轴类零件内、外圆表面，如图9-4所示。

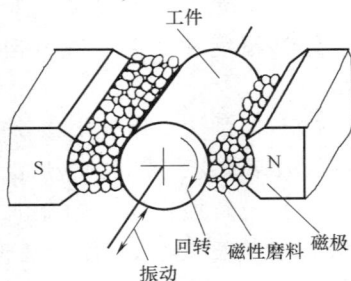

图9-4　磁性研磨原理

（2）软质磨粒抛光　其特点是可以用较软的磨粒（如 SiO_2、ZrO_2）来抛光，它不产生机械损伤，大大减少了一般抛光中所产生的微裂纹、磨粒嵌入等缺陷，可获得极好的表面质量。典型的软质磨粒抛光包括机械化学抛光、液体动力抛光、弹性发射加工等。其中，机械化学抛光利用活性抛光液和磨粒与工件表面产生固相反应，形成软粒子，使其便于加工。其加工机理是机械作用加化学作用，称为增压活化。机械化学抛光原理如图9-5所示。

（3）超精密抛光　它是指选用粒径只有几纳米的研磨微粉作为研磨磨料，将其注入研具，用以去除微量的工件材料，以达到一定的几何精度（一般误差在 $0.1\mu m$ 以下）及表面粗糙度（一般 $Ra \leqslant 0.01\mu m$）的方法，如图9-6所示。该技术用于制造高精度、高表面质量的零件，它对抛光机中磨盘的材料构成和技术要求近乎苛刻，是由特殊材料合成的钢盘，不仅要满足自动化操作的纳米级精密度，更要具备精确的热胀系数。当抛光机处在高速运转状态时，如果热膨胀作用导致磨盘的热变形，基片的平面度和平行度就无法保证，而这种不能被允许发生的热变形误差是几纳米。其主要应用领域包括集成电路制造、医疗器械、汽车配件、数码配件、精密模具及航空航天等。该技术号称是技术灵魂，在现代制造业中具有非常重要的地位，但如今也被评为"卡住中国脖子的35项技术"之一。目前，美国、日本等国际顶级的抛光工艺已可满足60in（1524mm）基片原材

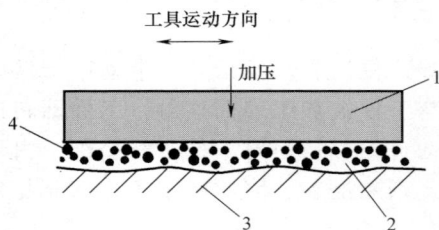

图9-5　机械化学抛光原理

1—抛光工具　2—间隙　3—工件　4—活性抛光液

图9-6　超精密抛光

料的精密抛光要求（属超大尺寸），掌控着超精密抛光工艺的核心技术，牢牢把握了全球市场的主动权。对于整体工艺技术来说，我国仅仅只掌握了抛光液的相关技术，但这只是基础，当务之急是要解决磨盘问题，然后解决抛光面积扩大问题。

二、微细加工与纳米技术

（一）微细加工

微细加工通常是指 1mm 以下微细尺寸零件的加工，其加工误差为 $0.1 \sim 10\mu m$。超微细加工通常是指 $1\mu m$ 以下超微细尺寸零件的加工，其加工误差为 $0.01 \sim 0.1\mu m$。

与超精密加工相类似，根据其加工过程中加工对象材料重量的增减，微细加工可分为去除加工、结合加工和变形加工；根据其机理和能量性质，微细加工可分为力学（机械）加工、物理（热能）加工、化学和电化学加工以及复合加工。

1. 微细机械加工

微细机械加工主要采用铣、钻、车三种形式，可加工平面、型腔、内外圆柱表面。微细机械加工多采用单晶金刚石刀具，如图 9-7 所示的铣刀刀头。铣刀的回转半径靠刀尖相对于回转轴线的偏移来得到（可小到 $5\mu m$）。当刀具回

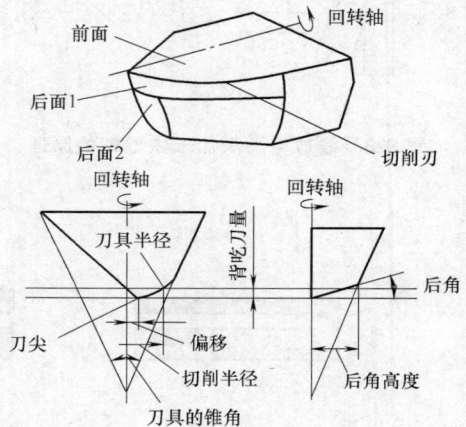

图 9-7 单晶金刚石铣刀刀头

转时，刀具的切削刃形成一个圆锥形的切削面。对于孔加工，孔的直径取决于钻头的直径，用于微细加工的麻花钻直径可小到 $50\mu m$。

2. 微细电加工

对于一些刚度小的工件和特别微小的工件，用机械加工很难实现，必须使用电加工、光刻化学加工或生物加工的方法，如线放电磨削或线电化磨削。图 9-8 所示为线放电磨削加工微型轴的原理。图 9-8 中用做加工工具的电极丝在导丝器导向槽的夹持下靠近工件，在工件和电极丝之间加有放电介质。加工时工件做旋转和直线进给运动，去除工件的加工余量。利用数字控制导丝器和工件之间的相对运动，可以加工出不同的工件形状，如图 9-9 所示。微细电加工所用的脉冲电源的放电量只是一般电火花加工的 1%。线电化磨削与线放电磨削的加工机床和工艺基本相似，只是在工件和电极丝之间浸入电解液，并采用低压直流电源。

3. 光刻加工

光刻加工是微细加工中广泛使用的一种加工方法，主要用于制作半导体集成电路以及塑料模具型腔表面加工等，其工作原理如图 9-10 所示。光刻加工的主要过程如下：

（1）涂胶　把光致耐蚀剂涂敷在已镀有氧化膜的半导体基片上。

（2）曝光　曝光方法有两种：一种是由光源发出的光束经掩膜在光致耐蚀剂涂层上

成像，称为投影曝光；另一种是将光束聚焦成细小束斑，通过扫描在光致耐蚀剂涂层上绘制图形，称为扫描曝光。常用的光源有电子束、离子束等。

（3）显影与烘片　曝光后的光致耐蚀剂在一定的溶剂中将曝光图形显示出来，称为显影。显影后进行 200~250℃ 的高温处理，以提高光致耐蚀剂的强度，称为烘片。

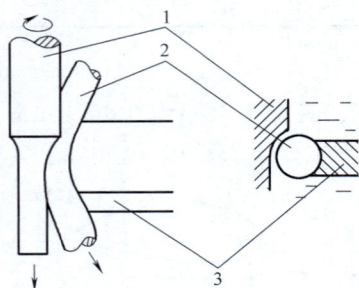

图 9-8　线放电磨削加工微型轴的原理

1—工件　2—金属丝　3—导丝器

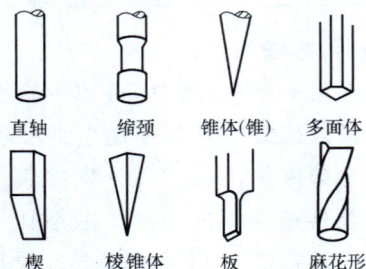

图 9-9　线放电磨削加工的各种工件

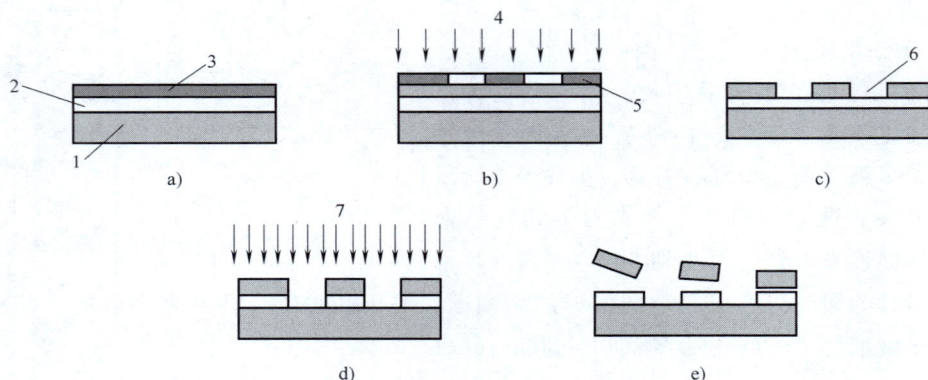

图 9-10　光刻加工过程

a）涂胶　b）曝光　c）显影　d）刻蚀　e）剥膜

1—基片　2—氧化膜　3—光致耐蚀剂　4—光源（电子束）　5—掩膜　6—窗口　7—离子束

（4）刻蚀　利用化学和物理方法，将没有光致耐蚀剂部分的氧化膜除去并形成沟槽，称为刻蚀。常用的刻蚀方法有化学刻蚀、离子刻蚀、电解刻蚀等。化学刻蚀常用于塑料模具型腔表面加工，以形成塑料制品表面的各种花纹或图案。

（5）剥膜（去胶）　用剥膜液去除光致耐蚀剂，然后进行水洗和烘干处理。

半导体集成电路光刻加工设备要求有很高的定位精度，一般要求定位误差小于 $0.1\mu m$，重复定位误差要求小于 $0.01\mu m$。

（二）纳米技术与纳米加工

纳米技术通常是指纳米级（0.1~100nm）的材料、设计、制造、测量和控制技术。纳米技术涉及机械、电子、材料、物理、化学、生物、医学等多个领域。下面仅就纳米测量与加工技术进行介绍。

1. 纳米测量技术

1981 年，在 IBM 苏黎世实验室发明了扫描隧道显微镜（STM），可用于观察 0.1nm 级的表面形貌。STM 工作原理基于量子力学的隧道效应，如图 9-11 所示。当两电极之间的距离缩小到 1nm 时，由于粒子的波动性，电流会在外加电场作用下穿过绝缘势垒，从一个电极流向另一个电极，即产生隧道电流。当一个电极为非常尖锐的探针时，由于尖端放电而使隧道电流加大。

由于探针与试件表面距离对隧道电流密度非常敏感，用探针在试件表面扫描时，就可以将它"感觉"到的原子级高低和状态信息记录下来，经过信号处理，可得到试件纳米级三维表面形貌。

STM 有两种测量模式：一种是探针以不变高度在试件表面扫描，通过隧道电流的变化而得到试件表面形貌信息，称等高测量法（见图 9-11a）；另一种是探针在试件表面扫描时与试件表面距离不变，由探针移动直接描绘试件表面形貌，称恒电流测量法（见图 9-11b）。

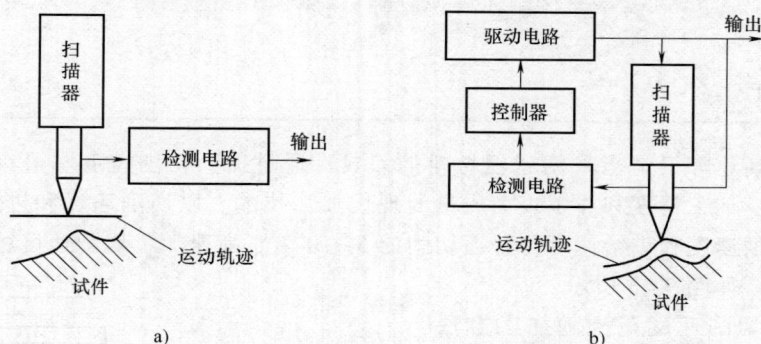

图 9-11　STM 工作原理
a）等高测量法　b）恒电流测量法

2. 纳米加工技术

扫描隧道显微镜不仅可用于测量，也可用来直接移动原子或分子，实现纳米加工。当 STM 探针尖端的原子距离工件的某个原子极小时，其引力可以克服工件其他原子对该原子的结合力，使被探针吸引的原子随针尖移动而又不脱离工件表面，从而实现工件表面原子的搬迁。最早实现原子搬迁的是 IBM 实验室研究人员，他们于 1990 年用 STM 将 Ni（110）表面吸附的 Xe 原子逐一搬迁，最终以 35 个 Xe 原子排列成"IBM"三个字母。1995 年，我国真空物理研究所的研究员在高真空、高温状态下，借助于原子搬迁在 Si（111）表面上加工出了"#"图案。2006 年，王中林教授成功研制出世界上最小的发电机——纳米发电机，这种发电机被认为将对人类和社会的可持续发展产生巨大的利益，有望在不久的将来改变世界。图 9-12 所示为利用摩擦纳米发电机设想开发的海洋蓝色能源技术，该技术可从海浪中获取大量能源以解决世界未来的能源需求。

除了在 STM 上用原子搬迁法进行纳米级加工外，还可以应用化学沉积、电流曝光以及光刻电铸等方法进行纳米级加工。

图 9-12　网络状虚拟结构（右上角是设计的球形纳米发电机）

第二节　高速加工

一、概述

一般认为高速加工是指采用超硬材料的刀具，通过提高切削速度和进给速度，以提高材料切除率、加工精度和加工表面质量的现代加工技术。以切削速度和进给速度界定：高速加工的切削速度和进给速度为普通切削的 5~10 倍。高速加工切削速度范围因不同的工件材料而异，如图 9-13 所示。

高速加工切削速度范围随加工方法不同而不同：高速车削的切削速度范围通常为 700~7000m/min，高速铣削的速度范围为 300~6000m/min，高速钻削的速度范围为 200~1100m/min，而高速磨削的速度范围为 50~300m/s。

以主轴转速界定：高速加工的主轴转速 $n \geqslant 10000$ r/min。

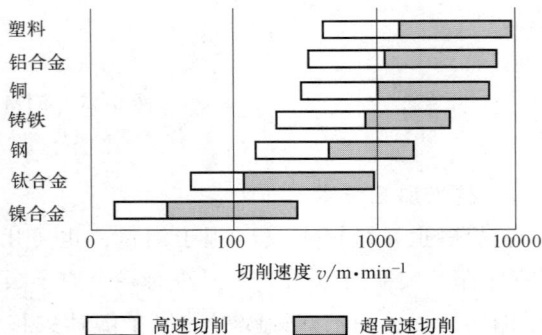

图 9-13　高速与超高速加工切削速度范围

1. 高速加工的特点

与普通加工相比，高速加工具有如下特点：

（1）加工效率高　进给率较常规切削提高 5~10 倍，材料去除率可提高 3~6 倍。

（2）切削力小　较常规切削至少降低 30%，径向切削力降低更明显，这样更有利于减小工件受力变形，适于加工薄壁件和细长件。

（3）切削热少　加工过程迅速，95% 以上的切削热被切屑带走，工件积聚热量少、温升低，适合于加工熔点低、易氧化和易于产生热变形的零件。

（4）加工精度高　高速加工刀具激振频率远离工艺系统固有频率，不易产生振动；由于切削力小，热变形小，残余应力小，易于保证加工精度和表面质量。

（5）工序集中　利用同一设备既可对工件进行高速粗加工，也可进行高速精加工，实现工序集中。工序集中对于模具加工具有特别的意义。

2. 高速加工的应用

目前，高速加工已在航空航天、汽车、模具、仪器仪表等领域得到广泛应用。航空航天工业中许多带有大量薄壁、细筋的大型轻合金整体构件，采用高速加工，材料去除率达 $100\sim180\mathrm{cm}^3/\mathrm{min}$，并可获得良好的质量。此外航空航天工业中许多镍合金、钛合金零件，也适于采用高速加工，切削速度达 $200\sim1000\mathrm{m/min}$。

在汽车工业中，目前已出现由高速数控机床和高速加工中心组成的高速柔性生产线，可以实现多品种、中小批量生产，以满足汽车市场不断更新换代的需要。

用高速铣削代替传统的电火花成形加工模具，可使模具制造效率提高 3～5 倍。对于复杂型面模具，模具精加工费用往往占到总费用的 50% 以上，采用高速加工，可使模具精加工费用大大减少，从而降低模具生产成本。

在仪器仪表工业中，目前高速加工主要用于精密光学零件加工。

3. 高速加工的关键技术

高速加工具有众多的优点，但由于技术复杂，相关技术要求高，高速加工的应用仍然受到一定的限制。与高速加工密切相关的技术主要有：

1）高速加工刀具、磨具材料与制造技术。

2）高速主轴单元与高速进给单元制造技术。

3）高速加工在线检测与控制技术。

4）其他技术，如高速加工毛坯制造技术、干切技术、排屑技术、安全防护技术等。

二、高速切削刀具

目前用于高速切削的刀具材料主要有金刚石、立方氮化硼和陶瓷。下面仅就金刚石和立方氮化硼刀具高速切削的机理及应用做些介绍。

1. 金刚石

金刚石有天然金刚石和人造金刚石之分。天然金刚石价格昂贵，刃磨困难，主要用于加工精度和表面粗糙度要求极高的零件，如激光反射镜、感光鼓、磁盘等。

人造金刚石是在高温、高压条件下，借助于某些合金触媒的作用，由石墨转化而成。聚晶金刚石是人造金刚石的一种，它是由金刚石粉在高温高压下经二次压制而得到的。聚晶金刚石不存在各向异性，硬度略低于天然金刚石。

聚晶金刚石最早出现于 20 世纪 60 年代，由于其价格便宜，焊接方便，刃磨性好，因而一经出现就得到了广泛应用。目前，聚晶金刚石已在大部分场合代替了天然金刚石。表 9-2 列举了聚晶金刚石刀具在高速切削中的一些应用实例。

表 9-2　聚晶金刚石刀具在高速切削中的应用

加工对象	硬度	加工方式	工艺参数	加工效果
铝合金		端铣 钻削	$v=4000\mathrm{m/min}$ $v=360\mathrm{m/min}$	$Ra=0.8\sim0.4\mu\mathrm{m}$ $Ra=0.8\mu\mathrm{m}$

（续）

加工对象	硬度	加工方式	工艺参数	加工效果
共晶硅铝合金	71HRC	车削	$v = 600 \text{m/min}$ $f = 0.1 \text{mm/r}$	$Ra = 0.8 \mu\text{m}$
共晶硅	71HRC	铣削	$v = 2900 \text{m/min}$ $f = 0.018 \text{mm/r}$	$Ra = 0.8 \mu\text{m}$
玻璃纤维强化塑料	87HRA	车削	$v = 500 \text{m/min}$	$Ra = 0.8 \sim 0.4 \mu\text{m}$
热塑性醋酸盐		铣削	$v = 4500 \text{m/min}$ $v_f = 10 \text{mm/min}$	$Ra = 0.8 \mu\text{m}$
高 Si-Al 铸件		铣削	$v = 2200 \text{m/min}$	$Ra = 0.8 \mu\text{m}$

2. 聚晶立方氮化硼

聚晶立方氮化硼（PCBN）是立方氮化硼（CBN）的一种类型，于 1970 年问世，作为刀具材料，PCBN 具有以下良好性能：

（1）较高的硬度和耐磨性　CBN 晶体结构与金刚石相似，化学键类型相同，晶格常数相近，CBN 粉末硬度为 8000HV。PCBN 是将 CBN 粉末在高温高压下经过压制而得到的，其硬度为 3000~5000HV。切削耐磨材料时，其耐磨性为硬质合金刀具的 50 倍。

（2）高的热稳定性　PCBN 的热稳定性明显优于金刚石刀具。

（3）良好的化学稳定性　PCBN 在 1200~1300℃ 时不与铁系材料发生化学反应。对各种材料的粘结、扩散作用比硬质合金小得多。其化学稳定性优于金刚石刀具，特别适合于加工钢铁材料。

（4）良好的导热性　PCBN 的导热性仅次于金刚石，是硬质合金的 20 倍，且随温度升高而增加。这一特性使 PCBN 刀具刀尖处温度降低，减少刀具磨损，提高加工精度。

（5）较低的摩擦系数　PCBN 与不同材间的摩擦系数为 0.1~0.3（硬质合金为 0.4~0.6），且随切削速度的提高而减小。这一特性使切削变形和切削力减小，加工精度和表面质量提高。

PCBN 刀具主要用于加工硬度在 45HRC 以上的硬质材料，如各种淬硬钢、铸铁、高温合金、硬质合金、粉末金属喷涂材料等。采用 PCBN 切削淬硬钢时，当被切削工件材料硬度小于 50HRC 时，切削温度随材料硬度增加而增加；当工件材料硬度大于 50HRC 时，切削温度随材料硬度增加而有下降趋势，这种现象称为金属软化效应。金属发生软化，硬度下降，从而使加工易于进行。表 9-3 列出了 PCBN 刀具在高速切削中的一些应用实例。

表 9-3　PCBN 刀具在高速切削中的应用

加工对象	硬度	加工方式	工艺参数	加工效果
Cr15 钢轧辊	71HRC	车削	$v = 180 \text{m/min}$ $f = 5.6 \text{mm/r}$	$Ra = 0.8 \sim 0.4 \mu\text{m}$
Q255 热压板		端铣	$v = 800 \text{m/min}$ $f = 100 \text{m/min}$	$Ra = 1.6 \sim 0.8 \mu\text{m}$ 平面度 $0.02 \mu\text{m}$

（续）

加工对象	硬度	加工方式	工艺参数	加工效果
GCr15 轴承内孔	62HRC	磨削	$v=65\text{m/s}$ $f=0.018\text{mm/z}$	寿命比棕刚玉砂轮提高 170 倍；生产率提高一倍
K40 冷挤压模	87HRA	镗孔	$v=50\text{m/min}$	$Ra=0.8\sim0.4\mu\text{m}$
凸轮轴	60HRC	磨削	$v=80\text{m/s}$	寿命比单晶刚玉砂轮提高 20 倍；生产率提高 50%
40Cr	38HRC	立铣	$v=850\text{m/min}$	以铣代磨生产率提高 5~6 倍

三、高速主轴

实现高速切削的另一关键技术是研究开发高速切削机床和高速主轴。高速切削会产生很大的惯性力，因而机床床身、立柱等必须具有足够的强度、刚度和很好的阻尼特性。很多高速机床的床身和立柱材料采用聚合物混凝土或人造花岗岩，这种材料阻尼特性是铸铁的 7~10 倍，而密度只有铸铁的 1/3，因而可大大提高高速机床的动态特性。

高速主轴是高速切削最关键零件之一。目前，主轴转速在 10000~20000r/min 的加工中心越来越普及。转速高达 100000~200000r/min 的实用高速主轴也正在开发应用中。高速主轴由于转速极高，主轴零件在离心力作用下产生振动和变形；高速运转摩擦和大功率内装电动机产生的热会引起高温和变形，因此必须严格控制。为此对高速主轴提出了一些性能要求：①高转速和高转速范围；②足够的刚度和较高的回转精度；③良好的热稳定性；④大功率；⑤先进的润滑和冷却系统；⑥可靠的主轴监测系统。

传统的传动带、齿轮变速主传动系统由于本身的振动、噪声等原因，已不能适应高速主轴系统。高速主轴采用了交流伺服电动机直接驱动的"内装电动机"集成化结构，省去了传动部件，提高了可靠性。高速主轴要在极短的时间内实现升、降速，快速准停，这就要求主轴具有很高的角加速度。内装电动机主轴（电主轴）实现无中间环节的直接传动，是高速主轴单元的理想结构，其原理结构如图 9-14 所示。

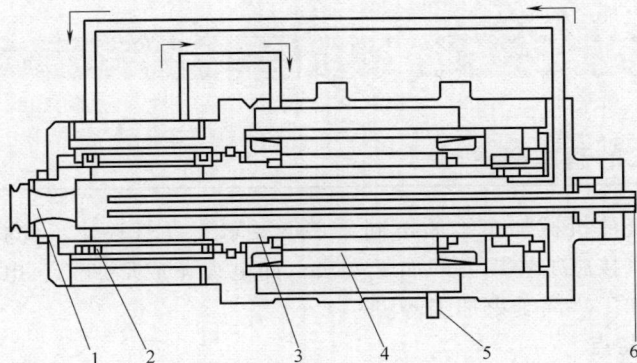

图 9-14 电主轴的原理结构

1—刀柄 2—轴承 3—主轴 4—定子 5—冷却油出口 6—冷却油进口

高速主轴采用电子传感器控制温度，利用水冷或油冷循环系统，使主轴在高速旋转时保持"恒温"。在环境温度为 10~40℃ 的条件下，一般可控制在 20~25℃ 范围内某一设定温度，精度为 ±(0.3~0.7)℃。同时使用油雾润滑、混合陶瓷轴承等新技术，可使主轴免维修、寿命长、精度高。

高速精密轴承是高速主轴单元的核心。为了适应高速切削加工，高速切削机床的主轴设计采用了先进的主轴轴承和润滑、散热等新技术。目前高速主轴主要采用混合陶瓷轴承、磁悬浮轴承和液体动静压轴承三种形式。主轴轴承的润滑对主轴转速、寿命的提高起着重要作用，高速主轴一般采用空气润滑或喷油润滑。

四、高速进给机构

高速切削时，为了保持刀具每齿进给量基本不变，随着主轴转速的提高，进给速度也必须大幅度提高。目前高速切削进给速度已高达 50~120m/min，要实现并准确控制这样高的进给速度，对机床导轨、传动丝杠、伺服系统、工作台结构等提出了新的要求。由于机床上进给直线运动行程一般较短，高速加工机床必须实现较高的进给加、减速才有意义。为了实现进给运动高速化的要求，在高速加工机床进给机构上主要采用如下措施：

（1）采用新型直线滚动导轨　直线滚动导轨中球轴承与钢导轨之间接触面积小，摩擦系数小，可大大减少进给"爬行"现象。

（2）采用滚珠丝杠　采用小螺距、大尺寸、高质量滚珠式丝杠或大螺距多头滚珠丝杠可在不降低精度的前提下获得较高的进给速度和进给加、减速度。

（3）采用数字化、智能化和软件化　高速切削机床已开始采用全数字交流伺服电动机和智能化、软件化控制技术。

（4）采用复合材料　通常采用碳纤维增强复合材料，不但可减轻工作台重量，又不损失其刚度，还可提高其动态特性。

（5）采用直线电动机　为提高进给速度，在进给机构中已使用先进、高速的直线电动机。

第三节　特种加工

一、特种加工的基本概念

特种加工与传统的机械加工本质不同，它不要求工具材料比工件材料更硬，是一种加工时无须对工件直接施加作用力的加工方法，如电火花成形加工、电火花线切割加工、激光加工、超声波加工、离子束加工等。

1. 特种加工的特点

1）特种加工不是依靠刀具和磨料来进行加工，而是利用电能、热能、光能、声能、化学能来去除金属或非金属材料，工件和工具之间无明显的机械作用力，因此加工时工件变形小，加工精度高。

2）特种加工的方法包括去除加工和结合加工。去除加工即分离加工，如电火花加工时，从工件上去除部分材料。结合加工又可分为附着加工、注入加工和接合加工。附着加工是在工件表面覆盖一层材料，如镀膜等；注入加工是将某些元素的离子注入工件表层，以改变工件表层的材料性质，如离子注入等；接合加工是使两个工件或两种材料接合在一起，如激光焊接、化学粘接等。

3）特种加工时，工具的强度和硬度可以低于工件的强度和硬度，同时工具的损耗很小，甚至无损耗，如激光加工、电子束加工等。

4）特种加工中能量易于转换和控制，工件在一次装夹中可以实现粗、精加工，有利于保证加工精度，提高生产率。

2. 特种加工的方法

特种加工的方法很多，根据加工机理和所采用的能源可以分为如下几类：

（1）力学加工　应用机械能进行加工，如超声波加工、喷射加工等。

（2）电物理加工　利用电能转换成热能、光能等进行加工，如电火花成形加工、电火花线切割加工、电子束加工、离子束加工等。

（3）电化学加工　利用电能转换为化学能进行加工，如电解加工、电镀加工等。

（4）激光加工　利用激光光能转换为热能进行加工。

（5）化学加工　利用化学能或光能转换为化学能进行加工，如化学腐蚀加工（化学铣削）、化学刻蚀（光刻加工）等。

（6）复合加工　将机械加工和特种加工叠加在一起形成复合加工，如电解磨削等。

下面就几种最常用的特种加工方法做一些介绍。

二、电火花成形加工

（一）电火花加工原理

随着人们对电腐蚀现象的深入研究，认识到在液体介质内进行重复性脉冲放电能对导电材料进行加工，早在第二次世界大战后期就发明了电火花加工。脉冲放电用于零件加工应该具备如下基本条件：

1）接有工具和工件的不同极性之间，必须保持一定的距离以形成放电间隙。间隙大小与加工电压、介质等有关，一般为 $0.01 \sim 0.1 \mathrm{mm}$。为了使脉冲放电能够连续进行，加工过程中必须保持放电间隙不变。

2）放电必须在具有一定绝缘性能的液体介质中进行。液体介质能将电蚀产物从放电间隙中排除出去并对电极表面进行冷却。大多数电火花机床采用煤油作为工作液进行穿孔和成形加工，在大功率工作条件下，也可采用水基工作液，如离子水、乳化液等。

3）脉冲波形是单向的，如图 9-15 所示。脉冲宽度（放电延续时间）t_1 应小于 $10^{-3}\mathrm{s}$，以使放电所产生的热量来不及从放电点过多地传导到其他的部位，集中在极小范围内，形成局部高温，使金属熔化，甚至汽化。相邻脉冲之间的间隔时间 t_0 称为脉冲间隔，它使放电介质有足够时间恢复到绝缘状态（称为消电离），以免引起持续电弧放电、烧伤加工表面。

4）具有足够的脉冲放电能量，以保证放电部位的金属熔化或汽化，保证电解加工的生产率。

电火花加工原理如图9-16所示。自动进给调节装置能使工件电极和工具电极之间始终保持一定的放电间隙。由脉冲电源输出的电压加在液体介质中的工件和工具电极上，当电压升高到间隙中介质的击穿电压时，使介质在绝缘强度最低处被击穿，产生火花放电。瞬间高温使工件和电极表面都被腐蚀（熔化、汽化）掉一小块材料形成凹坑去除材料，一次脉冲放电过程可分为电离、放电、热膨胀、抛出金属和消电离等几个连续阶段。一次脉冲放电之后，两极间的电压急剧下降到接近于零，间隙中的电介质立即恢复到绝缘状态。此后，两极间的电压再次升高，又在另一处绝缘强度最小的地方重复上述放电过程，多次脉冲放电不断地去除材料，达到成形加工的目的。

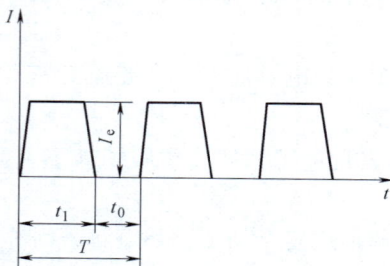

图 9-15 脉冲电流波形

t_1—脉冲宽度　t_0—脉冲间隔

T—脉冲周期　I_e—电流峰值

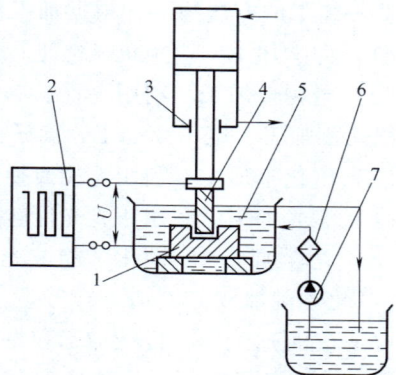

图 9-16 电火花加工原理

1—工件　2—脉冲电源
3—自动进给装置　4—工具电极
5—工作液　6—过滤器　7—泵

在脉冲放电过程中，工件和电极都会受到电腐蚀，但正、负两极的蚀除速度不同，称为极性效应。产生极性效应是由于电子质量小、惯性小，在电场力作用下容易在短时间内获得较大的运动速度，当采用较窄的脉冲宽度进行加工也能大量迅速地到达正极，轰击正极表面。而正离子质量大、惯性大，在相同时间内所获得的速度远小于电子，当采用较窄的脉冲宽度进行加工时，大部分正离子尚未到达负极表面，脉冲放电便已结束，因此负极的蚀除量小于正极。但是，当采用较宽的脉冲加工时，正离子有足够的时间加速得到较大的速度，也有足够的时间到达负极表面，因而质量大的正离子对负极的轰击作用远大于电子对正极的轰击，负极的蚀除量大于正极。

电极和工件的蚀除量不仅与脉冲宽度有关，还受电极和工件材料、加工介质（工作液）、电源种类、单个脉冲能量等因素的影响。在电火花加工过程中，极性效应越显著越好。充分利用极性效应，合理选择加工极性，可以提高加工速度，减少电极损耗。生产中将工件接正极的加工称为"正极性加工"或"正极性接法"；将工件接负极的加工称为"负极性加工"或"负极性接法"。极性的选择按加工目的结合经验确定，一般粗加工采用负极性加工，精加工采用正极性加工。

（二）电火花加工的特点及应用

1）电火花加工可以加工任何导电材料，不论其硬度、脆性、熔点如何。现已研究出加工非导电材料和半导体材料的电火花加工工艺。

2）电极和工件在加工过程中不接触，两者间的宏观作用力很小，因此便于加工小孔、深孔、窄缝等零件，而不受电极和工件强度、刚度的限制。

3）电极材料不要求比工件材料硬。

4）直接利用电、热能加工，便于实现加工过程的自动控制。

由于电火花加工的独特优点，加上数控电火花机床的普及，电火花加工已在机械制造、模具制造等部门广泛用于各种难加工材料和复杂形状零件的加工。

（三）影响电火花加工的主要工艺因素

电火花加工过程是一个复杂的多参数输入、多参数输出过程，其主要影响因素如下：

1．影响加工精度的因素

（1）电极损耗对加工精度的影响　在电火花加工过程中，电极会受到电腐蚀而损耗。电极损耗是影响加工精度的一个重要因素，因此应采取措施尽量减少电极损耗。

在加工过程中，电极的不同部位损耗不同。电极的尖角、棱边等凸起部位易形成尖端放电，因此比平坦部位损耗要快。电极的不均匀损耗会使加工精度下降。

电极的损耗受电极材料热物理常数的综合影响。当脉冲放电相同时，金属的熔点、沸点、比热容、熔化潜热、汽化潜热越高，则电极的耐蚀性越好，损耗越小。另外，热导率大的材料，在相同放电时间内能较多地把瞬时产生的热量从放电区传导出去，使热损耗相对增大，同时可以减少电极的损耗。常用的电极材料有纯铜、石墨、铸铁、钢和黄铜等。

此外电极损耗还受脉冲电源的电参数、加工极性、加工面积等因素的影响。因此，在电火花加工中应正确选择脉冲电源的电参数和加工极性；选用耐蚀性好、热物理性能好、加工工艺性好的材料制造电极；改善电火花加工工艺条件以减少电极损耗对加工精度的影响。

（2）放电间隙对加工精度的影响　由于放电间隙的存在，加工出的工件型孔尺寸和电极相比，沿加工轮廓要相差一个放电间隙（单边间隙）。若不考虑电蚀产物引起的二次放电（由电蚀产物在侧面间隙中滞留引起的电极侧面和工件已加工面之间的放电现象）和电极进给时机械误差的影响，放电间隙与脉冲宽度和脉冲电流峰值有关。要使放电间隙保持稳定，必须使脉冲电源的电参数保持稳定。同时还应使机床精度和刚度保持稳定，特别要注意电蚀产物在间隙中的滞留而引起的二次放电对放电间隙的影响。一般单边放电间隙 δ 为 $0.01 \sim 0.1\text{mm}$，采用稳定的脉冲电源和高精度机床，在加工过程稳定性良好的情况下放电间隙误差可控制在 0.05δ 的范围内。

（3）加工斜度对加工精度的影响　在加工过程中，随着加工深度的增加，电极下部的损耗大于上部的损耗，会产生加工斜度。此外，由于二次放电次数增多，侧面的间隙逐渐增大，使被加工型孔上面的间隙大于下面的间隙，出现加工斜度。加工斜度会使工件产生形状误差和尺寸误差。

二次放电次数越多，单个脉冲的能量越大，则加工斜度越大。二次放电的次数与电蚀产物的排除条件有关，因此，应从工艺上采取措施，及时排除电蚀产物，减少加工斜度。

2. 影响表面质量的因素

（1）表面粗糙度　电火花加工后的工件表面是由脉冲放电时所形成的大量凹坑重叠排列而形成的。在一定的加工条件下，加工表面粗糙度值随脉冲宽度和电流峰值的增大而增大，即表面粗糙度值随单个脉冲能量的增大而增加，要使表面粗糙度 Ra 值小，就必须减小单个脉冲能量，即采用较小的峰值电流和较窄的脉冲宽度。

电火花加工表面的 Ra 值，粗加工可达 12.5μm，精加工可达 3.2~0.8μm，微细加工可达 0.8~0.2μm。

（2）表面层变化　经电火花加工的表面将产生包括凝固层和热影响层的表面变化层，它的化学、物理、力学性能等均有所变化。

表面变化层的厚度与工件材料及脉冲电源参数有关，它随脉冲能量的增加而增厚。凝固层的硬度一般比较高，因此电火花加工后的工件耐磨性比机械加工的好。

（3）影响生产率的因素　单位时间内从工件上蚀除的金属量称为电火花加工生产率。生产率的高低受加工极性、工件材料的热物理常数、脉冲电源、电蚀产物的排除情况等因素有关。

增加单个脉冲能量可以提高电火花加工生产率。但增大单个脉冲能量会使加工表面粗糙度 Ra 值增加，因此，采用增大单个脉冲能量的办法来提高生产率仅用于粗加工和半精加工。

提高脉冲频率（即缩短脉冲宽度和脉冲间隙）也是提高电火花加工生产率的有效方法。但脉冲间隙太小会使工作液来不及通过消电离恢复绝缘，使间隙经常处于击穿状态，形成连续的电弧放电，破坏电火花加工的稳定性，影响加工质量。缩小脉冲宽度虽然可以提高脉冲频率，但会降低单个脉冲能量，因此只能在精加工时采用。

三、电火花线切割加工

电火花线切割加工也是通过工具电极和工件之间脉冲放电时的电腐蚀作用，对工件进行加工的。电火花线切割加工采用连续移动的金属丝作为电极，接脉冲电源负极；工件接脉冲电源的正极，如图9-17所示。工件（工作台）相对电极丝按预定的要求在平面内做 X、Y 方向的运动，从而使电极丝沿着所要求的切割路线进行电火花放电，实现切割加工，加工中电蚀产物由循环流动的工作液带走。

电极丝以一定的速度运动（称为走丝运动），其目的是减少电极损耗，且不被火花放电烧断，同时也有利于电蚀产物的排除。

电火花线切割加工机床可以分为两大类，即高速走丝线切割机床和低速走丝线切割机床。高速走丝线切割机床，电极丝绕在卷丝筒上，并通过导丝轮形成锯弓状，电动机带动卷丝轮进行正反转动，转丝筒配合其正反转动与走丝板一起在 x 方向做往复移动，并使电极丝得到周期往复运动，走丝速度一般为 10m/s 左右。电极丝使用一段时间后要更

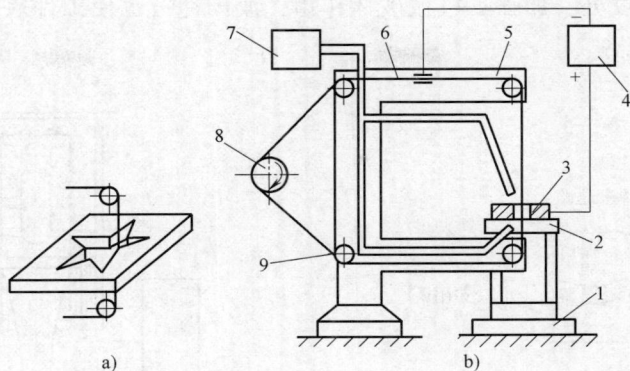

图 9-17 电火花线切割加工示意图

a）切割工件　b）加工示意图

1—工作台　2—夹具　3—工件　4—脉冲电源　5—丝架　6—电极丝

7—工作液箱　8—卷丝筒　9—导丝轮

换新丝，以免因损耗造成断丝而影响加工。低速走丝线切割机床采用成卷铜丝作为电极丝，经张紧机构和导丝轮形成锯弓状为单方向运动，走丝速度为 2～8m/min。低速走丝电极丝在加工过程中损耗较大，为消除电极丝损耗对加工精度的影响，电极丝为一次性使用。低速走丝平稳无振动，加工精度高。

电火花线切割机床属于数字化控制机床，数控电火花线切割机床有二维切割、斜度（锥度）切割、重复切割、半径补偿、图形缩放、动态模拟加工等功能，广泛应用于难加工材料的切割加工。

四、其他特种加工方法

1. 电解加工

电解加工是在工具和工件之间接上直流电源，工件接正极，工具接负极，两极间外加直流电压 24～63V，极间间隙保持 0.1～1mm，间隙处通以高速流动电解液，形成极间导电通路，产生电流。工件正极表面材料不断产生溶解，溶解物被高速流动的电解液及时冲走，工具电极不断进给以保持极间间隙，其原理如图 9-18 所示。

电解加工的特点与电火花加工类似，不同之处有以下几点：

1）加工型面、型腔生产率高，比电火花加工高 5～10 倍。

2）工具电极损耗小，加工表面质量好，表面无毛刺。

3）局部棱角、小圆角很难加工，加工精度不及电火花加工。

4）设备要求防腐蚀、防污染，需配置污水处理系统。

2. 超声波加工

超声波加工是利用工具做超声振动，通过工具与工件之间的磨料悬浮液进行加工，如图 9-19 所示。加工时工具以一定的力压在工件上，由于工具的超声振动，使悬浮磨粒以很大的速度、加速度和超声频撞击工件，工件表面受击处产生破碎、裂纹、脱离而成微粒，磨料悬浮液受工具端部的超声振动作用，产生液压冲击和空化现象，促使液体渗入被加工材料的裂纹处，加强了机械破坏作用，液压冲击也使工件表面损坏而蚀除，达到去除材料的目的。

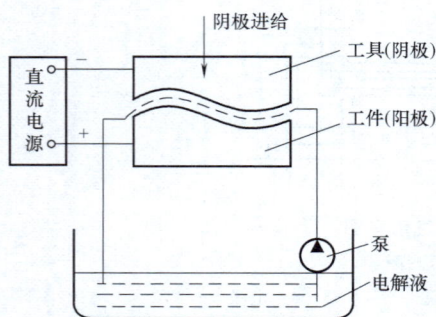

图 9-18　电解加工原理

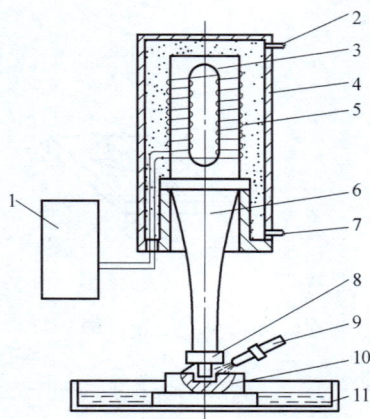

图 9-19　超声波加工原理

1—超声波发生器　2—冷却水入口　3—换能器
4—外罩　5—循环冷却水　6—变幅杆　7—冷却水出口
8—工具　9—磨料悬浮液　10—工件　11—工作槽

超声波加工的特点如下：

1）适于加工各种硬脆金属材料和非金属材料，如硬质合金、淬火钢、陶瓷等。

2）加工过程受力小，热影响小，可加工薄壁、薄片等易变形零件。

3）被加工表面无残余应力，无破坏层，加工精度较高，表面质量较好。

4）可加工各种复杂形状的型孔、型腔和型面。

5）生产率较低。

超声波加工的应用范围十分广泛，已成功地用于小深孔、槽的加工，也可用于模具型腔、型孔的抛光加工及机械零件的超声清洗等。

3. 激光加工

激光是一种通过受激辐射而得到的加强光。其特点是强度高、亮度大；波长频率确定，单色性好；相干性好，相干长度长；方向性好，几乎是一束平行光。

如图 9-20 所示，由激光器发出的激光，经光学系统聚焦后，照射到工件表面上，光能被吸收，转化为热能，使照射斑点处局部区域温度迅速升高，材料被熔化、汽化而形

图 9-20　激光加工原理

1—激光器　2—光闸　3—反射镜　4—聚焦镜
5—工件　6—工作台　7—控制器

成小坑。由于热扩散，使斑点周围材料熔化，小坑内材料蒸气迅速膨胀，产生微型爆炸，将熔融物高速喷出并产生一个方向很强的反冲击波，于是在加工表面打出一个上大下小的孔。

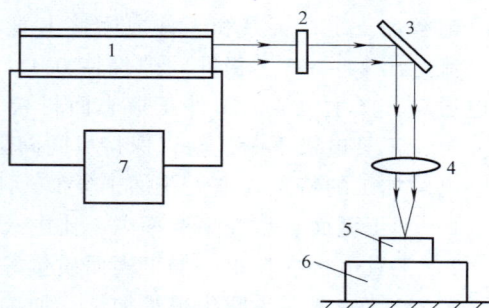

激光加工是一种非常有前途的精密加工方法，其特点是：

1）加工精度高。激光束斑直径可达 $1\mu m$ 以下，可进行微细加工，由于是非接触式加工，加工时工件变形小，加工精度高。

2）加工材料范围广。可加工陶瓷、玻璃、金刚石、硬质合金等各种金属和非金属材料，特别是难加工材料。

3）加工性能好。工件可离开加工机进行加工，并可透过透明材料进行加工。

4）不仅可进行打孔、切割，也可进行表面改性、焊接、热处理等多种加工。

5）加工速度快、效率高。

6）加工设备价格昂贵，加工成本高。

第四节 数字化制造

数字化制造包括的内容很多，本节主要介绍利用计算机和数控加工设备对产品零件进行计算机辅助设计和辅助制造，以及在此基础上发展起来的柔性制造系统、计算机集成制造系统和 3D 打印技术与增材制造。

一、计算机辅助设计与制造

计算机辅助设计与制造（CAD/CAM）有广义与狭义之分，狭义 CAD/CAM 是指工程技术人员以计算机为工具，利用各种专业知识对产品（零件）进行设计绘图，并根据零件图形信息，利用系统软件对零件进行数控加工编程。数控机床在数控加工程序的控制下对零件进行自动加工。

现有的 CAD/CAM 商品软件中的 CAM 模块都具有功能很全的数控编程能力。

1. 数控编程的方法

对于一些几何形状不太复杂、计算较为简单、加工程序较短的零件来说，现场采用手工编程既方便也容易实现。但对于那些形状复杂（具有非圆曲线、列表曲线轮廓和三维轮廓）的加工零件以及加工程序长的零件，手工编程难以胜任。因此，自动编程（计算机辅助编程）已成为必然。目前较为成熟的自动编程方法有语言编程、图形编程等多种方法。随着计算机辅助绘图技术的发展，目前已普遍采用图形编程方法。

所谓图形编程方法，是指在相应的程序支持下，利用计算机辅助绘图所得到的图形信息，采用图形交互功能，在屏幕上直接显示零件图形及加工走刀轨迹并输出加工程序。图形编程法不仅可缩短编程时间，提高编程质量，而且可以模拟加工路径，检查走刀轨迹，减少编程出错率，提高编程的可靠性。

2. 数控编程的内容与步骤

数控编程的方式很多，但各系统的实现功能和步骤基本相同，如图 9-21 所示。

（1）工艺处理 分析所加工的零件图样，确定加工方法、加工工艺路线和工艺参数等。

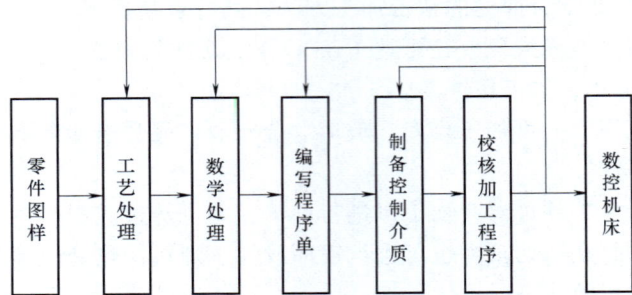

图 9-21　数控编程的步骤

（2）数学处理　根据各工艺参数计算刀具中心运动轨迹，获得刀位数据。

（3）编写数控程序　根据数控机床所采用的数控指令代码，在数控程序格式的指导下，将工件尺寸、刀具中心运动轨迹、位移量、切削参数及主轴正反转等其他辅助功能编制成数控加工程序。

（4）制备控制介质　不同的数控编程系统采用的控制介质不尽相同。数控加工程序通过控制介质输入控制系统中，并最终控制数控机床进行加工。随着现代数控技术的发展，已能将数控程序直接传送给数控机床的控制系统。

（5）校核加工程序　通过动态模拟加工或首件试切校核数控加工程序，并反馈检验结果。

二、柔性制造系统

柔性制造系统（FMS）是 20 世纪 70 年代末发展起来的先进机械加工系统。FMS 由一组数控机床组成，它能够随机地加工一组具有不同加工顺序及加工循环的零件，实行自动送料及计算机控制，以便动态地平衡资源的供应，从而使系统自动地适应零件生产混合变化及生产量的变化。

FMS 的规模差异很大，一台数控机床装上最简单的自动上下料装置即可变为柔性制造单元（FMC）。无论是简单的 FMC 还是较复杂的 FMS，都必须包括三个基本部分：加工系统、传输系统和控制系统，其区别仅在于各个子系统的功能和规模等。

加工系统又称加工单元或制造单元，它实施对产品零件的加工。构成加工系统所需的设备由数控机床和其他的加工设备组成。

传输系统又称物流系统或称材料仓库与搬运系统，实现对毛坯、夹具、工件等的出入库和装卸等工作，由它们组成物质流。所需设备主要是总仓库和自动上下料装置、传送带、自动小车和随行夹具系统等。FMS 的传输系统必须是自动分配系统，运送工具应有一定的智能，如机器人应具备柔性抓取和夹紧能力；自动小车能实时地把工件改送到其他适宜的加工站等。

控制系统实施对整个 FMS 的控制和监督，实际上由中央控制计算机与各设备的控制装置组成分级控制网络，由它们组成信息流，实现对机床等加工设备、传输系统和中央刀库的管理与控制。控制系统除上述功能外，还必须实施对机床、刀具和工件的监控，利用专用传感器和信息网络监控刀具状态、计算和监控刀具寿命、监控工件的实际加工尺寸等。

1. FMS 的优点

FMS 适用于中小批量、多品种零件的自动化生产，具有较好的经济效果，其主要优点有：

1）提高中小批量零件制造时的生产率。

2）缩短新产品试制的准备时间。

3）减少工厂的零件库存。

4）节约生产劳动成本。

5）提高产品质量。

6）改善制造加工的工作条件。

7）保证操作人员的安全。

2. 柔性制造单元（FMC）

FMC 的结构形式根据不同的加工对象、数控机床的类型与数量以及工件更换与存储方式的不同，可以多种多样，但主要有托盘搬运式 FMC 和机器人搬运式 FMC 两大类。

（1）托盘搬运式 FMC 托盘是固定工件的器具，在加工过程中它与工件一起流动（类似通常的随行夹具）。采用托盘搬运的结构形式较多，图 9-22 所示的 FMC 由卧式加工中心、环形交换工作台、托盘以及托盘交换装置组成。

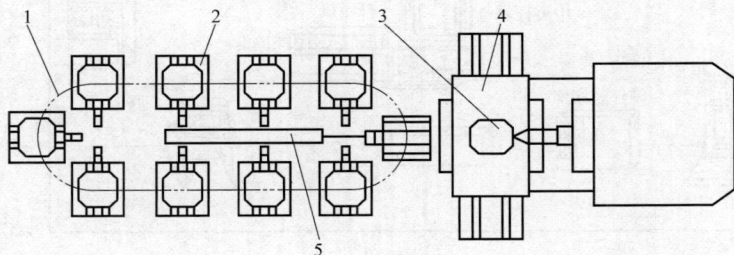

图 9-22 托盘搬运式 FMC
1—环形交换工作台 2—托盘座 3—托盘 4—加工中心 5—托盘交换装置

环形交换工作台用于工件的输送与中间存储，是独立的通用部件。托盘座在环形导轨上由环链拖动回转。每个托盘座上有地址识别码，当一个工件加工完毕，数控机床发出信号，由托盘交换装置将加工完的工件（包括托盘）拖至回转台的空位处，其后按指令，环形工作台转一工位，将加工完的工件移至装卸工位，同时将待加工工件推至机床工作台并定位加工。

托盘搬运式 FMC 多用于箱体件或大件的加工。

（2）机器人搬运式 FMC 图 9-23 所示的 FMC 由加工中心 4、车削中心 1、机器人 2 及两个回转工作台 3 组成。机器人移动（图中箭头所示）为两台机床服务。每台机床各用一台交换工作台作为输送与缓冲存储。

由于机器人抓取的重量及尺寸范围的限制，机器人搬运式 FMC 主要用于小工件和回转工件的搬运和加工，特别适用于车削 FMC。

3. 柔性制造系统（FMS）

FMS 由加工、物流、信息三个子系统组成，每个子系统还有分系统。现有的 FMS 一般由多台数控机床和加工中心组成，并有自动上下料装置、仓库和输送系统，在计算机及其软件的集中控制下实现加工自动化，具有高度的柔性，是一种计算机直接控制的自动化可变加工系统。图 9-24 所示是由北京机床研究所于 1985 年研制成功的我国第一条 FMS。

（1）加工系统 根据生产纲领及零件工艺分析，确定由 5 台数控机床组成。

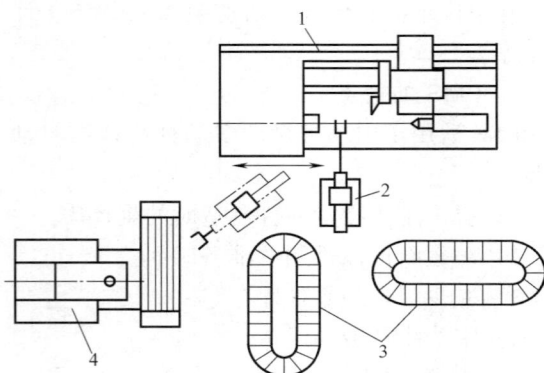

图 9-23 机器人搬运式 FMC

1—车削中心 2—机器人
3—回转工作台 4—加工中心

其中数控车床 2 台，数控外圆磨床、立式加工中心、卧式加工中心各 1 台。5 台机床采用直线排列，每台机床前设置机床与托盘站一个，并由 4 台 M1 型工业机器人分别在机床与托盘站之间进行工件的上下料搬运（其中两台加工中心合用一台工业机器人）。以机床为核心分为 5 个加工单元：

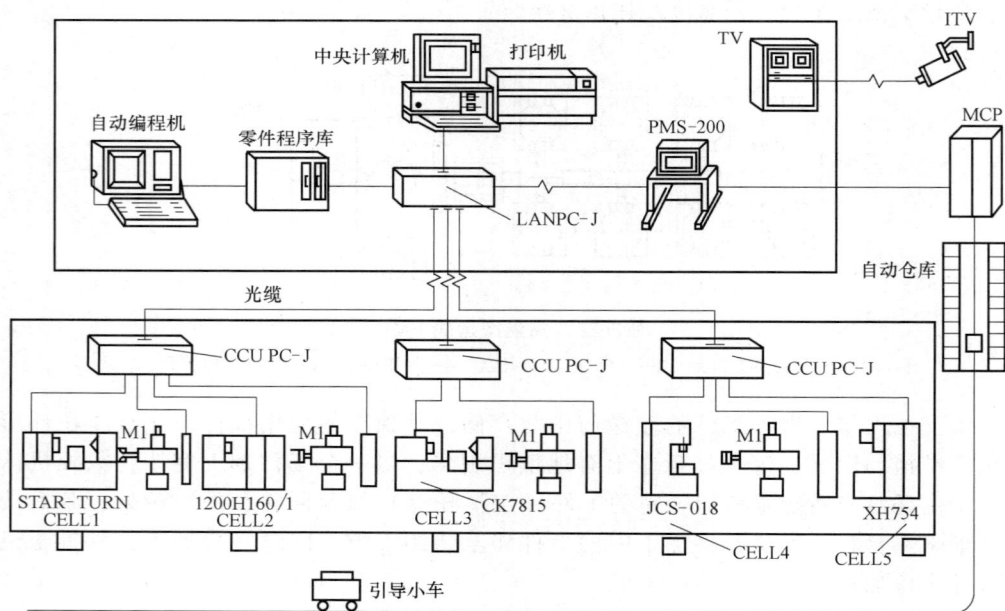

图 9-24 JCS-FMS 组成框图

单元 1：由 STAR-TURN1200 数控机床和工业机器人组成。

单元 2：由 H160/1 数控端面外圆磨床、工业机器人以及中心孔清洗机各一台组成。

单元 3：由 CK7815 数控车床、工业机器人以及专用支架与反转装置各一台组成。

单元 4：由 JCS-018 立式加工中心、工业机器人以及专用支架与反转、回转定位装置组成。

单元 5：由 XH754 卧式加工中心、工业机器人（与单元 4 合用）以及专用支架与反转、回转定位装置组成。

（2）物流系统 机床的托盘站与仓库之间采用一台电缆感应式自动引导小车进行工件的运输。平面仓库具有 15 个工件出入托盘站，它们由物流管理计算机和控制装置进行管理与控制。

（3）信息系统 信息系统由中央计算机承担整个系统的生产计划与作业调度、集中监控以及加工程序管理。LANPC-J 为局部网络控制器，用以实现中央计算机与各单元控制器（CCUPC-J）、输送计算机以及程序库之间的信息与管理。采用具有摄像头的工业电视（ITV）组成的监视系统对 FMS 的 5 个部分进行监视，即监视平面仓库、单元 2、单元 4、单元 5 以及引导小车的运行实况。

JCS-FMS-1 型柔性制造系统投入生产运行后，产生了极大的经济效益，表明 FMS 是我国机械加工技术发展的方向。

三、计算机集成制造系统

计算机集成制造系统（CIMS）是在自动化技术、信息技术和制造技术的基础上，通过计算机及其软件将制造工厂全部生产活动所需的各种分散的自动化系统有机地集成起来，是适合于多品种、中小批量生产的高效益、高柔性的智能制造系统。

1. CIMS 的构成

CIMS 的构成可以从功能、层次结构和学科等不同角度来分析。

（1）功能构成 CIMS 包含了工厂设计、制造和经营管理三种主要功能，在分布式数据库、计算机网络和指导集成运行的系统技术等所形成的支持环境下将三者集成起来，如图 9-25 所示。

1）设计功能。包括计算机辅助设计、计算机辅助工艺过程设计、计算机辅助制造的工程设计（如夹具、刀具、检具等）和分析工作。

2）加工制造功能。由加工工作站、物料输送及存储工作站、检测工作站、夹具工作站、刀具工作站、装配工作站、清洗工作站等完成产品的加工制造。同时应由工况监测和质量保证系统，以便稳定可靠地完成加工制造任务。加工过程中，物流与信息流交汇，将加工制造的信息实时反馈到相应部门。

图 9-25 CIMS 的功能块组成

3）生产经营管理功能。经营方面包括市场预测和决策，管理方面包括制订生产计划、物料需求计划（MRP）、制造资源计划（MRP Ⅱ）。将物料需求计划、生产能力（资源）平衡以及进行财务、仓库等各种管理结合起来成为制造资源计划。

（2）层次结构 任何企业都存在层次结构，但各层次的职能及信息特点可能不同。CIMS 可以由公司、工厂、车间、制造单元、工作站和设备六个层次组成。工厂、车间、制造单元、工作站和设备各层的职能分别为计划、管理、协调、控制和执行。层次越高，

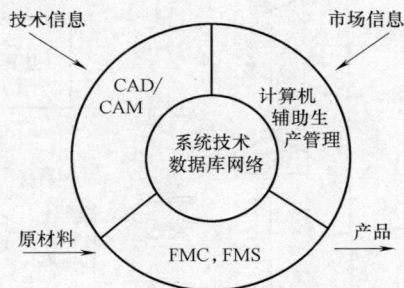

信息越抽象，处理信息的周期也越长；层次越低，信息越具体，处理信息的时间要求越短。

（3）学科构成 CIMS 是系统科学、计算机科学和技术、制造技术等交互渗透结合产生的集成方法和技术，并将此技术应用到制造环境中，如图 9-26 所示。

图 9-27 是建立在清华大学的国家CIMS 工程研究中心的 CIMS 结构示意图，由车间、制造单元、工作站、设备四级组成，在网络和分布式数据库管理的支持环境下，进行计算机辅助设计/计算机辅助制造、仿真、递阶控制等工作。

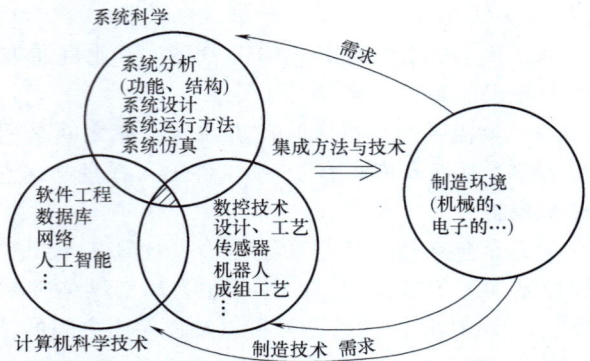

图 9-26 CIMS 的学科构成

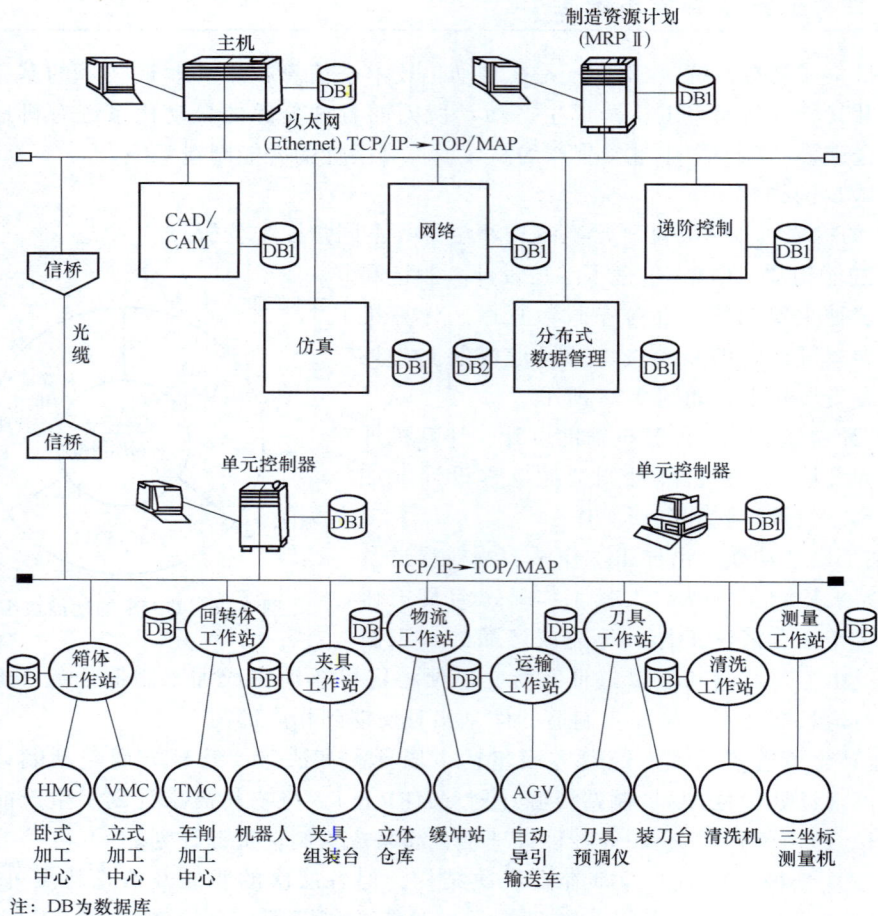

注：DB 为数据库

图 9-27 国家 CIMS 工程研究中心的 CIMS 结构示意图

2. CIMS 的发展与应用

我国于 1986 年开始制订的国家高技术研究发展计划（即"863 计划"）中将 CIMS 确定为自动化领域的主要研究项目之一，并规定了我国 863/CIMS 的战略目标为：跟踪国际 CIMS 有关技术的发展；掌握 CIMS 关键技术；在制造业中建立能获得综合经济效益并能带动全局的 CIMS 示范工厂，通过推广应用及产品化促进我国 CIMS 高技术产业的发展。

我国 863 计划 CIMS 课题的研究和开发进程证明：CIMS 是现代制造领域中卓有成效的技术，是加快我国企业适应市场经济、促进企业经济增长方式向集约型转变的重要技术手段。

必须指出，CIMS 的应用不论是硬件还是软件，由于投资大、技术要求高、管理难度大，目前仅在少数有条件的工厂中应用，这些工厂包括飞机、机床、汽车、家电以及钢铁、化工等行业。

四、3D 打印技术与增材制造

（一）3D 打印技术的概念

3D 打印通过与大数据、人工智能等技术深度融合，正在掀起一场全方位的新科技革命和产业革命，将对人类生产与生活方式、价值理念等产生影响。3D 打印技术是基于计算机三维实体模型产生的一种制造工艺技术，亦称增材制造（Additive Manufacturing，AM）和快速原型制作（Rapid Prototyping Manufacturing，RPM），该技术是 20 世纪 80 年代末 90 年代初在美国兴起的一项高新制作技术。它是直接根据产品的三维实体模型数据，利用计算机辅助设计建立的数据库中的信息来生成零件的分层截面轮廓数据，然后在计算机控制下，按分层截面轮廓将材料逐层累加成形，形成复杂的三维实体零件。

3D 打印技术被认为是制造技术领域里的一次重大突破，有人将其与数控技术诞生相提并论，可见其对制造业的影响多么重大。利用 3D 打印技术可以自动、直接、快速、精确地将设计思想物化为具有一定功能的原形或直接制造零件，从而可以对产品设计进行快速评价、修改及功能试验，有效地缩短了产品的研发周期。

3D 打印的基本过程如图 9-28 所示，首先由 CAD 软件设计出所需零件的计算机三维曲面（三维虚拟模型），然后根据工艺要求，将其按一定的厚度进行分层，将原来的三维模型转变为二维平面信息（即截面信息），将分层后的信息进行处理（离散过程）产生数控代码；数控系统以平面加工的方式，有序地连续地加工出每个薄层，并使它们自动粘结而成形（堆积过程）。这样就将一个复杂的物理实体的三维加工离散成一系列的层片加工，大大降低了加工难度。

目前使用典型 3D 打印技术的材料主要有树脂、纸张、易熔合金材料以及难加工钛合

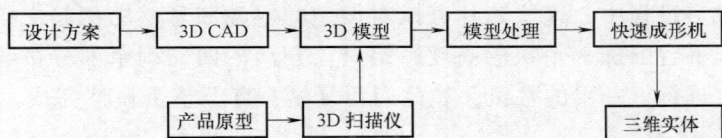

图 9-28 3D 打印技术的基本过程

金材料等，材料的形态分为液态材料、薄膜状材料、粉末状材料、细丝状固体材料等。金属 3D 打印技术能用钛合金粉末打印出复杂形状的金属零件，用于飞机发动机零部件制造。与传统制造工艺相比，这项技术用激光增材 3D 打印技术将钛合金粉末一层层堆叠，在较短时间内打印出形状复杂、更精准、没有任何冗余部分的钛合金零件，能降低约 30% 的生产成本，并能缩短约 40% 的制造周期。

（二）3D 打印工艺

1. 立体光刻工艺

立体光刻（SLA）也称光造型，最早是由美国 3D System 公司开发的，其工作原理为：由计算机传输来的三维实体数据文件，经机器的软件分层处理后，驱动一个扫描激光头，发出紫外激光束在液态紫外光敏树脂的表层进行扫描。液态树脂表层受光束照射的那些点发生聚合反应形成固态。每一层的扫描完成之后，工作台下降一个凝固层的高度，一层新的液态树脂就覆盖在已扫描过的固化层表面，再建造一个固化层，由此层层叠加，形成一个三维实体。SLA 工艺过程如图 9-29 所示。

如果实体有悬空的结构，处理软件可以预先判断并生成必要的支撑工艺结构。为了防止成形后的实体粘在工作台上，处理软件还必须先在实体底部生成一个网络状的框架，以减少实体与工作台的接触面积。造型工作全部完成后，实体从工作台上取出，用溶剂洗去未凝固的树脂，再用紫外线进行整体照射以保证所有的树脂都凝结牢固（固化处理）。

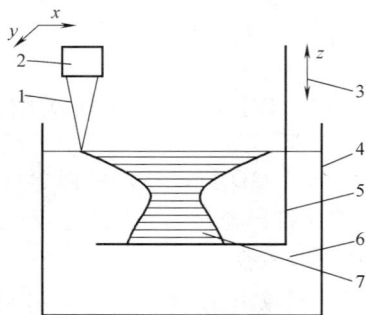

图 9-29　SLA 工艺过程
1—激光束　2—平面扫描头
3—z 轴升降　4—树脂槽
5—托盘　6—树脂　7—零件原型

SLA 方法是目前 RPM 领域中使用最为广泛的方法，SLA 工艺成形的零件精度较高，可达 0.1mm。这种成形方法的缺点是成形过程中需要支撑，树脂收缩导致精度下降，树脂本身也具有一定的有害性。

2. 分层实体制造工艺

分层实体制造（LOM）也称叠层实体制造，最早是由美国 Helisys 公司开发的。该项技术将特殊的箔材一层一层地堆叠起来，激光束只需扫描和切割每一层的边缘。目前最常用的箔材是一种在一个面上涂布了热熔树脂胶的纸。在 LOM 成形机器中，箔材从一个供料卷拉出，胶面朝下平整地经过造型平台，由位于另一端的收料卷筒收卷起来。每敷覆一层纸就有一个热压辊压过纸的背面，将其粘合在平台上或前一纸层上。这时激光束开始沿着当前层的轮廓进行切割。激光束经准确聚焦，使之刚好能切穿一层纸的厚度。在模型四周或内腔的纸则被激光束切割成细小的"碎片"，以便后期处理时可以除去这些材料。同时在成形过程中，这些碎片可以对模型的空腔和悬壁结构起支撑作用。一个薄层完成后，工作平台下降一个层的高度，箔材已割离的四周剩余部分被收料筒卷起，并拉动连续的箔材进行下一层的敷覆，如此周而复始，直至整个模型完成。LOM 工艺过程如图 9-30 所示。

为了加快造型进程，每次也可以切割 2~3 层箔材，这就要求成形机器具有较大的激

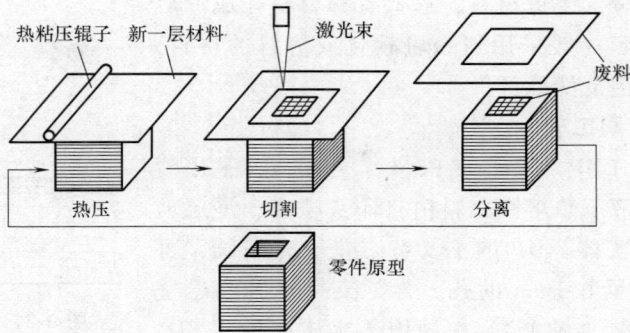

图 9-30　LOM 工艺过程

光器来进行切割，此外，制作出来的模型外表会有更明显的台阶状，LOM 工艺的后处理包括去除模型四周和空腔内的碎纸片，必要时可以通过加工去除模型表面的台阶，并可对 LOM 模型进行机加工、打磨、抛光、绘制、加涂层等多种形式的辅助加工。目前用于 LOM 技术的箔材主要有涂覆纸、覆膜塑料、覆蜡陶瓷箔、覆膜金属箔等。

3. 选择性激光烧结工艺

选择性激光烧结（SLS）工艺最早由美国得克萨斯大学开发。SLS 的原理与 SLA 十分相似，主要的区别是 SLA 所用的材料是液态紫外光敏可凝固树脂，而 SLS 使用的是可熔粉状材料。目前可用于 SLS 技术的材料包括尼龙粉、覆裹尼龙的玻璃粉、聚碳酸酯粉、聚酰胺粉、金属粉等。和其他的 RPM 技术一样，SLS 采用激光束对粉末状的材料进行分层扫描，受到激光束照射的粉末被烧结（熔化后再固化）。当一个层被扫描烧结完成后，工作台下降一个层的高度，敷料辊又在上面敷上一层均匀密实的粉末，直至完成整个烧结成形。在成形过程中，未经烧结的粉末对模型的空腔和悬壁起支撑作用。

SLS 技术视所用的材料而异，有时需要比较复杂的辅助工艺。以聚酰胺粉末烧结为例，为避免激光扫描烧结过程中材料因高温起火燃烧，必须在造型机器的工作空间充入阻燃气体。为了使粉末材料可靠地烧结，必须将机器的整个工作空间以及参与造型工作的所有机件、所用的粉末材料预先加热到规定的温度，这个预热过程常常需要数小时。造型工作完成后，需要使用软刷和压缩空气去除工件表面附着的浮粉，这一工序必须在封闭空间中完成，以免造成粉尘污染。

4. 熔融沉积成形工艺

熔融沉积成形（FDM）最早由美国学者 Scott Crump 于 1988 年研制开发。FDM 通常使用热熔性材料，如蜡、ABS、尼龙等。FDM 加工原理为：首先将丝状的热熔性材料加热熔化，通过带有一个微细喷嘴的喷头挤喷出来，喷头可以沿 x 轴方向移动，工作台则沿 y 轴方向移动。如果热熔性材料的温度始终稍高于固化温度，而成形的部分温度稍低于固化温度，就能保证热熔性材料挤喷出喷嘴后随即与前一个层面熔接在一起。一个层面沉积完成后，工作台按预定的增量下降一个层的高度，再继续熔喷沉积，直至完成整个实体造型。FDM 工艺过程如图 9-31 所示。

对于有空腔和悬壁结构的工件，必须使用两种材料，一种是成形材料，另一种是专门用于沉积空腔部分的支撑材料，这些支撑材料在成形后再行除去。支撑材料一般采用遇水可软化或溶解的材料，去除时只需用水浸泡清洗即可。

5. 立体喷墨印刷工艺

立体喷墨印刷（IJP）工艺与 FDM 十分相似，采用喷墨打印的原理，将液态热熔性材料由打印头喷出，逐层堆积而形成一个三维实体。IJP 的主要特点是非常精细，可以在实体上造出小至 0.1mm 的孔。为了支撑空腔和悬壁结构，必须使用两种"墨水"，一种用于实体成形，另一种用于支撑成形。

图 9-31　FDM 工艺过程
1—丝料　2—加热原件　3—零件原型

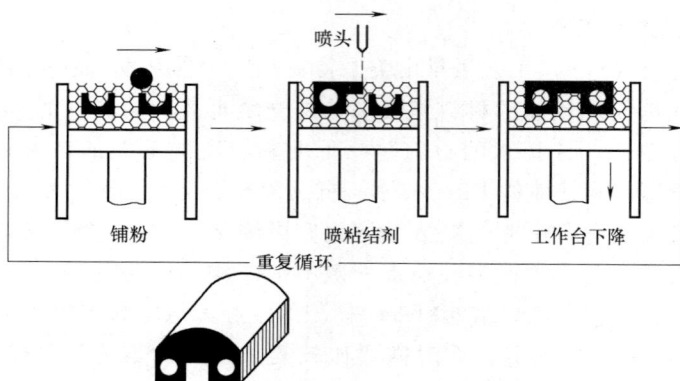

6. 三维打印粘接工艺

三维打印粘接（3DP）工艺的原理与 SLS 十分相似，都是使用粉末材料，主要区别在于 SLS 用激光烧结成形，而 3DP 采用喷墨打印的原理将液态粘结剂由打印头喷出，逐层粘接粉末材料成形。3DP 工艺过程如图 9-32 所示。

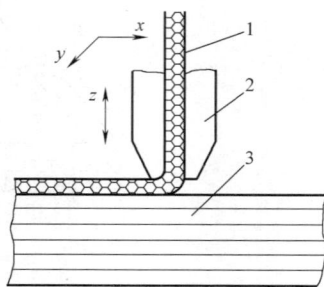

图 9-32　3DP 工艺过程

（三）3D 打印技术的特点及应用

1. 3D 打印技术的特点

1）特别适合于形状复杂的、不规则零件的制造。

2）是一种自动化的成形过程，无须人员干预或较少干预。

3）没有或极少废弃材料，是一种绿色制造技术。

4）系统柔性高，只需改变 CAD 模型就可成形各种不同形状的零件。

5）CAD/CAM 一体化。

6）具有广泛的材料适应性。

7）不需专用的工艺装备，大大缩短了新产品试制时间。

8）零件的复杂程度与制造成本关系不大。

2. 3D 打印技术的应用

鉴于以上特点，RPM 主要应用于新产品开发、快速单件及小批量零件制造、复杂形状零件（原型）的制造、模具设计与制造等。以下是其常见应用情况。

（1）用于产品设计评估与校审　3D打印技术可使CAD的设计构想得以快速生成可视的、可触摸的物理实体。因此设计人员可借助于RP技术更快也更容易地发现设计中的错误，此外，设计人员还可及时体验其新设计产品的使用舒适性和美学品质。RP生成的模型也是设计部门与非技术部门交流的更好中介物。

（2）用于产品工程功能试验　在3D打印系统中使用新型光敏树脂材料制成的产品零件原型具有足够的强度，可用于传热、流体力学试验，用某些材料制成的模型还具有光弹特性，可用于产品的应力应变试验分析。

（3）用于与客户的交流　3D打印原型现已成为制造厂家争夺订单的有效手段。

（4）用于快速模具制造　采用3D打印生成的实体模型制作凸模和凹模，可以快速制造出企业所需要的功能模具，其制造周期较之数控切削方法可缩短1/3以上，而成本却下降1/3～2/3。

（5）用于快速零件制造　3D打印技术利用材料累加法可直接制造零件，如制造塑料、陶瓷、金属及各种复合材料零件。

第五节　绿色制造

一、概述

1. 绿色制造的产生和发展

制造业是创造财富的主要产业，但同时又大量消耗掉人类社会的有限资源，并且是环境污染的主要根源。

在生产力高度发展和物质产品空前丰富的今天，世界却面临着令人忧虑的问题：产品更新换代的加快带来越来越短的产品使用寿命，造成数量越来越多的废弃物；资源过快地开发和过量消耗，造成资源短缺和面临衰竭；环境污染和自然生态的破坏已严重威胁到人类的生存条件。工业文明所带来的负面影响已明显显现：人类赖以生存的地球遭到了日益严重的破坏，如果不采取有效措施，后果将不堪设想。在这种背景下，绿色制造技术应运而生。

20世纪90年代提出绿色制造（GM），又称清洁生产（CP），或面向环境的制造（MFE）。绿色制造技术是指在保证产品的功能、质量、成本的前提下，综合考虑环境影响和资源效率的现代制造模式。它使产品从设计、制造、使用到报废整个产品生命周期中节约资源和能源，不产生环境污染或使环境污染最小化。

随着人们环保意识的不断加强，绿色制造受到越来越普遍的关注。特别是近年来，国际标准化组织提出了关于环境管理的ISO 14000，使绿色制造的研究与应用更加活跃。可以预计，21世纪的制造业将是清洁化的制造业，谁掌握了清洁化生产技术，谁的产品符合"绿色产品"标准，谁就掌握了主动权，就会在激烈的市场竞争中取得成功。

2. 绿色制造的内容

联合国环境保护署对绿色制造技术的定义是："将综合预防的环境战略，持续应用于生产过程和产品中，以便减少对人类和环境的风险"。

根据上述定义，绿色制造包括制造过程和产品两个方面，如图9-33所示。对于制造过程而言，绿色制造涵盖从原材料投入到产品产出全过程，包括节约原材料和能源，替代有毒原材料，将一切排放物的数量与有害性削减在离开生产过程之前，对报废产品的回收与再利用；对于产品而言，清洁生产覆盖构成产品整个生命周期的各个阶段，即从原材料提取到产品的最终处置，包括产品的设计、生产、包装、运输、流通、消费及报废等，以减少对人类和环境的不利影响。

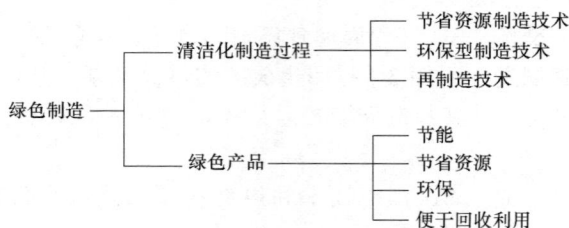

```
                              ┌── 节省资源制造技术
              ┌── 清洁化制造过程 ──┼── 环保型制造技术
              │               └── 再制造技术
  绿色制造 ──┤
              │               ┌── 节能
              │               ├── 节省资源
              └── 绿色产品 ────┼── 环保
                              └── 便于回收利用
```

图 9-33　绿色制造的内容

3. 绿色制造的原则

联合国环境保护署提出绿色制造技术的三项基本原则是：

（1）"不断运用"原则　绿色制造技术持续不断运用到社会生产的全部领域和社会持续发展的整个过程。

（2）预防性原则　对环境影响因素从末端治理追溯到源头，采取一切措施最大限度地减少污染物的产生。

（3）一体化原则　将空气、水、土地等环境因素作为一个整体考虑，避免污染物在不同介质之间进行转移。

二、绿色制造技术

绿色制造是综合考虑环境影响和资源利用效率的现代化制造模式，其目标是使产品从设计、制造、包装、运输、使用到报废处理的整个生命周期内，废弃资源和有害排放物最少，即对环境的负面影响最小，对健康无害，资源利用率最高。相应地发展节省资源的制造技术、环保型制造技术和再制造技术。

1. 节省资源的制造技术

节省资源的制造技术包括：减少制造过程中的能源消耗、减少原材料消耗和减少制造过程中的其他消耗。

（1）减少制造过程中的能源消耗　制造过程中消耗掉的能量除一部分转化为有用功之外，大部分能量都转化为其他能量而浪费。例如，普通机床用于切削的能量仅占总消耗能量的30%，其余70%的能量则消耗于空转、摩擦、发热、振动和噪声等。

减少制造过程中能量消耗的措施如下：

1）提高设备的传动效率，减少摩擦与磨损。例如采用电主轴，消除主传动链传动造成的能量损失；采用滚珠丝杠和滚动导轨代替普通丝杠和滑动导轨，减少运动副的摩擦损失。

2）合理安排加工工艺，合理选择加工设备，优化切削用量，使设备处于满负荷、高效率运行状态。例如，粗加工时采用大功率设备，精加工时采用小功率设备。

3）改进产品和工艺过程设计，采用先进成形方法，减少制造过程中的能量消耗。例如，零件设计尽量减少加工表面；采用净成形（无屑加工）制造技术，以减少机械加工量；采用高速切削技术，实现"以车代磨"等。

4）采用适度自动化技术。不适度的全盘自动化会使机器设备结构复杂，运动增加，消耗过多的能量。

（2）减少原材料消耗 产品制造过程中使用原材料越多，消耗的有限资源也越多，并会加大运输与库存工作量，增加制造过程中的能量消耗。减少制造过程中原材料消耗的主要措施如下：

1）科学地使用原材料，尽量避免使用稀有、贵重、有毒、有害材料，积极推行废弃材料回收与再生。

2）合理设计毛坯、采用先进的毛坯制造方法（如精密铸造、精密锻造、粉末冶金等），尽量减少毛坯加工余量。

3）优化排料、排样，尽可能减少边角余料。

4）采用无屑加工技术。例如，采用冷挤压成形代替切削加工成形；在可行的条件下，采用快速原型制造技术，避免传统的去除加工所带来的材料损耗。

（3）减少制造过程中的其他消耗 制造过程中除能源消耗、原材料消耗外，还有其他辅料消耗，如刀具消耗、液压油消耗、润滑油消耗、切削液消耗、包装材料消耗等。

减少刀具消耗的主要措施包括：选择合理的刀具材料；选择合理的切削用量；采用不重磨机夹刀具；选择适当的刀具角度；确定合理的刀具寿命等。

减少液压油与润滑油的主要措施包括：改进液压与润滑系统的设计与制造，保证不渗漏；使用良好的过滤与清洁装置，延长油的使用周期。其次，在某些设备上可对润滑系统进行智能控制，减少润滑油的浪费。

减少切削液消耗的主要措施包括：采用高速干式切削，不使用切削液；选择性能良好的高效切削液和高效冷却方式，节省切削液的使用；选用良好的过滤和清洁装置，延长切削液的使用周期等。

2. 环保型制造技术

环保型制造技术是指在制造过程中最大限度地减少环境污染，创造安全、舒适的工作环境，包括：减少废料的产生；废料有序地排放；减少有毒有害物质的产生；有毒有害物质的适当处理；减小振动与噪声；实行温度调节与空气净化；对废料的回收与再利用等。

（1）杜绝或减少有毒有害物质的产生 杜绝或减少有毒有害物质产生的最好方法是采用预防性原则，即对污水、废气的事后处理转变为事先预防。

（2）减少粉尘与噪声污染 粉尘污染与噪声污染是毛坯制造车间和机械加工车间最常见的污染，它严重影响劳动者的身心健康以及产品加工质量，必须严格加以控制，主要措施如下：

1）选用先进的制造工艺及设备，例如，采用金属型铸造代替砂型铸造，可显著减少粉尘污染；采用压力机锻压代替锻锤锻压，可使锻压噪声大幅下降；采用快速原型制造技术代替去除加工，可以减少机械加工噪声等。

2）优化机械结构设计，采用低噪声材料，最大限度地降低设备工作噪声。

3）选择合适的工艺参数。机械加工中，选择合理的切削用量可以有效地防止切削振动和切削噪声。

4）采用封闭式加工单元。对加工设备采用封闭式单元结构，利用抽风或隔音、降噪技术，可以有效地防止粉尘扩散和噪声传播。

（3）工作环境设计　工作环境设计即研究如何给劳动者提供一个安全、舒适宜人的环境。舒适宜人的工作环境包括：作业空间足够宽大；作业面布置井然有序；工作场地温度与湿度适中；空气流畅清新；没有明显的振动与噪声等。

安全环境包括各种必要的保护措施和操作规程，以防止工作设备在工作过程中对操作者可能造成的伤害。

3. 再制造技术

再制造的含义是指产品报废后，对其进行拆卸和清洗，对其中的某些零件采用表面工程或其他加工技术进行翻新和再加工，使零件的形状、尺寸和性能得到恢复和再利用。

再制造技术是一项对产品全寿命周期进行统筹规划的系统工程，其主要研究内容包括：产品的概念描述；再制造策略研究和环境分析；产品失效分析和寿命评估；回收与拆卸方法研究；再制造设计、质量保证与控制、成本分析；再制造综合评价等。

三、绿色产品

绿色产品就是在其生命过程（设计、制造、使用及销毁过程）中，符合特定的环境保护和人类健康的要求，对生态环境无害或危害极少，资源利用率最高，能源消耗最低的产品。

1. 节省资源

绿色产品应是节省资源的产品，即在完成同样功能的条件下，产品消耗资源数量要少，例如采用机夹式不重磨刀具代替焊接式刀具，就可大量节省刀柄材料。

2. 节省能源

绿色产品应该是节能产品。在能源日趋紧张的今天，节能产品越来越受到重视，例如采用变频调速装置，可使产品在低功率下工作时节省电能。

3. 减少污染

减少污染包括对环境的污染和对操作者危害两个方面。为了减少污染，绿色产品应该选用无毒、无害材料制造，严格限制产品有害排放物的产生和排放数量。为了避免对操作者产生危害，产品设计应符合人机工程学的要求。

4. 报废后的回收与再利用

随着社会物质的不断丰富和产品寿命周期的不断缩短，产品报废后的处理问题变得越来越突出。传统的产品寿命周期从设计、制造、销售、使用到报废是一个开放系统；

而绿色产品设计则要充分考虑产品报废后的处理、回收和再利用，将产品设计、制造、销售、使用、报废作为一个系统，融为一体，形成一个闭环系统，如图 9-34 所示。

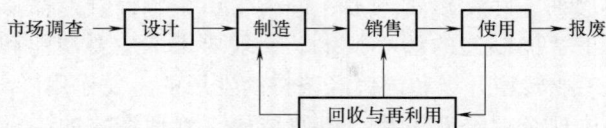

市场调查 → 设计 → 制造 → 销售 → 使用 → 报废
回收与再利用

图 9-34　绿色产品设计制造闭环控制系统

未来市场竞争的深化，焦点不仅是产品的质量、寿命、功能和价格，人们同时更加关心产品给环境带来的不良影响。

第六节　智能制造

先进制造技术是为了适应科学技术的发展以及市场环境变化，在传统制造技术基础上通过不断吸收科学技术的最新成果而逐渐发展起来的一个新兴技术群。随着新一代信息自动化技术与制造业的深度融合，智能制造（Intelligent Manufacturing，IM）被寄予厚望。智能制造是现代制造技术发展的一个战略方向，它是在现代传感器技术、网络技术、自动化技术、信息化技术、人工智能技术、大数据等基础上，通过智能化的感知、人机交互、决策和执行，认识和控制制造系统中的不确定性问题，实现设计过程、制造过程和制造装备的智能化，以达到更高的目标。

一、智能制造的内涵及其系统特征

1. 智能制造的内涵

智能制造思想起源于 20 世纪 80 年代，由美国的赖特和伯恩基于人工智能在制造业中的初步应用所提出的。日本是世界上最早由政府推进智能制造计划的国家，20 世纪 90 年代，日本联合欧美发起了"智能制造国际合作研究计划"，并提出了智能制造系统的概念。从此开始，随着新一代信息自动化技术与制造业的深度融合，智能制造被赋予了新的内涵。理解智能制造可以从"制造"和"智能"两方面来进行解读。首先，制造是指对原材料进行加工或再加工，以及对零部件进行装配的过程。通常，根据生产过程的连续性不同，制造可分为连续型制造、离散型制造及两者混合型的生产方式。智能由"智慧"和"能力"两个词语构成，从感觉到记忆再到思维这一过程，称为"智慧"，智慧的结果产生了行为和语言，将行为和语言的表达过程称为"能力"，两者合称为"智能"。因此，将感觉、记忆、回忆、思维、语言、行为的整个过程称为智能过程，它是智慧和能力的表现。

目前，关于智能制造在国际上尚无准确定义。但我国工业和信息化部于 2015 年组织专家给出了一个比较全面的描述性定义：智能制造是基于新一代信息技术，贯穿设计、生产、管理、服务等制造活动各个环节，具有信息深度自感知、智慧优化自决策、精准控制自执行等功能的先进制造过程、系统与模式的总称。智能制造具有以智能工厂为载体、以关键制造环节智能化为核心、以端到端数据流为基础、以网络互联为支撑等特征，可有效缩短产品研制周期、降低运营成本、提高生产率、提升产品质量、降低资源能源消耗。这实际上指出了智能制造的核心技术、管理要求、主要功能和经济目标等，体现了智能制造对于我国工业转型升级和国民经济持续发展的重要作用。

先进制造模式是体现企业经营策略、组织结构、管理模式的一种先进生产方式，智能制造模式是当今先进制造模式热点之一，该模式突出了知识在制造活动中的价值地位，在国际上得到了广泛推广与应用实践，使制造业展现出前所未有的发展新局面。

2. 智能制造系统特征

智能制造系统（Intelligent Manufacturing System，IMS）是智能制造模式的载体，是一种具体的工程应用系统。通常是指由智能机器和人类专家共同组成的人机一体化系统，在产品制造生产的各个环节中，应用智能制造技术和系统，以一种高度柔性和高度集成的方式，通过计算机模拟专家的智能活动，进行分析、判断、推理、构思和决策，以便取代或延伸制造过程中人的部分脑力劳动，同时对人类专家的制造智能进行收集、存储、完善、共享、继承和发展。

当前，制造系统正在由原先的能量驱动型转变为信息驱动型，这就要求制造系统不但要具备柔性，而且还要表现出智能，否则难以处理如此大量而复杂的信息。此外，瞬息万变的市场需求和激烈竞争的复杂环境，也要求制造系统表现出更高的灵活性、敏捷性和智能性。而智能制造系统的理念是建立在自组织、分布自治和社会生态学机理上的，目的是通过设备的柔性和计算机人工智能的控制，自动地完成规划、加工、控制和管理的过程，力图提高高速变化环境的制造适应性和有效性。因智能制造可实现决策自动化，实现"制造智能"和制造技术的"智能化"，进而实现制造生产的信息化和自动化。智能制造系统与传统制造系统相比，理想化的 IMS 具有以下五项典型特征，如图 9-35 所示。

（1）自律能力　即搜集与理解环境信息和自身信息，并进行分析、判断和规划自身行为的能力。具有自律能力的设备称为"智能机器"。"智能机器"在一定程度上表现出独立性、自主性和个性化，甚至相互间还能协调运作与竞争。智能

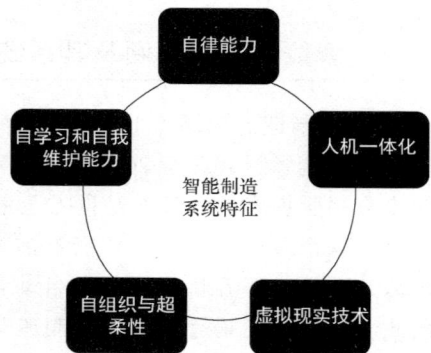

图 9-35　智能制造系统的典型特征

制造系统能监测周围环境和自身作业状况信息并进行处理，能根据处理结果自行调整控制策略，以采用最佳行动方案。这种自律能力使整个制造系统具备抗干扰、自适应和容错等能力。

（2）人机一体化　智能制造系统不单纯是"人工智能"系统，而且是人机一体化智能系统，是一种混合智能。基于人工智能的智能机器只能进行机械式的推理、预测及判断，只能具有如专家系统的逻辑思维，最多做到形象思维，而完全不能实现灵感思维，只有人类专家才能真正同时具备逻辑思维、形象思维和灵感思维的能力。可见，智能制造的

人机一体化特征突出了人在制造系统中的核心地位，同时在智能机器的配合下，更好地发挥了人的潜能，使人机之间表现出一种平等共事、相互"理解"、相互协作的关系，使两者在不同的层次上各显其能、相辅相成，实现混合智能。因此，在制造系统中，高素质、高智能的人类专家将发挥更好的作用，机器智能和人的智能将真正地集成在一起。

（3）虚拟现实技术　这是实现虚拟制造的关键支持技术，也是实现高水平人机一体化智能的关键技术之一。虚拟现实技术是以计算机为基础，融合信号处理、智能推理、预测、仿真和多媒体技术为一体；借助于各种音像和传感装置，虚拟展示现实生活中的各种过程、物件等，它能虚拟未来的产品及其制造过程，从感官和视觉上使人获得完全如同真实的感觉。其特点是可以按照人们的意愿任意变化，这种人机结合的新一代智能界面，使得可用虚拟手段智能地表现现实，它是智能制造的一个显著特征。因此，可以看出智能制造系统作为一种模式，它是集自动化、柔性化、集成化和智能化于一身，并不断向纵深发展的先进制造系统。

（4）自组织与超柔性　智能制造系统中的各种智能机器，即组成单元能够按照工作任务的要求，自行集结成一种最合适的工艺结构，并按照最优的方式运行。其柔性不仅表现在运行方式上，也表现在结构形式上，人们称它为超柔性。完成任务后，该结构自行解散，以备在下一个任务中集结成新的结构，如同一群人类专家组成的群体，具有生物特性。可见，自组织能力是智能制造系统的一个重要标志。

（5）自学习和自我维护能力　智能制造系统在操作运行中，能以原有的专家知识为基础，在实践中不断进行学习，充实与完善系统的知识库，并及时更新、删除库中有误的知识，使知识库趋向最优，具有自学习功能；同时，还具有对系统故障进行自我诊断、自行排除和修复的能力。这种特征使智能制造系统能够自我优化并适应各种复杂的环境。

二、智能制造技术

智能制造技术（Intelligent Manufacturing Technology，IMT）是制造技术、自动化技术、信息化技术、系统工程与人工智能等学科相互渗透、相互交织而形成的一门综合技术。自 20 世纪 80 年代末美国提出智能制造概念以来，智能制造及其系统一直受到众多国家的重视和关注。各国为了适应全球范围内高技术战略、智能化工业时代的大潮，纷纷推出了以发展先进制造业为目标的智能制造国家级战略举措。

2005 年，美国国家标准与技术研究所提出了"智能加工系统"研究计划。2009 年，美国提出和实施了"再工业化"计划。2013 年 2 月，美国发布了"先进制造业国家战略计划"的研究报告，从投资、劳动力和创新等方面提出促进美国先进制造业发展的五大目标及相应的对策措施。2014 年 5 月，美国成立数字化制造和设计创新联盟，围绕核心网络物理系统（CPS）应用，聚焦先进制造企业、智能机器、先进分析和网络实体安全 4 项核心技术领域，旨在提升其数字化设计与智能制造能力，当年 12 月，美国政府再次宣布，国家制造创新网络中"智能制造创新机构"的组建，目的在于开发并推广包括先进传感器和复杂工艺控制在内的智能制造新技术。日本于 2006 年 10 月提出了"创新 25 战略"计划。2015 年 6 月日本经济产业省强调未来设备应运用效率和价值的物联网与大数据分析作为新的竞争力突破点。另外，还提出了通过加快发展协同式机器人、无人化工厂等相关技术来提升制造业的国际竞争力的目标，在大中型制造企业一般都设立了相应的智能制造"设计中心"，通过加大对智能装备硬件核心技术和智能软件核心技术的加密与保护，从而保障智能制造产品的长期竞争力。韩国于 2009 年提出了"新增长动力规划及发展战略"计划。欧盟于 2010 年启动了第七框架计划（FP7）的制造云项目，尤其是作为智能制造先行者的德国，继实施"智能工厂 KL"技术计划之后，并于 2013 年 4 月正式推出了总投入达 2 亿欧元的"工业 4.0"计划，即《保障德国制造业的未来——关于实施"工业 4.0"战略的建议》，公布了"工业 4.0"的标准化路线蓝图。另外，以英国为代表的老牌工业国家以及以韩国为代表的后发工业国家在其最新的经济发展计划中都对"智能制造"概念尤其重视。我国作为世界上最大的发展中国家，于 2014 年 12 月首次提出了"中国制造 2025"计划，并将其作为国家"十三五"规划的重中之重，明确提出把智能制造作为两化深度融合的主攻方向，争取在 2025 年跻身世界制造业强国之列，提升我国制造的综合竞争力，并加快从制造大国向制造强国的转变，智能制造正在成为我国制造业转型升级的新方向和新趋势。

世界主要工业国家的智能制造计划见表 9-4。

表 9-4　世界主要工业国家的智能制造计划

国家	计划名称	提出时间	实施目标
日本	"创新 25 战略"计划	2006 年	通过科技和服务创造新价值，以"智能制造系统"作为该计划的核心理念，促进日本经济的持续增长，应对全球大竞争时代
韩国	"新增长动力规划及发展战略"	2009 年	确定 3 大领域 17 个产业为发展重点，推进数字化工业设计和制造业数字化协作建设，加强对智能制造基础开发的政策支持
美国	"再工业化"计划	2009 年	发展先进制造业，实现制造业的智能化，保持美国制造业在全球价值链上的高端位置和控制者地位
德国	"工业 4.0"计划	2013 年	由分布式、组合式的工业制造单元模块，组建多组合、智能化的工业制造系统，应对以智能制造为主导的第四次工业革命，旨在奠定德国在关键工业技术上的国际领先地位
英国	"高价值制造"战略	2014 年	应用智能化技术和专业知识，以创造力带来持续增长和高经济价值潜力的产品、生产过程和相关服务，达到重振英国制造业的目标
中国	"中国制造 2025"计划	2014 年	坚持"创新驱动、质量为先、绿色发展、结构优化、人才为本"的基本方针；围绕实现制造强国的战略目标，确定了 5 大工程 10 大领域，明确了 9 项战略任务和重点，提出了 8 个方面的战略支撑和保障。通过三步走实现制造强国的战略目标：第一步，到 2025 年迈入制造强国行列；第二步，到 2035 年中国制造业整体达到世界制造强国阵营中等水平；第三步，到新中国成立一百年时，综合实力进入世界制造强国前列

1. 智能制造技术体系

智能制造技术涉及产品全生命周期中的设计、生产、管理和服务等环节的制造活动。其技术体系主要包括制造智能技术、智能制造装备、智能制造系统以及智能制造服务等。

（1）制造智能　制造智能主要涉及制造活动中的知识、知识发现和推理能力、智能系统结构和结构演化能力。智能制造技术主要包括感知和测控网络技术、知识工程技术、计算智能技术、感知-行为智能技术、人机交互技术等。智能传感器、智能仪器仪表及测控网络是智能制造的基石，知识是智能制造的核心，推理是智能制造的灵魂，是系统智慧的直接体现。

（2）智能制造装备 智能制造装备是先进制造技术、数控技术、现代传感技术以及智能技术深度融合的结果，是实现高效、高品质、节能环保和安全可靠生产的下一代制造装备。其主要技术特征是：具有对装备运行状态和环境的实时感知、处理和分析能力；具有根据装备运行状态变化的自主规划、控制和决策能力；具有故障自诊断和自修复能力；具有参与网络集成和网络协同的能力。

在智能制造装备技术研究方面，要重点推进高档数控机床与基础制造装备、自动化成套生产线、智能控制系统、精密和智能仪表仪器与试验设备、关键基础零部件与元器件及通用部件、智能专用装备的发展，实现生产过程自动化、智能化、精密化及绿色化，带动工业整体技术水平的提升。智能机床是最重要的智能制造装备，具有感知环境和适应环境的能力以及智能编程的功能，具备宜人的人机交互模式、网络集成和协同能力，将成为未来高端数控机床的发展趋势。

（3）智能制造系统 智能制造系统是由智能机器和人类专家共同组成的人机一体化智能系统。最终要从以人为决策核心的人机和谐系统向以机器为主体的自主运行系统转变。要实现其目标，就必须攻克制造系统建模与自组织技术、智能制造执行系统技术、智能企业管控技术、智能供应链管理技术以及智能控制技术等一系列关键技术。

（4）智能制造服务 当前制造业正经历从生产型制造向服务型制造的转型。制造服务包括产品服务和生产服务。智能制造服务强调知识性、系统性和集成性，强调以人为本的精神，为用户提供主动、在线、全球化服务，它采用智能技术来提高服务状态、环境感知能力与服务规划、决策、控制水平，从而提升服务质量，扩展服务内容。

2. 智能制造技术的关键支撑技术

智能制造技术是以知识信息处理技术为核心的面向 21 世纪的制造技术，其关键支撑技术如下：

（1）人工智能技术 目前，智能制造是在以"人为系统的主导者"这一总的概念指导下，发挥人的创造能力，强调了人的作用。采用智能制造技术的目的是利用计算机模拟制造业人类专家的智能活动，以取代或延伸人的部分脑力劳动，而人工智能技术研究的是利用机器来模拟人类的某些智能活动的有关理论和技术，由此可见，智能制造技术离不开人工智能技术。

（2）并行工程 并行工程是针对传统的产品串行开发过程而提出的一个强调并行的概念、哲理和方法，它是在集成制造的环境下，集成地、并行有序地设计产品全生命周期及相关过程的系统方法。通过组织多学科产品开发小组、改进产品开发流程和利用各种计算机辅助工具等手段，可使多学科小组在产品开发初始阶段就能及早考虑下游的可制造性、可装配性、质量保证等因素，从而达到缩短产品开发周期、提高产品质量、降低产品成本、增强企业竞争力的目标。

（3）虚拟制造技术 虚拟制造技术是建立在利用计算机完成产品整个开发过程这一

构想基础之上的产品开发技术，它综合应用建模、仿真和虚拟现实等技术，可提供三维可视交互环境，对产品从概念到制造的全过程进行统一建模，并实时、并行地模拟出产品未来制造的全过程，以期在进行真实制造之前，预测产品的性能、产品制造技术、产品的可制造性，从而可更有效、更经济、柔性灵活地组织生产。

（4）计算机网络与数据库技术　计算机网络与数据库的主要任务是采集智能制造系统中的各种数据，以合理的结构存储，并以最佳的方式、最少的冗余、最快的存取响应为多种应用服务，同时为应用、共享这些数据创造良好的条件，从而实现整个制造系统中的各个子系统的智能集成。

三、智能制造的主要发展趋势与我国面临的挑战

信息化与工业化（两化）深度融合，促使制造业向数字化、网络化、智能化、服务化方向发展，而智能制造已成为新型工业应用的标志性概念，国外一些工业发达国家将发展智能制造作为打造国际竞争新优势的核心内容，我国也将智能制造作为当前和未来一段时期内推进两化深度融合的主攻方向和抢占新一轮产业竞争制高点的重要手段。目前，智能制造很热，在我国尤甚，其主要发展趋势包括：以智能制造为核心的新工业革命再度引发国际社会的高度关注；信息网络化生产方式进一步推动智能制造向更深和更广处进军；国际社会竞相打造智能制造系统平台；基础性标准化制造推动智能制造的系统化；物联网理念促进智能制造全局面貌的系统性改造；等等。

当前，我国经济平稳增长，产业结构不断优化、核心技术不断突破、产品质量不断提升、服务型制造加速转型，都为我国智能制造发展提供了良好的基础，而摒弃盲目扩大产能、积极推进提质增效，为我国智能制造厚积薄发带来了新机遇。然而，随着以智能制造为核心的全球新一轮科技革命和产业变革的到来，我国在智能制造业也面临诸多的挑战。

（1）核心技术与装备发展滞后　在智能制造的前期我国侧重于技术追踪和引进，基础研究能力相对不足，同时对引进技术的消化吸收能力不够，从机理上说不清楚，原始创新匮乏。高端装备的核心控制技术均来自国外，技术体系不够完整，产品国产化率和关键技术自给率均较低。构成智能制造装备或实现制造过程智能化的重要基础技术、关键基础零部件、重大工程的自动化成套控制系统、先进集约化装备等均尚未掌握系统设计与核心制造技术。

（2）网络化基础设施建设不足　面对以信息网络技术创新引领的智能化制造新趋势，我国的网络建设整体水平不高，为了满足智能制造对网络的"高精度、低时延、多开发、大容量、低功耗"需求，需要搭建服务于智能制造的宽带化、泛在化的网络，并构建云管协同、云网融合的"网络+云"的基础设施。

（3）智能制造的标准体系缺失　由于缺乏行业性的智能制造标准规范，现有的制造业标准远远不能满足面向服务的智能制造。另外，国际上的制造业巨头正在各自牵头所属国家的企业制定智能制造的相关标准，而这些标准日后有可能会上升为国际标准，在此形式下，我国更需要加快智能制造相关标准体系的建设。

（4）信息安全保障能力不足　工业控制系统自身存在的安全漏洞加上物联网化带来的广泛安全威胁，是我国实现"中国制造2025"在管理上的新挑战。目前的工业信息服务流程管理和信息安全管理已经不完全适用于今天的云化大数据工业时代的需求，应建立复杂的网络系统，明确概念和标准，确认参考模型和框架结构，以确保智能制造的落实。

（5）智能制造业人才短缺　目前，我国智能制造业的人才素质与市场对人才的需求间的矛盾突出，人才结构不合理，高技能人才和领军人才紧缺，缺乏针对智能制造业人才发展的统筹规划和分类指导。面对智能制造业的发展机遇和挑战，迫切需要高素质的人才队伍提供支撑，依靠人才助推发展，努力实现由大规模人力资源向高素质人才资源的转变。

（6）健康稳定的产业生态系统尚未形成　智能制造是一项复杂而庞大的系统工程，目前我国企业缺乏成熟、系统的发展路径和应对措施，尚未形成健康稳定的产业生态系统。这将会给我国制造业带来生产制造的安全隐患、挤压企业的生存空间、阻碍企业的自主发展，使企业的生存和发展面临压力。我国制造业企业如何将各种设备技术应用到位，与用户的需求、产品的研发、市场的环境、行业内的协同充分结合，从而实现企业核心能力的提升，形成真正切实有效的竞争力，构建健康稳定的智能制造生态系统，这是目前我国发展智能制造面临且急需解决的核心问题。

本 章 小 结

本章根据现代制造技术的发展过程，简单介绍了精密与超精密加工、高速加工、特种加工、数字化制造、绿色制造和智能制造，拓宽了机械制造技术范围，可为以后学习相关课程打下基础。

复习思考题

9-1　何谓精密与超精密加工？它与普通的精加工有何不同？

9-2　金刚石刀具为何可进行超精密与高速切削？它主要用于什么材料的超精密（高速）切削加工？

9-3　光刻加工包括哪些主要过程？试述在金属模腔表面利用光刻加工"MADE IN CHINA"的步骤。

9-4　高速加工的关键技术主要有哪些？高速加工技术有何应用？

9-5　何谓特种加工？它与传统的机械加工有何区别？有何应用？

9-6　电火花成形加工与电火花线切割加工有何区别？各有何应用？

9-7　电火花成形加工与电火花线切割加工应如何正确利用极性效应？

9-8　CAD/CAM中的CAD和CAM有何关系？其主要功能是什么？

9-9　何谓FMS？FMC与FMS的区别是什么？

9-10　何谓CIMS？CIMS的系统结构中应该包括哪些内容？

9-11　什么是绿色制造？绿色制造的内容包括哪些方面？

9-12　何谓智能制造？分析智能制造系统的特征。

参 考 文 献

［1］ 王先逵. 机械制造工艺学［M］. 3版. 北京：机械工业出版社，2013.

［2］ 徐嘉元，曾家驹. 机械制造工艺学［M］. 北京：机械工业出版社，1998.

［3］ 卢秉恒. 机械制造技术基础［M］. 4版. 北京：机械工业出版社，2018.

［4］ 于俊一，邹青. 机械制造技术基础［M］. 2版. 北京：机械工业出版社，2009.

［5］ 曾志新，刘旺玉. 机械制造技术基础［M］. 北京：高等教育出版社，2011.

［6］ 冯之敬. 机械制造工程原理［M］. 3版. 北京：清华大学出版社，2015.

［7］ 李华. 机械制造技术［M］. 4版. 北京：高等教育出版社，2015.

［8］ 王启平. 机械制造工艺学［M］. 5版. 哈尔滨：哈尔滨工业大学出版社，2005.

［9］ 王启平. 机床夹具设计［M］. 2版. 哈尔滨：哈尔滨工业大学出版社，2005.

［10］ 刘守勇，李增平. 机械制造工艺与机床夹具［M］. 3版. 北京：机械工业出版社，2013.

［11］ 姚智慧. 机械制造技术［M］. 哈尔滨：哈尔滨工业大学出版社，2002.

［12］ 蔡光起. 机械制造技术基础［M］. 沈阳：东北大学出版社，2002.

［13］ 曾志新，等. 机械制造技术基础［M］. 武汉：武汉理工大学出版社，2004.

［14］ 关慧贞，冯辛安. 机械制造装备设计［M］. 3版. 北京：机械工业出版社，2010.

［15］ 刘建亭. 机械制造基础［M］. 北京：机械工业出版社，2002.

［16］ 贾亚洲. 金属切削机床概论［M］. 2版. 北京：机械工业出版社，2011.

［17］ 周宏甫. 机械制造技术基础［M］. 2版. 北京：高等教育出版社，2010.

［18］ 张福润，徐鸿本，刘延林. 机械制造技术基础［M］. 2版. 武汉：华中科技大学出版社，2000.

［19］ 郑修本. 机械制造工艺学［M］. 3版. 北京：机械工业出版社，2012.

［20］ 张世昌，李旦，张冠伟. 机械制造技术基础［M］. 3版. 北京：高等教育出版社，2014.

［21］ 朱焕池. 机械制造工艺学［M］. 2版. 北京：机械工业出版社，2016.

［22］ 吉卫喜. 机械制造技术［M］. 北京：机械工业出版社，2001.

［23］ 陈宏钧. 实用机械加工工艺手册［M］. 4版. 北京：机械工业出版社，2016.

［24］ 张世昌. 先进制造技术［M］. 天津：天津大学出版社，2004.

［25］ 李发致. 模具先进制造技术［M］. 北京：机械工业出版社，2003.

［26］ 黄健求. 模具制造［M］. 北京：机械工业出版社，2001.

［27］ 卢小平. 现代制造技术［M］. 3版. 北京：清华大学出版社，2018.

［28］ 任小中，贾晨辉. 先进制造技术［M］. 3版. 武汉：华中科技大学出版社，2017.

［29］ 王隆太. 先进制造技术［M］. 2版. 北京：机械工业出版社，2015.

［30］ 中国电子信息产业发展研究院. 智能制造测试与评价概论［M］. 北京：人民邮电出版社，2017.

［31］ 李凯岭. 机械制造技术基础［M］. 3D版. 北京：机械工业出版社，2018.

［32］ 邱亚玲. 机械制造技术基础［M］. 北京：机械工业出版社，2014.

［33］ 韩秋实，王红军. 机械制造技术基础［M］. 北京：机械工业出版社，2010.

［34］ 陈根琴，宋志良. 机械制造技术［M］. 北京：北京理工大学出版社，2007.

［35］ 邓志平. 机械制造技术［M］. 成都：西南交通大学出版社，2014.

［36］ 杜可可. 机械制造技术基础［M］. 北京：人民邮电出版社，2007.

［37］ 陈伟珍，张坤领. 机械制造基础［M］. 北京：中国水利水电出版社，2014.

［38］ 迪林格. 机械制造工程基础［M］. 杨社群，译. 长沙：湖南科学技术出版社，2007.

［39］ 孙希禄，曹丽娜. 机械制造工艺［M］. 北京：北京理工大学出版社，2012.